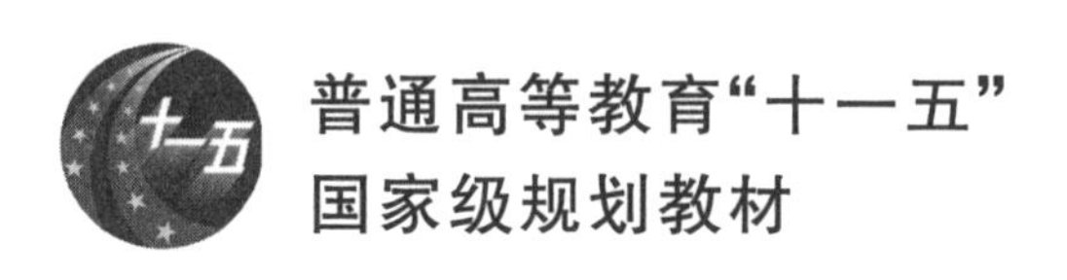

中国大学出版社图书奖首届优秀教材奖一等奖

线性代数

(第3版)

高宗升　周　梦　李红裔　编著

北京航空航天大学出版社

内 容 简 介

本书是为理工科大学(非数学专业)本科生编写的线性代数教材,全书共分9章,分别为行列式、矩阵、向量组的线性相关性、线性方程组、矩阵的相似变换、二次型、线性空间、线性变换和线性代数的一些应用。

本书难易适度,结构严谨,重点突出,理论联系实际;特别注重学生对基础理论的掌握和思想方法的学习,以及对他们的抽象思维能力、逻辑推理能力、空间想象能力和自学能力的培养。

本书不但可作为理工科大学本科生的线性代数教材,也可作为教学要求不同的其他专业的教材,还可作为高等教育自学考试教材及考研参考书。

图书在版编目(CIP)数据

线性代数 / 高宗升,周梦,李红裔编著. -- 3版. -- 北京 :北京航空航天大学出版社,2016.1

ISBN 978-7-5124-1933-9

Ⅰ. ①线… Ⅱ. ①高… ②周… ③李… Ⅲ. ①线性代数-高等学校-教材 Ⅳ. ①O151.2

中国版本图书馆CIP数据核字(2015)第263233号

线性代数(第3版)

高宗升 周 梦 李红裔 编著

责任编辑 赵延永

*

北京航空航天大学出版社出版发行

北京市海淀区学院路37号(邮编100191) http://www.buaapress.com.cn

发行部电话:(010)82317024 传真:(010)82328026

读者信箱:goodtextbook@126.com 邮购电话:(010)82316936

涿州市新华印刷有限公司印装 各地书店经销

*

开本:710×1 000 1/16 印张:17 字数:362千字

2016年1月第3版 2021年12月第5次印刷 印数:12 001～15 000册

ISBN 978-7-5124-1933-9 定价:48.00元

第3版前言

本书第3版是在第2版的基础上改编的。在保持本书原有特点的基础上,对有关章节进行了局部修改,对练习题进行了适当补充,改正了书中存在的一些印刷错误。

这次再版,第1～4章由高宗升执笔,第5、6章由李红裔执笔,第7～9章由周梦执笔。

本书的这次再版得到了北京航空航天大学数学与系统科学学院同事们的关心和帮助;使用本书的师生也提出了一些很好的修改建议;另外,北京航空航天大学出版社的领导和编辑为本书的出版给与了大力的支持。作者在此向他们表示衷心的感谢。

由于作者的水平所限,本书还会存在一些不足之处,敬请读者批评指正。

作者

2016年1月

第2版前言

本书第1版于2005年出版，由于它具有重点突出、条理清楚、难易适度、基础性强和理论联系实际等特点，受到了广大师生的欢迎，并于2006年被评为北京市高等教育精品教材。

本书是在第1版的基础上进行改编的，在保持原有特点的基础上，对各章重新进行了编写，使得内容结构更加科学，使用起来更加方便。在第8章中增加了线性变换的值域与核的内容；为了使读者更好地理解有关内容，对原有的例题进行了适当调整，使其和书中相关内容的结合更加紧密；重新精选了各章的练习题，放在部分节的后面，以供读者使用。

这次修订中，第1～4章由高宗升执笔，第5、6章由李红裔执笔，第7～9章由周梦执笔，最后由高宗升定稿。

这次修订工作得到李尚志教授以及北京航空航天大学数学与系统科学学院同事们的关心和帮助；另外，使用本书的师生提出了一些很好的修改建议。作者在此向他们表示衷心的感谢。由于作者的水平所限，本书在编写上还会有一些不足之处，敬请读者批评指正。

作　者

2009年6月于北京航空航天大学

前　言

线性代数是理工科大学生的一门重要基础课,也是自然科学和工程技术各个领域中广泛应用的数学工具。随着现代科技的飞速发展和计算机的广泛应用,线性代数在理论和应用上的重要性更加突出,同时也对线性代数的教学内容从深度和广度上提出了更高的要求。

本书是根据教育部高等学校数学与统计学教学指导委员会制定的大学数学理工科线性代数课程的基本要求,结合理工科大学的专业特点和不同专业对线性代数内容的需要,以及作者多年来讲授线性代数的教学经验和体会编写的。在编写中,吸取了国内外多种线性代数教材的优点,广泛征求了师生的意见,努力做到重点突出,难易适度,使各章内容不仅便于教师讲解,而且易于学生接受。考虑到计算机、物理、电子工程、自动控制、航空航天等专业的需要,加强了线性空间和线性变换等近代部分的内容。本书具有如下特点:

1. 条理清楚,重视基础

在内容的讲解上,注意到科学性和系统性的同时,做到由浅入深,由近及远,生动活泼,通俗易懂。概念的引入清楚、自然、准确;定理的证明清晰、简洁。例如,在讲行列式这一章时,先通过解二元和三元线性方程组,引进二阶和三阶行列式的概念,然后给出 n 阶行列式的定义;围绕着行列式计算这一主题,介绍行列式性质的应用、行列式按行(列)展开以及拉普拉斯定理等内容。

本书特别注重学生对基础理论的掌握、思想方法的学习,以及对他们的抽象思维能力、逻辑推理能力、空间想象能力和自学能力的培养。对本书涉及的主要定理,不仅一般都给出了严格的证明,而且对定理的成立背景和使用方法予以介绍和说明。

2. 结构合理,综合性强

在内容的处理上,采用模块式的方法,把内容相近的部分尽可能地写在一章中。这样,不仅可以把相关内容讲深、讲透,一气呵成,节约篇幅和学时,而且还可以使学生对相应部分的内容有一个全面、清晰、系统的了解。例如,把矩阵、向量组的线性相关性、线性方程组的解法及解的结构、矩阵的相似变换、二次型、线性空间和线性变换等有关的内容都单独地写成一章，使学生便于学习和掌握。

3. 例题丰富，便于自学

线性代数的特点是概念多、结论多、内容抽象、逻辑性较强，初学者较难适应。为了帮助学生加深对基本概念的理解和基本理论与方法的掌握，书中配有较多的典型例题。每章后面附有较多的精选习题。通过这些习题的练习，可以巩固所学内容，训练解题的方法和技巧，培养学生分析问题和解决问题的能力。

自学者通过研读教材，独立完成书中习题，便可基本掌握本书内容。

作　者

2005 年 6 月于北京航空航天大学

目　　录

第1章　行列式

行列式是由解线性方程组引进的，不仅是研究线性代数的重要工具，而且在自然科学的许多领域有着广泛的应用。本章首先给出 n 阶行列式的定义，然后分别介绍行列式的性质和计算方法，最后给出 n 阶行列式在解 n 元线性方程组中的应用。

1.1　n 阶行列式的定义

1.1.1　排列与逆序

定义 1.1.1　由自然数 $1,2,\cdots,n$ 组成的一个有序数组称为一个 **n 阶排列**，记为 $j_1j_2\cdots j_n$。

例如，4213 是一个 4 阶排列，52341 是一个 5 阶排列。1,2,3,4 可组成 $24=4!$ 个不同的 4 阶排列，$1,2,\cdots,n$ 可组成 $n!$ 个不同的 n 阶排列。

按数字的自然顺序由小到大的 n 阶排列 $123\cdots n$ 称为**标准排列或自然排列**。

定义 1.1.2　在一个排列中，若一个较大的数排在一个较小的数的前面，则称这两个数构成一个**逆序**。一个排列中所有逆序的总数称为这个排列的**逆序数**。用 $\tau(j_1j_2\cdots j_n)$ 表示排列 $j_1j_2\cdots j_n$ 的逆序数。逆序数是偶数的排列称为**偶排列**，逆序数是奇数的排列称为**奇排列**。

对一个 n 阶排列 $j_1j_2\cdots j_n$，如何求它的逆序数呢？设这个排列中排在 j_1 后面比 j_1 小的数的个数为 $\tau(j_1)$，排在 j_2 后面比 j_2 小的数的个数为 $\tau(j_2)$，…，排在 j_{n-1} 后面比 j_{n-1} 小的数的个数为 $\tau(j_{n-1})$，则排列 $j_1j_2\cdots j_n$ 的逆序数为

$$\tau(j_1j_2\cdots j_n)=\tau(j_1)+\tau(j_2)+\cdots+\tau(j_{n-1})$$

例 1.1.1　求排列 32514 与 $n(n-1)\cdots 321$ 的逆序数。

解　$\tau(32514)=2+1+2+0=5$

$$\tau(n(n-1)\cdots 321)=(n-1)+(n-2)+\cdots+2+1=\frac{n(n-1)}{2}$$

排列 32514 为奇排列。排列 $n(n-1)\cdots 321$，当 $n=4k,4k+1$ 时为偶排列；当 $n=4k+2,4k+3$ 时为奇排列。

定义 1.1.3　把一个排列中某两个数的位置互换，而其余的数不动，就得到一个新的排列，这种变换称为排列的一个**对换**。

如果将排列 32514 中的 2 与 4 对调，则得到新的排列 34512，它的逆序数 $\tau(34512)=2+2+2+0=6$，为偶排列。这说明，奇排列 32514 经过一次对换得到偶排

列34512。一般地,有以下定理。

定理 1.1.1 一次对换改变排列的奇偶性。

证 分两种情况考虑。

(1) 相邻两个数对换的情况

设排列为

$$\cdots ij \cdots \tag{1.1.1}$$

经过 i 与 j 的对换变成

$$\cdots ji \cdots \tag{1.1.2}$$

这里“…”表示对换前后排列中不变的数。由于这两个排列只交换 i,j 两个数的位置,其余的数的位置没有改变,所以各数的逆序数中只有 $\tau(i)$ 和 $\tau(j)$ 可能有变化,其余各数的逆序数不变。当 $i<j$ 时,排列(1.1.2)的逆序数比排列(1.1.1)增加1;如果 $i>j$,排列(1.1.2)的逆序数比排列(1.1.1)减少1。因此排列(1.1.2)与排列(1.1.1)的奇偶性相反。

(2) 一般情况

设某个排列

$$\cdots i \quad k_1 \quad k_2 \cdots k_s \quad j \cdots \tag{1.1.3}$$

经过 i 与 j 的对换变成

$$\cdots j \quad k_1 \quad k_2 \cdots k_s \quad i \cdots \tag{1.1.4}$$

由排列(1.1.3)变为排列(1.1.4)可以通过一系列两两相邻的对换来实现。先将 i 依次与 $k_1,k_2,\cdots k_s,j$ 经过 $s+1$ 次相邻对换后将排列(1.1.3)变为

$$\cdots \quad k_1 \quad k_2 \cdots k_s \quad j \quad i \cdots \tag{1.1.5}$$

再将 j 依次与 $k_s,k_{s-1},\cdots,k_1$ 经过 s 次相邻对换,把排列(1.1.5)变成排列(1.1.4)。于是排列(1.1.3)化为排列(1.1.4)总共作了 $2s+1$ 次相邻对换,而每经过一次相邻对换,都改变排列的奇偶性,由于 $2s+1$ 为奇数,所以排列(1.1.4)与排列(1.1.3)的奇偶性相反。证毕。

推论 任何一个 n 阶排列都可以通过对换化成标准排列,并且所作对换的次数的奇偶性与该排列的奇偶性相同。

1.1.2 二阶与三阶行列式

本段的目的是叙述行列式这个概念的形成,这需要从解线性方程组谈起。

设二元一次线性方程组

$$\begin{cases} a_{11}x_1+a_{12}x_2=b_1 \\ a_{21}x_1+a_{22}x_2=b_2 \end{cases} \tag{1.1.6}$$

用消元法去解此方程组。先分别用 a_{22} 和 $-a_{12}$ 去乘以式(1.1.6)的一式和二式的两端,然后再将得到的两式相加,得

$$(a_{11}a_{22}-a_{12}a_{21})x_1=a_{22}b_1-a_{12}b_2$$

用类似方法，从式(1.1.6)中消去 x_1，得

$$(a_{11}a_{22}-a_{12}a_{21})x_2=a_{11}b_2-b_1a_{21}$$

当 $a_{11}a_{22}-a_{12}a_{21}\neq 0$ 时，方程组(1.1.6)有唯一解

$$\begin{cases}x_1=\dfrac{b_1a_{22}-a_{12}b_2}{a_{11}a_{22}-a_{12}a_{21}}\\[2ex] x_2=\dfrac{a_{11}b_2-b_1a_{21}}{a_{11}a_{22}-a_{12}a_{21}}\end{cases}\tag{1.1.7}$$

为了便于记忆，引入记号

$$D=\begin{vmatrix}a_{11} & a_{12}\\ a_{21} & a_{22}\end{vmatrix}=a_{11}a_{22}-a_{12}a_{21}\tag{1.1.8}$$

把式(1.1.8)称为**二阶行列式**。D 中横写的称为**行**，竖写的称为**列**。D 中共有两行两列，其中数 a_{ij} 称为行列式的**元素**，它的第一个下标 i 表示这个元素所在的行，称为**行指标**；第二个下标 j 表示这个元素所在的列，称为**列指标**。例如 a_{21} 就是位于 D 中第二行、第一列上的元素。

把行列式中从左上角到右下角的连线称为**主对角线**，从右上角到左下角的连线称为**副对角线**。由式(1.1.8)可知，二阶行列式的值是主对角线上元素 a_{11}，a_{22} 的乘积减去副对角线上元素 a_{12}，a_{21} 的乘积。按照这个规则，有

$$D_1=\begin{vmatrix}b_1 & a_{12}\\ b_2 & a_{22}\end{vmatrix}=b_1a_{22}-a_{12}b_2,\qquad D_2=\begin{vmatrix}a_{11} & b_1\\ a_{21} & b_2\end{vmatrix}=a_{11}b_2-b_1a_{21}$$

于是，当 $D\neq 0$ 时，二元一次线性方程组(1.1.6)的解可用二阶行列式表示成

$$x_1=\frac{D_1}{D},\qquad x_2=\frac{D_2}{D}$$

同理，考虑三元一次线性方程组

$$\begin{cases}a_{11}x_1+a_{12}x_2+a_{13}x_3=b_1\\ a_{21}x_1+a_{22}x_2+a_{23}x_3=b_2\\ a_{31}x_1+a_{32}x_2+a_{33}x_3=b_3\end{cases}\tag{1.1.9}$$

应用消元法先后消去 x_2 和 x_3，得到

$$(a_{11}a_{22}a_{33}+a_{12}a_{23}a_{31}+a_{13}a_{21}a_{32}-a_{11}a_{23}a_{32}-a_{12}a_{21}a_{33}-a_{13}a_{22}a_{31})x_1=$$
$$b_1a_{22}a_{33}+a_{12}a_{23}b_3+a_{13}b_2a_{32}-a_{13}a_{22}b_3-a_{12}b_2a_{33}-b_1a_{23}a_{32}$$

把 x_1 的系数记为

$$D=\begin{vmatrix}a_{11} & a_{12} & a_{13}\\ a_{21} & a_{22} & a_{23}\\ a_{31} & a_{32} & a_{33}\end{vmatrix}=$$
$$a_{11}a_{22}a_{33}+a_{12}a_{23}a_{31}+a_{13}a_{21}a_{32}-$$
$$a_{11}a_{23}a_{32}-a_{12}a_{21}a_{33}-a_{13}a_{22}a_{31}\tag{1.1.10}$$

由于 D 中共有三行三列，故把它称为**三阶行列式**。因为它由方程组(1.1.9)中变元

的系数组成,又称其为方程组(1.1.9)的**系数行列式**。如果 $D\neq 0$,容易算出方程组(1.1.9)有唯一解,即

$$x_1=\frac{D_1}{D},\qquad x_2=\frac{D_2}{D},\qquad x_3=\frac{D_3}{D}$$

其中,$D_j(j=1,2,3)$分别是在 D 中把第 j 列的元素换成方程组(1.1.9)右端的常数项 b_1,b_2,b_3 得到。

三阶行列式是六项的代数和,其中每一项都是 D 中不同行、不同列的三个元素的乘积冠以正负号。为了便于记忆,可写成

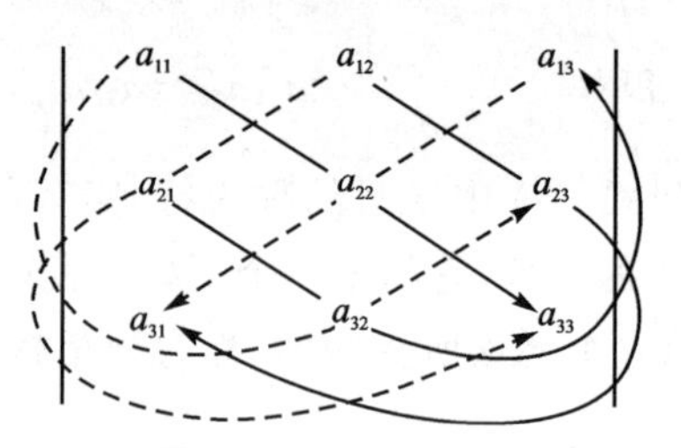

图中实线上三个元素的乘积的项取正号,虚线上三个元素的乘积的项取负号。这种方法称为三阶行列式的**对角线法则**。

由上面的讨论,自然会想到如何把二阶、三阶行列式推广到一般的 n 阶行列式,并用它来表达由 n 个未知量、n 个方程所组成的线性方程组的解。通过观察二阶、三阶行列式,发现它们有以下特点:

① 二阶、三阶行列式的每一项都是取自不同行、不同列的元素的乘积,其代数和即为该行列式的值。二阶行列式有 2! 项,三阶行列式有 3! 项。

② 代数和中每一项前的符号规律是,行指标取成标准排列时,由列指标组成排列的奇偶性决定每项前的正负号,偶者为正,奇者为负。

综上,有

$$\begin{vmatrix} a_{11} & a_{12} \\ a_{21} & a_{22} \end{vmatrix}=\sum_{j_1j_2}(-1)^{\tau(j_1j_2)}a_{1j_1}a_{2j_2}$$

$$\begin{vmatrix} a_{11} & a_{12} & a_{13} \\ a_{21} & a_{22} & a_{23} \\ a_{31} & a_{32} & a_{33} \end{vmatrix}=\sum_{j_1j_2j_3}(-1)^{\tau(j_1j_2j_3)}a_{1j_1}a_{2j_2}a_{3j_3}$$

这里 $\sum\limits_{j_1j_2}$ 表示对 1,2 这两个数的所有排列取和,$\sum\limits_{j_1j_2j_3}$ 表示对 1,2,3 这三个数的所有排列取和。

推而广之,就可以定义 n 阶行列式了。

1.1.3　n 阶行列式的定义

定义 1.1.4　由 n^2 个元素排成 n 行、n 列,以

$$\begin{vmatrix} a_{11} & a_{12} & \cdots & a_{1n} \\ a_{21} & a_{22} & \cdots & a_{2n} \\ \vdots & \vdots & & \vdots \\ a_{n1} & a_{n2} & \cdots & a_{nn} \end{vmatrix}$$

记之,称其为 **n 阶行列式**,它代表一个数值。此数值是取自上式中不同行、不同列的 n 个元素 $a_{1j_1}a_{2j_2}\cdots a_{nj_n}$ 乘积的代数和,其中 $j_1j_2\cdots j_n$ 是数字 $1,2,\cdots,n$ 的某一个排列,故共有 $n!$ 项。每项前的符号按下列规定:当 $j_1j_2\cdots j_n$ 为偶排列时取正号,当 $j_1j_2\cdots j_n$ 为奇排列时取负号,即

$$D=\begin{vmatrix} a_{11} & a_{12} & \cdots & a_{1n} \\ a_{21} & a_{22} & \cdots & a_{2n} \\ \vdots & \vdots & & \vdots \\ a_{n1} & a_{n2} & \cdots & a_{nn} \end{vmatrix}=\sum_{j_1j_2\cdots j_n}(-1)^{\tau(j_1j_2\cdots j_n)}a_{1j_1}a_{2j_2}\cdots a_{nj_n} \quad (1.1.11)$$

其中,$\sum\limits_{j_1j_2\cdots j_n}$ 表示对 $1,2,\cdots,n$ 这 n 个数组成的所有排列 $j_1j_2\cdots j_n$ 取和。

当 $n=1$ 时,即为一阶行列式,规定 $|a|=a$;当 $n=2,3$ 时,即为前面定义的二阶、三阶行列式。

为了书写方便,n 阶行列式也可记为 $D_n=|a_{ij}|_n$。

例 1.1.2　计算 n 阶下三角形行列式

$$\begin{vmatrix} a_{11} & 0 & \cdots & 0 \\ a_{21} & a_{22} & \cdots & 0 \\ \vdots & \vdots & & \vdots \\ a_{n1} & a_{n2} & \cdots & a_{nn} \end{vmatrix}$$

解　由 n 阶行列式的定义,展开式的一般项为 $a_{1j_1}a_{2j_2}\cdots a_{nj_n}$。要计算该行列式的值,只需把其中的非零项求出来即可。

这个行列式中,第一行除去 a_{11} 外,其余元素都是零,所以只能取 $j_1=1$;在第二行中,除去 a_{21},a_{22} 外,其余元素都是零,而 a_{11},a_{21} 同在第一列,所以只能取 $j_2=2$;如此下去,在第 n 行,只能取 $j_n=n$。因此该行列式展开式中不为零的项只有一项

$$a_{11}a_{22}\cdots a_{nn}$$

由于该项的列指标的排列是标准排列,其逆序数为零,所以取正号,故

$$\begin{vmatrix} a_{11} & 0 & \cdots & 0 \\ a_{21} & a_{22} & \cdots & 0 \\ \vdots & \vdots & & \vdots \\ a_{n1} & a_{n2} & \cdots & a_{nn} \end{vmatrix}=a_{11}a_{22}\cdots a_{nn}$$

即下三角形行列式的值等于主对角线上元素的乘积。

同理,对于**上三角形行列式**,有

$$\begin{vmatrix} a_{11} & a_{12} & \cdots & a_{1n} \\ 0 & a_{22} & \cdots & a_{2n} \\ \vdots & \vdots & & \vdots \\ 0 & 0 & \cdots & a_{nn} \end{vmatrix} = a_{11}a_{22}\cdots a_{nn}$$

特别地,对于**对角形行列式**,有

$$\begin{vmatrix} d_1 & 0 & \cdots & 0 \\ 0 & d_2 & \ddots & \vdots \\ \vdots & \ddots & \ddots & 0 \\ 0 & \cdots & 0 & d_n \end{vmatrix} = d_1 d_2 \cdots d_n$$

例 1.1.3 计算 n 阶行列式

$$D_n = \begin{vmatrix} 0 & \cdots & 0 & a_{1n} \\ 0 & \cdots & a_{2,n-1} & a_{2n} \\ \vdots & & \vdots & \vdots \\ a_{n1} & \cdots & a_{n,n-1} & a_{nn} \end{vmatrix}$$

解 用类似于例 1.1.2 的方法,该行列式的展开式中,只有下列一项不为零,即

$$a_{1n}a_{2,n-1}\cdots a_{n-1,2}a_{n1}$$

这一项列指标排列的逆序数为

$$\tau(n(n-1)\cdots 321) = \frac{n(n-1)}{2}$$

故

$$D_n = (-1)^{\frac{n(n-1)}{2}} a_{1n}a_{2,n-1}\cdots a_{n-1,2}a_{n1}$$

在行列式的定义中,规定 n 个元素相乘时,元素的行指标按标准排列,由列指标排列的逆序数决定各项前的正负号。那么能否在定义中 n 个元素的相乘项里,把元素的列指标排列按标准排列,而由行指标排列的逆序数决定各项前的正负号呢?下面的定理回答了这一问题。

定理 1.1.2 n 阶行列式也可定义为

$$D = \begin{vmatrix} a_{11} & a_{12} & \cdots & a_{1n} \\ a_{21} & a_{22} & \cdots & a_{2n} \\ \vdots & \vdots & & \vdots \\ a_{n1} & a_{n2} & \cdots & a_{nn} \end{vmatrix} = \sum_{i_1 i_2 \cdots i_n} (-1)^{\tau(i_1 i_2 \cdots i_n)} a_{i_1 1} a_{i_2 2} \cdots a_{i_n n} \qquad (1.1.12)$$

其中,$\sum\limits_{i_1 i_2 \cdots i_n}$ 表示对 $1,2,\cdots,n$ 这 n 个数组成的所有排列 $i_1 i_2 \cdots i_n$ 取和。

证 对于式(1.1.11)右端的任一项

$$(-1)^{\tau(j_1 j_2 \cdots j_n)} a_{1j_1} a_{2j_2} \cdots a_{nj_n}$$

当列指标组成的排列 $j_1 j_2 \cdots j_n$ 经过 p 次对换变成标准排列 $12\cdots n$ 时,相应的行指标组成的排列 $12\cdots n$ 经过 p 次对换变成排列 $i_1 i_2 \cdots i_n$,由于乘法的可交换性,则

$$a_{1j_1}a_{2j_2}\cdots a_{nj_n}=a_{i_1 1}a_{i_2 2}\cdots a_{i_n n}$$

根据定理1.1.1的推论可知，对换次数 p 的奇偶性与 $\tau(j_1 j_2\cdots j_n)$ 的奇偶性相同；同样，p 与 $\tau(i_1 i_2\cdots i_n)$ 也有相同的奇偶性。因此 $\tau(j_1 j_2\cdots j_n)$ 与 $\tau(i_1 i_2\cdots i_n)$ 具有相同的奇偶性，即

$$(-1)^{\tau(j_1 j_2\cdots j_n)}a_{1j_1}a_{2j_2}\cdots a_{nj_n}=(-1)^{\tau(i_1 i_2\cdots i_n)}a_{i_1 1}a_{i_2 2}\cdots a_{i_n n}$$

这意味着式(1.1.11)右端的任一项总有且仅有式(1.1.12)右端的某一项与之对应并相等，反之也是如此，于是定理成立。

习题1.1

1. 求下列排列的逆序数，并说明哪些是偶排列：

(1) 13524；　　(2) 54321；

(3) $13\cdots(2n-1)246\cdots(2n)$；　　(4) $(n-1)(n-2)\cdots 21n$。

2. 试确定下列五阶行列式中的项所带的符号：

(1) $a_{31}a_{25}a_{13}a_{52}a_{44}$；　　(2) $a_{14}a_{23}a_{51}a_{32}a_{45}$。

3. 已知 $a_{1i}a_{32}a_{4k}a_{24}$ 是四阶行列式中的一项，且取正号，试确定 i 与 k。

4. 利用行列式的定义计算下列行列式：

(1) $\begin{vmatrix} 0 & 0 & 2 & 0 \\ 0 & 0 & 0 & 4 \\ 3 & 0 & 0 & 0 \\ 0 & 5 & 0 & 0 \end{vmatrix}$；　　(2) $\begin{vmatrix} 7 & 6 & 5 & 4 \\ 3 & 8 & 9 & 0 \\ 0 & 2 & 10 & 0 \\ 0 & 0 & 1 & 0 \end{vmatrix}$；

(3) $\begin{vmatrix} 0 & 1 & 0 & \cdots & 0 \\ 0 & 0 & 2 & \cdots & 0 \\ \vdots & \vdots & \vdots & & \vdots \\ 0 & 0 & 0 & \cdots & n-1 \\ n & 0 & 0 & \cdots & 0 \end{vmatrix}$；　　(4) $\begin{vmatrix} 0 & 0 & \cdots & 0 & 1 & 0 \\ 0 & 0 & \cdots & 2 & 0 & 0 \\ \vdots & \vdots & & \vdots & \vdots & \vdots \\ n-1 & 0 & \cdots & 0 & 0 & 0 \\ 0 & 0 & \cdots & 0 & 0 & n \end{vmatrix}$。

5. 利用行列式的定义证明

$$\begin{vmatrix} a_1 & a_2 & a_3 & a_4 & a_5 \\ b_1 & b_2 & b_3 & b_4 & b_5 \\ c_1 & c_2 & 0 & 0 & 0 \\ d_1 & d_2 & 0 & 0 & 0 \\ e_1 & e_2 & 0 & 0 & 0 \end{vmatrix}=0$$

6. 试用行列式的定义，确定行列式

$$f(x)=\begin{vmatrix} 2x & x & 1 & 2 \\ 1 & x & 1 & -1 \\ 3 & 2 & x & 1 \\ 1 & 1 & 1 & x \end{vmatrix}$$

中 x^3 和 x^4 的系数,并说明理由。

1.2 行列式的性质

由行列式的定义可知,当行列式的阶数较高时,直接按定义计算它的值是比较麻烦的。为此,本节将介绍行列式的一些基本性质,利用这些性质,可以将复杂的行列式化成一些形式特殊的行列式,如上三角形行列式等,再计算它的值。

设 n 阶行列式

$$D=\begin{vmatrix} a_{11} & a_{12} & \cdots & a_{1n} \\ a_{21} & a_{22} & \cdots & a_{2n} \\ \vdots & \vdots & & \vdots \\ a_{n1} & a_{n2} & \cdots & a_{nn} \end{vmatrix}$$

将这个行列式的行和列互换,不改变它们的先后顺序得到的新行列式称为 D 的**转置行列式**,记为 D^{T},即

$$D^{\mathrm{T}}=\begin{vmatrix} a_{11} & a_{21} & \cdots & a_{n1} \\ a_{12} & a_{22} & \cdots & a_{n2} \\ \vdots & \vdots & & \vdots \\ a_{1n} & a_{2n} & \cdots & a_{nn} \end{vmatrix}$$

性质1 行列式与它的转置行列式相等,即 $D=D^{\mathrm{T}}$。

证 设 D^{T} 中第 i 行、第 j 列的元素为 $b_{ij}\,(i,j=1,2,\cdots,n)$,则

$$b_{ij}=a_{ji} \qquad (i,j=1,2,\cdots,n)$$

按行列式的定义及式(1.1.12),有

$$D^{\mathrm{T}}=\sum_{j_1j_2\cdots j_n}(-1)^{\tau(j_1j_2\cdots j_n)}b_{1j_1}b_{2j_2}\cdots b_{nj_n}=$$
$$\sum_{j_1j_2\cdots j_n}(-1)^{\tau(j_1j_2\cdots j_n)}a_{j_11}a_{j_22}\cdots a_{j_nn}=D$$

性质1说明行列式中行与列的地位是等同的,凡是对行成立的性质,对列也同样成立。因此下面的一些性质只对行进行证明。

性质2 如果行列式某一行(列)元素有公因数 k,则 k 可以提到行列式符号外边,即

$$\begin{vmatrix} a_{11} & a_{12} & \cdots & a_{1n} \\ \vdots & \vdots & & \vdots \\ ka_{i1} & ka_{i2} & \cdots & ka_{in} \\ \vdots & \vdots & & \vdots \\ a_{n1} & a_{n2} & \cdots & a_{nn} \end{vmatrix} = k \begin{vmatrix} a_{11} & a_{12} & \cdots & a_{1n} \\ \vdots & \vdots & & \vdots \\ a_{i1} & a_{i2} & \cdots & a_{in} \\ \vdots & \vdots & & \vdots \\ a_{n1} & a_{n2} & \cdots & a_{nn} \end{vmatrix}$$

证　由行列式的定义，有

$$\begin{aligned} 左端 = & \sum_{j_1 j_2 \cdots j_n} (-1)^{\tau(j_1 j_2 \cdots j_n)} a_{1j_1} a_{2j_2} \cdots (k a_{ij_i}) \cdots a_{nj_n} = \\ & k \sum_{j_1 j_2 \cdots j_n} (-1)^{\tau(j_1 j_2 \cdots j_n)} a_{1j_1} a_{2j_2} \cdots a_{ij_i} \cdots a_{nj_n} = \\ & 右端 \end{aligned}$$

推论　如果行列式中某一行(列)元素全为零，那么行列式等于零。

性质 3　如果行列式中两行(列)互换，那么行列式只改变一个符号，即

$$\begin{vmatrix} a_{11} & a_{12} & \cdots & a_{1n} \\ \vdots & \vdots & & \vdots \\ a_{i1} & a_{i2} & \cdots & a_{in} \\ \vdots & \vdots & & \vdots \\ a_{k1} & a_{k2} & \cdots & a_{kn} \\ \vdots & \vdots & & \vdots \\ a_{n1} & a_{n2} & \cdots & a_{nn} \end{vmatrix} = - \begin{vmatrix} a_{11} & a_{12} & \cdots & a_{1n} \\ \vdots & \vdots & & \vdots \\ a_{k1} & a_{k2} & \cdots & a_{kn} \\ \vdots & \vdots & & \vdots \\ a_{i1} & a_{i2} & \cdots & a_{in} \\ \vdots & \vdots & & \vdots \\ a_{n1} & a_{n2} & \cdots & a_{nn} \end{vmatrix}$$

证　根据行列式的定义及定理 1.1.1，有

$$\begin{aligned} 左端 = & \sum_{j_1 j_2 \cdots j_n} (-1)^{\tau(j_1 \cdots j_i \cdots j_k \cdots j_n)} a_{1j_1} \cdots a_{ij_i} \cdots a_{kj_k} \cdots a_{nj_n} = \\ & - \sum_{j_1 j_2 \cdots j_n} (-1)^{\tau(j_1 \cdots j_k \cdots j_i \cdots j_n)} a_{1j_1} \cdots a_{kj_k} \cdots a_{ij_i} \cdots a_{nj_n} = \\ & 右端 \end{aligned}$$

推论 1　若行列式中有两行(列)相同，则行列式的值为零。

证　设行列式 D 的第 i 行与第 k 行相同，将第 i 行与第 k 行互换，行列式不变；但由性质 3 可知，它们应当反号，即 $D=-D$，亦即 $2D=0$，故 $D=0$。

推论 2　如果行列式中两行(列)的对应元素成比例，那么行列式的值为零。

证　由性质 2 和性质 3 的推论 1 即可得到。

性质 4　如果行列式某行(列)的各元素都可以写成两数之和，即 $a_{ij}=b_{ij}+c_{ij}$ $(j=1,2,\cdots,n)$，则此行列式等于两个行列式之和，即

$$\begin{vmatrix} a_{11} & a_{12} & \cdots & a_{1n} \\ \vdots & \vdots & & \vdots \\ b_{i1}+c_{i1} & b_{i2}+c_{i2} & \cdots & b_{in}+c_{in} \\ \vdots & \vdots & & \vdots \\ a_{n1} & a_{n2} & \cdots & a_{nn} \end{vmatrix} = \begin{vmatrix} a_{11} & a_{12} & \cdots & a_{1n} \\ \vdots & \vdots & & \vdots \\ b_{i1} & b_{i2} & \cdots & b_{in} \\ \vdots & \vdots & & \vdots \\ a_{n1} & a_{n2} & \cdots & a_{nn} \end{vmatrix} + \begin{vmatrix} a_{11} & a_{12} & \cdots & a_{1n} \\ \vdots & \vdots & & \vdots \\ c_{i1} & c_{i2} & \cdots & c_{in} \\ \vdots & \vdots & & \vdots \\ a_{n1} & a_{n2} & \cdots & a_{nn} \end{vmatrix}$$

证 由行列式定义,有

$$\begin{aligned} \text{左端} = & \sum_{j_1 j_2 \cdots j_n} (-1)^{\tau(j_1 \cdots j_i \cdots j_n)} a_{1j_1} \cdots (b_{ij_i} + c_{ij_i}) \cdots a_{nj_n} = \\ & \sum_{j_1 j_2 \cdots j_n} (-1)^{\tau(j_1 \cdots j_i \cdots j_n)} a_{1j_1} \cdots b_{ij_i} \cdots a_{nj_n} + \\ & \sum_{j_1 j_2 \cdots j_n} (-1)^{\tau(j_1 \cdots j_i \cdots j_n)} a_{1j_1} \cdots c_{ij_i} \cdots a_{nj_n} = \\ & \text{右端} \end{aligned}$$

根据行列式的这一性质,如果行列式的某一行(列)的各元素是 m 个数之和,那么,它可以拆成 m 个同阶行列式之和。

性质 5 如果将行列式中某行(列)的各元素同乘一数 k 后,加到另一行(列)的各对应元素上,则行列式的值不变,即

$$\begin{vmatrix} a_{11} & a_{12} & \cdots & a_{1n} \\ \vdots & \vdots & & \vdots \\ a_{i1}+ka_{j1} & a_{i2}+ka_{j2} & \cdots & a_{in}+ka_{jn} \\ \vdots & \vdots & & \vdots \\ a_{j1} & a_{j2} & \cdots & a_{jn} \\ \vdots & \vdots & & \vdots \\ a_{n1} & a_{n2} & \cdots & a_{nn} \end{vmatrix} = \begin{vmatrix} a_{11} & a_{12} & \cdots & a_{1n} \\ \vdots & \vdots & & \vdots \\ a_{i1} & a_{i2} & \cdots & a_{in} \\ \vdots & \vdots & & \vdots \\ a_{j1} & a_{j2} & \cdots & a_{jn} \\ \vdots & \vdots & & \vdots \\ a_{n1} & a_{n2} & \cdots & a_{nn} \end{vmatrix}$$

证 由行列式的性质 4,有

$$\text{左端} = \begin{vmatrix} a_{11} & a_{12} & \cdots & a_{1n} \\ \vdots & \vdots & & \vdots \\ a_{i1} & a_{i2} & \cdots & a_{in} \\ \vdots & \vdots & & \vdots \\ a_{j1} & a_{j2} & \cdots & a_{jn} \\ \vdots & \vdots & & \vdots \\ a_{n1} & a_{n2} & \cdots & a_{nn} \end{vmatrix} + \begin{vmatrix} a_{11} & a_{12} & \cdots & a_{1n} \\ \vdots & \vdots & & \vdots \\ ka_{j1} & ka_{j2} & \cdots & ka_{jn} \\ \vdots & \vdots & & \vdots \\ a_{j1} & a_{j2} & \cdots & a_{jn} \\ \vdots & \vdots & & \vdots \\ a_{n1} & a_{n2} & \cdots & a_{nn} \end{vmatrix}$$

由性质 2 和性质 3 的推论 1 可知,上式第二个行列式的值为零,从而左端=右端。

上面介绍了行列式的一些性质,利用这些性质,可以简化行列式的计算。基本思路是,利用行列式的性质,把它们化成上(下)三角形行列式,便可求出其值。

在计算行列式时，为了叙述方便，约定如下记号：

以 r_i 表示行列式的第 i 行(row)，以 c_j 表示行列式的第 j 列(column)。交换 i,j 两行，记作 $r_i \leftrightarrow r_j$；第 i 行加上(或减去)第 j 行的 k 倍记作 $r_i \pm kr_j$。对列也有类似记号。

下面看几个计算行列式的例子。

例 1.2.1　计算行列式

$$D=\begin{vmatrix} 1 & -9 & 13 & 7 \\ -2 & 5 & -1 & 3 \\ 3 & -1 & 5 & -5 \\ 2 & 8 & -7 & -10 \end{vmatrix}$$

解　$$D \xlongequal[r_4-2r_1]{\substack{r_2+2r_1 \\ r_3-3r_1}} \begin{vmatrix} 1 & -9 & 13 & 7 \\ 0 & -13 & 25 & 17 \\ 0 & 26 & -34 & -26 \\ 0 & 26 & -33 & -24 \end{vmatrix} \xlongequal[r_4+2r_2]{r_3+2r_2}$$

$$\begin{vmatrix} 1 & -9 & 13 & 7 \\ 0 & -13 & 25 & 17 \\ 0 & 0 & 16 & 8 \\ 0 & 0 & 17 & 10 \end{vmatrix} \xlongequal{r_4-\frac{17}{16}r_3} \begin{vmatrix} 1 & -9 & 13 & 7 \\ 0 & -13 & 25 & 17 \\ 0 & 0 & 16 & 8 \\ 0 & 0 & 0 & \frac{3}{2} \end{vmatrix} =$$

$$1\times(-13)\times 16\times\frac{3}{2}=-312$$

例 1.2.2　试证

$$\begin{vmatrix} a & b & c & d \\ a & a+b & a+b+c & a+b+c+d \\ a & 2a+b & 3a+2b+c & 4a+3b+2c+d \\ a & 3a+b & 6a+3b+c & 10a+6b+3c+d \end{vmatrix}=a^4$$

证　从行列式中的第 4 行开始，后行减前行，即自下而上依次从每一行中减去它上面的一行，得

$$\begin{vmatrix} a & b & c & d \\ a & a+b & a+b+c & a+b+c+d \\ a & 2a+b & 3a+2b+c & 4a+3b+2c+d \\ a & 3a+b & 6a+3b+c & 10a+6b+3c+d \end{vmatrix} = \begin{vmatrix} a & b & c & d \\ 0 & a & a+b & a+b+c \\ 0 & a & 2a+b & 3a+2b+c \\ 0 & a & 3a+b & 6a+3b+c \end{vmatrix} \xlongequal[r_3-r_2]{r_4-r_3}$$

$$\begin{vmatrix} a & b & c & d \\ 0 & a & a+b & a+b+c \\ 0 & 0 & a & 2a+b \\ 0 & 0 & a & 3a+b \end{vmatrix} \xlongequal{r_4-r_3} \begin{vmatrix} a & b & c & d \\ 0 & a & a+b & a+b+c \\ 0 & 0 & a & 2a+b \\ 0 & 0 & 0 & a \end{vmatrix} = a^4$$

例 1.2.3 计算 n 阶行列式

$$D_n=\begin{vmatrix} a & b & b & \cdots & b \\ b & a & b & \cdots & b \\ \vdots & \vdots & \vdots & & \vdots \\ b & b & b & \cdots & a \end{vmatrix}$$

解 该行列式各行(列)的元素之和都等于一个常数 $a+(n-1)b$,可从第 2 列(行)起,把后面各列(行)都加到第 1 列(行)上,提出公因子 $a+(n-1)b$,然后再将其化为三角形行列式。

$$D_n \xlongequal{c_1+c_2+\cdots+c_n} \begin{vmatrix} a+(n-1)b & b & b & \cdots & b \\ a+(n-1)b & a & b & \cdots & b \\ \vdots & \vdots & \vdots & & \vdots \\ a+(n-1)b & b & b & \cdots & a \end{vmatrix}=$$

$$(a+(n-1)b)\begin{vmatrix} 1 & b & b & \cdots & b \\ 1 & a & b & \cdots & b \\ \vdots & \vdots & \vdots & & \vdots \\ 1 & b & b & \cdots & a \end{vmatrix} \xlongequal[i=1,2,\cdots,n]{r_i-r_1}$$

$$(a+(n-1)b)\begin{vmatrix} 1 & b & b & \cdots & b \\ 0 & a-b & 0 & \cdots & 0 \\ \vdots & \vdots & \vdots & & \vdots \\ 0 & 0 & 0 & \cdots & a-b \end{vmatrix}=$$

$$(a+(n-1)b)(a-b)^{n-1}$$

最后,介绍两类特殊的行列式。在行列式 $D=|a_{ij}|_n$ 中,若 $a_{ij}=a_{ji}(i,j=1,2,\cdots,n)$,则称 D 为**对称行列式**;若 $a_{ij}=-a_{ji}(i,j=1,2,\cdots,n)$,则称 D 为**反对称行列式**。由定义易知,在反对称行列式中,$a_{ii}=0(i=1,2,\cdots,n)$。

例 1.2.4 试证奇数阶反对称行列式等于 0。

证 设

$$D=\begin{vmatrix} 0 & a_{12} & a_{13} & \cdots & a_{1n} \\ -a_{12} & 0 & a_{23} & \cdots & a_{2n} \\ -a_{13} & -a_{23} & 0 & \cdots & a_{3n} \\ \vdots & \vdots & \vdots & & \vdots \\ -a_{1n} & -a_{2n} & -a_{3n} & \cdots & 0 \end{vmatrix}$$

是一个反对称行列式,n 为奇数。将 D 的行列互换,并在每一行中提出公因子 (-1),得

$$D=\begin{vmatrix} 0 & -a_{12} & -a_{13} & \cdots & -a_{1n} \\ a_{12} & 0 & -a_{23} & \cdots & -a_{2n} \\ a_{13} & a_{23} & 0 & \cdots & -a_{3n} \\ \vdots & \vdots & \vdots & & \vdots \\ a_{1n} & a_{2n} & a_{3n} & \cdots & 0 \end{vmatrix}=(-1)^n\begin{vmatrix} 0 & a_{12} & a_{13} & \cdots & a_{1n} \\ -a_{12} & 0 & a_{23} & \cdots & a_{2n} \\ -a_{13} & -a_{23} & 0 & \cdots & a_{3n} \\ \vdots & \vdots & \vdots & & \vdots \\ -a_{1n} & -a_{2n} & -a_{3n} & \cdots & 0 \end{vmatrix}=-D$$

所以

$$D=0$$

习题 1.2

1. 计算下列行列式：

(1) $\begin{vmatrix} 2 & 1 & 4 & 1 \\ 3 & -1 & 2 & 1 \\ 1 & 2 & 3 & 2 \\ 5 & 0 & 6 & 2 \end{vmatrix}$；　(2) $\begin{vmatrix} 1 & 2 & 3 & 4 \\ 2 & 3 & 4 & 1 \\ 3 & 4 & 1 & 2 \\ 4 & 1 & 2 & 3 \end{vmatrix}$；

(3) $\begin{vmatrix} -2 & 3 & 0 & -1 \\ 1 & -2 & 1 & 0 \\ \frac{1}{2} & 2 & 1 & -\frac{5}{2} \\ 0 & 1 & -2 & 4 \end{vmatrix}$；　(4) $\begin{vmatrix} 2 & 3 & 0 & 0 & 0 \\ 1 & 5 & 0 & 0 & 0 \\ 1 & 2 & 1 & 3 & 4 \\ 3 & 4 & 2 & 1 & 5 \\ 5 & 6 & 0 & 2 & 1 \end{vmatrix}$；

(5) $\begin{vmatrix} x+y & z+y & z+x \\ y+z & z+x & x+y \\ z+x & x+y & y+z \end{vmatrix}$；　(6) $\begin{vmatrix} a & b & c & d \\ a & d & c & b \\ c & d & a & b \\ c & b & a & d \end{vmatrix}$；

(7) $\begin{vmatrix} a_1+b_1 & a_1+b_2 & \cdots & a_1+b_n \\ a_2+b_1 & a_2+b_2 & \cdots & a_2+b_n \\ \vdots & \vdots & & \vdots \\ a_n+b_1 & a_n+b_2 & \cdots & a_n+b_n \end{vmatrix}$；　(8) $\begin{vmatrix} 1+x & 1 & 1 & 1 \\ 1 & 1-x & 1 & 1 \\ 1 & 1 & 1+y & 1 \\ 1 & 1 & 1 & 1-y \end{vmatrix}$。

2. 证明：

(1) $\begin{vmatrix} by+az & bz+ax & bx+ay \\ bx+ay & by+az & bz+ax \\ bz+ax & bx+ay & by+az \end{vmatrix}=(a^3+b^3)\begin{vmatrix} x & y & z \\ z & x & y \\ y & z & x \end{vmatrix}$；

(2) $\begin{vmatrix} a^2 & (a+1)^2 & (a+2)^2 & (a+3)^2 \\ b^2 & (b+1)^2 & (b+2)^2 & (b+3)^2 \\ c^2 & (c+1)^2 & (c+2)^2 & (c+3)^2 \\ d^2 & (d+1)^2 & (d+2)^2 & (d+3)^2 \end{vmatrix}=0$；

1.3 行列式的展开与计算

上节介绍了一些应用行列式的性质计算行列式的方法。一般来讲,当行列式的阶数较高时,计算起来比较麻烦;而行列式的阶数较低时,则计算起来相对简单。本节中,介绍如何把高阶行列式转化为较低阶行列式的计算方法。

1.3.1 行列式按一行(或一列)展开

定义 1.3.1 在 n 阶行列式 $D=|a_{ij}|_n$ 中,划掉元素 a_{ij} 所在的第 i 行和第 j 列后,留下的元素按照原来的顺序组成的 $n-1$ 阶行列式称为元素 a_{ij} 的**余子式**,记为 M_{ij}。称

$$A_{ij}=(-1)^{i+j}M_{ij}$$

为元素 a_{ij} 的**代数余子式**。

例如,四阶行列式

$$D=\begin{vmatrix} a_{11} & a_{12} & a_{13} & a_{14} \\ a_{21} & a_{22} & a_{23} & a_{24} \\ a_{31} & a_{32} & a_{33} & a_{34} \\ a_{41} & a_{42} & a_{43} & a_{44} \end{vmatrix}$$

中元素 a_{23} 的余子式是

$$M_{23}=\begin{vmatrix} a_{11} & a_{12} & a_{14} \\ a_{31} & a_{32} & a_{34} \\ a_{41} & a_{42} & a_{44} \end{vmatrix}$$

元素 a_{23} 的代数余子式是

$$A_{23}=(-1)^{2+3}M_{23}=-M_{23}$$

定理 1.3.1 n 阶行列式 $D=|a_{ij}|_n$ 等于它的任意一行(列)的各元素与其对应的代数余子式乘积之和,即

$$D=a_{i1}A_{i1}+a_{i2}A_{i2}+\cdots+a_{in}A_{in} \qquad (i=1,2,\cdots,n) \tag{1.3.1}$$

或

$$D=a_{1j}A_{1j}+a_{2j}A_{2j}+\cdots+a_{nj}A_{nj} \qquad (j=1,2,\cdots,n) \tag{1.3.2}$$

证 对 D 分三种情况进行证明。

① 行列式 D 的第一行中除 $a_{11}\neq 0$ 外,其余元素均为零的情形,即

$$D=\begin{vmatrix} a_{11} & 0 & \cdots & 0 \\ a_{21} & a_{22} & \cdots & a_{2n} \\ \vdots & \vdots & & \vdots \\ a_{n1} & a_{n2} & \cdots & a_{nn} \end{vmatrix}$$

按行列式的定义

$$D=\sum_{i_1 i_2\cdots i_n}(-1)^{\tau(i_1 i_2\cdots i_n)}a_{i_1 1}a_{i_2 2}\cdots a_{i_n n}=$$

$$\sum_{1i_2\cdots i_n}(-1)^{\tau(1i_2\cdots i_n)}a_{11}a_{i_2 2}\cdots a_{i_n n}=$$

$$a_{11}\sum_{i_2\cdots i_n}(-1)^{\tau(i_2\cdots i_n)}a_{i_2 2}\cdots a_{i_n n}=$$

$$a_{11}M_{11}=a_{11}(-1)^{1+1}M_{11}=a_{11}A_{11}$$

② 行列式 D 中第 i 行元素除 $a_{ij}\neq 0$ 外,其余元素均为零的情形,即

$$D=\begin{vmatrix} a_{11} & \cdots & a_{1,j-1} & a_{1j} & a_{1,j+1} & \cdots & a_{1n} \\ \vdots & & \vdots & \vdots & \vdots & & \vdots \\ a_{i-1,1} & \cdots & a_{i-1,j-1} & a_{i-1,j} & a_{i-1,j+1} & \cdots & a_{i-1,n} \\ 0 & \cdots & 0 & a_{ij} & 0 & \cdots & 0 \\ a_{i+1,1} & \cdots & a_{i+1,j-1} & a_{i+1,j} & a_{i+1,j+1} & \cdots & a_{i+1,n} \\ \vdots & & \vdots & \vdots & \vdots & & \vdots \\ a_{n1} & \cdots & a_{n,j-1} & a_{nj} & a_{n,j+1} & \cdots & a_{nn} \end{vmatrix}$$

先将 D 的第 i 行依次与第 $i-1,\cdots,2,1$ 各行作 $i-1$ 次相邻对换调到第一行,再将第 j 列依次与 $j-1,\cdots,2,1$ 各列作 $j-1$ 次相邻对换调到第一列,这样对 D 共进行了 $i+j-2$ 次对换。由行列式的性质 3 及情形①,有

$$D=(-1)^{i+j-2}\begin{vmatrix} a_{ij} & 0 & \cdots & 0 & 0 & \cdots & 0 \\ a_{1j} & a_{11} & \cdots & a_{1,j-1} & a_{1,j+1} & \cdots & a_{1n} \\ \vdots & \vdots & & \vdots & \vdots & & \vdots \\ a_{i-1,j} & a_{i-1,1} & \cdots & a_{i-1,j-1} & a_{i-1,j+1} & \cdots & a_{i-1,n} \\ a_{i+1,j} & a_{i+1,1} & \cdots & a_{i+1,j-1} & a_{i+1,j+1} & \cdots & a_{i+1,n} \\ \vdots & \vdots & & \vdots & \vdots & & \vdots \\ a_{nj} & a_{n1} & \cdots & a_{nj} & a_{n,j+1} & \cdots & a_{nn} \end{vmatrix}=$$

$$(-1)^{i+j}a_{ij}M_{ij}=a_{ij}A_{ij}$$

③ 一般情形,把 D 写为

$$D=\begin{vmatrix} a_{11} & a_{12} & \cdots & a_{1n} \\ \vdots & \vdots & & \vdots \\ a_{i1}+0+\cdots+0 & 0+a_{i2}+\cdots+0 & \cdots & 0+\cdots+0+a_{in} \\ \vdots & \vdots & & \vdots \\ a_{n1} & a_{n2} & \cdots & a_{nn} \end{vmatrix}$$

由行列式的性质 4 及情形②,有

$$D=\begin{vmatrix} a_{11} & a_{12} & \cdots & a_{1n} \\ \vdots & \vdots & & \vdots \\ a_{i1} & 0 & \cdots & 0 \\ \vdots & \vdots & & \vdots \\ a_{n1} & a_{n2} & \cdots & a_{nn} \end{vmatrix}+\begin{vmatrix} a_{11} & a_{12} & \cdots & a_{1n} \\ \vdots & \vdots & & \vdots \\ 0 & a_{i2} & \cdots & 0 \\ \vdots & \vdots & & \vdots \\ a_{n1} & a_{n2} & \cdots & a_{nn} \end{vmatrix}+\cdots+\begin{vmatrix} a_{11} & a_{12} & \cdots & a_{1n} \\ \vdots & \vdots & & \vdots \\ 0 & 0 & \cdots & a_{in} \\ \vdots & \vdots & & \vdots \\ a_{n1} & a_{n2} & \cdots & a_{nn} \end{vmatrix}=$$

$$a_{i1}A_{i1}+a_{i2}A_{i2}+\cdots+a_{in}A_{in}\qquad(i=1,2,\cdots,n)$$

这样就证明了按行的展开式(1.3.1)。同理可证按列的展开式(1.3.2)。证毕。

定理1.3.1可叙述为:行列式可以按它的任一行展开,也可以按它的任一列展开。由这个定理,可把一个行列式用比其阶数较低的行列式表示出来。

定理1.3.2 n 阶行列式 $D=|a_{ij}|_n$ 中某一行(列)的各个元素与另一行(列)的对应元素的代数余子式乘积之和等于0,即

$$a_{k1}A_{i1}+a_{k2}A_{i2}+\cdots+a_{kn}A_{in}=0\qquad(i\neq k)$$

$$a_{1k}A_{1j}+a_{2k}A_{2j}+\cdots+a_{nk}A_{nj}=0\qquad(j\neq k)$$

证

$$D=\begin{vmatrix} a_{11} & a_{12} & \cdots & a_{1n}\\ \vdots & \vdots & & \vdots\\ a_{i1} & a_{i2} & \cdots & a_{in}\\ \vdots & \vdots & & \vdots\\ a_{k1} & a_{k2} & \cdots & a_{kn}\\ \vdots & \vdots & & \vdots\\ a_{n1} & a_{n2} & \cdots & a_{nn}\end{vmatrix}\xlongequal{r_i+r_k}\begin{vmatrix} a_{11} & a_{12} & \cdots & a_{1n}\\ \vdots & \vdots & & \vdots\\ a_{i1}+a_{k1} & a_{i2}+a_{k2} & \cdots & a_{in}+a_{kn}\\ \vdots & \vdots & & \vdots\\ a_{k1} & a_{k2} & \cdots & a_{kn}\\ \vdots & \vdots & & \vdots\\ a_{n1} & a_{n2} & \cdots & a_{nn}\end{vmatrix}$$

两边行列式都按第 i 行展开,得

$$\sum_{j=1}^{n}a_{ij}A_{ij}=\sum_{j=1}^{n}(a_{ij}+a_{kj})A_{ij}$$

移项化简,得

$$a_{k1}A_{i1}+a_{k2}A_{i2}+\cdots+a_{kn}A_{in}=0\qquad(i\neq k)$$

同理可证另一式。证毕。

把定理1.3.1与定理1.3.2结合起来,得到**两个重要公式**:

$$\sum_{t=1}^{n}a_{kt}A_{it}=\begin{cases}D & (i=k)\\ 0 & (i\neq k)\end{cases}\qquad(1.3.3)$$

$$\sum_{t=1}^{n}a_{tk}A_{tj}=\begin{cases}D & (j=k)\\ 0 & (j\neq k)\end{cases}\qquad(1.3.4)$$

定理1.3.1和定理1.3.2告诉我们计算行列式的一种方法——降阶法,但在实际应用时,因为要计算多个降阶行列式,计算量仍然可能比较大。因此在应用这个方法时,可先利用行列式的性质,使行列式中某行(或列)的元素尽可能多地化为零,然后按这一行(或列)对行列式展开。这样继续下去,就可以把一个高阶行列式最后转化为计算若干个二阶行列式,从而达到简化计算的目的。

例1.3.1 计算行列式

$$D=\begin{vmatrix} 3 & 1 & -1 & 2 \\ -5 & 1 & 3 & -4 \\ 2 & 0 & 1 & -1 \\ 1 & -5 & 3 & -3 \end{vmatrix}$$

解　$$D \xlongequal[c_4+c_3]{c_1-2c_3} \begin{vmatrix} 5 & 1 & -1 & 1 \\ -11 & 1 & 3 & -1 \\ 0 & 0 & 1 & 0 \\ -5 & -5 & 3 & 0 \end{vmatrix} = (-1)^{3+3}\begin{vmatrix} 5 & 1 & 1 \\ -11 & 1 & -1 \\ -5 & -5 & 0 \end{vmatrix} \xlongequal{r_2+r_1}$$

$$\begin{vmatrix} 5 & 1 & 1 \\ -6 & 2 & 0 \\ -5 & -5 & 0 \end{vmatrix} = (-1)^{3+1}\begin{vmatrix} -6 & 2 \\ -5 & -5 \end{vmatrix} = 40$$

例 1.3.2　计算 $n+1$ 阶行列式

$$D_{n+1}=\begin{vmatrix} a_0 & b_1 & b_2 & \cdots & b_n \\ c_1 & a_1 & 0 & \cdots & 0 \\ c_2 & 0 & a_2 & \cdots & 0 \\ \vdots & \vdots & \vdots & & \vdots \\ c_n & 0 & 0 & \cdots & a_n \end{vmatrix}, \qquad a_i \neq 0 \qquad (i=1,2,\cdots,n)$$

解　这个行列式的特点是，除去第 1 行、第 1 列以及主对角线外，其余元素都为零，可利用行列式的性质把其化为三角形行列式。

由于 $a_i \neq 0 (i=1,2,\cdots,n)$，将行列式的第 $i+1$ 列乘以 $-\frac{c_i}{a_i}(i=1,2,\cdots,n)$ 后都加到第 1 列上，得

$$D_{n+1}=\begin{vmatrix} a_0-\sum_{i=1}^{n}\frac{b_i c_i}{a_i} & b_1 & b_2 & \cdots & b_n \\ 0 & a_1 & 0 & \cdots & 0 \\ 0 & 0 & a_2 & \cdots & 0 \\ \vdots & \vdots & \vdots & & \vdots \\ 0 & 0 & 0 & \cdots & a_n \end{vmatrix} = \prod_{j=1}^{n} a_j \left(a_0-\sum_{i=1}^{n}\frac{b_i c_i}{a_i}\right)$$

例 1.3.3　计算 n 阶行列式

$$D_n=\begin{vmatrix} x & -1 & 0 & \cdots & 0 & 0 \\ 0 & x & -1 & \cdots & 0 & 0 \\ \vdots & \vdots & \vdots & & \vdots & \vdots \\ 0 & 0 & 0 & \cdots & x & -1 \\ a_n & a_{n-1} & a_{n-2} & \cdots & a_2 & x+a_1 \end{vmatrix}$$

解　按第 1 列展开

$$D_n=x\begin{vmatrix} x & -1 & 0 & \cdots & 0 & 0 \\ 0 & x & -1 & \cdots & 0 & 0 \\ \vdots & \vdots & \vdots & & \vdots & \vdots \\ 0 & 0 & 0 & \cdots & x & -1 \\ a_{n-1} & a_{n-2} & a_{n-3} & \cdots & a_2 & x+a_1 \end{vmatrix}_{n-1}+$$

$$(-1)^{1+n}a_n\begin{vmatrix} -1 & 0 & \cdots & 0 & 0 \\ x & -1 & \cdots & 0 & 0 \\ 0 & x & \cdots & 0 & 0 \\ \vdots & \vdots & & \vdots & \vdots \\ 0 & 0 & \cdots & x & -1 \end{vmatrix}_{n-1}=xD_{n-1}+a_n$$

由于对于 $n\geqslant 2, D_n=xD_{n-1}+a_n$ 都成立,从而

$$\begin{aligned} D_n=&xD_{n-1}+a_n= \\ &x(xD_{n-2}+a_{n-1})+a_n= \\ &x^2D_{n-2}+a_{n-1}x+a_n \\ &\qquad\vdots \\ &x^{n-1}D_1+a_2x^{n-2}+\cdots+a_{n-1}x+a_n \end{aligned}$$

因为 $D_1=a_1+x$,于是

$$D_n=x^n+a_1x^{n-1}+a_2x^{n-2}+\cdots+a_{n-1}x+a_n$$

在该例中,通过把行列式化为形式相同而阶数较低的行列式进行计算,这种方法称为**递推法**,关系式 $D_n=xD_{n-1}+a_n$ 称为**行列式的递推公式**。递推法也是计算行列式的一种有效方法。下面介绍另外一种行列式的计算方法——**数学归纳法**。

例 1.3.4 证明 n 阶**范德蒙(Vandermonde)行列式**

$$V_n=\begin{vmatrix} 1 & 1 & \cdots & 1 \\ a_1 & a_2 & \cdots & a_n \\ a_1^2 & a_2^2 & \cdots & a_n^2 \\ \vdots & \vdots & & \vdots \\ a_1^{n-1} & a_2^{n-1} & \cdots & a_n^{n-1} \end{vmatrix}=\prod_{1\leqslant j<i\leqslant n}(a_i-a_j)$$

证 对 V_n 的阶数 n 作数学归纳法。

当 $n=2$ 时,有

$$V_2=\begin{vmatrix} 1 & 1 \\ a_1 & a_2 \end{vmatrix}=a_2-a_1=\prod_{1\leqslant j<i\leqslant 2}(a_i-a_j)$$

所以当 $n=2$ 时结论成立。

假设对 $n-1$ 阶范德蒙行列式结论成立,考虑 n 阶范德蒙行列式。从第 n 行起,每行减去前一行的 a_1 倍,得到

$$V_n=\begin{vmatrix}1 & 1 & 1 & \cdots & 1\\ 0 & a_2-a_1 & a_3-a_1 & \cdots & a_n-a_1\\ 0 & a_2(a_2-a_1) & a_3(a_3-a_1) & \cdots & a_n(a_n-a_1)\\ \vdots & \vdots & \vdots & & \vdots\\ 0 & a_2^{n-2}(a_2-a_1) & a_3^{n-2}(a_3-a_1) & \cdots & a_n^{n-2}(a_n-a_1)\end{vmatrix}$$

按第一列展开后，将每一列的公因子(a_i-a_1)提出来，得到

$$V_n=(a_2-a_1)(a_3-a_1)\cdots(a_n-a_1)\begin{vmatrix}1 & 1 & \cdots & 1\\ a_2 & a_3 & \cdots & a_n\\ a_2^2 & a_3^2 & \cdots & a_n^2\\ \vdots & \vdots & & \vdots\\ a_2^{n-2} & a_3^{n-2} & \cdots & a_n^{n-2}\end{vmatrix}$$

上式右端是一个 $n-1$ 阶范德蒙行列式，由归纳假设得到

$$V_n=(a_2-a_1)(a_3-a_1)\cdots(a_n-a_1)\prod_{2\leqslant j<i\leqslant n}(a_i-a_j)=\prod_{1\leqslant j<i\leqslant n}(a_i-a_j)$$

因此，对 n 阶范德蒙行列式结论成立。

1.3.2　拉普拉斯(Laplace)定理

上一小节介绍了行列式按一行(或一列)展开的计算方法，本小节将把它推广到更加一般的情形，即行列式按若干行(或若干列)展开的计算方法，这就是将要介绍的拉普拉斯定理。为此，首先推广行列式中元素的余子式和代数余子式的概念。

定义 1.3.2　在 n 阶行列式 D 中，任取 k 行、k 列$(1\leqslant k\leqslant n-1)$，由这些行和列交叉处的元素按照原来的相对位置所构成的 k 阶行列式 N，称为 D 的一个 **k 阶子式**。在行列式 D 中去掉k 阶子式N 所在的行和列以后，剩下的元素按原来的顺序构成的 $n-k$ 阶行列式 M，称为 N 的**余子式**。若 N 所在的行序数为 $i_1,i_2,\cdots,i_k$，所在的列序数为 $j_1,j_2,\cdots,j_k$，则称

$$A=(-1)^{i_1+\cdots+i_k+j_1+\cdots+j_k}M$$

为 N 的**代数余子式**。

例如，在四阶行列式

$$\begin{vmatrix}1 & 1 & 3 & 6\\ 2 & -2 & -1 & 0\\ -3 & 4 & 0 & 1\\ 3 & 1 & 0 & 2\end{vmatrix}$$

中选取第 1,4 行，第 2,3 列，得到一个二阶子式

$$N=\begin{vmatrix}1 & 3\\ 1 & 0\end{vmatrix}=-3$$

则 N 的余子式为

$$M=\begin{vmatrix} 2 & 0 \\ -3 & 1 \end{vmatrix}=2$$

N 的代数余子式为

$$A=(-1)^{1+4+2+3}M=\begin{vmatrix} 2 & 0 \\ -3 & 1 \end{vmatrix}=2$$

定理 1.3.3(拉普拉斯定理) 在 n 阶行列式 D 中任意选取 k 行(列)$(1\leqslant k\leqslant n-1)$,则由这 k 个行(列)中的一切 k 阶子式 $N_1,N_2,\cdots,N_t$ 与它们所对应的代数余子式 $A_1,A_2,\cdots,A_t$ 乘积之和等于 D,即

$$D=N_1A_1+N_2A_2+\cdots+N_tA_t=\sum_{i=1}^{t}N_iA_i$$

其中 $t=C_n^k$。

定理的证明从略,有兴趣的读者可参阅参考文献[1]。

例 1.3.5 计算五阶行列式

$$D=\begin{vmatrix} 5 & 6 & 0 & 0 & 0 \\ 1 & 5 & 6 & 0 & 0 \\ 0 & 1 & 5 & 6 & 0 \\ 0 & 0 & 1 & 5 & 6 \\ 0 & 0 & 0 & 1 & 5 \end{vmatrix}$$

解 利用定理 1.3.3,把行列式按前二行展开,这两行共有 $C_5^2=10$ 个二阶子式,其中不为 0 的子式只有 3 个,即

$$N_1=\begin{vmatrix} 5 & 6 \\ 1 & 5 \end{vmatrix}=19,\quad N_2=\begin{vmatrix} 5 & 0 \\ 1 & 6 \end{vmatrix}=30,\quad N_3=\begin{vmatrix} 6 & 0 \\ 5 & 6 \end{vmatrix}=36$$

它们对应的代数余子式分别为

$$A_1=(-1)^{1+2+1+2}\begin{vmatrix} 5 & 6 & 0 \\ 1 & 5 & 6 \\ 0 & 1 & 5 \end{vmatrix}=65$$

$$A_2=(-1)^{1+2+1+3}\begin{vmatrix} 1 & 6 & 0 \\ 0 & 5 & 6 \\ 0 & 1 & 5 \end{vmatrix}=-19$$

$$A_3=(-1)^{1+2+2+3}\begin{vmatrix} 0 & 6 & 0 \\ 0 & 5 & 6 \\ 0 & 1 & 5 \end{vmatrix}=0$$

于是

$$D=N_1A_1+N_2A_2+N_3A_3=19\times65-30\times19=665$$

例 1.3.6　计算 $2n$ 阶行列式

$$D=\begin{vmatrix} a_{11} & \cdots & a_{1n} & c_{11} & \cdots & c_{1n} \\ \vdots & & \vdots & \vdots & & \vdots \\ a_{n1} & \cdots & a_{nn} & c_{n1} & \cdots & c_{nn} \\ 0 & \cdots & 0 & b_{11} & \cdots & b_{1n} \\ \vdots & & \vdots & \vdots & & \vdots \\ 0 & \cdots & 0 & b_{n1} & \cdots & b_{nn} \end{vmatrix}$$

解　由于 D 的左下角的 n^2 个元素全为零，故可选取 D 的前 n 列展开。由这 n 列构成的所有 n 阶余子式中，只有左上角的一个可能不为零，于是由拉普拉斯定理，有

$$D=\begin{vmatrix} a_{11} & \cdots & a_{1n} \\ \vdots & & \vdots \\ a_{n1} & \cdots & a_{nn} \end{vmatrix}(-1)^{1+2+\cdots+n+1+2+\cdots+n}\begin{vmatrix} b_{11} & \cdots & b_{1n} \\ \vdots & & \vdots \\ b_{n1} & \cdots & b_{nn} \end{vmatrix}=$$

$$\begin{vmatrix} a_{11} & \cdots & a_{1n} \\ \vdots & & \vdots \\ a_{n1} & \cdots & a_{nn} \end{vmatrix}\begin{vmatrix} b_{11} & \cdots & b_{1n} \\ \vdots & & \vdots \\ b_{n1} & \cdots & b_{nn} \end{vmatrix}$$

习题 1.3

1. 计算下列行列式：

(1) $D_n=\begin{vmatrix} a & a & \cdots & a & b \\ a & a & \cdots & b & a \\ \vdots & \vdots & & \vdots & \vdots \\ a & b & \cdots & a & a \\ b & a & \cdots & a & a \end{vmatrix}$；　(2) $\begin{vmatrix} 1 & 2 & 2 & \cdots & 2 \\ 2 & 2 & 2 & \cdots & 2 \\ 2 & 2 & 3 & \cdots & 2 \\ \vdots & \vdots & \vdots & & \vdots \\ 2 & 2 & 2 & \cdots & n \end{vmatrix}$；

(3) $\begin{vmatrix} a_1b_1 & a_1b_2 & a_1b_3 & \cdots & a_1b_n \\ a_1b_2 & a_2b_2 & a_2b_3 & \cdots & a_2b_n \\ a_1b_3 & a_2b_3 & a_3b_3 & \cdots & a_3b_n \\ \vdots & \vdots & \vdots & & \vdots \\ a_1b_n & a_2b_n & a_3b_n & \cdots & a_nb_n \end{vmatrix}$；　(4) $\begin{vmatrix} \lambda+a_1 & a_2 & a_3 & \cdots & a_n \\ a_1 & \lambda+a_2 & a_3 & \cdots & a_n \\ a_1 & a_2 & \lambda+a_3 & \cdots & a_n \\ \vdots & \vdots & \vdots & & \vdots \\ a_1 & a_2 & a_3 & \cdots & \lambda+a_n \end{vmatrix}$；

(5) $D_n=\begin{vmatrix} x+y & x & 0 & \cdots & 0 & 0 \\ y & x+y & x & \cdots & 0 & 0 \\ 0 & y & x+y & \cdots & 0 & 0 \\ \vdots & \vdots & \vdots & & \vdots & \vdots \\ 0 & 0 & 0 & \cdots & x+y & x \\ 0 & 0 & 0 & \cdots & y & x+y \end{vmatrix}$ $(x\neq y)$；

(6) $D_n=\begin{vmatrix} 1+a_1 & 1 & \cdots & 1 & 1 \\ 1 & 1+a_2 & \cdots & 1 & 1 \\ \vdots & \vdots & & \vdots & \vdots \\ 1 & 1 & \cdots & 1+a_{n-1} & 1 \\ 1 & 1 & \cdots & 1 & 1+a_n \end{vmatrix}$，$a_i\neq 0$ $(i=1,2,\cdots,n)$。

2. 应用范德蒙行列式计算下列各题：

(1) $\begin{vmatrix} 1 & 1 & 1 & 1 \\ 1 & 2 & 3 & 4 \\ 1 & 4 & 9 & 16 \\ 1 & 8 & 27 & 64 \end{vmatrix}$；

(2) $\begin{vmatrix} a_1^{n-1} & a_1^{n-2}b_1 & a_1^{n-3}b_1^2 & \cdots & a_1b_1^{n-2} & b_1^{n-1} \\ a_2^{n-1} & a_2^{n-2}b_2 & a_2^{n-3}b_2^2 & \cdots & a_2b_2^{n-2} & b_2^{n-1} \\ \vdots & \vdots & \vdots & & \vdots & \vdots \\ a_n^{n-1} & a_n^{n-2}b_n & a_n^{n-3}b_n^2 & \cdots & a_nb_n^{n-2} & b_n^{n-1} \end{vmatrix}$，$a_ib_i\neq 0$ $(i=1,2,\cdots,n)$。

3. 证明

$$D_{2n}=\begin{vmatrix} a & & & & & b \\ & a & & & b & \\ & & \ddots & \iddots & & \\ & & a & b & & \\ & & b & a & & \\ & \iddots & & & \ddots & \\ & b & & & a & \\ b & & & & & a \end{vmatrix}=(a^2-b^2)^n$$

1.4 克莱姆(Cramer)法则

在这一节里，讨论用 n 阶行列式解 n 元线性方程组的问题。

设 n 个未知量，n 个方程的线性方程组为

$$\begin{cases} a_{11}x_1+a_{12}x_2+\cdots+a_{1n}x_n=b_1 \\ a_{21}x_1+a_{22}x_2+\cdots+a_{2n}x_n=b_2 \\ \quad\quad\quad\quad\vdots \\ a_{n1}x_1+a_{n2}x_2+\cdots+a_{nn}x_n=b_n \end{cases} \tag{1.4.1}$$

它可以简写成

$$\sum_{j=1}^{n} a_{ij}x_j = b_i \qquad (i=1,2,\cdots,n)$$

由方程组(1.4.1)的未知量系数组成的 n 阶行列式

$$D=\begin{vmatrix} a_{11} & a_{12} & \cdots & a_{1n} \\ a_{21} & a_{22} & \cdots & a_{2n} \\ \vdots & \vdots & & \vdots \\ a_{n1} & a_{n2} & \cdots & a_{nn} \end{vmatrix}$$

称为方程组(1.4.1)的**系数行列式**。

定理 1.4.1(克莱姆(Cramer)法则)　如果线性方程组(1.4.1)的系数行列式 $D\neq 0$,则方程组有唯一解,并且解可以用行列式表示为

$$x_1=\frac{D_1}{D},x_2=\frac{D_2}{D},x_3=\frac{D_3}{D},\cdots,x_n=\frac{D_n}{D} \tag{1.4.2}$$

其中,$D_j(j=1,2,\cdots,n)$是把系数行列式 D 中第 j 列的元素用方程组(1.4.1)右端的常数项 $b_1,b_2,\cdots,b_n$ 代替后所得到的 n 阶行列式,即

$$D_j=\begin{vmatrix} a_{11} & \cdots & a_{1,j-1} & b_1 & a_{1,j+1} & \cdots & a_{1n} \\ a_{21} & \cdots & a_{2,j-1} & b_2 & a_{2,j+1} & \cdots & a_{2n} \\ \vdots & & \vdots & \vdots & \vdots & & \vdots \\ a_{n1} & \cdots & a_{n,j-1} & b_n & a_{n,j+1} & \cdots & a_{nn} \end{vmatrix}$$

证　先证明式(1.4.2)是方程组(1.4.1)的解。将 $x_j=\dfrac{D_j}{D}$代入第 i 个方程的左端,得

$$\sum_{j=1}^{n} a_{ij}\frac{D_j}{D}=\frac{1}{D}\sum_{j=1}^{n} a_{ij}D_j$$

将 D_j 按第 j 列展开,得

$$D_j=b_1A_{1j}+b_2A_{2j}+\cdots+b_nA_{nj}=\sum_{k=1}^{n} b_kA_{kj} \qquad (j=1,2,\cdots,n)$$

于是

$$\sum_{j=1}^{n} a_{ij}\frac{D_j}{D}=\frac{1}{D}\sum_{j=1}^{n} a_{ij}(\sum_{k=1}^{n} b_kA_{kj})=\frac{1}{D}\sum_{j=1}^{n}\sum_{k=1}^{n} a_{ij}b_kA_{kj}=$$

$$\frac{1}{D}\sum_{k=1}^{n}(\sum_{j=1}^{n} a_{ij}A_{kj})b_k=\frac{1}{D}b_i(\sum_{j=1}^{n} a_{ij}A_{ij})=$$

$$\frac{1}{D}b_iD = b_i \qquad (i = 1,2,\cdots,n)$$

这说明式(1.4.2)是方程组(1.4.1)的一个解。

再证式(1.4.2)是方程组(1.4.1)的唯一解。设 $x_1=c_1,x_2=c_2,\cdots,x_n=c_n$ 是方程组(1.4.1)的解,则

$$\sum_{j=1}^{n} a_{ij}c_j = b_i \qquad (i = 1,2,\cdots,n) \tag{1.4.3}$$

用系数行列式 D 的第 k 列元素的代数余子式 $A_{1k},A_{2k},\cdots,A_{nk}$ 分别去乘以式(1.4.3) 各项并相加,得

$$\sum_{i=1}^{n} A_{ik}(\sum_{j=1}^{n} a_{ij}c_j) = \sum_{i=1}^{n} b_iA_{ik}$$

即

$$\sum_{j=1}^{n}(\sum_{i=1}^{n} a_{ij}A_{ik})c_j = D_k$$

由式(1.3.4)得

$$Dc_k = D_k \qquad (k = 1,2,\cdots,n)$$

即

$$c_k=\frac{D_k}{D} \qquad (k=1,2,\cdots,n)$$

证毕。

定义 1.4.1 当线性方程组(1.4.1)右端的常数项 $b_1,b_2,\cdots,b_n$ 不全为零时,称为**非齐次线性方程组**;当 $b_1,b_2,\cdots,b_n$ 全为零时,称为**齐次线性方程组**。

显然,齐次线性方程组总是有解的,因为 $x_1=0,x_2=0,\cdots,x_n=0$ 就是它的一个解,称为**零解**。如果齐次线性方程组的解 $x_1,x_2,\cdots,x_n$ 不全为零,则称为**非零解**。

定理 1.4.2 若齐次线性方程组

$$\sum_{j=1}^{n} a_{ij}x_j = 0 \qquad (i = 1,2,\cdots,n) \tag{1.4.4}$$

的系数行列式 $D\neq0$,则它只有唯一的零解。

证 因为 $D\neq0$,所以方程组(1.4.4)有唯一解。又因为常数项均为0,所以 $D_j=0(j=1,2,\cdots,n)$,于是

$$x_j=\frac{D_j}{D}=0 \qquad (j=1,2,\cdots,n)$$

推论 若齐次线性方程组(1.4.4)有非零解,则系数行列式 $D=0$。

克莱姆法则解决了方程个数和未知量个数相等且系数行列式不为零的线性方程组的求解问题,在线性方程组的理论研究上具有十分重要的意义。但是当 n 元线性方程组中未知量的个数 n 较大时,应用克莱姆法则计算量还是比较大的,需要寻求更简单的方法。关于一般的线性方程组的解法,将在第4章中讨论。

例 1.4.1　解线性方程组

$$\begin{cases}2x_1+x_2-5x_3+x_4=8\\x_1-3x_2-6x_4=9\\2x_2-x_3+2x_4=-5\\x_1+4x_2-7x_3+6x_4=0\end{cases}$$

解　系数行列式

$$D=\begin{vmatrix}2&1&-5&1\\1&-3&0&-6\\0&2&-1&2\\1&4&-7&6\end{vmatrix}=27\neq0$$

又

$$D_1=\begin{vmatrix}8&1&-5&1\\9&-3&0&-6\\-5&2&-1&2\\0&4&-7&6\end{vmatrix}=81$$

$$D_2=\begin{vmatrix}2&8&-5&1\\1&9&0&-6\\0&-5&-1&2\\1&0&-7&6\end{vmatrix}=-108$$

$$D_3=\begin{vmatrix}2&1&8&1\\1&-3&9&-6\\0&2&-5&2\\1&4&0&6\end{vmatrix}=-27$$

$$D_4=\begin{vmatrix}2&1&-5&8\\1&-3&0&9\\0&2&-1&-5\\1&4&-7&0\end{vmatrix}=27$$

由克莱姆法则,方程组有唯一解

$$x_1=\frac{D_1}{D}=3,\qquad x_2=\frac{D_2}{D}=-4,\qquad x_3=\frac{D_3}{D}=-1,\qquad x_4=\frac{D_4}{D}=1$$

例 1.4.2　k 为何值时,方程组

$$\begin{cases}kx_1+x_2+x_3=0\\x_1+kx_2-x_3=0\\2x_1-x_2+x_3=0\end{cases}$$

有非零解。

解 由定理1.4.2的推论可知,若该齐次线性方程组有非零解,则其系数行列式

$$D=\begin{vmatrix} k & 1 & 1 \\ 1 & k & -1 \\ 2 & -1 & 1 \end{vmatrix}=(k+1)(k-4)=0$$

所以,$k=-1$ 或 $k=4$。容易验证,当 $k=-1$ 或 $k=4$ 时,该方程组确有非零解。

例1.4.3 给定平面上不共线的三个点 (x_1,y_1),(x_2,y_2),(x_3,y_3),求过这三个点的圆的方程。

解 平面上一般圆的方程为

$$a(x^2+y^2)+bx+cy+d=0 \tag{1.4.5}$$

这个方程含有四个待定系数 a,b,c,d,且 $a\neq 0$。点 (x_1,y_1),(x_2,y_2),(x_3,y_3) 在圆上,应满足式(1.4.5),于是得到一个以 a,b,c,d 为未知量的齐次线性方程组

$$\begin{cases} a(x^2+y^2)+bx+cy+d=0 \\ a(x_1^2+y_1^2)+bx_1+cy_1+d=0 \\ a(x_2^2+y_2^2)+bx_2+cy_2+d=0 \\ a(x_3^2+y_3^2)+bx_3+cy_3+d=0 \end{cases} \tag{1.4.6}$$

由于 $a\neq 0$,齐次线性方程组(1.4.6)有非零解。由定理1.4.2的推论,式(1.4.6)的系数行列式应为零,即

$$\begin{vmatrix} x^2+y^2 & x & y & 1 \\ x_1^2+y_1^2 & x_1 & y_1 & 1 \\ x_2^2+y_2^2 & x_2 & y_2 & 1 \\ x_3^2+y_3^2 & x_3 & y_3 & 1 \end{vmatrix}=0$$

经展开后,就是所求圆的方程。

例1.4.4 试证:n 次多项式

$$f(x)=a_0+a_1x+\cdots+a_nx^n \qquad (a_n\neq 0)$$

最多有 n 个互异的根。

证 若不然,设 $f(x)$ 有 $n+1$ 个互异的根 $c_0,c_1,\cdots,c_n$,将其逐个代入方程 $f(x)=0$,可得

$$\begin{cases} a_0+a_1c_0+\cdots+a_nc_0^n=0 \\ a_0+a_1c_1+\cdots+a_nc_1^n=0 \\ \qquad\vdots \\ a_0+a_1c_n+\cdots+a_nc_n^n=0 \end{cases} \tag{1.4.7}$$

把 $a_0,a_1,\cdots,a_n$ 看作未知量,则式(1.4.7)是由 $n+1$ 个未知量 $n+1$ 个方程组成的一个齐次线性方程组,其系数行列式

$$D=\begin{vmatrix} 1 & c_0 & c_0^2 & \cdots & c_0^n \\ 1 & c_1 & c_1^2 & \cdots & c_1^n \\ \vdots & \vdots & \vdots & & \vdots \\ 1 & c_n & c_n^2 & \cdots & c_n^n \end{vmatrix}$$

为 $n+1$ 阶范德蒙行列式的转置，故 $D\neq 0$。由定理 1.4.2，齐次线性方程组(1.4.7)只有零解，从而 $a_n=0$，此与题设条件矛盾。证毕。

习题 1.4

1. 应用克莱姆法则解下列方程组：

(1) $\begin{cases} x_1+2x_2-x_3+3x_4=2 \\ 2x_1-x_2+3x_3-2x_4=7 \\ 3x_2-x_3+x_4=6 \\ x_1-x_2+x_3+4x_4=-4 \end{cases}$

(2) $\begin{cases} 5x_1+6x_2=1 \\ x_1+5x_2+6x_3=-2 \\ x_2+5x_3+6x_4=2 \\ x_3+5x_4+6x_5=-2 \\ x_4+5x_5=-4 \end{cases}$

2. λ 取何值时，齐次线性方程组

$$\begin{cases} (\lambda-3)x_1-x_2-x_3=0 \\ (\lambda-2)x_2+x_3=0 \\ 4x_1-2x_2+(1-\lambda)x_3=0 \end{cases}$$

有非零解。

3. 已知对称轴平行于 y 轴的抛物线经过三点(1,1)，(2，−1)，(3,1)，试求该抛物线方程。

1.5　数　域

在介绍本节内容之前，先介绍几个常用的数学符号。设 A,B 是满足某种性质元素的两个集合，如果 a 是 A 中的元素，则记作 $a\in A$；如果 a 不是 A 中的元素，则记作 $a\notin A$；如果 A 是 B 的子集，即任取 $a\in A$，都有 $a\in B$，则记作 $A\subseteq B$；如果 A 是 B 的真子集，即 $A\subseteq B$，存在 $b\in B$，但 $b\notin A$，则记作 $A\subset B$。

在数学中，许多问题的讨论都与数的范围有关。例如一元二次方程 $x^2+1=0$ 的求解问题，它在有理数范围或实数范围内都没有解，只在复数范围内才有解，$x=\pm\mathrm{i}$。

为了对不同的数的范围统一地讨论这些问题,常常需要用到数域的概念。

定义 1.5.1 设 P 是由一些复数组成的集合,包含 0 和 1。如果 P 中任意两个数的和、差、积、商(除数不等于零)仍在 P 中,那么称 P 是一个**数域**。

例如,全体有理数组成的集合 $\mathbf{Q}$,全体实数组成的集合 $\mathbf{R}$,全体复数组成的集合 $\mathbf{C}$,都是数域,分别称为**有理数域**、**实数域**和**复数域**,它们之间的关系是 $\mathbf{Q}\subset\mathbf{R}\subset\mathbf{C}$。显然全体整数组成的集合就不是数域。

例 1.5.1 证明:所有形如 $a+b\sqrt{2}$(a,b 是有理数)的实数组成的集合 P 是一个数域。

证 在集合 P 中任取二数:

$$a_1+b_1\sqrt{2},\qquad a_2+b_2\sqrt{2}$$

则有

$$(a_1+b_1\sqrt{2})+(a_2+b_2\sqrt{2})=(a_1+a_2)+(b_1+b_2)\sqrt{2}\in P$$

$$(a_1+b_1\sqrt{2})-(a_2+b_2\sqrt{2})=(a_1-a_2)+(b_1-b_2)\sqrt{2}\in P$$

$$(a_1+b_1\sqrt{2})(a_2+b_2\sqrt{2})=(a_1a_2+2b_1b_2)+(a_1b_2+b_1a_2)\sqrt{2}\in P$$

现在证明,假定 $a_2+b_2\sqrt{2}\neq 0$ 时,有

$$\frac{a_1+b_1\sqrt{2}}{a_2+b_2\sqrt{2}}\in P$$

由于 $a_2+b_2\sqrt{2}\neq 0$,所以 a_2,b_2 不全为 0,注意到 $\sqrt{2}$ 是无理数,故 $a_2-b_2\sqrt{2}\neq 0$,从而

$$a_2^2-2b_2^2=(a_2+b_2\sqrt{2})(a_2-b_2\sqrt{2})\neq 0$$

于是

$$\frac{a_1+b_1\sqrt{2}}{a_2+b_2\sqrt{2}}=\frac{(a_1+b_1\sqrt{2})(a_2-b_2\sqrt{2})}{(a_2+b_2\sqrt{2})(a_2-b_2\sqrt{2})}=\frac{a_1a_2-2b_1b_2}{a_2^2-2b_2^2}+\frac{a_2b_1-a_1b_2}{a_2^2-2b_2^2}\sqrt{2}$$

显然这仍是 P 中的一个数,所以 P 是一个数域。

由这个例子看出,数域有无穷多个。下面的定理指出,有理数域是所有的数域中最小的一个。

定理 1.5.1 设 P 为任何一个数域,则 $\mathbf{Q}\subseteq P$。

证 因 P 是一个数域,所以它含有 1。由于 P 满足加法运算,则 $1+1=2,2+1=3,\cdots,(n-1)+1=n,\cdots$ 全在 P 中,即 P 包含全体自然数。又 0 在 P 中,P 满足减法运算,$0-n=-n$ 也在 P 中,因此 P 包含了全体整数。因为任何一个有理数都可以表示成两个整数之商,再由 P 满足除法运算,即知题设结论成立。证毕。

本章及后面各章所涉及的内容都是在同一数域中进行的,一般情况下不再一一指出。

第 2 章　矩　阵

矩阵理论是线性代数的重要组成部分，它不仅是解线性方程组的有力工具，而且在自然科学和工程技术领域都有广泛的应用。本章主要介绍矩阵的运算、逆矩阵、分块矩阵、矩阵的初等变换与初等矩阵以及矩阵的秩等有关内容。

2.1　矩阵的概念

定义 2.1.1　数域 P 上 $m\times n$ 个数 a_{ij} $(i=1,2,\cdots,m;j=1,2,\cdots,n)$ 排成的 m 行 n 列数表

$$\begin{pmatrix} a_{11} & a_{12} & \cdots & a_{1n} \\ a_{21} & a_{22} & \cdots & a_{2n} \\ \vdots & \vdots & & \vdots \\ a_{m1} & a_{m2} & \cdots & a_{mn} \end{pmatrix} \tag{2.1.1}$$

称为一个 m 行 n 列**矩阵**，或称为 $m\times n$ 阶**矩阵**，简记为 $(a_{ij})_{m\times n}$ 或 (a_{ij})。其中 a_{ij} $(i=1,2,\cdots,m;j=1,2,\cdots,n)$ 称为这个矩阵中第 i 行、第 j 列的**元素**。当 P 是实数域时，称矩阵(2.1.1)为**实矩阵**；当 P 是复数域时，称矩阵(2.1.1)为**复矩阵**。

矩阵通常用大写英文字母 $\boldsymbol{A},\boldsymbol{B},\boldsymbol{C}$ 等来表示。例如，矩阵(2.1.1)用 $\boldsymbol{A}$ 来表示，可记为

$$\boldsymbol{A}=\boldsymbol{A}_{m\times n}=(a_{ij})_{m\times n}=(a_{ij})$$

由矩阵定义知，矩阵和行列式是两个完全不同的概念。行列式表示一个数，而矩阵则是由 $m\times n$ 个数所排成的一个数表。

下面介绍一些特殊类型的矩阵。

1. 行矩阵、列矩阵

在 $m\times n$ 阶矩阵 $\boldsymbol{A}=(a_{ij})$ 中，如果 $m=1$，这时 $\boldsymbol{A}=(a_{11},a_{12},\cdots,a_{1n})$，称其为**行矩阵**，也称为 ***n* 维行向量**；

如果 $n=1$，这时 $\boldsymbol{A}=\begin{pmatrix} a_{11} \\ a_{21} \\ \vdots \\ a_{m1} \end{pmatrix}$，称其为**列矩阵**，也称为 ***m* 维列向量**。

2. 零矩阵

所有元素都为零的 $m\times n$ 阶矩阵

$$\begin{pmatrix} 0 & 0 & \cdots & 0 \\ 0 & 0 & \cdots & 0 \\ \vdots & \vdots & & \vdots \\ 0 & 0 & \cdots & 0 \end{pmatrix}_{m\times n}$$

称为**零矩阵**,记为$\boldsymbol{O}_{m\times n}$或$\boldsymbol{O}$。

3. $\boldsymbol{n}$ 阶方阵

在$m\times n$阶矩阵$\boldsymbol{A}=(a_{ij})$中,当$m=n$时,有

$$\boldsymbol{A}=\begin{pmatrix} a_{11} & a_{12} & \cdots & a_{1n} \\ a_{21} & a_{22} & \cdots & a_{2n} \\ \vdots & \vdots & & \vdots \\ a_{n1} & a_{n2} & \cdots & a_{nn} \end{pmatrix}$$

称为 **$\boldsymbol{n}$ 阶方阵**,简记为$(a_{ij})_n$。

在n阶方阵$\boldsymbol{A}=(a_{ij})_n$中,连接元素$a_{11},a_{22},\cdots,a_{nn}$的直线称为方阵$\boldsymbol{A}$的**主对角线**,$a_{11},a_{22},\cdots,a_{nn}$称为**主对角线上的元素**。

对于n阶方阵$\boldsymbol{A}$,可定义行列式

$$\begin{vmatrix} a_{11} & a_{12} & \cdots & a_{1n} \\ a_{21} & a_{22} & \cdots & a_{2n} \\ \vdots & \vdots & & \vdots \\ a_{n1} & a_{n2} & \cdots & a_{nn} \end{vmatrix}$$

称其为**矩阵 $\boldsymbol{A}$ 的行列式**,记为$|\boldsymbol{A}|$。

4. 单位矩阵、对角形矩阵、数量矩阵

主对角线上的元素都为1,其余的元素均为零的n阶方阵称为 **$\boldsymbol{n}$ 阶单位矩阵**,简记为$\boldsymbol{E}_n$或$\boldsymbol{E}$,即

$$\boldsymbol{E}=\begin{pmatrix} 1 & 0 & \cdots & 0 \\ 0 & 1 & \cdots & 0 \\ \vdots & \vdots & & \vdots \\ 0 & 0 & \cdots & 1 \end{pmatrix}$$

非主对角线上元素全为零的n阶方阵称为**对角形矩阵**,记为

$$\boldsymbol{\Lambda}=\begin{pmatrix} \lambda_1 & 0 & \cdots & 0 \\ 0 & \lambda_2 & \cdots & 0 \\ \vdots & \vdots & & \vdots \\ 0 & 0 & \cdots & \lambda_n \end{pmatrix}$$

简记为$\boldsymbol{\Lambda}=\mathrm{diag}(\lambda_1,\lambda_2,\cdots,\lambda_n)$。

当n阶对角形矩阵主对角线上的元素$\lambda_1=\lambda_2=\cdots=\lambda_n=\lambda$时,有

$$\begin{pmatrix} \lambda & 0 & \cdots & 0 \\ 0 & \lambda & \cdots & 0 \\ \vdots & \vdots & & \vdots \\ 0 & 0 & \cdots & \lambda \end{pmatrix}$$

称为**数量矩阵**。

5. 上(下)三角形矩阵

在 n 阶方阵 $(a_{ij})_n$ 中，如果主对角线下方的元素全为零，即当 $i>j$ 时，$a_{ij}=0(i,j=1,2,\cdots,n)$，则称为**上三角形矩阵**；如果主对角线上方的元素全为零，即当 $i<j$ 时，$a_{ij}=0(i,j=1,2,\cdots,n)$，则称为**下三角形矩阵**。

例如

$$\begin{pmatrix} a_{11} & a_{12} & \cdots & a_{1n} \\ 0 & a_{22} & \cdots & a_{2n} \\ \vdots & \vdots & & \vdots \\ 0 & 0 & \cdots & a_{nn} \end{pmatrix}, \quad \begin{pmatrix} a_{11} & 0 & \cdots & 0 \\ a_{21} & a_{22} & \cdots & 0 \\ \vdots & \vdots & & \vdots \\ a_{n1} & a_{n2} & \cdots & a_{nn} \end{pmatrix}$$

分别为上三角形矩阵和下三角形矩阵。

2.2　矩阵的运算

2.2.1　矩阵的加法与数乘

定义 2.2.1　两个矩阵 $\boldsymbol{A}=(a_{ij})_{m\times n}$，$\boldsymbol{B}=(b_{ij})_{s\times t}$，如果 $m=s,n=t$，则称 $\boldsymbol{A}$ 与 $\boldsymbol{B}$ 是**同型矩阵**；若同型矩阵 $\boldsymbol{A}=(a_{ij})_{m\times n}$ 与 $\boldsymbol{B}=(b_{ij})_{m\times n}$ 的对应元素相等，即 $a_{ij}=b_{ij}(i=1,2,\cdots,m;j=1,2,\cdots,n)$，则称 $\boldsymbol{A}$ 与 $\boldsymbol{B}$ **相等**，记作 $\boldsymbol{A}=\boldsymbol{B}$。

定义 2.2.2　设矩阵 $\boldsymbol{A}=(a_{ij})_{m\times n}$，$\boldsymbol{B}=(b_{ij})_{m\times n}$，称矩阵 $(a_{ij}+b_{ij})_{m\times n}$ 为矩阵 $\boldsymbol{A}$ 与 $\boldsymbol{B}$ 的**和**，记作

$$\boldsymbol{A}+\boldsymbol{B}=(a_{ij}+b_{ij})_{m\times n}$$

由矩阵加法的定义可以看出，只有同型矩阵才能作加法运算，两个矩阵相加等于矩阵中对应元素相加。

定义 2.2.3　设矩阵 $\boldsymbol{A}=(a_{ij})_{m\times n}$，$k$ 是一个数。数 k 与矩阵 $\boldsymbol{A}$ 的每个元素相乘后得到的矩阵 $(ka_{ij})_{m\times n}$ 称为数 k 与矩阵 $\boldsymbol{A}$ 的**数量乘积**，简称为**数乘**，记作

$$k\boldsymbol{A}=\boldsymbol{A}k=(ka_{ij})_{m\times n}$$

矩阵的加法与数量乘积称为矩阵的**线性运算**。

若矩阵 $\boldsymbol{A}=(a_{ij})_{m\times n}$，则称矩阵 $(-a_{ij})_{m\times n}$ 为矩阵 $\boldsymbol{A}$ 的**负矩阵**，记为 $-\boldsymbol{A}$。

由矩阵的数乘，得

$$-\boldsymbol{A}=(-1)\boldsymbol{A}=(-a_{ij})_{m\times n}$$

利用负矩阵,并借助于矩阵的加法,可定义矩阵的减法。

设矩阵$\boldsymbol{A}=(a_{ij})_{m\times n}$,$\boldsymbol{B}=(b_{ij})_{m\times n}$,$\boldsymbol{A}$与$\boldsymbol{B}$的**减法**定义为

$$\boldsymbol{A}-\boldsymbol{B}=\boldsymbol{A}+(-\boldsymbol{B})=(a_{ij}-b_{ij})_{m\times n}$$

不难验证,矩阵的加法和数乘满足如下运算规律:

① 加法交换律　$\boldsymbol{A}+\boldsymbol{B}=\boldsymbol{B}+\boldsymbol{A}$;

② 加法结合律　$(\boldsymbol{A}+\boldsymbol{B})+\boldsymbol{C}=\boldsymbol{A}+(\boldsymbol{B}+\boldsymbol{C})$;

③ $\boldsymbol{A}+\boldsymbol{O}=\boldsymbol{O}+\boldsymbol{A}=\boldsymbol{A}$,这里$\boldsymbol{O}$是与$\boldsymbol{A}$同型的零矩阵;

④ $\boldsymbol{A}+(-\boldsymbol{A})=(-\boldsymbol{A})+\boldsymbol{A}=\boldsymbol{O}$;

⑤ $k(\boldsymbol{A}+\boldsymbol{B})=k\boldsymbol{A}+k\boldsymbol{B}$;

⑥ $(k+l)\boldsymbol{A}=k\boldsymbol{A}+l\boldsymbol{A}$;

⑦ $(kl)\boldsymbol{A}=k(l\boldsymbol{A})=l(k\boldsymbol{A})$;

⑧ $1\boldsymbol{A}=\boldsymbol{A}$,$0\boldsymbol{A}=\boldsymbol{O}$。

这里$\boldsymbol{A},\boldsymbol{B},\boldsymbol{C}$是同型矩阵,$k,l$是数。

例 2.2.1　设$2\boldsymbol{A}+3\boldsymbol{X}=\boldsymbol{B}$,且

$$\boldsymbol{A}=\begin{pmatrix}-1 & 3 & 0\\ 5 & 6 & 2\end{pmatrix},\qquad \boldsymbol{B}=\begin{pmatrix}7 & 2 & -3\\ 4 & 0 & 2\end{pmatrix}$$

求矩阵$\boldsymbol{X}$。

解　在矩阵方程两端同加上$-2\boldsymbol{A}$,得

$$3\boldsymbol{X}=\boldsymbol{B}-2\boldsymbol{A}=\begin{pmatrix}7 & 2 & -3\\ 4 & 0 & 2\end{pmatrix}-2\begin{pmatrix}-1 & 3 & 0\\ 5 & 6 & 2\end{pmatrix}=$$

$$\begin{pmatrix}7 & 2 & -3\\ 4 & 0 & 2\end{pmatrix}-\begin{pmatrix}-2 & 6 & 0\\ 10 & 12 & 4\end{pmatrix}=\begin{pmatrix}9 & -4 & -3\\ -6 & -12 & -2\end{pmatrix}$$

在这个方程两端同乘以$\frac{1}{3}$,得

$$\boldsymbol{X}=\begin{pmatrix}3 & -\frac{4}{3} & -1\\ -2 & -4 & -\frac{2}{3}\end{pmatrix}$$

2.2.2　矩阵的乘法

在给出矩阵乘法的定义之前,先看一个解析几何中关于坐标旋转的例子。

设按逆时针方向将平面直角坐标系xOy转一个角度α后,得到坐标系$x'Oy'$,新旧坐标之间的变换公式为

$$\begin{cases}x=x'\cos\alpha-y'\sin\alpha\\ y=x'\sin\alpha+y'\cos\alpha\end{cases}$$

它的系数矩阵为

$$A=\begin{pmatrix}\cos\alpha & -\sin\alpha\\ \sin\alpha & \cos\alpha\end{pmatrix}$$

再将坐标系 $x'Oy'$ 旋转一个角度 β 后，得到坐标系 $x''Oy''$，这时坐标变换公式为

$$\begin{cases}x'=x''\cos\beta-y''\sin\beta\\ y'=x''\sin\beta+y''\cos\beta\end{cases}$$

它的系数矩阵为

$$B=\begin{pmatrix}\cos\beta & -\sin\beta\\ \sin\beta & \cos\beta\end{pmatrix}$$

于是，连续施行两次变换，坐标系 xOy 与 $x''Oy''$ 之间的关系为

$$\begin{cases}x=x''(\cos\alpha\cos\beta-\sin\alpha\sin\beta)-y''(\cos\alpha\sin\beta+\sin\alpha\cos\beta)\\ y=x''(\sin\alpha\cos\beta+\cos\alpha\sin\beta)+y''(-\sin\alpha\sin\beta+\cos\alpha\cos\beta)\end{cases}$$

此变换对应的系数矩阵为

$$C=\begin{pmatrix}\cos\alpha\cos\beta-\sin\alpha\sin\beta & -\cos\alpha\sin\beta-\sin\alpha\cos\beta\\ \sin\alpha\cos\beta+\cos\alpha\sin\beta & -\sin\alpha\sin\beta+\cos\alpha\cos\beta\end{pmatrix}$$

容易看到，矩阵 $\boldsymbol{C}$ 中第 i 行、第 j 列 $(i,j=1,2)$ 的元素，恰好等于矩阵 $\boldsymbol{A}$ 中第 $i(i=1,2)$ 行元素与矩阵 $\boldsymbol{B}$ 中第 $j(j=1,2)$ 列对应元素乘积之和。由此，可给出下列矩阵乘法的定义。

定义 2.2.4　设矩阵 $\boldsymbol{A}=(a_{ij})_{m\times k}$，$\boldsymbol{B}=(b_{ij})_{k\times n}$，$\boldsymbol{C}=(c_{ij})_{m\times n}$，其中

$$c_{ij}=a_{i1}b_{1j}+a_{i2}b_{2j}+\cdots+a_{ik}b_{kj}=\sum_{t=1}^{k}a_{it}b_{tj}\qquad (i=1,2,\cdots,m;j=1,2,\cdots,n)$$

称矩阵 $\boldsymbol{C}$ 是 $\boldsymbol{A}$ 与 $\boldsymbol{B}$ 的**乘积**，记作 $\boldsymbol{C}=\boldsymbol{AB}$。

由矩阵乘法的定义可知，只有当左乘矩阵 $\boldsymbol{A}$ 的列数等于右乘矩阵 $\boldsymbol{B}$ 的行数时，乘积 $\boldsymbol{AB}$ 才有意义。乘积矩阵 $\boldsymbol{AB}$ 的行数等于左乘矩阵 $\boldsymbol{A}$ 的行数，$\boldsymbol{AB}$ 的列数等于右乘矩阵 $\boldsymbol{B}$ 的列数。

例 2.2.2　设

$$A=\begin{pmatrix}1 & -2 & 3\\ -1 & 1 & 5\\ 1 & 2 & -1\end{pmatrix},\qquad B=\begin{pmatrix}1 & -1\\ 2 & 2\\ 0 & 1\end{pmatrix}$$

计算 $\boldsymbol{AB}$。

解　由于左乘矩阵 $\boldsymbol{A}$ 的列数与右乘矩阵 $\boldsymbol{B}$ 的行数都是 3，所以 $\boldsymbol{AB}$ 有意义，且

$$AB=\begin{pmatrix}1 & -2 & 3\\ -1 & 1 & 5\\ 1 & 2 & -1\end{pmatrix}\begin{pmatrix}1 & -1\\ 2 & 2\\ 0 & 1\end{pmatrix}=$$

$$\begin{pmatrix}1\times1+(-2)\times2+3\times0 & 1\times(-1)+(-2)\times2+3\times1\\ (-1)\times1+1\times2+5\times0 & (-1)\times(-1)+1\times2+5\times1\\ 1\times1+2\times2+(-1)\times0 & 1\times(-1)+2\times2+(-1)\times1\end{pmatrix}=$$

$$\begin{pmatrix} -3 & -2 \\ 1 & 8 \\ 5 & 2 \end{pmatrix}$$

因为 $\boldsymbol{B}$ 为 3×2 阶矩阵,$\boldsymbol{A}$ 为 3×3 阶矩阵,$\boldsymbol{B}$ 的列数不等于 $\boldsymbol{A}$ 的行数,所以 $\boldsymbol{B}$ 与 $\boldsymbol{A}$ 不能相乘,即 $\boldsymbol{BA}$ 无意义。

例 2.2.3 设

$$\boldsymbol{A}=\begin{pmatrix} a_1 \\ a_2 \\ \vdots \\ a_n \end{pmatrix}, \qquad \boldsymbol{B}=(b_1,b_2,\cdots,b_n)$$

求 $\boldsymbol{AB},\boldsymbol{BA}$。

解 $$\boldsymbol{AB}=\begin{pmatrix} a_1 \\ a_2 \\ \vdots \\ a_n \end{pmatrix}(b_1,b_2,\cdots,b_n)=\begin{pmatrix} a_1b_1 & a_1b_2 & \cdots & a_1b_n \\ a_2b_1 & a_2b_2 & \cdots & a_2b_n \\ \vdots & \vdots & & \vdots \\ a_nb_1 & a_nb_2 & \cdots & a_nb_n \end{pmatrix}$$

$$\boldsymbol{BA}=(b_1,b_2,\cdots,b_n)\begin{pmatrix} a_1 \\ a_2 \\ \vdots \\ a_n \end{pmatrix}=b_1a_1+b_2a_2+\cdots+b_na_n=\sum_{t=1}^{n}b_ta_t$$

在这个例子中,$\boldsymbol{AB}$ 是 n 阶矩阵,而 $\boldsymbol{BA}$ 则是 1 阶矩阵。

例 2.2.4 设

$$\boldsymbol{A}=\begin{pmatrix} 1 & 1 \\ -1 & -1 \end{pmatrix}, \qquad \boldsymbol{B}=\begin{pmatrix} 1 & -1 \\ -1 & 1 \end{pmatrix}, \qquad \boldsymbol{C}=\begin{pmatrix} 2 & 0 \\ 0 & 2 \end{pmatrix}$$

计算 $\boldsymbol{AB},\boldsymbol{BA},\boldsymbol{CA}$。

解

$$\boldsymbol{AB}=\begin{pmatrix} 1 & 1 \\ -1 & -1 \end{pmatrix}\begin{pmatrix} 1 & -1 \\ -1 & 1 \end{pmatrix}=\begin{pmatrix} 0 & 0 \\ 0 & 0 \end{pmatrix}$$

$$\boldsymbol{BA}=\begin{pmatrix} 1 & -1 \\ -1 & 1 \end{pmatrix}\begin{pmatrix} 1 & 1 \\ -1 & -1 \end{pmatrix}=\begin{pmatrix} 2 & 2 \\ -2 & -2 \end{pmatrix}$$

$$\boldsymbol{CA}=\begin{pmatrix} 2 & 0 \\ 0 & 2 \end{pmatrix}\begin{pmatrix} 1 & 1 \\ -1 & -1 \end{pmatrix}=\begin{pmatrix} 2 & 2 \\ -2 & -2 \end{pmatrix}$$

由上面的例子可以看出矩阵乘法与数的乘法的不同之处。首先,矩阵乘法不满足交换律,这里有三种情况:一种是 $\boldsymbol{AB}$ 有意义,而 $\boldsymbol{BA}$ 可能无意义;另一种是尽管 $\boldsymbol{AB}$ 与 $\boldsymbol{BA}$ 都有意义,但可能不是同型矩阵;第三种是 $\boldsymbol{AB}$ 与 $\boldsymbol{BA}$ 都有意义,并且是同型矩阵,但 $\boldsymbol{AB}\neq\boldsymbol{BA}$。其次,矩阵乘法不满足消去律,尽管 $\boldsymbol{BA}=\boldsymbol{CA}$ 且 $\boldsymbol{A}\neq\boldsymbol{O}$,一般得不到

$\boldsymbol{B}=\boldsymbol{C}$。最后,两个非零矩阵的乘积可能是零矩阵,即 $\boldsymbol{A}\neq\boldsymbol{O},\boldsymbol{B}\neq\boldsymbol{O}$,而 $\boldsymbol{AB}=\boldsymbol{O}$。因此,在矩阵乘法运算中,若 $\boldsymbol{AB}=\boldsymbol{O}$,则不能推出 $\boldsymbol{A}=\boldsymbol{O}$ 或 $\boldsymbol{B}=\boldsymbol{O}$ 的结论。

例 2.2.5　已知 $\boldsymbol{A}=\begin{pmatrix}1 & 1\\0 & 0\end{pmatrix}$,求满足条件 $\boldsymbol{AX}=\boldsymbol{XA}$(称 $\boldsymbol{A}$ 与 $\boldsymbol{X}$ 相乘可换)的矩阵 $\boldsymbol{X}$。

解　由题设 $\boldsymbol{AX}=\boldsymbol{XA}$ 及矩阵乘积的定义可知,$\boldsymbol{X}$ 为二阶方阵。设

$$\boldsymbol{X}=\begin{pmatrix}x_{11} & x_{12}\\x_{21} & x_{22}\end{pmatrix}$$

则由 $\boldsymbol{AX}=\boldsymbol{XA}$ 得

$$\begin{pmatrix}1 & 1\\0 & 0\end{pmatrix}\begin{pmatrix}x_{11} & x_{12}\\x_{21} & x_{22}\end{pmatrix}=\begin{pmatrix}x_{11} & x_{12}\\x_{21} & x_{22}\end{pmatrix}\begin{pmatrix}1 & 1\\0 & 0\end{pmatrix}$$

$$\begin{pmatrix}x_{11}+x_{21} & x_{12}+x_{22}\\0 & 0\end{pmatrix}=\begin{pmatrix}x_{11} & x_{11}\\x_{21} & x_{21}\end{pmatrix}$$

由矩阵相等的定义得

$$\begin{cases}x_{11}+x_{21}=x_{11}\\x_{12}+x_{22}=x_{11}\\x_{21}=0\end{cases}\qquad \text{即}\qquad \begin{cases}x_{21}=0\\x_{11}=x_{12}+x_{22}\end{cases}$$

于是所有与 $\boldsymbol{A}$ 相乘可换的矩阵为

$$\begin{pmatrix}a+b & a\\0 & b\end{pmatrix}$$

其中,a,b 为任意常数。

例 2.2.6　利用矩阵乘法与矩阵相等的概念,可以把线性方程组写成矩阵乘积的形式。

解　设线性方程组

$$\begin{cases}a_{11}x_1+a_{12}x_2+\cdots+a_{1n}x_n=b_1\\a_{21}x_1+a_{22}x_2+\cdots+a_{2n}x_n=b_2\\\qquad\qquad\vdots\\a_{m1}x_1+a_{m2}x_2+\cdots+a_{mn}x_n=b_m\end{cases}$$

令

$$\boldsymbol{A}=\begin{pmatrix}a_{11} & a_{12} & \cdots & a_{1n}\\a_{21} & a_{22} & \cdots & a_{2n}\\\vdots & \vdots & & \vdots\\a_{m1} & a_{m2} & \cdots & a_{mn}\end{pmatrix},\quad \boldsymbol{X}=\begin{pmatrix}x_1\\x_2\\\vdots\\x_n\end{pmatrix},\quad \boldsymbol{b}=\begin{pmatrix}b_1\\b_2\\\vdots\\b_m\end{pmatrix}$$

则

$$\begin{pmatrix} a_{11} & a_{12} & \cdots & a_{1n} \\ a_{21} & a_{22} & \cdots & a_{2n} \\ \vdots & \vdots & & \vdots \\ a_{m1} & a_{m2} & \cdots & a_{mn} \end{pmatrix}\begin{pmatrix} x_1 \\ x_2 \\ \vdots \\ x_n \end{pmatrix}=\begin{pmatrix} b_1 \\ b_2 \\ \vdots \\ b_m \end{pmatrix}$$

于是有

$$\boldsymbol{AX}=\boldsymbol{b}$$

对于 $m\times n$ 阶矩阵 $\boldsymbol{A}$,显然有以下结论:

$$\boldsymbol{E}_{m\times m}\boldsymbol{A}=\boldsymbol{A}\boldsymbol{E}_{n\times n}=\boldsymbol{A},\qquad \boldsymbol{O}_{m\times m}\boldsymbol{A}=\boldsymbol{A}\boldsymbol{O}_{n\times n}=\boldsymbol{O}_{m\times n}$$

矩阵的乘法满足如下运算规律:

① 结合律 $(\boldsymbol{AB})\boldsymbol{C}=\boldsymbol{A}(\boldsymbol{BC})$;

② 分配律 $\boldsymbol{A}(\boldsymbol{B}+\boldsymbol{C})=\boldsymbol{AB}+\boldsymbol{AC}$, $(\boldsymbol{B}+\boldsymbol{C})\boldsymbol{A}=\boldsymbol{BA}+\boldsymbol{CA}$;

③ $k(\boldsymbol{AB})=(k\boldsymbol{A})\boldsymbol{B}=\boldsymbol{A}(k\boldsymbol{B})$,$k$ 为任意常数。

这里仅对①进行证明,关于②、③的证明由读者自己完成。

设 $\boldsymbol{A}=(a_{ij})_{m\times k}$, $\boldsymbol{B}=(b_{ij})_{k\times s}$, $\boldsymbol{C}=(c_{ij})_{s\times n}$

容易看出,$(\boldsymbol{AB})\boldsymbol{C}$ 与 $\boldsymbol{A}(\boldsymbol{BC})$ 都是 $m\times n$ 阶矩阵,因此只需证明①中等式两端的对应元素相等即可。

由矩阵乘法的定义可知,矩阵 $(\boldsymbol{AB})\boldsymbol{C}$ 中第 i 行第 j 列的元素为

$$\sum_{l=1}^{s}\left(\sum_{t=1}^{k}a_{it}b_{tl}\right)c_{lj}=\sum_{l=1}^{s}\sum_{t=1}^{k}(a_{it}b_{tl}c_{lj})=\sum_{t=1}^{k}a_{it}\left(\sum_{l=1}^{s}b_{tl}c_{lj}\right)\qquad(2.2.1)$$

$$(i=1,2,\cdots,m;j=i,2,\cdots,n)$$

式(2.2.1)右端正好是矩阵 $\boldsymbol{A}(\boldsymbol{BC})$ 中第 i 行、第 j 列的元素。根据矩阵相等的定义,有

$$(\boldsymbol{AB})\boldsymbol{C}=\boldsymbol{A}(\boldsymbol{BC})$$

因为矩阵的乘法满足结合律,所以可以给出方阵的正整数次幂的概念。

定义 2.2.5 设 A 是 n 阶方阵,k 为正整数,定义 k 个 $\boldsymbol{A}$ 的连乘积为 $\boldsymbol{A}$ 的 $\boldsymbol{k}$ **次幂**,记作 $\boldsymbol{A}^k$,即

$$\boldsymbol{A}^k=\underbrace{\boldsymbol{A}\cdot\boldsymbol{A}\cdot\cdots\cdot\boldsymbol{A}}_{k}$$

这里规定 $\boldsymbol{A}^0=\boldsymbol{E}$。

根据矩阵乘法的结合律,容易证明

$$\boldsymbol{A}^m\boldsymbol{A}^l=\boldsymbol{A}^{m+l},\qquad (\boldsymbol{A}^m)^l=\boldsymbol{A}^{ml}\qquad (m,l \text{ 均为正整数})$$

由于矩阵乘法不满足交换律,在一般情况下,对于 n 阶方阵 $\boldsymbol{A}$ 与 $\boldsymbol{B}$,有

$$(\boldsymbol{AB})^m\neq\boldsymbol{A}^m\boldsymbol{B}^m$$

对于方阵 $\boldsymbol{A}$,还可以定义矩阵多项式。设

$$f(x)=a_mx^m+a_{m-1}x^{m-1}+\cdots+a_1x+a_0$$

是 x 的 m 次多项式,$\boldsymbol{A}$ 是一个 n 阶方阵,$\boldsymbol{E}$ 是 n 阶单位阵,称

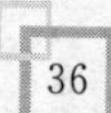

$$f(\boldsymbol{A})=a_m\boldsymbol{A}^m+a_{m-1}\boldsymbol{A}^{m-1}+\cdots+a_1\boldsymbol{A}+a_0\boldsymbol{E}$$

为方阵 $\boldsymbol{A}$ 的多项式。显然，$f(\boldsymbol{A})$仍是一个 n 阶方阵。

例 2.2.7　设 $f(x)=2x^2-5x+3$，$\boldsymbol{A}=\begin{pmatrix}3 & -1\\ 2 & 1\end{pmatrix}$。计算 $f(\boldsymbol{A})$。

解

$$f(\boldsymbol{A})=2\boldsymbol{A}^2-5\boldsymbol{A}+3\boldsymbol{E}=$$

$$2\begin{pmatrix}3 & -1\\ 2 & 1\end{pmatrix}^2-5\begin{pmatrix}3 & -1\\ 2 & 1\end{pmatrix}+3\begin{pmatrix}1 & 0\\ 0 & 1\end{pmatrix}=$$

$$2\begin{pmatrix}7 & -4\\ 8 & -1\end{pmatrix}+\begin{pmatrix}-15 & 5\\ -10 & -5\end{pmatrix}+\begin{pmatrix}3 & 0\\ 0 & 3\end{pmatrix}=$$

$$\begin{pmatrix}2 & -3\\ 6 & -4\end{pmatrix}$$

例 2.2.8　设矩阵 $\boldsymbol{A}=\boldsymbol{PQ}$，其中 $\boldsymbol{P}=\begin{pmatrix}1\\ 2\\ 3\end{pmatrix}$，$\boldsymbol{Q}=(1,-2,2)$，求 $\boldsymbol{A}^{10}$。

解　由于

$$\boldsymbol{A}^{10}=\underbrace{(\boldsymbol{PQ})(\boldsymbol{PQ})\cdots(\boldsymbol{PQ})}_{10}=\boldsymbol{P}\,\underbrace{(\boldsymbol{QP})(\boldsymbol{QP})\cdots(\boldsymbol{QP})}_{9}\boldsymbol{Q}$$

$$\boldsymbol{A}=\boldsymbol{PQ}=\begin{pmatrix}1\\ 2\\ 3\end{pmatrix}(1,-2,2)=\begin{pmatrix}1 & -2 & 2\\ 2 & -4 & 4\\ 3 & -6 & 6\end{pmatrix}$$

$$\boldsymbol{QP}=(1,-2,2)\begin{pmatrix}1\\ 2\\ 3\end{pmatrix}=3$$

所以

$$\boldsymbol{A}^{10}=\boldsymbol{P}\cdot 3^9\cdot\boldsymbol{Q}=3^9\boldsymbol{PQ}=\begin{pmatrix}3^9 & -2\cdot 3^9 & 2\cdot 3^9\\ 2\cdot 3^9 & -4\cdot 3^9 & 4\cdot 3^9\\ 3^{10} & -2\cdot 3^{10} & 2\cdot 3^{10}\end{pmatrix}$$

前面讨论了矩阵的乘法及其运算规律，下面给出关于方阵行列式的一些性质。

定理 2.2.1　设 $\boldsymbol{A},\boldsymbol{B}$ 均为 n 阶方阵，k 为常数，则

① $|k\boldsymbol{A}|=k^n|\boldsymbol{A}|$；

② $|\boldsymbol{AB}|=|\boldsymbol{A}||\boldsymbol{B}|$。

证　应用矩阵的数乘定义及行列式的性质 2，立即可得到①。下面证明②。根据拉普拉斯展开定理，有

$$|\boldsymbol{A}||\boldsymbol{B}|=\begin{vmatrix}a_{11} & a_{12} & \cdots & a_{1n}\\ a_{21} & a_{22} & \cdots & a_{2n}\\ \vdots & \vdots & & \vdots\\ a_{n1} & a_{n2} & \cdots & a_{nn}\end{vmatrix}\begin{vmatrix}b_{11} & b_{12} & \cdots & b_{1n}\\ b_{21} & b_{22} & \cdots & b_{2n}\\ \vdots & \vdots & & \vdots\\ b_{n1} & b_{n2} & \cdots & b_{nn}\end{vmatrix}=$$

$$
\begin{vmatrix}
a_{11} & a_{12} & \cdots & a_{1n} & 0 & 0 & \cdots & 0 \\
a_{21} & a_{22} & \cdots & a_{2n} & 0 & 0 & \cdots & 0 \\
\vdots & \vdots & & \vdots & \vdots & \vdots & & \vdots \\
a_{n1} & a_{n2} & \cdots & a_{nn} & 0 & 0 & \cdots & 0 \\
-1 & 0 & \cdots & 0 & b_{11} & b_{12} & \cdots & b_{1n} \\
0 & -1 & \cdots & 0 & b_{21} & b_{22} & \cdots & b_{2n} \\
\vdots & \vdots & & \vdots & \vdots & \vdots & & \vdots \\
0 & 0 & \cdots & -1 & b_{n1} & b_{n2} & \cdots & b_{nn}
\end{vmatrix}
$$

这时用 $b_{11},b_{21},\cdots,b_{n1}$ 分别去乘以上式右端 $2n$ 阶行列式的第 1,第 2,…,第 n 列,都加到第 $n+1$ 列上,其次用 $b_{12},b_{22},\cdots,b_{n2}$ 分别去乘以这个行列式的第 1,第 2,…,第 n 列,都加到第 $n+2$ 列上,…,最后用 $b_{1n},b_{2n},\cdots,b_{nn}$ 分别去乘以这个行列式的第 1,第 2,…,第 n 列,都加到第 $2n$ 列上,得到

$$
|\boldsymbol{A}||\boldsymbol{B}|=
\begin{vmatrix}
a_{11} & a_{12} & \cdots & a_{1n} & \sum a_{1k}b_{k1} & \sum a_{1k}b_{k2} & \cdots & \sum a_{1k}b_{kn} \\
a_{21} & a_{22} & \cdots & a_{2n} & \sum a_{2k}b_{k1} & \sum a_{2k}b_{k2} & \cdots & \sum a_{2k}b_{kn} \\
\vdots & \vdots & & \vdots & \vdots & \vdots & & \vdots \\
a_{n1} & a_{n2} & \cdots & a_{nn} & \sum a_{nk}b_{k1} & \sum a_{nk}b_{k2} & \cdots & \sum a_{nk}b_{kn} \\
-1 & 0 & \cdots & 0 & 0 & 0 & \cdots & 0 \\
0 & -1 & \cdots & 0 & 0 & 0 & \cdots & 0 \\
\vdots & \vdots & & \vdots & \vdots & \vdots & & \vdots \\
0 & 0 & \cdots & -1 & 0 & 0 & 0 & 0
\end{vmatrix}
$$

由拉普拉斯定理,将这 $2n$ 阶行列式按后 n 列展开,在后 n 列中,不为零的 n 阶子式只有一个,于是得到

$$
|\boldsymbol{A}||\boldsymbol{B}|=(-1)^{\sum\limits_{i=1}^{2n} i}
\begin{vmatrix}
\sum\limits_{k=1}^{n} a_{1k}b_{k1} & \sum\limits_{k=1}^{n} a_{1k}b_{k2} & \cdots & \sum\limits_{k=1}^{n} a_{1k}b_{kn} \\
\sum\limits_{k=1}^{n} a_{2k}b_{k1} & \sum\limits_{k=1}^{n} a_{2k}b_{k2} & \cdots & \sum\limits_{k=1}^{n} a_{2k}b_{kn} \\
\vdots & \vdots & & \vdots \\
\sum\limits_{k=1}^{n} a_{nk}b_{k1} & \sum\limits_{k=1}^{n} a_{nk}b_{k2} & \cdots & \sum\limits_{k=1}^{n} a_{nk}b_{kn}
\end{vmatrix}
\begin{vmatrix}
-1 & 0 & \cdots & 0 \\
0 & -1 & \cdots & 0 \\
\vdots & \vdots & & \vdots \\
0 & 0 & \cdots & -1
\end{vmatrix}
=
$$

$$
(-1)^{\frac{(1+2n)2n}{2}}\times
\left|
\begin{pmatrix}
a_{11} & a_{12} & \cdots & a_{1n} \\
a_{21} & a_{22} & \cdots & a_{2n} \\
\vdots & \vdots & & \vdots \\
a_{n1} & a_{n2} & \cdots & a_{nn}
\end{pmatrix}
\cdot
\begin{pmatrix}
b_{11} & b_{12} & \cdots & b_{1n} \\
b_{21} & b_{22} & \cdots & b_{2n} \\
\vdots & \vdots & & \vdots \\
b_{n1} & b_{n2} & \cdots & b_{nn}
\end{pmatrix}
\right|
\times(-1)^{n}=
$$

$|AB|$

于是$|A||B|=|AB|$。证毕。

推论　设 $A_1,A_2,\cdots,A_m$ 是 m 个 n 阶方阵，则

$$|A_1A_2\cdots A_m|=|A_1|\cdot|A_2|\cdot\cdots\cdot|A_m|$$

2.2.3　矩阵的转置

定义 2.2.6　设 $m\times n$ 阶矩阵

$$A=\begin{pmatrix} a_{11} & a_{12} & \cdots & a_{1n} \\ a_{21} & a_{22} & \cdots & a_{2n} \\ \vdots & \vdots & & \vdots \\ a_{m1} & a_{m2} & \cdots & a_{mn} \end{pmatrix}$$

将矩阵 A 的行列互换，而不改变其先后次序得到的 $n\times m$ 阶矩阵

$$\begin{pmatrix} a_{11} & a_{21} & \cdots & a_{m1} \\ a_{12} & a_{22} & \cdots & a_{m2} \\ \vdots & \vdots & & \vdots \\ a_{1n} & a_{2n} & \cdots & a_{mn} \end{pmatrix}$$

称为矩阵 A 的**转置矩阵**，记为 A^{T}（或 A'）。

例如　$A=\begin{pmatrix} 1 & -1 & 3 \\ 4 & 1 & 0 \end{pmatrix}$的转置矩阵为

$$A^{\mathrm{T}}=\begin{pmatrix} 1 & 4 \\ -1 & 1 \\ 3 & 0 \end{pmatrix}$$

矩阵的转置可以看成矩阵的一种运算，这种运算具有如下性质：

① $(A^{\mathrm{T}})^{\mathrm{T}}=A$；

② $(A+B)^{\mathrm{T}}=A^{\mathrm{T}}+B^{\mathrm{T}}$；

③ $(kA)^{\mathrm{T}}=kA^{\mathrm{T}}$（$k$ 为任意常数）；

④ $|A^{\mathrm{T}}|=|A|$（A 为方阵）；

⑤ $(AB)^{\mathrm{T}}=B^{\mathrm{T}}A^{\mathrm{T}}$。

性质①～④显然成立，这里只证性质⑤。

事实上，设 $A=(a_{ij})_{m\times k}$，$B=(b_{ij})_{k\times n}$，那么$(AB)^{\mathrm{T}}$ 与 $B^{\mathrm{T}}A^{\mathrm{T}}$ 都是 $n\times m$ 阶矩阵。剩下的只需证明$(AB)^{\mathrm{T}}$ 与 $B^{\mathrm{T}}A^{\mathrm{T}}$ 的对应元素相等。矩阵$(AB)^{\mathrm{T}}$ 的第 i 行、第 j 列元素等于 AB 的第 j 行、第 i 列元素，即 A 的第 j 行元素与 B 的第 i 列对应元素乘积之和

$$\sum_{t=1}^{k} a_{jt}b_{ti}$$

矩阵 $\boldsymbol{B}^{\mathrm{T}}\boldsymbol{A}^{\mathrm{T}}$ 的第 i 行、第 j 列元素是 $\boldsymbol{B}^{\mathrm{T}}$ 的第 i 行元素与 $\boldsymbol{A}^{\mathrm{T}}$ 的第 j 列对应元素乘积之和,即 $\boldsymbol{B}$ 的第 i 列元素与 $\boldsymbol{A}$ 的第 j 行对应元素乘积之和

$$\sum_{t=1}^{k} b_{ti}a_{jt}$$

因此 $(\boldsymbol{AB})^{\mathrm{T}}$ 与 $\boldsymbol{B}^{\mathrm{T}}\boldsymbol{A}^{\mathrm{T}}$ 的对应元素相等,故

$$(\boldsymbol{AB})^{\mathrm{T}}=\boldsymbol{B}^{\mathrm{T}}\boldsymbol{A}^{\mathrm{T}}$$

定义 2.2.7 设 $\boldsymbol{A}=(a_{ij})$ 是 n 阶方阵,如果

$$\boldsymbol{A}^{\mathrm{T}}=\boldsymbol{A},\qquad \text{即 } a_{ij}=a_{ji}\ (i,j=1,2,\cdots,n)$$

则称 $\boldsymbol{A}$ 为**对称矩阵**;如果

$$\boldsymbol{A}^{\mathrm{T}}=-\boldsymbol{A},\qquad \text{即 } a_{ij}=-a_{ji}\ (i,j=1,2,\cdots,n)$$

则称 $\boldsymbol{A}$ 为**反对称矩阵**。

显然在反对称矩阵中,主对角线上的元素均为零。

例如 $\begin{pmatrix} 1 & 2 & -3 \\ 2 & 0 & 4 \\ -3 & 4 & 5 \end{pmatrix}$ 为对称矩阵,$\begin{pmatrix} 0 & 2 & -3 \\ -2 & 0 & 4 \\ 3 & -4 & 0 \end{pmatrix}$ 为反对称矩阵。

由定义可知,对称矩阵的和、数量乘积仍为对称矩阵;反对称矩阵的和、数量乘积仍为反对称矩阵。

例 2.2.9 设 $\boldsymbol{A}$ 为 n 阶反对称矩阵,$\boldsymbol{B}$ 为 n 阶对称矩阵,试证 $\boldsymbol{AB}-\boldsymbol{BA}$ 为对称矩阵。

证 由已知得 $\boldsymbol{A}^{\mathrm{T}}=-\boldsymbol{A}$,$\boldsymbol{B}^{\mathrm{T}}=\boldsymbol{B}$,于是

$$(\boldsymbol{AB}-\boldsymbol{BA})^{\mathrm{T}}=(\boldsymbol{AB})^{\mathrm{T}}-(\boldsymbol{BA})^{\mathrm{T}}=\boldsymbol{B}^{\mathrm{T}}\boldsymbol{A}^{\mathrm{T}}-\boldsymbol{A}^{\mathrm{T}}\boldsymbol{B}^{\mathrm{T}}=\boldsymbol{B}(-\boldsymbol{A})-(-\boldsymbol{A})\boldsymbol{B}=\boldsymbol{AB}-\boldsymbol{BA}$$

所以 $\boldsymbol{AB}-\boldsymbol{BA}$ 为对称矩阵。

习题 2.2

1. 已知矩阵

$$\boldsymbol{A}=\begin{pmatrix} 1 & 2 & -2 \\ 2 & 0 & 3 \end{pmatrix},\qquad \boldsymbol{B}=\begin{pmatrix} -3 & -1 & 2 \\ 0 & 1 & 2 \end{pmatrix}$$

求 $\boldsymbol{A}+\boldsymbol{B}$,$\boldsymbol{A}-\boldsymbol{B}$,$\boldsymbol{A}^{\mathrm{T}}\boldsymbol{B}$,$(\boldsymbol{A}-\boldsymbol{B})^{\mathrm{T}}(\boldsymbol{A}+\boldsymbol{B})$。

2. 计算下列矩阵的乘积:

(1) $(-2,3,-1,1)\begin{pmatrix} 1 \\ -2 \\ 0 \\ 4 \end{pmatrix}$;　　(2) $\begin{pmatrix} 1 \\ 0 \\ -2 \\ 5 \end{pmatrix}(2,4,-1,3)$;

(3) $\begin{pmatrix} 3 & 2 & 1 & 0 \\ 0 & 1 & 0 & 1 \end{pmatrix}\begin{pmatrix} 1 & 1 & 0 & 0 \\ 2 & 3 & 0 & 0 \\ 0 & 2 & 5 & 1 \\ 3 & 1 & 1 & 0 \end{pmatrix}$；

(4) $(1,0,-1)\begin{pmatrix} 1 & 0 & 1 \\ 0 & -1 & -1 \\ 2 & 3 & 0 \end{pmatrix}\begin{pmatrix} 1 \\ 0 \\ -1 \end{pmatrix}$；

(5) $\begin{pmatrix} a_{11} & a_{12} & \cdots & a_{1n} \\ a_{21} & a_{22} & \cdots & a_{2n} \\ \vdots & \vdots & & \vdots \\ a_{n1} & a_{n2} & \cdots & a_{nn} \end{pmatrix}\begin{pmatrix} k_1 & 0 & 0 & 0 \\ 0 & k_2 & 0 & 0 \\ 0 & 0 & \ddots & 0 \\ 0 & 0 & 0 & k_n \end{pmatrix}$。

3. 设 $\boldsymbol{A},\boldsymbol{B}$ 是两个 n 阶方阵，问下面的等式在什么条件下成立，为什么？

(1) $(\boldsymbol{A}+\boldsymbol{B})^2=\boldsymbol{A}^2+2\boldsymbol{AB}+\boldsymbol{B}^2$；　　　(2) $(\boldsymbol{A}+\boldsymbol{B})(\boldsymbol{A}-\boldsymbol{B})=\boldsymbol{A}^2-\boldsymbol{B}^2$。

4. 设 $f(x)=3x^2-2x+1$，求 $f(\boldsymbol{A})$，其中

$$\boldsymbol{A}=\begin{pmatrix} 1 & -2 & 3 \\ 2 & 2 & 0 \\ 1 & 3 & 1 \end{pmatrix}$$

5. 计算：

(1) $\begin{pmatrix} \cos\theta & -\sin\theta \\ \sin\theta & \cos\theta \end{pmatrix}^n$；　　　(2) $\begin{pmatrix} \lambda & 1 & 0 \\ 0 & \lambda & 1 \\ 0 & 0 & \lambda \end{pmatrix}^n$。

6. 设矩阵 $\boldsymbol{A}=\begin{pmatrix} 1 & 0 & 0 \\ 1 & 0 & 1 \\ 0 & 1 & 0 \end{pmatrix}$，试证关系式 $\boldsymbol{A}^n=\boldsymbol{A}^{n-2}+\boldsymbol{A}^2-\boldsymbol{E}(n\geqslant 3)$，并求 $\boldsymbol{A}^{100}$.

7. (1) 求与矩阵 $\boldsymbol{A}=\begin{pmatrix} 0 & 1 & 0 \\ 0 & 0 & 1 \\ 1 & 0 & 0 \end{pmatrix}$ 可交换的矩阵；

(2) 设 $\boldsymbol{A}$ 是一个对角形矩阵，它的主对角线上的元素 $a_{11},a_{22},\cdots,a_{nn}$ 两两不同。证明：凡与 $\boldsymbol{A}$ 可交换的矩阵一定是对角形矩阵。

8. 证明：不存在 n 阶矩阵 $\boldsymbol{A},\boldsymbol{B}$，使得 $\boldsymbol{AB}-\boldsymbol{BA}=\boldsymbol{E}$。

9. 试证：

(1) 任一个 n 阶矩阵都可以表示成一个对称矩阵与一个反对称矩阵之和；

(2) 如果 $\boldsymbol{A}$ 是 n 阶对称矩阵，$\boldsymbol{B}$ 是 n 阶反对称矩阵，则 $\boldsymbol{AB}+\boldsymbol{BA}$ 是反对称矩阵；

(3) 如果 $\boldsymbol{A},\boldsymbol{B}$ 都是 n 阶对称矩阵，那么 $\boldsymbol{AB}$ 也是对称矩阵的充要条件是 $\boldsymbol{AB}=\boldsymbol{BA}$。

2.3 逆矩阵

2.3.1 逆矩阵的概念

上一节定义了矩阵的加法、减法和乘法,那么对于矩阵是否也能定义除法呢?回答是否定的。但是可以换个角度去考虑这个问题。

在代数运算中,如果数$a\neq 0$,其倒数a^{-1}可由等式

$$a\cdot a^{-1}=a^{-1}\cdot a=1$$

来刻画。在矩阵的乘法运算中,对于任意n阶方阵$\boldsymbol{A}$,都有

$$\boldsymbol{AE}=\boldsymbol{EA}=\boldsymbol{A}$$

这里单位矩阵$\boldsymbol{E}$的地位与1在数的乘法中的作用非常相似。那么,对于n阶方阵$\boldsymbol{A}\neq\boldsymbol{O}$,是否存在$n$阶方阵$\boldsymbol{B}$,使得$\boldsymbol{AB}=\boldsymbol{BA}=\boldsymbol{E}$呢?如果要存在这样的方阵$\boldsymbol{B}$,那么$\boldsymbol{A}$要满足什么条件?如何利用$\boldsymbol{A}$把$\boldsymbol{B}$求出来?为此,引进逆矩阵的概念。

定义 2.3.1 设$\boldsymbol{A}$是n阶方阵,若有一个n阶方阵$\boldsymbol{B}$,使得

$$\boldsymbol{AB}=\boldsymbol{BA}=\boldsymbol{E} \tag{2.3.1}$$

则$\boldsymbol{B}$称为$\boldsymbol{A}$的**逆矩阵**,$\boldsymbol{A}$称为**可逆矩阵**,或**非奇异矩阵**。

注 由定义可知,可逆矩阵一定是方阵,并且它的逆矩阵亦为同阶方阵;定义中$\boldsymbol{A}$与$\boldsymbol{B}$的地位是等同的,所以$\boldsymbol{B}$也是可逆矩阵,并且$\boldsymbol{A}$是$\boldsymbol{B}$的逆矩阵。

定理 2.3.1 若$\boldsymbol{A}$是一个n阶可逆矩阵,则它的逆矩阵是唯一的。

证 设$\boldsymbol{A}$有两个逆矩阵$\boldsymbol{B}$与$\boldsymbol{C}$,即

$$\boldsymbol{AB}=\boldsymbol{BA}=\boldsymbol{E},\qquad \boldsymbol{AC}=\boldsymbol{CA}=\boldsymbol{E}$$

于是

$$\boldsymbol{B}=\boldsymbol{EB}=(\boldsymbol{CA})\boldsymbol{B}=\boldsymbol{C}(\boldsymbol{AB})=\boldsymbol{CE}=\boldsymbol{C}$$

所以逆矩阵是唯一的。证毕。

由于可逆矩阵的逆矩阵是唯一的,用$\boldsymbol{A}^{-1}$表示$\boldsymbol{A}$的逆矩阵,于是有

$$\boldsymbol{AA}^{-1}=\boldsymbol{A}^{-1}\boldsymbol{A}=\boldsymbol{E}$$

下面研究在什么条件下方阵是可逆的,以及如果$\boldsymbol{A}$可逆,怎样求$\boldsymbol{A}^{-1}$。

定义 2.3.2 设$\boldsymbol{A}=(a_{ij})_{n\times n}$,$A_{ij}$为行列式$|\boldsymbol{A}|$中元素$a_{ij}$的代数余子式,称

$$\boldsymbol{A}^*=\begin{pmatrix} A_{11} & A_{21} & \cdots & A_{n1} \\ A_{12} & A_{22} & \cdots & A_{n2} \\ \vdots & \vdots & & \vdots \\ A_{1n} & A_{2n} & \cdots & A_{nn} \end{pmatrix}$$

为矩阵$\boldsymbol{A}$的**伴随矩阵**。

设$\boldsymbol{A}$为n阶矩阵,由定理1.3.1和定理1.3.2,有

$$AA^* = \begin{pmatrix} a_{11} & a_{12} & \cdots & a_{1n} \\ a_{21} & a_{22} & \cdots & a_{2n} \\ \vdots & \vdots & & \vdots \\ a_{n1} & a_{n2} & \cdots & a_{nn} \end{pmatrix} \begin{pmatrix} A_{11} & A_{21} & \cdots & A_{n1} \\ A_{12} & A_{22} & \cdots & A_{n2} \\ \vdots & \vdots & & \vdots \\ A_{1n} & A_{2n} & \cdots & A_{nn} \end{pmatrix} = \begin{pmatrix} |A| & 0 & \cdots & 0 \\ 0 & |A| & \cdots & 0 \\ \vdots & \vdots & & \vdots \\ 0 & 0 & \cdots & |A| \end{pmatrix} = |A|E$$

同理 $A^*A=|A|E$，于是得到方阵 A 与它的伴随矩阵 A^* 之间的**重要关系式**

$$AA^*=A^*A=|A|E \tag{2.3.2}$$

定理 2.3.2　n 阶方阵 A 可逆的充分必要条件是 $|A|\neq 0$，且 A 可逆时，有

$$A^{-1}=\frac{1}{|A|}A^* \tag{2.3.3}$$

其中，A^* 为 A 的伴随矩阵。

证　必要性。因为 A 可逆，于是 A^{-1} 存在，且

$$AA^{-1}=A^{-1}A=E$$

这样 $|A||A^{-1}|=|E|=1$，因此 $|A|\neq 0$。

充分性。当 $|A|\neq 0$ 时，由式(2.3.2)得

$$A\frac{A^*}{|A|}=\frac{A^*}{|A|}A=E$$

于是矩阵 A 可逆，且

$$A^{-1}=\frac{A^*}{|A|}$$

证毕。

定理 2.3.2 不但给出了判断矩阵可逆的条件，而且提供了一个求可逆矩阵的逆矩阵的公式(2.3.3)。它主要用于理论证明、计算阶数较低的矩阵以及一些特殊矩阵的逆矩阵，至于其他的求逆矩阵的方法，将在以后介绍。

例 2.3.1　求方阵

$$A=\begin{pmatrix} 1 & 0 & 3 \\ 0 & 2 & 1 \\ 3 & 1 & 5 \end{pmatrix}$$

的逆矩阵。

解　因为

$$|A|=1\cdot\begin{vmatrix} 2 & 1 \\ 1 & 5 \end{vmatrix}+3\cdot\begin{vmatrix} 0 & 3 \\ 2 & 1 \end{vmatrix}=9-18=-9\neq 0$$

所以 A 可逆。由于

$$A_{11}=\begin{vmatrix} 2 & 1 \\ 1 & 5 \end{vmatrix}=9,\quad A_{12}=-\begin{vmatrix} 0 & 1 \\ 3 & 5 \end{vmatrix}=3,\quad A_{13}=\begin{vmatrix} 0 & 2 \\ 3 & 1 \end{vmatrix}=-6$$

$$A_{21}=-\begin{vmatrix} 0 & 3 \\ 1 & 5 \end{vmatrix}=3,\quad A_{22}=\begin{vmatrix} 1 & 3 \\ 3 & 5 \end{vmatrix}=-4,\quad A_{23}=-\begin{vmatrix} 1 & 0 \\ 3 & 1 \end{vmatrix}=-1$$

$$A_{31}=\begin{vmatrix} 0 & 3 \\ 2 & 1 \end{vmatrix}=-6,\quad A_{32}=-\begin{vmatrix} 1 & 3 \\ 0 & 1 \end{vmatrix}=-1,\quad A_{33}=\begin{vmatrix} 1 & 0 \\ 0 & 2 \end{vmatrix}=2$$

则

$$A^* = \begin{pmatrix} A_{11} & A_{21} & A_{31} \\ A_{12} & A_{22} & A_{32} \\ A_{13} & A_{23} & A_{33} \end{pmatrix} = \begin{pmatrix} 9 & 3 & -6 \\ 3 & -4 & -1 \\ -6 & -1 & 2 \end{pmatrix}$$

故

$$A^{-1} = \frac{1}{|A|}A^* = -\frac{1}{9}\begin{pmatrix} 9 & 3 & -6 \\ 3 & -4 & -1 \\ -6 & -1 & 2 \end{pmatrix}$$

推论 设 $\boldsymbol{A}$ 与 $\boldsymbol{B}$ 都是 n 阶方阵,若 $\boldsymbol{AB}=\boldsymbol{E}$,则 $\boldsymbol{A},\boldsymbol{B}$ 都可逆,并且 $\boldsymbol{A}^{-1}=\boldsymbol{B},\boldsymbol{B}^{-1}=\boldsymbol{A}$。

证 因为 $\boldsymbol{AB}=\boldsymbol{E}$,所以 $|\boldsymbol{AB}|=|\boldsymbol{E}|=1$,从而 $|\boldsymbol{A}|\neq 0$, $|\boldsymbol{B}|\neq 0$。因此 $\boldsymbol{A},\boldsymbol{B}$ 都可逆。

由定理 2.3.2 可知,$\boldsymbol{A}^{-1},\boldsymbol{B}^{-1}$ 存在。

在 $\boldsymbol{AB}=\boldsymbol{E}$ 两端左乘 $\boldsymbol{A}^{-1}$,得 $\boldsymbol{A}^{-1}=\boldsymbol{B}$。同理,$\boldsymbol{B}^{-1}=\boldsymbol{A}$。证毕。

这个推论指出,对于 n 阶方阵 $\boldsymbol{A}$,若存在 n 阶方阵 $\boldsymbol{B}$,使得 $\boldsymbol{AB}=\boldsymbol{E}$,则 $\boldsymbol{A},\boldsymbol{B}$ 可逆,且互为逆矩阵。在判断矩阵可逆时,该推论使用起来非常方便。

例 2.3.2 设方阵 $\boldsymbol{A}$ 满足 $\boldsymbol{A}^2+3\boldsymbol{A}-2\boldsymbol{E}=\boldsymbol{O}$,证明 $\boldsymbol{A}+\boldsymbol{E}$ 可逆,并求 $(\boldsymbol{A}+\boldsymbol{E})^{-1}$。

证 由 $\boldsymbol{A}^2+3\boldsymbol{A}-2\boldsymbol{E}=\boldsymbol{O}$,有

$$(\boldsymbol{A}+\boldsymbol{E})(\boldsymbol{A}+2\boldsymbol{E})-4\boldsymbol{E}=\boldsymbol{O}$$

即

$$(\boldsymbol{A}+\boldsymbol{E})(\boldsymbol{A}+2\boldsymbol{E})=4\boldsymbol{E}$$

于是

$$(\boldsymbol{A}+\boldsymbol{E})\left[\frac{1}{4}(\boldsymbol{A}+2\boldsymbol{E})\right]=\boldsymbol{E}$$

根据定理 2.3.2 的推论,矩阵 $\boldsymbol{A}+\boldsymbol{E}$ 可逆,且 $(\boldsymbol{A}+\boldsymbol{E})^{-1}=\frac{1}{4}(\boldsymbol{A}+2\boldsymbol{E})$。

下面给出可逆矩阵的一些性质。

性质 1 若 $\boldsymbol{A}$ 可逆,则 $\boldsymbol{A}^{-1}$ 可逆,且 $(\boldsymbol{A}^{-1})^{-1}=\boldsymbol{A}$。

证 因为 $\boldsymbol{AA}^{-1}=\boldsymbol{E}$,由定理 2.3.2 的推论可知 $\boldsymbol{A}^{-1}$ 可逆,并且 $(\boldsymbol{A}^{-1})^{-1}=\boldsymbol{A}$。

性质 2 若 n 阶矩阵 $\boldsymbol{A},\boldsymbol{B}$ 都可逆,则 $\boldsymbol{AB}$ 可逆,且 $(\boldsymbol{AB})^{-1}=\boldsymbol{B}^{-1}\boldsymbol{A}^{-1}$。

证 因为 $\boldsymbol{A},\boldsymbol{B}$ 都可逆,所以 $\boldsymbol{A}^{-1},\boldsymbol{B}^{-1}$ 都存在。又因

$$(\boldsymbol{AB})(\boldsymbol{B}^{-1}\boldsymbol{A}^{-1})=\boldsymbol{A}(\boldsymbol{BB}^{-1})\boldsymbol{A}^{-1}=\boldsymbol{AEA}^{-1}=\boldsymbol{AA}^{-1}=\boldsymbol{E}$$

由定理 2.3.2 的推论可知,$\boldsymbol{AB}$ 可逆,并且 $(\boldsymbol{AB})^{-1}=\boldsymbol{B}^{-1}\boldsymbol{A}^{-1}$。

性质 2 可以推广到多个可逆矩阵的情形。

设 $\boldsymbol{A}_1,\boldsymbol{A}_2,\cdots,\boldsymbol{A}_m$ 均为 n 阶可逆矩阵,则 $\boldsymbol{A}_1\boldsymbol{A}_2\cdots\boldsymbol{A}_m$ 也可逆,并且

$$(\boldsymbol{A}_1\boldsymbol{A}_2\cdots\boldsymbol{A}_m)^{-1}=\boldsymbol{A}_m^{-1}\cdots\boldsymbol{A}_2^{-1}\boldsymbol{A}_1^{-1}$$

性质 3 若 $\boldsymbol{A}$ 可逆,则 $|\boldsymbol{A}^{-1}|=|\boldsymbol{A}|^{-1}$。

证　因为 $AA^{-1}=E$，所以 $|A||A^{-1}|=1$。于是 $|A^{-1}|=|A|^{-1}$。

性质 4　若 A 可逆，则 $(A^{T})^{-1}=(A^{-1})^{T}$。

证　因为 $A^{T}(A^{-1})^{T}=(A^{-1}A)^{T}=E^{T}=E$，由定理 2.3.2 的推论可知，$A^{T}$ 可逆，并且 $(A^{T})^{-1}=(A^{-1})^{T}$

性质 5　若 A 可逆，数 $k\neq 0$，则 $(kA)^{-1}=\dfrac{1}{k}A^{-1}$。

性质 6　若 A 可逆，且 $AB=O$，则 $B=O$。

性质 7　若 A 可逆，且 $AB=AC$，则 $B=C$。

最后三个性质的证明由读者完成。

在矩阵乘法中，若 $AB=O$，则一般不能推出 A 或 B 中至少有一个为零矩阵。但性质 6 说明，若 $AB=O$，当 A，B 中有一个为可逆矩阵时，另一个矩阵必为零矩阵。性质 7 说明，对于可逆矩阵而言，矩阵乘法消去律成立。

例 2.3.3　设 A 为 n 阶可逆矩阵，证明：A 的伴随矩阵 A^{*} 可逆，并且 $(A^{*})^{-1}=\dfrac{A}{|A|}$。

证　由式(2.3.2)，有 $AA^{*}=A^{*}A=|A|E$。因为矩阵 A 可逆，所以 $|A|\neq 0$，从而 $\dfrac{A}{|A|}A^{*}=A^{*}\dfrac{A}{|A|}=E$，故 A^{*} 可逆，且

$$(A^{*})^{-1}=\frac{A}{|A|}$$

利用矩阵的逆，可以给出第 1 章中克莱姆法则的另一种证法。由矩阵乘法，非齐次线性方程组(1.4.1)可写为

$$AX=b \tag{2.3.4}$$

其中，$A=(a_{ij})_{n\times n}$ 为线性方程组的系数矩阵，$X=(x_1,x_2,\cdots,x_n)^{T}$，$b=(b_1,b_2,\cdots,b_n)^{T}$。

当 $|A|=D\neq 0$ 时，矩阵 A 可逆，用 A^{-1} 左乘式(2.3.4)两边，得

$$X=A^{-1}b=\frac{A^{*}}{|A|}b=\frac{A^{*}}{D}b \tag{2.3.5}$$

即

$$\begin{pmatrix} x_1 \\ x_2 \\ \vdots \\ x_n \end{pmatrix}=\frac{1}{D}\begin{pmatrix} A_{11} & A_{21} & \cdots & A_{n1} \\ A_{12} & A_{22} & \cdots & A_{n2} \\ \vdots & \vdots & & \vdots \\ A_{1n} & A_{2n} & \cdots & A_{nn} \end{pmatrix}\begin{pmatrix} b_1 \\ b_2 \\ \vdots \\ b_n \end{pmatrix}=\frac{1}{D}\begin{pmatrix} D_1 \\ D_2 \\ \vdots \\ D_n \end{pmatrix}$$

这样就得到方程组(1.4.1)的解 $x_j=\dfrac{D_j}{D}(j=1,2,\cdots,n)$，并且这个解是唯一的。

还可以把上面的方法推广到一般形式的矩阵方程，则

$$AX=C,\qquad XA=C,\qquad AXB=C$$

其中，A，B 均为可逆矩阵，则上述矩阵方程分别有唯一解

$$X=A^{-1}C,\qquad X=CA^{-1},\qquad X=A^{-1}CB^{-1}$$

例 2.3.4 解线性方程组

$$\begin{cases} x+y+z=2 \\ 2x+y=-1 \\ x+y=1 \end{cases}$$

解 方程组的矩阵形式为 $\boldsymbol{AX}=\boldsymbol{b}$,其中

$$\boldsymbol{A}=\begin{pmatrix} 1 & 1 & 1 \\ 2 & 1 & 0 \\ 1 & 1 & 0 \end{pmatrix},\quad \boldsymbol{X}=\begin{pmatrix} x \\ y \\ z \end{pmatrix},\quad \boldsymbol{b}=\begin{pmatrix} 2 \\ -1 \\ 1 \end{pmatrix}$$

由于

$$|\boldsymbol{A}|=\begin{vmatrix} 1 & 1 & 1 \\ 2 & 1 & 0 \\ 1 & 1 & 0 \end{vmatrix}=1\neq 0$$

从而 $\boldsymbol{A}$ 可逆,应用式(2.3.5),有

$$\begin{pmatrix} x \\ y \\ z \end{pmatrix}=\begin{pmatrix} 1 & 1 & 1 \\ 2 & 1 & 0 \\ 1 & 1 & 0 \end{pmatrix}^{-1}\begin{pmatrix} 2 \\ -1 \\ 1 \end{pmatrix}=\begin{pmatrix} 0 & 1 & -1 \\ 0 & -1 & 2 \\ 1 & 0 & -1 \end{pmatrix}\begin{pmatrix} 2 \\ -1 \\ 1 \end{pmatrix}=\begin{pmatrix} -2 \\ 3 \\ 1 \end{pmatrix}$$

于是方程组的解为 $x=-2,y=3,z=1$。

例 2.3.5 解矩阵方程 $2\boldsymbol{X}=\boldsymbol{AX}+\boldsymbol{B}$,其中

$$\boldsymbol{A}=\begin{pmatrix} 1 & 1 & 0 \\ -1 & 2 & 1 \\ -1 & 0 & 0 \end{pmatrix},\quad \boldsymbol{B}=\begin{pmatrix} 1 & -2 \\ -3 & 0 \\ 0 & 3 \end{pmatrix}$$

解 由 $2\boldsymbol{X}=\boldsymbol{AX}+\boldsymbol{B}$,得 $(2\boldsymbol{E}-\boldsymbol{A})\boldsymbol{X}=\boldsymbol{B}$。因为

$|2\boldsymbol{E}-\boldsymbol{A}|=\begin{vmatrix} 1 & -1 & 0 \\ 1 & 0 & -1 \\ 1 & 0 & 2 \end{vmatrix}=3\neq 0$,所以矩阵 $2\boldsymbol{E}-\boldsymbol{A}$ 可逆,由式(2.3.3),有

$$\boldsymbol{X}=(2\boldsymbol{E}-\boldsymbol{A})^{-1}\boldsymbol{B}=\frac{(2\boldsymbol{E}-\boldsymbol{A})^*}{|2\boldsymbol{E}-\boldsymbol{A}|}\boldsymbol{B}=\frac{1}{3}\begin{pmatrix} 0 & 2 & 1 \\ -3 & 2 & 1 \\ 0 & -1 & 1 \end{pmatrix}\begin{pmatrix} 1 & -2 \\ -3 & 0 \\ 0 & 3 \end{pmatrix}=\begin{pmatrix} -2 & 1 \\ -3 & 3 \\ 1 & 1 \end{pmatrix}$$

2.3.2 正交矩阵

前面所讨论的矩阵都是在任意给定的一个数域 P 上进行的,本小节将介绍一种在实数域 $\mathbf{R}$ 上定义的重要矩阵——正交矩阵。

定义 2.3.3 设 $\boldsymbol{A}$ 为实数域 $\mathbf{R}$ 上的方阵,如果它满足 $\boldsymbol{AA}^{\mathrm{T}}=\boldsymbol{A}^{\mathrm{T}}\boldsymbol{A}=\boldsymbol{E}$,则称 $\boldsymbol{A}$ 为**正交矩阵**。

例如

$$\begin{pmatrix} 1 & 0 \\ 0 & -1 \end{pmatrix},\quad \begin{pmatrix} \cos\theta & -\sin\theta \\ \sin\theta & \cos\theta \end{pmatrix},\quad \begin{pmatrix} \frac{1}{\sqrt{2}} & \frac{1}{\sqrt{2}} & 0 \\ 0 & 0 & 1 \\ \frac{1}{\sqrt{2}} & -\frac{1}{\sqrt{2}} & 0 \end{pmatrix}$$

均为正交矩阵。

由定义可知，正交矩阵 $\boldsymbol{A}$ 一定是可逆的，并且 $\boldsymbol{A}^{-1}=\boldsymbol{A}^{\mathrm{T}}$；反之，若实数域 $\mathbf{R}$ 上的方阵 $\boldsymbol{A}$ 满足 $\boldsymbol{A}^{-1}=\boldsymbol{A}^{\mathrm{T}}$，则有 $\boldsymbol{A}\boldsymbol{A}^{\mathrm{T}}=\boldsymbol{A}^{\mathrm{T}}\boldsymbol{A}=\boldsymbol{E}$，从而 $\boldsymbol{A}$ 为正交矩阵。于是有以下定理。

定理 2.3.3　实数域 $\mathbf{R}$ 上的方阵 $\boldsymbol{A}$ 为正交矩阵的充分必要条件是 $\boldsymbol{A}^{-1}=\boldsymbol{A}^{\mathrm{T}}$。

正交矩阵的性质如下：

① 若 $\boldsymbol{A}$ 为正交矩阵，则 $|\boldsymbol{A}|=1$ 或 $|\boldsymbol{A}|=-1$；

② 正交矩阵的逆矩阵及转置矩阵仍为正交矩阵；

③ 若 $\boldsymbol{A},\boldsymbol{B}$ 是同阶正交矩阵，则 $\boldsymbol{AB}$ 也是正交矩阵；

④ 正交矩阵的每行(列)元素的平方和等于 1，不同两行(列)的对应元素乘积之和等于 0。

证　这里仅证性质③和④，其余由读者完成。

由于 $\boldsymbol{A},\boldsymbol{B}$ 是正交矩阵，所以 $\boldsymbol{A}\boldsymbol{A}^{\mathrm{T}}=\boldsymbol{E},\boldsymbol{B}\boldsymbol{B}^{\mathrm{T}}=\boldsymbol{E}$，从而

$$(\boldsymbol{AB})(\boldsymbol{AB})^{\mathrm{T}}=(\boldsymbol{AB})(\boldsymbol{B}^{\mathrm{T}}\boldsymbol{A}^{\mathrm{T}})=\boldsymbol{A}(\boldsymbol{B}\boldsymbol{B}^{\mathrm{T}})\boldsymbol{A}^{\mathrm{T}}=\boldsymbol{AEA}^{\mathrm{T}}=\boldsymbol{AA}^{\mathrm{T}}=\boldsymbol{E}$$

即 $\boldsymbol{AB}$ 为正交矩阵。性质③成立。

设 $\boldsymbol{A}=(a_{ij})_n$ 为正交矩阵，则

$$\boldsymbol{AA}^{\mathrm{T}}=\begin{pmatrix} a_{11} & a_{12} & \cdots & a_{1n} \\ a_{21} & a_{22} & \cdots & a_{2n} \\ \vdots & \vdots & & \vdots \\ a_{n1} & a_{n2} & \cdots & a_{nn} \end{pmatrix}\begin{pmatrix} a_{11} & a_{21} & \cdots & a_{n1} \\ a_{12} & a_{22} & \cdots & a_{n2} \\ \vdots & \vdots & & \vdots \\ a_{1n} & a_{2n} & \cdots & a_{nn} \end{pmatrix}=\boldsymbol{E}$$

根据矩阵乘法与矩阵相等的定义，有

$$\begin{cases} a_{i1}^2+a_{i2}^2+\cdots+a_{in}^2=1, & (i=1,2,\cdots,n) \\ a_{i1}a_{j1}+a_{i2}a_{j2}+\cdots+a_{in}a_{jn}=0, & (i\neq j;i,j=1,2,\cdots,n) \end{cases}$$

同理可证

$$\begin{cases} a_{1j}^2+a_{2j}^2+\cdots+a_{nj}^2=1, & (j=1,2,\cdots,n) \\ a_{1i}a_{1j}+a_{2i}a_{2j}+\cdots+a_{ni}a_{nj}=0, & (i\neq j;i,j=1,2,\cdots,n) \end{cases}$$

性质④成立。

例 2.3.6　设 $\boldsymbol{A}$ 为正交矩阵，$\boldsymbol{B}$ 为与 $\boldsymbol{A}$ 同阶的对称矩阵，且 $(\boldsymbol{A}-\boldsymbol{B})^2=\boldsymbol{E}$。化简：$(\boldsymbol{AB}+\boldsymbol{E})^{\mathrm{T}}(\boldsymbol{E}-\boldsymbol{BA}^{\mathrm{T}})^{-1}$。

解　由于 $(\boldsymbol{A}-\boldsymbol{B})^2=\boldsymbol{E}$，所以 $\boldsymbol{A}-\boldsymbol{B}$ 可逆，且 $(\boldsymbol{A}-\boldsymbol{B})^{-1}=(\boldsymbol{A}-\boldsymbol{B})$。于是

$$(\boldsymbol{AB}+\boldsymbol{E})^{\mathrm{T}}(\boldsymbol{E}-\boldsymbol{BA}^{\mathrm{T}})^{-1}=(\boldsymbol{B}^{\mathrm{T}}\boldsymbol{A}^{\mathrm{T}}+\boldsymbol{AA}^{\mathrm{T}})(\boldsymbol{AA}^{\mathrm{T}}-\boldsymbol{BA}^{\mathrm{T}})^{-1}=$$

$$(\boldsymbol{B}+\boldsymbol{A})\boldsymbol{A}^{\mathrm{T}}(\boldsymbol{A}^{\mathrm{T}})^{-1}(\boldsymbol{A}-\boldsymbol{B})^{-1}=$$

$$(\boldsymbol{A}+\boldsymbol{B})\boldsymbol{E}(\boldsymbol{A}-\boldsymbol{B})=(\boldsymbol{A}+\boldsymbol{B})(\boldsymbol{A}-\boldsymbol{B})$$

习题 2.3

1. 求下列矩阵的逆矩阵:

(1) $\begin{pmatrix}1&2\\2&5\end{pmatrix}$;

(2) $\begin{pmatrix}1&2&-1\\3&4&-2\\5&-4&1\end{pmatrix}$;

(3) $\begin{pmatrix}1&0&0&0\\1&2&0&0\\2&1&3&0\\1&2&1&4\end{pmatrix}$;

(4) $\begin{pmatrix}3&-2&0&-1\\0&2&2&1\\1&-2&-3&-2\\0&1&2&1\end{pmatrix}$。

2. 解下列矩阵方程:

(1) $\begin{pmatrix}2&5\\1&3\end{pmatrix}\boldsymbol{X}=\begin{pmatrix}4&-6\\2&1\end{pmatrix}$;

(2) $\boldsymbol{X}\begin{pmatrix}2&1&-1\\2&1&0\\1&-1&1\end{pmatrix}=\begin{pmatrix}1&-1&3\\4&3&2\end{pmatrix}$;

(3) $\begin{pmatrix}0&1&0\\1&0&0\\0&0&1\end{pmatrix}\boldsymbol{X}\begin{pmatrix}1&0&0\\0&0&1\\0&1&0\end{pmatrix}=\begin{pmatrix}1&-4&3\\2&0&-1\\1&-2&0\end{pmatrix}$;

(4) $\boldsymbol{A}^*\boldsymbol{X}=\boldsymbol{A}^{-1}+2\boldsymbol{X}$,其中 $\boldsymbol{A}=\begin{pmatrix}1&1&-1\\-1&1&1\\1&-1&1\end{pmatrix}$。

3. 利用逆矩阵的方法解线性方程组

$$\begin{cases}4x_1+3x_2-2x_3=1\\x_1-2x_2=6\\3x_1+5x_2+x_3=5\end{cases}$$

4. 设 n 阶方阵 $\boldsymbol{A}$ 满足方程 $\boldsymbol{A}^2-2\boldsymbol{A}+3\boldsymbol{E}=\boldsymbol{O}$。证明:$\boldsymbol{A}$ 与 $\boldsymbol{A}-\boldsymbol{E}$ 都是可逆矩阵,并求 $\boldsymbol{A}^{-1}$ 与 $(\boldsymbol{A}-\boldsymbol{E})^{-1}$。

5. 设 $\boldsymbol{A}$ 为 n 阶方阵,如果存在某个正整数 k,使 $\boldsymbol{A}^k=\boldsymbol{O}$,则称 $\boldsymbol{A}$ 为幂零矩阵。证明:若 $\boldsymbol{A}$ 是幂零矩阵,则 $\boldsymbol{E}-\boldsymbol{A}$ 可逆,且其逆矩阵为 $\boldsymbol{E}+\boldsymbol{A}+\boldsymbol{A}^2+\cdots+\boldsymbol{A}^{k-1}$。

6. 设 $\boldsymbol{A},\boldsymbol{B}$ 是两个 n 阶方阵,若 $\boldsymbol{AB}=\boldsymbol{A}+\boldsymbol{B}$,证明:$\boldsymbol{B}-\boldsymbol{E}$ 可逆,且 $\boldsymbol{AB}=\boldsymbol{BA}$。

7. 设 $\boldsymbol{A}$ 为 n 阶正交矩阵,试证:

(1) 若 $|\boldsymbol{A}|=-1$,则 $|\boldsymbol{E}+\boldsymbol{A}|=0$;

(2) 若 n 为奇数,且 $|\boldsymbol{A}|=1$,则 $|\boldsymbol{E}-\boldsymbol{A}|=0$。

8. 设 $\boldsymbol{A}$ 为四阶方阵，且 $|\boldsymbol{A}|=3$，求：

(1) $|-2\boldsymbol{A}|$；　(2) $|(2\boldsymbol{A})^{-1}|$；　(3) $\left|\frac{1}{3}\boldsymbol{A}^*-4\boldsymbol{A}^{-1}\right|$；　(4) $|(\boldsymbol{A}^*)^{-1}|$。

9. (1) 证明 $(\boldsymbol{A}^*)^{\mathrm{T}}=(\boldsymbol{A}^{\mathrm{T}})^*$，并且若矩阵 $\boldsymbol{A}$ 可逆，则 $\boldsymbol{A}^*$ 也可逆；

(2) 若 $\boldsymbol{A},\boldsymbol{B}$ 为同阶可逆矩阵，则 $(\boldsymbol{AB})^*=\boldsymbol{B}^*\boldsymbol{A}^*$。

10. 若 $\boldsymbol{A}$ 为正交矩阵，证明：

(1) $\boldsymbol{A}^{-1},\boldsymbol{A}^{\mathrm{T}}$ 均为正交矩阵，并且 $|\boldsymbol{A}|=1$ 或 -1；

(2) $(\boldsymbol{A}^*)^{\mathrm{T}}=(\boldsymbol{A}^*)^{-1}$。

11. 设 $\boldsymbol{A}$ 为 n 阶非零实方阵，$\boldsymbol{A}$ 的每一个元素 a_{ij} 等于它的代数余子式，即

$$a_{ij}=A_{ij}\qquad(i,j=1,2,\cdots,n)$$

证明 $\boldsymbol{A}$ 可逆。

2.4　分块矩阵

在理论和实际问题中，经常会遇到阶数较高的矩阵。为了便于计算，常常通过矩阵分块的方法，把这样的矩阵转化成阶数较低的矩阵，达到运算快捷、简便的目的。

2.4.1　分块矩阵的概念

定义 2.4.1　设 $\boldsymbol{A}$ 是一个矩阵，用贯穿于 $\boldsymbol{A}$ 的纵线和横线按某种需要将其划分成若干个阶数较低的矩阵，这种矩阵称为 $\boldsymbol{A}$ 的**子块**或**子矩阵**。由这些子块为元素构成的矩阵称为 $\boldsymbol{A}$ 的**分块矩阵**。

例如，用一条横线、两条纵线把下面的 3×6 阶矩阵 $\boldsymbol{A}$ 分成 6 个子块

$$\boldsymbol{A}=\left(\begin{array}{ccc:cc:c}3&0&-1&5&-9&-2\\5&2&4&0&-3&1\\\hdashline 8&-6&3&1&7&-4\end{array}\right)$$

若记

$$\boldsymbol{A}_{11}=\begin{pmatrix}3&0&-1\\5&2&4\end{pmatrix},\quad\boldsymbol{A}_{12}=\begin{pmatrix}5&-9\\0&-3\end{pmatrix},\quad\boldsymbol{A}_{13}=\begin{pmatrix}-2\\1\end{pmatrix}$$

$$\boldsymbol{A}_{21}=(8\quad-6\quad3),\quad\boldsymbol{A}_{22}=(1\quad7),\quad\boldsymbol{A}_{23}=(-4)$$

则矩阵 $\boldsymbol{A}$ 就化成了 2×3 阶矩阵

$$\boldsymbol{A}=\begin{pmatrix}\boldsymbol{A}_{11}&\boldsymbol{A}_{12}&\boldsymbol{A}_{13}\\\boldsymbol{A}_{21}&\boldsymbol{A}_{22}&\boldsymbol{A}_{23}\end{pmatrix}$$

对于矩阵 $\boldsymbol{A}$，还可按行或按列进行分块，即

$$\boldsymbol{A}=\left(\begin{array}{cccccc}3&0&-1&5&-9&-2\\\hdashline 5&2&4&0&-3&1\\\hdashline 8&-6&3&1&7&-4\end{array}\right),\qquad\boldsymbol{A}=\left(\begin{array}{c:c:c:c:c:c}3&0&-1&5&-9&-2\\5&2&4&0&-3&1\\8&-6&3&1&7&-4\end{array}\right)$$

2.4.2 分块矩阵的运算

对于分块矩阵，把它的子块当做矩阵中的数一样看待，就可以像通常的矩阵一样，对它们进行加法、数乘与乘法运算。

1. 分块矩阵的加法、数乘与转置

设$\boldsymbol{A},\boldsymbol{B}$为$m\times n$阶矩阵，将$\boldsymbol{A},\boldsymbol{B}$采用同样的方法进行分块，得到

$$\boldsymbol{A}=\begin{pmatrix}\boldsymbol{A}_{11} & \boldsymbol{A}_{12} & \cdots & \boldsymbol{A}_{1q}\\ \boldsymbol{A}_{21} & \boldsymbol{A}_{22} & \cdots & \boldsymbol{A}_{2q}\\ \vdots & \vdots & & \vdots\\ \boldsymbol{A}_{p1} & \boldsymbol{A}_{p2} & \cdots & \boldsymbol{A}_{pq}\end{pmatrix},\quad \boldsymbol{B}=\begin{pmatrix}\boldsymbol{B}_{11} & \boldsymbol{B}_{12} & \cdots & \boldsymbol{B}_{1q}\\ \boldsymbol{B}_{21} & \boldsymbol{B}_{22} & \cdots & \boldsymbol{B}_{2q}\\ \vdots & \vdots & & \vdots\\ \boldsymbol{B}_{p1} & \boldsymbol{B}_{p2} & \cdots & \boldsymbol{B}_{pq}\end{pmatrix}$$

其中，子块$\boldsymbol{A}_{ij}$与$\boldsymbol{B}_{ij}$($i=1,2,\cdots,p;j=1,2,\cdots,q$)是同型矩阵，容易证明

$$\boldsymbol{A}+\boldsymbol{B}=\begin{pmatrix}\boldsymbol{A}_{11}+\boldsymbol{B}_{11} & \boldsymbol{A}_{12}+\boldsymbol{B}_{12} & \cdots & \boldsymbol{A}_{1q}+\boldsymbol{B}_{1q}\\ \boldsymbol{A}_{21}+\boldsymbol{B}_{21} & \boldsymbol{A}_{22}+\boldsymbol{B}_{22} & \cdots & \boldsymbol{A}_{2q}+\boldsymbol{B}_{2q}\\ \vdots & \vdots & & \vdots\\ \boldsymbol{A}_{p1}+\boldsymbol{B}_{q1} & \boldsymbol{A}_{p2}+\boldsymbol{B}_{q2} & \cdots & \boldsymbol{A}_{pq}+\boldsymbol{B}_{pq}\end{pmatrix}$$

即两个同型的分块矩阵相加，只需在相同的分法下，把相应的子块相加。

设k是一个常数，容易证明

$$k\boldsymbol{A}=\begin{pmatrix}k\boldsymbol{A}_{11} & k\boldsymbol{A}_{12} & \cdots & k\boldsymbol{A}_{1q}\\ k\boldsymbol{A}_{21} & k\boldsymbol{A}_{22} & \cdots & k\boldsymbol{A}_{2q}\\ \vdots & \vdots & & \vdots\\ k\boldsymbol{A}_{p1} & k\boldsymbol{A}_{p2} & \cdots & k\boldsymbol{A}_{pq}\end{pmatrix}$$

即用数k乘以一个分块矩阵，只需用数k去乘以矩阵的每一子块。

设分块矩阵

$$\boldsymbol{A}=\begin{pmatrix}\boldsymbol{A}_{11} & \boldsymbol{A}_{12} & \cdots & \boldsymbol{A}_{1q}\\ \boldsymbol{A}_{21} & \boldsymbol{A}_{22} & \cdots & \boldsymbol{A}_{2q}\\ \vdots & \vdots & & \vdots\\ \boldsymbol{A}_{p1} & \boldsymbol{A}_{p2} & \cdots & \boldsymbol{A}_{pq}\end{pmatrix}$$

则

$$\boldsymbol{A}^{\mathrm{T}}=\begin{pmatrix}\boldsymbol{A}_{11}^{\mathrm{T}} & \boldsymbol{A}_{21}^{\mathrm{T}} & \cdots & \boldsymbol{A}_{p1}^{\mathrm{T}}\\ \boldsymbol{A}_{12}^{\mathrm{T}} & \boldsymbol{A}_{22}^{\mathrm{T}} & \cdots & \boldsymbol{A}_{p2}^{\mathrm{T}}\\ \vdots & \vdots & & \vdots\\ \boldsymbol{A}_{1q}^{\mathrm{T}} & \boldsymbol{A}_{2q}^{\mathrm{T}} & \cdots & \boldsymbol{A}_{pq}^{\mathrm{T}}\end{pmatrix}$$

即对分块矩阵作转置时，不仅要将其行、列位置互换，而且还要将每一子块进行转置。

2. 分块矩阵的乘法

设矩阵$\boldsymbol{A}=(a_{ij})_{m\times s}$，$\boldsymbol{B}=(b_{ij})_{s\times n}$，用分块矩阵计算$\boldsymbol{A},\boldsymbol{B}$的乘积$\boldsymbol{AB}$时，一定要使$\boldsymbol{A}$的列的分法与$\boldsymbol{B}$的行的分法一致，这样不仅可以保证$\boldsymbol{A},\boldsymbol{B}$作为分块矩阵可乘，而且它

们相应的各子块间的乘法也有意义，即

$$A=\begin{pmatrix} A_{11} & A_{12} & \cdots & A_{1p} \\ A_{21} & A_{22} & \cdots & A_{2p} \\ \vdots & \vdots & & \vdots \\ A_{r1} & A_{r2} & \cdots & A_{rp} \end{pmatrix}\begin{matrix} m_1 \\ m_2 \\ \vdots \\ m_r \end{matrix},\quad B=\begin{pmatrix} B_{11} & B_{12} & \cdots & B_{1q} \\ B_{21} & B_{22} & \cdots & B_{2q} \\ \vdots & \vdots & & \vdots \\ B_{p1} & B_{p2} & \cdots & B_{pq} \end{pmatrix}\begin{matrix} s_1 \\ s_2 \\ \vdots \\ s_p \end{matrix}$$

（列标：A 为 $s_1\ s_2\ \cdots\ s_p$，B 为 $n_1\ n_2\ \cdots\ n_q$）

其中，矩阵 $\boldsymbol{A}$ 的子块 $\boldsymbol{A}_{ik}$ 为 $m_i \times s_k(i=1,2,\cdots,r;k=1,2,\cdots,p)$ 阶矩阵，矩阵 $\boldsymbol{B}$ 的子块 $\boldsymbol{B}_{kj}$ 为 $s_k \times n_j(k=1,2,\cdots,p;j=1,2,\cdots,q)$ 阶矩阵，且 $\sum\limits_{i=1}^{r} m_i=m$，$\sum\limits_{i=1}^{p} s_i=s$，$\sum\limits_{i=1}^{q} n_i=n$。

容易证明

$$AB=\begin{bmatrix} C_{11} & C_{12} & \cdots & C_{1q} \\ C_{21} & C_{22} & \cdots & C_{2q} \\ \vdots & \vdots & & \vdots \\ C_{r1} & C_{r2} & \cdots & C_{rq} \end{bmatrix}$$

其中，$\boldsymbol{C}_{ij}=\sum\limits_{k=1}^{p}\boldsymbol{A}_{ik}\boldsymbol{B}_{kj}$ 为 $m_i \times n_j$ 阶矩阵$(i=1,2,\cdots,r;j=1,2,\cdots,q)$。

这说明，如果把分块矩阵的子块像数一样看待，则它们的乘法与通常的矩阵乘法规则在形式上是完全相同的。

例 2.4.1　设

$$A=\begin{pmatrix} 1 & 0 & -1 & 2 \\ 0 & 1 & 0 & 1 \\ 0 & 0 & 1 & 0 \\ 0 & 0 & 0 & 1 \end{pmatrix},\quad B=\begin{pmatrix} 1 & 0 & 1 & 0 \\ -1 & 2 & 0 & 1 \\ 1 & 0 & 4 & 1 \\ -1 & -1 & 2 & 0 \end{pmatrix}$$

用分块矩阵计算 $\boldsymbol{AB}$。

解　将矩阵 $\boldsymbol{A},\boldsymbol{B}$ 作如下分块

$$A=\left(\begin{array}{cc:cc} 1 & 0 & -1 & 2 \\ 0 & 1 & 0 & 1 \\ \hdashline 0 & 0 & 1 & 0 \\ 0 & 0 & 0 & 1 \end{array}\right)=\begin{pmatrix} E & A_1 \\ O & E \end{pmatrix}$$

$$B=\left(\begin{array}{cc:cc} 1 & 0 & 1 & 0 \\ -1 & 2 & 0 & 1 \\ \hdashline 1 & 0 & 4 & 1 \\ -1 & -1 & 2 & 0 \end{array}\right)=\begin{pmatrix} B_{11} & E \\ B_{21} & B_{22} \end{pmatrix}$$

则

$$AB=\begin{pmatrix} E & A_1 \\ O & E \end{pmatrix}\begin{pmatrix} B_{11} & E \\ B_{21} & B_{22} \end{pmatrix}=\begin{pmatrix} B_{11}+A_1B_{21} & E+A_1B_{22} \\ B_{21} & B_{22} \end{pmatrix}$$

因

$$B_{11}+A_1B_{21}=\begin{pmatrix}1&0\\-1&2\end{pmatrix}+\begin{pmatrix}-1&2\\0&1\end{pmatrix}\begin{pmatrix}1&0\\-1&-1\end{pmatrix}=$$

$$\begin{pmatrix}1&0\\-1&2\end{pmatrix}+\begin{pmatrix}-3&-2\\-1&-1\end{pmatrix}=\begin{pmatrix}-2&-2\\-2&1\end{pmatrix}$$

$$E+A_1B_{22}=\begin{pmatrix}1&0\\0&1\end{pmatrix}+\begin{pmatrix}-1&2\\0&1\end{pmatrix}\begin{pmatrix}4&1\\2&0\end{pmatrix}=\begin{pmatrix}1&-1\\2&1\end{pmatrix}$$

故

$$AB=\begin{pmatrix}E&A_1\\O&E\end{pmatrix}\begin{pmatrix}B_{11}&E\\B_{21}&B_{22}\end{pmatrix}=\begin{pmatrix}-2&-2&1&-1\\-2&1&2&1\\1&0&4&1\\-1&-1&2&0\end{pmatrix}$$

2.4.3 准对角形矩阵

定义 2.4.2 设 A 为 n 阶方阵,如果它的分块矩阵具有如下形式:

$$A=\begin{pmatrix}A_1&&&\\&A_2&&\\&&\ddots&\\&&&A_s\end{pmatrix}$$

其中,$A_i(i=1,2,\cdots,s)$为 n_i 阶方阵,$\sum\limits_{i=1}^{s}n_i=n$,则称 A 为**准对角形矩阵**。

设 n 阶准对角形矩阵

$$A=\begin{pmatrix}A_1&&&\\&A_2&&\\&&\ddots&\\&&&A_s\end{pmatrix},\quad B=\begin{pmatrix}B_1&&&\\&B_2&&\\&&\ddots&\\&&&B_s\end{pmatrix}$$

其中,子块 A_i 和 $B_i(i=1,2,\cdots,s)$为同阶方阵,则有下述性质:

(1) $A+B=\begin{pmatrix}A_1+B_1&&&\\&A_2+B_2&&\\&&\ddots&\\&&&A_s+B_s\end{pmatrix}$;

(2) $AB=\begin{pmatrix}A_1B_1&&&\\&A_2B_2&&\\&&\ddots&\\&&&A_sB_s\end{pmatrix}$;

(3) $|A|=|A_1||A_2|\cdots|A_s|$;

(4) 若$|A_i|\neq0(i=1,2,\cdots,s)$,则

$$\begin{pmatrix} \boldsymbol{A}_1 & & & \\ & \boldsymbol{A}_2 & & \\ & & \ddots & \\ & & & \boldsymbol{A}_s \end{pmatrix}^{-1} = \begin{pmatrix} \boldsymbol{A}_1^{-1} & & & \\ & \boldsymbol{A}_2^{-1} & & \\ & & \ddots & \\ & & & \boldsymbol{A}_s^{-1} \end{pmatrix};$$

$$\begin{pmatrix} & & & \boldsymbol{A}_1 \\ & & \boldsymbol{A}_2 & \\ & \iddots & & \\ \boldsymbol{A}_s & & & \end{pmatrix}^{-1} = \begin{pmatrix} & & & \boldsymbol{A}_s^{-1} \\ & & \iddots & \\ & \boldsymbol{A}_2^{-1} & & \\ \boldsymbol{A}_1^{-1} & & & \end{pmatrix}。$$

例 2.4.2　设

$$\boldsymbol{A} = \begin{pmatrix} 0 & a_1 & 0 & \cdots & 0 & 0 \\ 0 & 0 & a_2 & \cdots & 0 & 0 \\ \vdots & \vdots & \vdots & & \vdots & \vdots \\ 0 & 0 & 0 & \cdots & a_{n-2} & 0 \\ 0 & 0 & 0 & \cdots & 0 & a_{n-1} \\ a_n & 0 & 0 & \cdots & 0 & 0 \end{pmatrix}$$

其中，$a_i \neq 0(i=1,2,\cdots,n)$，试用分块矩阵求 $\boldsymbol{A}^{-1}$。

解　设

$$\boldsymbol{A} = \begin{pmatrix} \boldsymbol{O} & \boldsymbol{A}_1 \\ \boldsymbol{A}_2 & \boldsymbol{O} \end{pmatrix}$$

其中

$$\boldsymbol{A}_1 = \begin{pmatrix} a_1 & & & \\ & a_2 & & \\ & & \ddots & \\ & & & a_{n-1} \end{pmatrix}, \qquad \boldsymbol{A}_2 = (a_n)$$

因为

$$\boldsymbol{A}^{-1} = \begin{pmatrix} \boldsymbol{O} & \boldsymbol{A}_2^{-1} \\ \boldsymbol{A}_1^{-1} & \boldsymbol{O} \end{pmatrix}$$

且

$$\boldsymbol{A}_1^{-1} = \begin{pmatrix} a_1^{-1} & & & \\ & a_2^{-1} & & \\ & & \ddots & \\ & & & a_{n-1}^{-1} \end{pmatrix}, \qquad \boldsymbol{A}_2^{-1} = a_n^{-1}$$

故

$$A^{-1}=\begin{pmatrix} 0 & 0 & \cdots & 0 & a_n^{-1} \\ a_1^{-1} & 0 & \cdots & 0 & 0 \\ 0 & a_2^{-1} & \cdots & 0 & 0 \\ \vdots & \vdots & \ddots & \vdots & \vdots \\ 0 & 0 & \cdots & a_{n-1}^{-1} & 0 \end{pmatrix}$$

例 2.4.3 设

$$D=\begin{pmatrix} A & O \\ C & B \end{pmatrix}$$

其中,A,B 分别为 s 阶、t 阶可逆矩阵,O 为 $s\times t$ 阶零矩阵,C 为 $t\times s$ 阶矩阵。证明:矩阵 D 可逆,并求 D^{-1}。

解 因为矩阵 A,B 可逆,所以 $|A|\neq 0$,$|B|\neq 0$。由拉普拉斯定理,$|D|=|A||B|\neq 0$,故矩阵 D 可逆。设

$$D^{-1}=\begin{pmatrix} X_{11} & X_{12} \\ X_{21} & X_{22} \end{pmatrix}$$

则

$$\begin{pmatrix} A & O \\ C & B \end{pmatrix}\begin{pmatrix} X_{11} & X_{12} \\ X_{21} & X_{22} \end{pmatrix}=\begin{pmatrix} E_s & O \\ O & E_t \end{pmatrix}$$

对上式左端作乘法运算,并对两端进行比较,有

$$\begin{cases} AX_{11}=E_s \\ AX_{12}=O \\ CX_{11}+BX_{21}=O \\ CX_{12}+BX_{22}=E_t \end{cases}$$

由于 A 可逆,用 A^{-1} 左乘第一式和第二式两端,得

$$X_{11}=A^{-1},\qquad X_{12}=O$$

代入第四式,并注意到 B 可逆,得

$$X_{22}=B^{-1}$$

代入第三式,得

$$X_{21}=-B^{-1}CA^{-1}$$

于是

$$D^{-1}=\begin{pmatrix} A^{-1} & O \\ -B^{-1}CA^{-1} & B^{-1} \end{pmatrix}$$

习题 2.4

1. 将矩阵适当分块后计算:

(1) $\begin{pmatrix} -1 & 2 & 0 & 0 \\ 3 & 1 & 0 & 0 \\ 0 & 0 & 1 & 2 \\ 0 & 0 & -2 & 1 \end{pmatrix}\begin{pmatrix} 1 & 3 & 0 & 0 \\ 4 & -1 & 0 & 0 \\ 0 & 0 & 2 & 1 \\ 0 & 0 & 3 & 4 \end{pmatrix}$；

(2) $\begin{pmatrix} 3 & 2 & -1 & 0 \\ 2 & 0 & 1 & 1 \\ -2 & 4 & 0 & 1 \\ 1 & 0 & 4 & 0 \end{pmatrix}\begin{pmatrix} 2 & 1 \\ 0 & 2 \\ -1 & 0 \\ 0 & 3 \end{pmatrix}$。

2. 设 $\boldsymbol{A}$,$\boldsymbol{B}$ 分别为 k 阶和 r 阶可逆矩阵,$\boldsymbol{C}$ 为 $k\times r$ 阶矩阵,$\boldsymbol{O}$ 为 $r\times k$ 阶零矩阵,证明 $\begin{pmatrix} \boldsymbol{A} & \boldsymbol{C} \\ \boldsymbol{O} & \boldsymbol{B} \end{pmatrix}$ 可逆,且

$$\begin{pmatrix} \boldsymbol{A} & \boldsymbol{C} \\ \boldsymbol{O} & \boldsymbol{B} \end{pmatrix}^{-1}=\begin{pmatrix} \boldsymbol{A}^{-1} & -\boldsymbol{A}^{-1}\boldsymbol{C}\boldsymbol{B}^{-1} \\ \boldsymbol{O} & \boldsymbol{B}^{-1} \end{pmatrix}$$

3. 利用分块法求下列矩阵的逆:

(1) $\begin{pmatrix} 0 & 0 & 5 & 2 \\ 0 & 0 & 2 & 1 \\ 1 & -2 & 0 & 0 \\ 1 & 1 & 0 & 0 \end{pmatrix}$；　　(2) $\begin{pmatrix} 1 & 3 & 0 & 0 \\ 2 & 8 & 0 & 0 \\ 1 & 0 & 1 & 0 \\ 0 & 1 & 2 & 3 \end{pmatrix}$。

4. 设 $\boldsymbol{A}=\begin{pmatrix} 3 & 4 & 0 & 0 \\ 4 & -3 & 0 & 0 \\ 0 & 0 & 2 & 0 \\ 0 & 0 & 2 & 2 \end{pmatrix}$,求 $\boldsymbol{A}^4$,$|\boldsymbol{A}|^8$。

5. 设 $\boldsymbol{A}$,$\boldsymbol{B}$ 均为 n 阶可逆矩阵,$\boldsymbol{C}=\begin{pmatrix} \boldsymbol{A} & \boldsymbol{O} \\ \boldsymbol{O} & \boldsymbol{B} \end{pmatrix}$,求 $\boldsymbol{C}$ 的伴随矩阵 $\boldsymbol{C}^*$。

6. 设 $\boldsymbol{A}$ 为 n 阶可逆矩阵,$\boldsymbol{E}$ 为 n 阶单位矩阵,$\boldsymbol{B}$ 为 $n\times 1$ 阶矩阵,b 为常数,记

$$\boldsymbol{P}=\begin{pmatrix} \boldsymbol{E} & \boldsymbol{O} \\ -\boldsymbol{B}^{\mathrm{T}}\boldsymbol{A}^* & |\boldsymbol{A}| \end{pmatrix},\qquad \boldsymbol{Q}=\begin{pmatrix} \boldsymbol{A} & \boldsymbol{B} \\ \boldsymbol{B}^{\mathrm{T}} & b \end{pmatrix}$$

其中,$\boldsymbol{A}^*$ 为 $\boldsymbol{A}$ 的伴随矩阵。

(1) 计算并化简 $\boldsymbol{PQ}$;

(2) 证明 $\boldsymbol{Q}$ 可逆的充分必要条件是 $\boldsymbol{B}^{\mathrm{T}}\boldsymbol{A}^{-1}\boldsymbol{B}\neq b$。

2.5　初等变换与初等矩阵

本节主要介绍矩阵的初等变换和初等矩阵,它们在求矩阵的秩、求可逆矩阵的逆矩阵以及解线性方程组等方面起着重要作用。

2.5.1 矩阵的初等变换

定义 2.5.1 矩阵 $\boldsymbol{A}$ 的下列变换称为它的**初等行(或列)变换**:

① 互换矩阵 $\boldsymbol{A}$ 的第 i 行与第 j 行(或第 i 列与第 j 列)的位置,记为 $r_i \leftrightarrow r_j$(或 $c_i \leftrightarrow c_j$);

② 用常数 $k \neq 0$ 去乘以矩阵 $\boldsymbol{A}$ 的第 i 行(或第 j 列),记为 kr_i(或 kc_j);

③ 将矩阵 $\boldsymbol{A}$ 的第 j 行(或第 j 列)各元素的 k 倍加到第 i 行(或第 i 列)的对应元素上去,记为 $r_i + kr_j$(或 $c_i + kc_j$)。

这三种初等变换分别简称为**互换**、**倍乘**、**倍加**。矩阵的初等行变换与初等列变换统称为矩阵的**初等变换**。

定义 2.5.2 如果矩阵 $\boldsymbol{A}$ 经过有限次初等变换化为矩阵 $\boldsymbol{B}$,则称 $\boldsymbol{A}$ 与 $\boldsymbol{B}$ 等价,记为 $\boldsymbol{A} \cong \boldsymbol{B}$,或 $\boldsymbol{A} \to \boldsymbol{B}$。

等价是矩阵间的一种关系,具有以下基本性质:

① 自反性 $\boldsymbol{A} \cong \boldsymbol{A}$;

② 对称性 若 $\boldsymbol{A} \cong \boldsymbol{B}$,则 $\boldsymbol{B} \cong \boldsymbol{A}$;

③ 传递性 若 $\boldsymbol{A} \cong \boldsymbol{B}$,$\boldsymbol{B} \cong \boldsymbol{C}$,则 $\boldsymbol{A} \cong \boldsymbol{C}$。

在数学中,把具有上述三个基本性质的关系称为**等价关系**。

利用矩阵的初等变换,可以把矩阵化为简单的阶梯形矩阵。后者在以后将要介绍的利用初等变换求可逆矩阵的逆矩阵、求矩阵的秩以及线性方程组的求解中都是非常有用的。

定义 2.5.3 如果矩阵 $\boldsymbol{A}$ 满足下列条件:

① 若有零行,则零行全在矩阵 $\boldsymbol{A}$ 的下方;

② $\boldsymbol{A}$ 的各非零行的第一个非零元素的列序数小于下一行中第一个非零元素的列序数,则称 $\boldsymbol{A}$ 为**行阶梯形矩阵**,或**阶梯形矩阵**。

如果矩阵 $\boldsymbol{A}$ 除满足上述条件①、②外,还满足条件:各非零行的第一个非零元素均为1,且所在列的其他元素都为零,则称 $\boldsymbol{A}$ 为**简化阶梯形矩阵**。

例如

$$\boldsymbol{A}=\begin{pmatrix} 0 & 2 & -1 & 4 \\ 0 & 0 & 5 & 7 \\ 0 & 0 & 0 & 0 \end{pmatrix}, \quad \boldsymbol{B}=\begin{pmatrix} 1 & 2 & 0 & -5 & 3 \\ 0 & 0 & 4 & 8 & 3 \\ 0 & 0 & 0 & 3 & 1 \\ 0 & 0 & 0 & 0 & 0 \end{pmatrix}$$

为阶梯形矩阵;

$$\boldsymbol{C}=\begin{pmatrix} 1 & -2 & 0 & 0 & -2 \\ 0 & 0 & 1 & 0 & 1 \\ 0 & 0 & 0 & 1 & 3 \end{pmatrix}$$

为简化阶梯形矩阵。

阶梯形矩阵的一般形式为

$$
\begin{pmatrix}
0 & \cdots & 0 & b_1 & * & \cdots & * & * & \cdots & * & * & \cdots & * & * & \cdots & * \\
0 & \cdots & 0 & 0 & 0 & \cdots & 0 & b_2 & \cdots & * & * & \cdots & * & \vdots & \cdots & * \\
\vdots & & \vdots & \vdots & \vdots & & \vdots & \vdots & & \vdots & \vdots & & \vdots & \vdots & & \vdots \\
0 & \cdots & 0 & \vdots & 0 & \cdots & 0 & 0 & \cdots & 0 & b_j & \cdots & \vdots & \vdots & \cdots & * \\
\vdots & & \vdots & \vdots & \vdots & & \vdots & \vdots & & \vdots & \vdots & & \vdots & \vdots & & \vdots \\
0 & \cdots & 0 & \vdots & \vdots & \cdots & \vdots & \vdots & \cdots & \vdots & \vdots & \cdots & 0 & b_r & \cdots & * \\
0 & \cdots & 0 & 0 & \vdots & \cdots & \vdots & \vdots & \cdots & 0 & 0 & \cdots & 0 & 0 & \cdots & 0 \\
\vdots & & \vdots & \vdots & \vdots & & \vdots & \vdots & & \vdots & \vdots & & \vdots & \vdots & & \vdots \\
0 & \cdots & 0 & 0 & 0 & \cdots & 0 & 0 & \cdots & 0 & 0 & \cdots & 0 & 0 & \cdots & 0
\end{pmatrix}
\tag{2.5.1}
$$

上述矩阵中，$b_k(1\leqslant k\leqslant r)$为非零常数，“$*$”号表示某一常数。

定理 2.5.1　任何非零矩阵都可以通过初等行变换化为阶梯形。

证　设矩阵

$$
\boldsymbol{A}=\begin{pmatrix}
a_{11} & a_{12} & \cdots & a_{1n} \\
a_{21} & a_{22} & \cdots & a_{2n} \\
\vdots & \vdots & & \vdots \\
a_{m1} & a_{m2} & \cdots & a_{mn}
\end{pmatrix}
$$

应用行的互换和倍加变换就可以把它化为阶梯形。由于 $\boldsymbol{A}$ 为非零矩阵，那么它至少有一列含有非零元素，不妨设 j_1 列是它的第一个含有非零元素的列，并且 $a_{1j_1}\neq 0$，否则通过交换矩阵中行的顺序即可达到目的。记 $b_1=a_{1j_1}$，从矩阵的第二行起，依次减去第一行的$\dfrac{a_{kj_1}}{b_1}(k=2,3,\cdots,m)$倍，则 $\boldsymbol{A}$ 可化为

$$
\begin{pmatrix}
0 & \cdots & 0 & b_1 & * & \cdots & * \\
0 & \cdots & 0 & 0 & & & \\
\vdots & & \vdots & \vdots & & \boldsymbol{A}_1 & \\
0 & \cdots & 0 & 0 & & &
\end{pmatrix}
$$

其中，$\boldsymbol{A}_1$ 为$(m-1)\times(n-j_1)$阶矩阵。再对矩阵 $\boldsymbol{A}_1$ 应用上述方法，继续进行下去，即可把 $\boldsymbol{A}$ 化为形如式(2.5.1)的阶梯形矩阵。证毕。

设矩阵 $\boldsymbol{A}$ 已通过初等行变换化为阶梯形矩阵(2.5.1)，再对它的第 k 行分别乘以$\dfrac{1}{b_k}(k=1,2,\cdots,r)$，然后再对矩阵作第三种初等行变换，则矩阵 $\boldsymbol{A}$ 就可以化为**简化阶梯形**

$$\begin{pmatrix} 0 & \cdots & 1 & * & \cdots & 0 & * & \cdots & * & \cdots & 0 & * & \cdots & * \\ 0 & \cdots & 0 & 0 & \cdots & 1 & * & \cdots & * & \cdots & 0 & * & \cdots & * \\ \vdots & & \vdots & \vdots & & \vdots & \vdots & & \vdots & & \vdots & \vdots & & \vdots \\ 0 & \cdots & 0 & 0 & \cdots & \cdots & 0 & \cdots & 0 & \cdots & 1 & * & \cdots & * \\ 0 & \cdots & 0 & 0 & \cdots & \cdots & 0 & \cdots & 0 & \cdots & 0 & 0 & \cdots & 0 \\ \vdots & & \vdots & \vdots & & \cdots & \vdots & & \vdots & & \vdots & \vdots & & \vdots \\ 0 & \cdots & 0 & 0 & \cdots & \cdots & 0 & \cdots & 0 & \cdots & 0 & 0 & \cdots & 0 \end{pmatrix} \tag{2.5.2}$$

再对矩阵(2.5.2)作初等列变换和初等行变换,则可以把它化成如下更加简单的形式

$$\begin{pmatrix} 1 & 0 & 0 & \cdots & 0 & 0 & 0 & \cdots & 0 \\ 0 & 1 & 0 & \cdots & 0 & 0 & 0 & \cdots & 0 \\ 0 & 0 & 1 & \cdots & 0 & 0 & 0 & \cdots & 0 \\ \vdots & \vdots & \vdots & & \vdots & \vdots & \vdots & & \vdots \\ 0 & 0 & 0 & \cdots & 1 & 0 & 0 & \cdots & 0 \\ 0 & 0 & 0 & \cdots & 0 & 0 & 0 & \cdots & 0 \\ \vdots & \vdots & \vdots & \cdots & 0 & 0 & 0 & \cdots & 0 \\ 0 & 0 & 0 & \cdots & 0 & 0 & 0 & \cdots & 0 \end{pmatrix}_{m\times n} = \begin{pmatrix} \boldsymbol{E}_r & \boldsymbol{O} \\ \boldsymbol{O} & \boldsymbol{O} \end{pmatrix}_{m\times n} \tag{2.5.3}$$

矩阵(2.5.3)的左上角是一个单位矩阵,其他位置的元素均为零,称矩阵(2.5.3)为矩阵 $\boldsymbol{A}$ 的**标准形**。

由以上讨论,可以得到如下结论。

定理 2.5.2 任意非零矩阵 $\boldsymbol{A}=(a_{ij})_{m\times n}$ 都与它的标准形等价,即存在矩阵 $\begin{pmatrix} \boldsymbol{E}_r & \boldsymbol{O} \\ \boldsymbol{O} & \boldsymbol{O} \end{pmatrix}_{m\times n}$,使 $\boldsymbol{A}\cong\begin{pmatrix} \boldsymbol{E}_r & \boldsymbol{O} \\ \boldsymbol{O} & \boldsymbol{O} \end{pmatrix}_{m\times n}$。其中,$\boldsymbol{E}_r$ 为 r 阶单位矩阵,$1\leqslant r\leqslant \min\{m,n\}$。

矩阵和它的标准形等价是一个重要结论。后面还要说明,对于一个矩阵来说,它的标准形是唯一的,反映了矩阵在初等变换下的一种不变性。

例 2.5.1 用初等行变换把矩阵

$$\boldsymbol{A}=\begin{pmatrix} 0 & 0 & 1 & 2 & -1 \\ 1 & 3 & -2 & 2 & -1 \\ 2 & 6 & -4 & 5 & 7 \\ -1 & -3 & 4 & 0 & 5 \end{pmatrix}$$

化为阶梯形和简化阶梯形。

解

$$\boldsymbol{A}\xrightarrow{r_1\leftrightarrow r_2}\begin{pmatrix} 1 & 3 & -2 & 2 & -1 \\ 0 & 0 & 1 & 2 & -1 \\ 2 & 6 & -4 & 5 & 7 \\ -1 & -3 & 4 & 0 & 5 \end{pmatrix}\xrightarrow[r_4+r_1]{r_3+(-2)r_1}\begin{pmatrix} 1 & 3 & -2 & 2 & -1 \\ 0 & 0 & 1 & 2 & -1 \\ 0 & 0 & 0 & 1 & 9 \\ 0 & 0 & 2 & 2 & 4 \end{pmatrix}\xrightarrow{r_3\leftrightarrow r_4}$$

$$\begin{pmatrix}1&3&-2&2&-1\\0&0&1&2&-1\\0&0&2&2&4\\0&0&0&1&9\end{pmatrix}\xrightarrow{r_3+(-2)r_2}\begin{pmatrix}1&3&-2&2&-1\\0&0&1&2&-1\\0&0&0&-2&6\\0&0&0&1&9\end{pmatrix}\xrightarrow{r_4+\frac{1}{2}r_3}$$

$$\begin{pmatrix}1&3&-2&2&-1\\0&0&1&2&-1\\0&0&0&-2&6\\0&0&0&0&12\end{pmatrix}$$

这就是矩阵 $\boldsymbol{A}$ 的阶梯形。再对其进行初等行变换

$$\boldsymbol{A}\longrightarrow\begin{pmatrix}1&3&-2&2&-1\\0&0&1&2&-1\\0&0&0&-2&6\\0&0&0&0&12\end{pmatrix}\xrightarrow[\left(-\frac{1}{2}\right)r_3,\frac{1}{12}r_4]{r_1+2r_2}$$

$$\begin{pmatrix}1&3&0&6&-3\\0&0&1&2&-1\\0&0&0&1&-3\\0&0&0&0&1\end{pmatrix}\xrightarrow[r_2+(-2)r_3]{r_1+(-6)r_3}$$

$$\begin{pmatrix}1&3&0&0&15\\0&0&1&0&5\\0&0&0&1&-3\\0&0&0&0&1\end{pmatrix}\xrightarrow[r_3+3r_4]{\substack{r_1+(-15)r_4\\r_2+(-5)r_4}}\begin{pmatrix}1&3&0&0&0\\0&0&1&0&0\\0&0&0&1&0\\0&0&0&0&1\end{pmatrix}$$

这就是矩阵 $\boldsymbol{A}$ 的简化阶梯形矩阵。

如果再对 $\boldsymbol{A}$ 的简化阶梯形作列的初等变换，可得矩阵 $\boldsymbol{A}$ 的标准形

$$\boldsymbol{A}\longrightarrow\begin{pmatrix}1&3&0&0&0\\0&0&1&0&0\\0&0&0&1&0\\0&0&0&0&1\end{pmatrix}\xrightarrow{c_2+(-3)c_1}\begin{pmatrix}1&0&0&0&0\\0&0&1&0&0\\0&0&0&1&0\\0&0&0&0&1\end{pmatrix}\xrightarrow{c_2\leftrightarrow c_3}$$

$$\begin{pmatrix}1&0&0&0&0\\0&1&0&0&0\\0&0&0&1&0\\0&0&0&0&1\end{pmatrix}\xrightarrow[c_4\leftrightarrow c_5]{c_3\leftrightarrow c_4}\begin{pmatrix}1&0&0&0&0\\0&1&0&0&0\\0&0&1&0&0\\0&0&0&1&0\end{pmatrix}$$

2.5.2　初等矩阵

定义 2.5.4　由单位矩阵 $\boldsymbol{E}$ 经过一次初等变换得到的矩阵称为**初等矩阵**。

由于矩阵的初等变换有三种，所以对应的初等矩阵有三类：

① 互换 $\boldsymbol{E}$ 的第 i 行(列)与第 j 行(列),记为

$$\boldsymbol{E}(i,j)=\begin{pmatrix}1&&&&&&&&\\&\ddots&&&&&&&\\&&1&&&&&&\\&&&0&\cdots&1&&&\\&&&&1&&&&\\&&&\vdots&\ddots&\vdots&&&\\&&&&1&&&&\\&&&1&\cdots&0&&&\\&&&&&&1&&\\&&&&&&&\ddots&\\&&&&&&&&1\end{pmatrix}\begin{matrix}\\ \\ \\ i\text{行}\\ \\ \\ \\ j\text{行}\\ \\ \\ \\ \end{matrix}$$

② 用数 $k\neq 0$ 乘以 $\boldsymbol{E}$ 的第 i 行(列),记为

$$\boldsymbol{E}(i(k))=\begin{pmatrix}1&&&&&&\\&\ddots&&&&&\\&&1&&&&\\&&&k&&&\\&&&&1&&\\&&&&&\ddots&\\&&&&&&1\end{pmatrix}\begin{matrix}\\ \\ \\ i\text{行}\\ \\ \\ \\ \end{matrix}$$

③ 用数 k 乘以 $\boldsymbol{E}$ 的第 j 行(i 列)加到第 i 行(j 列)上,记为

$$\boldsymbol{E}(i,j(k))=\begin{pmatrix}1&&&&&\\&\ddots&&&&\\&&1&\cdots&k&\\&&&\ddots&\vdots&\\&&&&1&\\&&&&&\ddots&\\&&&&&&1\end{pmatrix}\begin{matrix}\\ \\ i\text{行}\\ \\ j\text{行}\\ \\ \\ \end{matrix}$$

把 $\boldsymbol{E}(i,j)$,$\boldsymbol{E}(i(k))$,$\boldsymbol{E}(i,j(k))$分别称为**互换、倍乘、倍加初等矩阵**。

初等矩阵的性质如下:

① 初等矩阵的转置矩阵仍为同类型的初等矩阵;

② 初等矩阵都是可逆矩阵;

③ 初等矩阵的逆矩阵仍为初等矩阵,且

$$\boldsymbol{E}^{-1}(i,j)=\boldsymbol{E}(i,j),\quad \boldsymbol{E}^{-1}(i(k))=\boldsymbol{E}\left(i\left(\frac{1}{k}\right)\right),\quad \boldsymbol{E}^{-1}(i,j(k))=\boldsymbol{E}(i,j(-k))$$

对于初等矩阵,有如下定理。

定理 2.5.3　设 $\boldsymbol{A}$ 是一个 $m\times n$ 阶矩阵，对 $\boldsymbol{A}$ 作一次初等行变换，相当于在 $\boldsymbol{A}$ 的左边乘以相应的 m 阶初等矩阵；对 $\boldsymbol{A}$ 作一次初等列变换，相当于在 $\boldsymbol{A}$ 的右边乘以相应的 n 阶初等矩阵。

证　仅就对行作第三种初等变换的情形给出证明。

设矩阵 $\boldsymbol{A}=(a_{ij})_{m\times n}$，用 m 阶初等矩阵 $\boldsymbol{E}(i,j(k))$ 左乘 $\boldsymbol{A}$，则

$$\boldsymbol{E}(i,j(k))\boldsymbol{A}=\begin{pmatrix} a_{11} & a_{12} & \cdots & a_{1n} \\ \vdots & \vdots & & \vdots \\ a_{i1}+ka_{j1} & a_{i2}+ka_{j2} & \cdots & a_{in}+ka_{jn} \\ \vdots & \vdots & & \vdots \\ a_{j1} & a_{j2} & \cdots & a_{jn} \\ \vdots & \vdots & & \vdots \\ a_{m1} & a_{m2} & \cdots & a_{mn} \end{pmatrix}\begin{matrix} \\ \\ i \\ \\ j \\ \\ \\ \end{matrix}$$

上式右端相当于对矩阵 $\boldsymbol{A}$ 作第三种初等行变换(即把矩阵 $\boldsymbol{A}$ 的第 j 行乘以常数 k 加到第 i 行上)。证毕。

要注意，当进行列的第三种初等变换时，即将 j 列的 k 倍加到 i 列上时，要右乘 $\boldsymbol{E}(j,i(k))=\boldsymbol{E}^{\mathrm{T}}(i,j(k))$，请读者自行验证。

由这个定理，矩阵的初等变换和矩阵乘法建立了联系。

利用定理 2.5.3 和矩阵等价的定义，立即可以得到如下定理。

定理 2.5.4　$m\times n$ 阶矩阵 $\boldsymbol{A}$ 与 $\boldsymbol{B}$ 等价⇔存在 m 阶初等矩阵 $\boldsymbol{P}_1,\boldsymbol{P}_2,\cdots,\boldsymbol{P}_s$ 与 n 阶初等矩阵 $\boldsymbol{Q}_1,\boldsymbol{Q}_2,\cdots,\boldsymbol{Q}_t$，使得

$$\boldsymbol{P}_s\cdots\boldsymbol{P}_2\boldsymbol{P}_1\boldsymbol{A}\boldsymbol{Q}_1\boldsymbol{Q}_2\cdots\boldsymbol{Q}_t=\boldsymbol{B}$$

若记 $\boldsymbol{P}=\boldsymbol{P}_s\cdots\boldsymbol{P}_2\boldsymbol{P}_1$，$\boldsymbol{Q}=\boldsymbol{Q}_1\boldsymbol{Q}_2\cdots\boldsymbol{Q}_t$，则 $\boldsymbol{P}$ 为 m 阶可逆矩阵，$\boldsymbol{Q}$ 为 n 阶可逆矩阵，于是得到以下推论。

推论 1　$m\times n$ 阶矩阵 $\boldsymbol{A}$ 与 $\boldsymbol{B}$ 等价⇔存在 m 阶可逆矩阵 $\boldsymbol{P}$ 与 n 阶可逆矩阵 $\boldsymbol{Q}$，使得

$$\boldsymbol{PAQ}=\boldsymbol{B}$$

结合定理 2.5.2，有以下推论。

推论 2　对于任意非零 $m\times n$ 阶矩阵 $\boldsymbol{A}$，必存在 m 阶可逆矩阵 $\boldsymbol{P}$ 与 n 阶可逆矩阵 $\boldsymbol{Q}$，使得

$$\boldsymbol{PAQ}=\begin{pmatrix} \boldsymbol{E}_r & \boldsymbol{O} \\ \boldsymbol{O} & \boldsymbol{O} \end{pmatrix} \tag{2.5.4}$$

这里 $\begin{pmatrix} \boldsymbol{E}_r & \boldsymbol{O} \\ \boldsymbol{O} & \boldsymbol{O} \end{pmatrix}$ 是矩阵 $\boldsymbol{A}$ 的标准形。

推论 3　若 $\boldsymbol{A}$ 为 n 阶可逆矩阵，则 $\boldsymbol{A}\cong\boldsymbol{E}$。

若不然，它的标准形矩阵主对角线上至少含有一个零元素，对式(2.5.4)两端取

行列式,则

$$|\boldsymbol{PAQ}| = 0$$

即

$$|\boldsymbol{P}||\boldsymbol{A}||\boldsymbol{Q}| = 0$$

此与矩阵 $\boldsymbol{A},\boldsymbol{P},\boldsymbol{Q}$ 可逆,$|\boldsymbol{P}||\boldsymbol{A}||\boldsymbol{Q}| \neq 0$ 矛盾。

若 n 阶矩阵 $\boldsymbol{A}$ 可逆,由推论 3,存在 n 阶初等矩阵 $\boldsymbol{P}_1,\boldsymbol{P}_2,\cdots,\boldsymbol{P}_t,\boldsymbol{P}_{t+1},\cdots,\boldsymbol{P}_s$,使

$$\boldsymbol{P}_t\cdots\boldsymbol{P}_2\boldsymbol{P}_1\boldsymbol{A}\boldsymbol{P}_s\boldsymbol{P}_{s-1}\cdots\boldsymbol{P}_{t+1} = \boldsymbol{E}, \qquad \boldsymbol{A} = \boldsymbol{P}_1^{-1}\boldsymbol{P}_2^{-1}\cdots\boldsymbol{P}_t^{-1}\boldsymbol{P}_{t+1}^{-1}\cdots\boldsymbol{P}_s^{-1}$$

即可逆矩阵 $\boldsymbol{A}$ 可以表示成有限个初等矩阵的乘积;反之,若 $\boldsymbol{A}$ 能表示成有限个初等矩阵的乘积,根据可逆矩阵的乘积仍为可逆矩阵的结论,则 $\boldsymbol{A}$ 一定是可逆的。因此,得到如下结论。

推论 4 n 阶矩阵 $\boldsymbol{A}$ 可逆的充分必要条件是它可表示成有限个初等矩阵的乘积。

应用这个结论,可以得到一个应用初等变换求可逆矩阵的逆矩阵的方法。

设矩阵 $\boldsymbol{A}$ 可逆,则 $\boldsymbol{A}^{-1}$ 可表示成有限个初等矩阵的乘积,即 $\boldsymbol{A}^{-1} = \boldsymbol{P}_1\boldsymbol{P}_2\cdots\boldsymbol{P}_l$。由 $\boldsymbol{A}^{-1}\boldsymbol{A} = \boldsymbol{E}$,有

$$\boldsymbol{P}_1\boldsymbol{P}_2\cdots\boldsymbol{P}_l\boldsymbol{A} = \boldsymbol{E} \tag{2.5.5}$$

即

$$\boldsymbol{P}_1\boldsymbol{P}_2\cdots\boldsymbol{P}_l\boldsymbol{E} = \boldsymbol{A}^{-1} \tag{2.5.6}$$

式(2.5.5)表明,可逆矩阵 $\boldsymbol{A}$ 经过有限次初等行变换可化为单位矩阵 $\boldsymbol{E}$;式(2.5.6)则表明,这些初等行变换同时可以把单位矩阵 $\boldsymbol{E}$ 化为 $\boldsymbol{A}^{-1}$。

根据分块矩阵的乘法,式(2.5.5)、式(2.5.6)可合并为

$$\boldsymbol{P}_1\boldsymbol{P}_2\cdots\boldsymbol{P}_l(\boldsymbol{A} \mid \boldsymbol{E}) = (\boldsymbol{E} \mid \boldsymbol{A}^{-1})$$

或

$$(\boldsymbol{A} \mid \boldsymbol{E}) \xrightarrow{\text{初等行变换}} (\boldsymbol{E} \mid \boldsymbol{A}^{-1})$$

例 2.5.2 设

$$\boldsymbol{A} = \begin{pmatrix} 2 & 3 & 1 \\ 0 & 1 & 3 \\ 1 & 2 & 5 \end{pmatrix}$$

用初等行变换法求 $\boldsymbol{A}^{-1}$。

解

$$(\boldsymbol{A} \mid \boldsymbol{E}) = \left(\begin{array}{ccc|ccc} 2 & 3 & 1 & 1 & 0 & 0 \\ 0 & 1 & 3 & 0 & 1 & 0 \\ 1 & 2 & 5 & 0 & 0 & 1 \end{array}\right) \xrightarrow{r_1 \leftrightarrow r_3} \left(\begin{array}{ccc|ccc} 1 & 2 & 5 & 0 & 0 & 1 \\ 0 & 1 & 3 & 0 & 1 & 0 \\ 2 & 3 & 1 & 1 & 0 & 0 \end{array}\right) \xrightarrow{r_3 + (-2)r_1}$$

$$\left(\begin{array}{ccc|ccc} 1 & 2 & 5 & 0 & 0 & 1 \\ 0 & 1 & 3 & 0 & 1 & 0 \\ 0 & -1 & -9 & 1 & 0 & -2 \end{array}\right) \xrightarrow[r_3 + r_2]{r_1 + (-2)r_2}$$

$$\left(\begin{array}{ccc:ccc}1 & 0 & -1 & 0 & -2 & 1\\0 & 1 & 3 & 0 & 1 & 0\\0 & 0 & -6 & 1 & 1 & -2\end{array}\right)\xrightarrow{r_3\times\left(-\frac{1}{6}\right)}$$

$$\left(\begin{array}{ccc:ccc}1 & 0 & -1 & 0 & -2 & 1\\0 & 1 & 3 & 0 & 1 & 0\\0 & 0 & 1 & -1/6 & -1/6 & 1/3\end{array}\right)\xrightarrow[r_2+(-3)r_3]{r_1+r_3}$$

$$\left(\begin{array}{ccc:ccc}1 & 0 & 0 & -1/6 & -13/6 & 4/3\\0 & 1 & 0 & 1/2 & 3/2 & -1\\0 & 0 & 1 & -1/6 & -1/6 & 1/3\end{array}\right)$$

所以

$$\boldsymbol{A}^{-1}=\begin{pmatrix}-1/6 & -13/6 & 4/3\\1/2 & 3/2 & -1\\-1/6 & -1/6 & 1/3\end{pmatrix}$$

2.5.3　分块矩阵的初等变换

前面介绍了矩阵的初等变换，它在求可逆矩阵的逆矩阵等方面有着重要的应用。下面把它推广到分块矩阵的情形。这里仅以 2×2 阶分块矩阵为例进行讨论。

将 n 阶单位矩阵进行如下分块

$$\boldsymbol{E}=\begin{pmatrix}\boldsymbol{E}_k & \boldsymbol{O}\\\boldsymbol{O} & \boldsymbol{E}_s\end{pmatrix}\qquad(k+s=n)$$

对其分别进行两行(列)的互换，某一行(列)左乘(右乘)一个矩阵 $\boldsymbol{P}(\boldsymbol{Q})$，把某一行(列)的 $\boldsymbol{M}$ 倍($\boldsymbol{N}$ 倍)($\boldsymbol{M},\boldsymbol{N}$ 为矩阵)加到另一行(列)上的初等变换，可得如下三种**分块初等矩阵**：

① 分块互换初等矩阵 $\begin{pmatrix}\boldsymbol{O} & \boldsymbol{E}_s\\\boldsymbol{E}_k & \boldsymbol{O}\end{pmatrix}$，$\begin{pmatrix}\boldsymbol{O} & \boldsymbol{E}_k\\\boldsymbol{E}_s & \boldsymbol{O}\end{pmatrix}$；

② 分块倍乘初等矩阵 $\begin{pmatrix}\boldsymbol{P} & \boldsymbol{O}\\\boldsymbol{O} & \boldsymbol{E}_s\end{pmatrix}$，$\begin{pmatrix}\boldsymbol{E}_k & \boldsymbol{O}\\\boldsymbol{O} & \boldsymbol{Q}\end{pmatrix}$，这里 $\boldsymbol{P}$ 为 k 阶可逆矩阵，$\boldsymbol{Q}$ 为 s 阶可逆矩阵；

③ 分块倍加初等矩阵 $\begin{pmatrix}\boldsymbol{E}_k & \boldsymbol{M}\\\boldsymbol{O} & \boldsymbol{E}_s\end{pmatrix}$，$\begin{pmatrix}\boldsymbol{E}_k & \boldsymbol{O}\\\boldsymbol{N} & \boldsymbol{E}_s\end{pmatrix}$，这里 $\boldsymbol{M}$ 为 $k\times s$ 阶矩阵，$\boldsymbol{N}$ 为 $s\times k$ 阶矩阵。

同初等矩阵与初等变换的关系一样，对分块矩阵进行初等行变换或初等列变换，只需选择适当的分块初等矩阵去左乘或右乘该矩阵即可。

例如，对于分块矩阵

$$\begin{pmatrix}\boldsymbol{A} & \boldsymbol{B}\\\boldsymbol{C} & \boldsymbol{D}\end{pmatrix}\tag{2.5.7}$$

为了求逆矩阵或矩阵的行列式,往往需要把它的子块 $\boldsymbol{B}$ 或 $\boldsymbol{C}$ 化为零矩阵。为此,只要对该矩阵作第三种初等变换即可。

对矩阵(2.5.7)左乘一个倍加分块初等矩阵,则

$$\begin{pmatrix}\boldsymbol{E}_k & \boldsymbol{O}\\ \boldsymbol{N} & \boldsymbol{E}_s\end{pmatrix}\begin{pmatrix}\boldsymbol{A} & \boldsymbol{B}\\ \boldsymbol{C} & \boldsymbol{D}\end{pmatrix}=\begin{pmatrix}\boldsymbol{A} & \boldsymbol{B}\\ \boldsymbol{NA}+\boldsymbol{C} & \boldsymbol{NB}+\boldsymbol{D}\end{pmatrix}$$

为了消去矩阵(2.5.7)中的子块 $\boldsymbol{C}$,可选择适当的 $\boldsymbol{N}$,使 $\boldsymbol{NA}+\boldsymbol{C}=\boldsymbol{O}$。

当 $\boldsymbol{A}$ 可逆时,可取 $\boldsymbol{N}=-\boldsymbol{CA}^{-1}$,则

$$\begin{pmatrix}\boldsymbol{E}_k & \boldsymbol{O}\\ -\boldsymbol{CA}^{-1} & \boldsymbol{E}_s\end{pmatrix}\begin{pmatrix}\boldsymbol{A} & \boldsymbol{B}\\ \boldsymbol{C} & \boldsymbol{D}\end{pmatrix}=\begin{pmatrix}\boldsymbol{A} & \boldsymbol{B}\\ \boldsymbol{O} & -\boldsymbol{CA}^{-1}\boldsymbol{B}+\boldsymbol{D}\end{pmatrix} \tag{2.5.8}$$

若要消去矩阵(2.5.7)中的子块 $\boldsymbol{B}$,可右乘一个倍加分块初等矩阵,即

$$\begin{pmatrix}\boldsymbol{A} & \boldsymbol{B}\\ \boldsymbol{C} & \boldsymbol{D}\end{pmatrix}\begin{pmatrix}\boldsymbol{E}_k & \boldsymbol{M}\\ \boldsymbol{O} & \boldsymbol{E}_s\end{pmatrix}=\begin{pmatrix}\boldsymbol{A} & \boldsymbol{AM}+\boldsymbol{B}\\ \boldsymbol{C} & \boldsymbol{CM}+\boldsymbol{D}\end{pmatrix}$$

同样,在上式中可适当选择 $\boldsymbol{M}$,使 $\boldsymbol{AM}+\boldsymbol{B}=\boldsymbol{O}$。

当 $\boldsymbol{A}$ 可逆时,可取 $\boldsymbol{M}=-\boldsymbol{A}^{-1}\boldsymbol{B}$,则

$$\begin{pmatrix}\boldsymbol{A} & \boldsymbol{B}\\ \boldsymbol{C} & \boldsymbol{D}\end{pmatrix}\begin{pmatrix}\boldsymbol{E}_k & -\boldsymbol{A}^{-1}\boldsymbol{B}\\ \boldsymbol{O} & \boldsymbol{E}_s\end{pmatrix}=\begin{pmatrix}\boldsymbol{A} & \boldsymbol{O}\\ \boldsymbol{C} & -\boldsymbol{CA}^{-1}\boldsymbol{B}+\boldsymbol{D}\end{pmatrix} \tag{2.5.9}$$

下面举例说明分块初等矩阵的应用。

例 2.5.3 设

$$\boldsymbol{D}=\begin{pmatrix}\boldsymbol{A} & \boldsymbol{O}\\ \boldsymbol{C} & \boldsymbol{B}\end{pmatrix}$$

其中,$\boldsymbol{A}$ 为 k 阶可逆矩阵,$\boldsymbol{B}$ 为 s 阶可逆矩阵,求 $\boldsymbol{D}^{-1}$。

解 由于

$$(\boldsymbol{D}\ \vdots\ \boldsymbol{E})=\left(\begin{array}{cc:cc}\boldsymbol{A} & \boldsymbol{O} & \boldsymbol{E}_k & \boldsymbol{O}\\ \boldsymbol{C} & \boldsymbol{B} & \boldsymbol{O} & \boldsymbol{E}_s\end{array}\right)\xrightarrow{\boldsymbol{A}^{-1}r_1}$$

$$\left(\begin{array}{cc:cc}\boldsymbol{E}_k & \boldsymbol{O} & \boldsymbol{A}^{-1} & \boldsymbol{O}\\ \boldsymbol{C} & \boldsymbol{B} & \boldsymbol{O} & \boldsymbol{E}_s\end{array}\right)\xrightarrow{\boldsymbol{B}^{-1}r_2}$$

$$\left(\begin{array}{cc:cc}\boldsymbol{E}_k & \boldsymbol{O} & \boldsymbol{A}^{-1} & \boldsymbol{O}\\ \boldsymbol{B}^{-1}\boldsymbol{C} & \boldsymbol{E}_s & \boldsymbol{O} & \boldsymbol{B}^{-1}\end{array}\right)\xrightarrow{r_2+(-\boldsymbol{B}^{-1}\boldsymbol{C})r_1}$$

$$\left(\begin{array}{cc:cc}\boldsymbol{E}_k & \boldsymbol{O} & \boldsymbol{A}^{-1} & \boldsymbol{O}\\ \boldsymbol{O} & \boldsymbol{E}_s & -\boldsymbol{B}^{-1}\boldsymbol{CA}^{-1} & \boldsymbol{B}^{-1}\end{array}\right)$$

所以

$$\boldsymbol{D}^{-1}=\begin{pmatrix}\boldsymbol{A}^{-1} & \boldsymbol{O}\\ -\boldsymbol{B}^{-1}\boldsymbol{CA}^{-1} & \boldsymbol{B}^{-1}\end{pmatrix}$$

例 2.5.4 设 $\boldsymbol{A},\boldsymbol{B},\boldsymbol{C},\boldsymbol{D}$ 均为 n 阶方阵,矩阵 $\boldsymbol{A}$ 可逆,且 $\boldsymbol{AC}=\boldsymbol{CA}$ 证明

$$\begin{vmatrix} A & B \\ C & D \end{vmatrix} = |AD - CB|$$

证　由式(2.5.9)，有

$$\begin{pmatrix} A & B \\ C & D \end{pmatrix}\begin{pmatrix} E_n & -A^{-1}B \\ O & E_n \end{pmatrix} = \begin{pmatrix} A & O \\ C & -CA^{-1}B+D \end{pmatrix}$$

上式两端取行列式

$$\begin{vmatrix} A & B \\ C & D \end{vmatrix}\begin{vmatrix} E_n & -A^{-1}B \\ O & E_n \end{vmatrix} = \begin{vmatrix} A & O \\ C & -CA^{-1}B+D \end{vmatrix}$$

即

$$\begin{vmatrix} A & B \\ C & D \end{vmatrix} = |A(-CA^{-1}B + D)| = |AD - ACA^{-1}B| =$$

$$|AD - CAA^{-1}B| = |AD - CB|$$

例 2.5.5　设 A,B 均为三阶方阵，且 $|B| \neq 0$，试求

$$\begin{vmatrix} -B & E \\ AB & -A-2B^{-1} \end{vmatrix}$$

解　先通过初等变换把行列式所对应的分块矩阵

$$\begin{pmatrix} -B & E \\ AB & -A-2B^{-1} \end{pmatrix}$$

左上角的子块 $-B$ 化为零矩阵，然后利用行列式的拉普拉斯定理即可。

由于

$$\begin{pmatrix} -B & E \\ AB & -A-2B^{-1} \end{pmatrix}\begin{pmatrix} E & O \\ B & E \end{pmatrix} = \begin{pmatrix} O & E \\ -2E & -A-2B^{-1} \end{pmatrix}$$

上式两端取行列式

$$\begin{vmatrix} -B & E \\ AB & -A-2B^{-1} \end{vmatrix}\begin{vmatrix} E & O \\ B & E \end{vmatrix} = \begin{vmatrix} O & E \\ -2E & -A-2B^{-1} \end{vmatrix}$$

即

$$\begin{vmatrix} -B & E \\ AB & -A-2B^{-1} \end{vmatrix} = \begin{vmatrix} O & E \\ -2E & -A-2B^{-1} \end{vmatrix}$$

应用拉普拉斯定理，则

$$\begin{vmatrix} -B & E \\ AB & -A-2B^{-1} \end{vmatrix} = |E|(-1)^{1+2+3+4+5+6}|-2E| = -(-2)^3 = 8$$

例 2.5.6　设 A 为 $m \times n$ 阶矩阵，B 为 $n \times m$ 阶矩阵，证明

$$|E_m - AB| = |E_n - BA|$$

证　构造分块矩阵

$$\begin{pmatrix} E_m & A \\ B & E_n \end{pmatrix}$$

由于

$$\begin{pmatrix} E_m & O \\ -B & E_n \end{pmatrix}\begin{pmatrix} E_m & A \\ B & E_n \end{pmatrix}=\begin{pmatrix} E_m & A \\ O & E_n-BA \end{pmatrix}$$

$$\begin{pmatrix} E_m & -A \\ O & E_n \end{pmatrix}\begin{pmatrix} E_m & A \\ B & E_n \end{pmatrix}=\begin{pmatrix} E_m-BA & O \\ B & E_n \end{pmatrix}$$

对以上两式取行列式,并进行比较,可得

$$|E_m-AB|=|E_n-BA|$$

习题 2.5

1. 试证:初等矩阵是可逆矩阵,并且它们的逆矩阵仍为可逆矩阵,即

$$E^{-1}(i,j)=E(i,j),\qquad E^{-1}(i(k))=E\left(i\left(\frac{1}{k}\right)\right),\qquad E^{-1}(i(k),j)=E(i(-k),j)$$

2. 用初等变换把下列矩阵化为阶梯形:

(1) $\begin{pmatrix} 1 & -2 & 3 & -1 \\ 5 & -9 & 11 & -5 \\ 3 & -5 & 5 & -3 \end{pmatrix}$; (2) $\begin{pmatrix} 2 & 0 & 1 & 1 \\ 0 & -2 & -1 & -1 \\ 1 & -1 & 0 & 0 \\ -1 & -1 & 0 & 1 \end{pmatrix}$;

(3) $\begin{pmatrix} 2 & -3 & 0 & 7 & -5 \\ 1 & 0 & 3 & 2 & 0 \\ 2 & 1 & 8 & 3 & 7 \\ 3 & -2 & 5 & 8 & 0 \end{pmatrix}$; (4) $\begin{pmatrix} 1 & 5 & 6 & -4 & -10 \\ 6 & -1 & 5 & 7 & 2 \\ 2 & -3 & -1 & 5 & 6 \\ 2 & 3 & 5 & -1 & -6 \end{pmatrix}$。

3. 利用初等变换求下列矩阵的逆矩阵:

(1) $\begin{pmatrix} 2 & 1 & 1 \\ 3 & 1 & 2 \\ 1 & -1 & 0 \end{pmatrix}$; (2) $\begin{pmatrix} 1 & 2 & 3 & 4 \\ 0 & 1 & 2 & 3 \\ 0 & 0 & 1 & 2 \\ 0 & 0 & 0 & 1 \end{pmatrix}$;

(3) $\begin{pmatrix} 3 & -2 & 0 & -1 \\ 0 & 2 & 2 & 1 \\ 1 & -2 & -3 & -2 \\ 0 & 1 & 2 & 1 \end{pmatrix}$; (4) $\begin{pmatrix} 1 & 1 & \cdots & 1 & 1 \\ 0 & 1 & \cdots & 1 & 1 \\ \vdots & \vdots & & \vdots & \vdots \\ 0 & 0 & \cdots & 1 & 1 \\ 0 & 0 & \cdots & 0 & 1 \end{pmatrix}$。

4. 设 A,B 均为 n 阶矩阵,且 $|A|=2$,$|B|=3$,试求 $\begin{vmatrix} AB & A \\ B & B+E \end{vmatrix}$.

2.6　矩阵的秩

矩阵的秩是线性代数中的一个重要概念，它反映了矩阵的一个数字特征，在以后讨论矩阵标准形的唯一性、线性方程组的解以及二次型的标准形等问题中将起重要作用。

2.6.1　矩阵的秩的概念

定义 2.6.1　在矩阵 $\boldsymbol{A}$ 中，任取 k 行、k 列（$1\leqslant k\leqslant \min\{m,n\}$），由这些行列交叉处的$k^2$ 个元素按照原来的顺序构成的 k 阶行列式，称为矩阵 $\boldsymbol{A}$ 的一个 k 阶子式。

例如，对 3×4 阶矩阵

$$\boldsymbol{A}=\begin{pmatrix} 1 & -3 & 2 & 0 \\ 4 & 0 & 7 & -3 \\ -2 & 1 & 0 & 5 \end{pmatrix}$$

取第一、三行与第二、四两列，就得到 $\boldsymbol{A}$ 的一个二阶子式

$$\begin{vmatrix} -3 & 0 \\ 1 & 5 \end{vmatrix}$$

显然，在 $m\times n$ 阶矩阵 $\boldsymbol{A}$ 中，共有 k 阶子式 $C_m^k\cdot C_n^k$ 个。

定义 2.6.2　若在 $m\times n$ 阶矩阵 $\boldsymbol{A}$ 中，有一个 r 阶子式不为零，而所有的 $r+1$ 阶子式（若存在）的话都为零，则称 r 为矩阵 $\boldsymbol{A}$ 的秩，记为 $R(\boldsymbol{A})=r$。

零矩阵的秩规定为零。

由行列式按行（或列）的展开定理，如果矩阵 $\boldsymbol{A}$ 的所有的 $r+1$ 阶子式都为零，那么 $\boldsymbol{A}$ 的所有高于 $r+1$ 阶的子式（若存在）也必然为零。因此 $R(\boldsymbol{A})$ 是 $\boldsymbol{A}$ 中不为零的子式的最高阶数。

由定义 2.6.2 可以看出，在矩阵 $\boldsymbol{A}$ 中，若存在一个 r 阶子式不为零，则 $R(\boldsymbol{A})\geqslant r$；若所有的 $r+1$ 阶子式都为零，则 $R(\boldsymbol{A})\leqslant r$。

对于矩阵 $\boldsymbol{A}=(a_{ij})_{m\times n}$，显然有

$$R(\boldsymbol{A})\leqslant \min\{m,n\},\qquad R(\boldsymbol{A}^{\mathrm{T}})=R(\boldsymbol{A}),\qquad R(k\boldsymbol{A})=R(\boldsymbol{A})\qquad (k\neq 0)$$

设 $\boldsymbol{A}$ 为 n 阶方阵，当 $R(\boldsymbol{A})=n$ 时，$|\boldsymbol{A}|\neq 0$，则 $\boldsymbol{A}$ 是可逆的；反之，当 $\boldsymbol{A}$ 可逆时，$|\boldsymbol{A}|\neq 0$，从而 $R(\boldsymbol{A})=n$。于是有下列定理。

定理 2.6.1　n 阶方阵 $\boldsymbol{A}$ 的秩为 n 的充分必要条件是 $\boldsymbol{A}$ 为可逆矩阵。

对于 n 阶方阵 $\boldsymbol{A}$，若 $R(\boldsymbol{A})=n$，则称 $\boldsymbol{A}$ 为**满秩矩阵**；若 $R(\boldsymbol{A})<n$，则称 $\boldsymbol{A}$ 为**降秩矩阵**。

由定理 2.6.1 可知，矩阵 $\boldsymbol{A}$ 可逆，非奇异，满秩是三个相互等价的概念。

例 2.6.1　求矩阵

$$A=\begin{pmatrix}1&-1&3&0\\-2&1&-2&1\\-1&-1&5&2\end{pmatrix}$$

的秩。

解 A 的左上角的二阶子式 $\begin{vmatrix}1&-1\\-2&1\end{vmatrix}=-1\neq0$,因此 $R(A)\geqslant2$。

A 的三阶子式共有 4 个,且

$$\begin{vmatrix}1&-1&3\\-2&1&-2\\-1&-1&5\end{vmatrix}=0,\quad\begin{vmatrix}1&-1&0\\-2&1&1\\-1&-1&2\end{vmatrix}=0,$$

$$\begin{vmatrix}1&3&0\\-2&-2&1\\-1&5&2\end{vmatrix}=0,\quad\begin{vmatrix}-1&3&0\\1&-2&1\\-1&5&2\end{vmatrix}=0$$

所以 $R(A)=2$。

由矩阵秩的定义,显然阶梯形矩阵的秩等于矩阵中非零行的行数。

2.6.2 用初等变换求矩阵的秩

当矩阵的阶数较高时,用定义求它的秩,一般情况下计算量较大。但一些特殊类型的矩阵,例如阶梯形矩阵,它的秩就很容易确定,正好等于它的非零行的行数。任意一个矩阵总可以经过有限次初等变换化成阶梯形或标准形,那么,若矩阵经过初等变换不改变它的秩,就可以通过初等变换把矩阵化为阶梯形,从而求出它的秩。

定理 2.6.2 初等变换不改变矩阵的秩。

证 显然第一种和第二种初等变换都不改变矩阵的秩,下面仅就第三种初等变换来证明。

设 $A=(a_{ij})_{m\times n}$,将矩阵 A 的第 j 行的 k 倍加到第 i 行上,得到矩阵 B,即

$$A=\begin{pmatrix}a_{11}&a_{12}&\cdots&a_{1n}\\\vdots&\vdots&&\vdots\\a_{i1}&a_{i2}&\cdots&a_{in}\\\vdots&\vdots&&\vdots\\a_{j1}&a_{j2}&\cdots&a_{jn}\\\vdots&\vdots&&\vdots\\a_{m1}&a_{m2}&\cdots&a_{mn}\end{pmatrix}\to\begin{pmatrix}a_{11}&a_{12}&\cdots&a_{1n}\\\vdots&\vdots&&\vdots\\a_{i1}+ka_{j1}&a_{i2}+ka_{j2}&\cdots&a_{in}+ka_{jn}\\\vdots&\vdots&&\vdots\\a_{j1}&a_{j2}&\cdots&a_{jn}\\\vdots&\vdots&&\vdots\\a_{m1}&a_{m2}&\cdots&a_{mn}\end{pmatrix}=B$$

设 $R(A)=r$,要证 $R(B)=R(A)$。先证明 $R(B)\leqslant R(A)$。

若 B 中没有阶数大于 r 的子式,显然 $R(B)\leqslant R(A)$。

若 B 中有 $r+1$ 阶子式 D,则有以下三种可能:

① D 中不含第 i 行元素,这时 D 就是矩阵 A 的一个 $r+1$ 阶子式,从而 $D=0$。

② D 中同时含有 i、j 两行元素，即

$$D=\begin{vmatrix} \vdots & \vdots & & \vdots \\ a_{it_1}+ka_{jt_1} & a_{it_2}+ka_{jt_2} & \cdots & a_{it_{r+1}}+ka_{jt_{r+1}} \\ \vdots & \vdots & & \vdots \\ a_{jt_1} & a_{jt_2} & \cdots & a_{jt_{r+1}} \\ \vdots & \vdots & & \vdots \end{vmatrix}=$$

$$\begin{vmatrix} \vdots & \vdots & & \vdots \\ a_{it_1} & a_{it_2} & \cdots & a_{it_{r+1}} \\ \vdots & \vdots & & \vdots \\ a_{jt_1} & a_{jt_2} & \cdots & a_{jt_{r+1}} \\ \vdots & \vdots & & \vdots \end{vmatrix}+k\begin{vmatrix} \vdots & \vdots & & \vdots \\ a_{jt_1} & a_{jt_2} & \cdots & a_{jt_{r+1}} \\ \vdots & \vdots & & \vdots \\ a_{jt_1} & a_{jt_2} & \cdots & a_{jt_{r+1}} \\ \vdots & \vdots & & \vdots \end{vmatrix}$$

第一个行列式为 $\boldsymbol{A}$ 中的 $r+1$ 阶子式，所以等于零；第二个行列式有两行相同，所以也等于零，于是 $D=0$。

③ D 中含第 i 行元素，但不含第 j 行元素，即

$$D=\begin{vmatrix} \vdots & \vdots & & \vdots \\ a_{it_1}+ka_{jt_1} & a_{it_2}+ka_{jt_2} & \cdots & a_{it_{r+1}}+ka_{jt_{r+1}} \\ \vdots & \vdots & & \vdots \end{vmatrix}=$$

$$\begin{vmatrix} \vdots & \vdots & & \vdots \\ a_{it_1} & a_{it_2} & \cdots & a_{it_{r+1}} \\ \vdots & \vdots & & \vdots \end{vmatrix}+k\begin{vmatrix} \vdots & \vdots & & \vdots \\ a_{jt_1} & a_{jt_2} & \cdots & a_{jt_{r+1}} \\ \vdots & \vdots & & \vdots \end{vmatrix}$$

第一个行列式为 $\boldsymbol{A}$ 中的 $r+1$ 阶子式，而第二个行列式则是由 $\boldsymbol{A}$ 中的某个含有第 j 行元素的 $r+1$ 阶子式经过行对换后得到，所以它们都等于零，于是 $D=0$。

由于 $\boldsymbol{B}$ 中所有高于 $r+1$ 阶的子式均可由它的 $r+1$ 阶子式表出，而它的所有 $r+1$ 阶子式都等于零，这就证明了

$$R(\boldsymbol{B})\leqslant r=R(\boldsymbol{A})$$

同理，对 $\boldsymbol{B}$ 作第三种初等行变换得到 $\boldsymbol{A}$，也有

$$R(\boldsymbol{A})\leqslant R(\boldsymbol{B})$$

故

$$R(\boldsymbol{A})=R(\boldsymbol{B})$$

至于对 $\boldsymbol{A}$ 作第三种初等列变换的情形，证明方法与行的情形类似，这里从略。证毕。

例 2.6.2　求矩阵

$$A=\begin{pmatrix}1&-2&2&-1&1\\2&-4&8&0&2\\-2&4&-2&3&3\\3&-6&0&-6&4\end{pmatrix}$$

的秩。

解 由于

$$A=\begin{pmatrix}1&-2&2&-1&1\\2&-4&8&0&2\\-2&4&-2&3&3\\3&-6&0&-6&4\end{pmatrix}\xrightarrow[r_4+(-3)r_1]{\substack{r_2+(-2)r_1\\ r_3+2r_1}}$$

$$\begin{pmatrix}1&-2&2&-1&1\\0&0&4&2&0\\0&0&2&1&5\\0&0&-6&-3&1\end{pmatrix}\xrightarrow[r_4+3r_2]{\substack{\frac{1}{2}r_2\\ r_3+(-r_2)}}$$

$$\begin{pmatrix}1&-2&2&-1&1\\0&0&2&1&0\\0&0&0&0&5\\0&0&0&0&1\end{pmatrix}\xrightarrow[r_4+(-r_3)]{\frac{1}{5}r_3}\begin{pmatrix}1&-2&2&-1&1\\0&0&2&1&0\\0&0&0&0&1\\0&0&0&0&0\end{pmatrix}$$

所以

$$R(A)=3$$

由于矩阵经过初等变换不改变它的秩,因此,若两个矩阵等价,则它们的秩相等;反之,若两个同型矩阵的秩相等,则它们必有相同的等价标准形。由矩阵等价的对称性、传递性以及定理2.6.2可知,它们是互为等价的。于是,有以下推论。

推论1 两个同型矩阵A与B等价的充分必要条件是$R(A)=R(B)$。

推论2 设A为$m\times n$阶矩阵,P和Q分别为m阶与n阶可逆矩阵,则

$$R(A)=R(PA)=R(AQ)=R(PAQ)$$

证 因为P和Q分别为m阶与n阶可逆矩阵,由定理2.5.4的推论3可知,它们分别可表示为有限个m阶和n阶初等矩阵的乘积,不妨设

$$P=P_1P_2\cdots P_s,\qquad Q=Q_1Q_2\cdots Q_t$$

则

$$PA=P_1P_2\cdots P_sA$$

$$AQ=AQ_1Q_2\cdots Q_t$$

$$PAQ=P_1P_2\cdots P_sAQ_1Q_2\cdots Q_t$$

这说明矩阵PA,AQ,PAQ分别是由矩阵A经过有限次初等行变换、有限次初等列变换以及有限次初等行变换和列变换得到的。由于初等变换不改变矩阵的秩,所以

$$R(\boldsymbol{A})=R(\boldsymbol{PA})=R(\boldsymbol{AQ})=R(\boldsymbol{PAQ}))$$

证毕。

定理 2.5.2 告诉我们，任意非零矩阵 $\boldsymbol{A}$ 都可以经过有限次初等变换化为标准形 $\begin{pmatrix}\boldsymbol{E}_r & \boldsymbol{O}\\ \boldsymbol{O} & \boldsymbol{O}\end{pmatrix}$。由矩阵等价的对称性和传递性以及定理 2.6.2 的推论 1 可知，它的标准形是唯一的，并且$R(\boldsymbol{A})=r$。

例 2.6.3　设 $\boldsymbol{G}=\begin{pmatrix}\boldsymbol{A} & \boldsymbol{O}\\ \boldsymbol{O} & \boldsymbol{B}\end{pmatrix}$，其中 $\boldsymbol{A}$ 为 $m\times n$ 阶矩阵，$\boldsymbol{B}$ 为 $p\times q$ 阶矩阵，且 $R(\boldsymbol{A})=r$，$R(\boldsymbol{B})=s$，求 $R(\boldsymbol{G})$。

解　若 $\boldsymbol{A}$，$\boldsymbol{B}$ 均为标准形，显然 $R(\boldsymbol{G})=R(\boldsymbol{A})+R(\boldsymbol{B})=r+s$。

在一般情形下，由定理 2.5.4 推论 2 可知，存在 m 阶可逆矩阵 $\boldsymbol{P}_1$、n 阶可逆矩阵 $\boldsymbol{Q}_1$、p 阶可逆矩阵 $\boldsymbol{P}_2$ 和 q 阶可逆矩阵 $\boldsymbol{Q}_2$，使得

$$\boldsymbol{P}_1\boldsymbol{A}\boldsymbol{Q}_1=\begin{pmatrix}\boldsymbol{E}_r & \boldsymbol{O}\\ \boldsymbol{O} & \boldsymbol{O}\end{pmatrix},\qquad \boldsymbol{P}_2\boldsymbol{B}\boldsymbol{Q}_2=\begin{pmatrix}\boldsymbol{E}_s & \boldsymbol{O}\\ \boldsymbol{O} & \boldsymbol{O}\end{pmatrix}$$

对分块矩阵 $\boldsymbol{G}$ 作初等变换

$$\begin{pmatrix}\boldsymbol{E}_m & \boldsymbol{O}\\ \boldsymbol{O} & \boldsymbol{P}_2\end{pmatrix}\begin{pmatrix}\boldsymbol{P}_1 & \boldsymbol{O}\\ \boldsymbol{O} & \boldsymbol{E}_q\end{pmatrix}\begin{pmatrix}\boldsymbol{A} & \boldsymbol{O}\\ \boldsymbol{O} & \boldsymbol{B}\end{pmatrix}\begin{pmatrix}\boldsymbol{Q}_1 & \boldsymbol{O}\\ \boldsymbol{O} & \boldsymbol{E}_q\end{pmatrix}\begin{pmatrix}\boldsymbol{E}_n & \boldsymbol{O}\\ \boldsymbol{O} & \boldsymbol{Q}_2\end{pmatrix}=$$

$$\begin{pmatrix}\boldsymbol{P}_1\boldsymbol{A}\boldsymbol{Q}_1 & \boldsymbol{O}\\ \boldsymbol{O} & \boldsymbol{P}_2\boldsymbol{B}\boldsymbol{Q}_2\end{pmatrix}=\begin{pmatrix}\boldsymbol{E}_r & \boldsymbol{O} & \boldsymbol{O} & \boldsymbol{O}\\ \boldsymbol{O} & \boldsymbol{O} & \boldsymbol{O} & \boldsymbol{O}\\ \boldsymbol{O} & \boldsymbol{O} & \boldsymbol{E}_s & \boldsymbol{O}\\ \boldsymbol{O} & \boldsymbol{O} & \boldsymbol{O} & \boldsymbol{O}\end{pmatrix}$$

由定理 2.6.2 可知，$R(\boldsymbol{G})=r+s$。

例 2.6.4　设 $\boldsymbol{A}$，$\boldsymbol{B}$ 均为 $m\times n$ 阶矩阵，证明 $R(\boldsymbol{A}+\boldsymbol{B})\leqslant R(\boldsymbol{A})+R(\boldsymbol{B})$。

证　构造分块矩阵

$$\begin{pmatrix}\boldsymbol{A} & \boldsymbol{O}\\ \boldsymbol{O} & \boldsymbol{B}\end{pmatrix}$$

并对其作初等变换

$$\begin{pmatrix}\boldsymbol{E}_m & \boldsymbol{E}_m\\ \boldsymbol{O} & \boldsymbol{E}_m\end{pmatrix}\begin{pmatrix}\boldsymbol{A} & \boldsymbol{O}\\ \boldsymbol{O} & \boldsymbol{B}\end{pmatrix}\begin{pmatrix}\boldsymbol{E}_n & \boldsymbol{E}_n\\ \boldsymbol{O} & \boldsymbol{E}_n\end{pmatrix}=\begin{pmatrix}\boldsymbol{A} & \boldsymbol{A}+\boldsymbol{B}\\ \boldsymbol{O} & \boldsymbol{B}\end{pmatrix}$$

由例 2.6.3 得

$$R(\boldsymbol{A})+R(\boldsymbol{B})=R\begin{pmatrix}\boldsymbol{A} & \boldsymbol{O}\\ \boldsymbol{O} & \boldsymbol{B}\end{pmatrix}=R\begin{pmatrix}\boldsymbol{A} & \boldsymbol{A}+\boldsymbol{B}\\ \boldsymbol{O} & \boldsymbol{B}\end{pmatrix}$$

注意到

$$R(\boldsymbol{A}+\boldsymbol{B})\leqslant R\begin{pmatrix}\boldsymbol{A} & \boldsymbol{A}+\boldsymbol{B}\\ \boldsymbol{O} & \boldsymbol{B}\end{pmatrix}$$

所以

$$R(\boldsymbol{A}+\boldsymbol{B})\leqslant R(\boldsymbol{A})+R(\boldsymbol{B})$$

例 2.6.5　设 $\boldsymbol{A},\boldsymbol{B}$ 分别为 $m\times n$ 阶和 $n\times s$ 阶矩阵,证明

① $R(\boldsymbol{AB})\leqslant\min\{R(\boldsymbol{A}),R(\boldsymbol{B})\}$;

② $R(\boldsymbol{A})+R(\boldsymbol{B})-n\leqslant R(\boldsymbol{AB})$。

证　① 设 $R(\boldsymbol{A})=r$,那么,存在 m 阶可逆矩阵 $\boldsymbol{P}$ 和 n 阶可逆矩阵 $\boldsymbol{Q}$,使得

$$\boldsymbol{PAQ}=\begin{pmatrix}\boldsymbol{E}_r & \boldsymbol{O}\\ \boldsymbol{O} & \boldsymbol{O}\end{pmatrix}$$

于是

$$\boldsymbol{A}=\boldsymbol{P}^{-1}\begin{pmatrix}\boldsymbol{E}_r & \boldsymbol{O}\\ \boldsymbol{O} & \boldsymbol{O}\end{pmatrix}\boldsymbol{Q}^{-1}$$

所以

$$\boldsymbol{AB}=\boldsymbol{P}^{-1}\begin{pmatrix}\boldsymbol{E}_r & \boldsymbol{O}\\ \boldsymbol{O} & \boldsymbol{O}\end{pmatrix}\boldsymbol{Q}^{-1}\boldsymbol{B}=\boldsymbol{P}^{-1}\begin{pmatrix}\boldsymbol{E}_r & \boldsymbol{O}\\ \boldsymbol{O} & \boldsymbol{O}\end{pmatrix}\begin{pmatrix}\boldsymbol{C}_1\\ \boldsymbol{C}_2\end{pmatrix}=\boldsymbol{P}^{-1}\begin{pmatrix}\boldsymbol{C}_1\\ \boldsymbol{O}\end{pmatrix}$$

把 $\boldsymbol{Q}^{-1}\boldsymbol{B}$ 分成 $r\times s$ 阶矩阵 $\boldsymbol{C}_1$ 与 $(n-r)\times s$ 阶矩阵 $\boldsymbol{C}_2$,则 $\boldsymbol{AB}=\boldsymbol{P}^{-1}\begin{pmatrix}\boldsymbol{C}_1\\ \boldsymbol{O}\end{pmatrix}$,故

$$R(\boldsymbol{AB})=R\begin{pmatrix}\boldsymbol{C}_1\\ \boldsymbol{O}\end{pmatrix}\leqslant r=R(\boldsymbol{A})$$

同理 $R(\boldsymbol{AB})\leqslant R(\boldsymbol{B})$。

② 构造分块矩阵

$$\boldsymbol{C}=\begin{pmatrix}\boldsymbol{E}_n & \boldsymbol{B}\\ \boldsymbol{A} & \boldsymbol{O}\end{pmatrix}$$

对其作初等变换

$$\begin{pmatrix}\boldsymbol{E}_n & \boldsymbol{O}\\ -\boldsymbol{A} & \boldsymbol{E}_m\end{pmatrix}\begin{pmatrix}\boldsymbol{E}_n & \boldsymbol{B}\\ \boldsymbol{A} & \boldsymbol{O}\end{pmatrix}\begin{pmatrix}\boldsymbol{E}_n & -\boldsymbol{B}\\ \boldsymbol{O} & \boldsymbol{E}_s\end{pmatrix}=\begin{pmatrix}\boldsymbol{E}_n & \boldsymbol{O}\\ \boldsymbol{O} & -\boldsymbol{AB}\end{pmatrix}$$

由例 2.6.3 可知

$$n+R(\boldsymbol{AB})=R(\boldsymbol{E}_n)+R(-\boldsymbol{AB})=R(\boldsymbol{C})$$

容易看出,矩阵 $\boldsymbol{C}$ 中至少有一个 $R(\boldsymbol{A})+R(\boldsymbol{B})$ 阶子式不为零,所以 $R(\boldsymbol{C})\geqslant R(\boldsymbol{A})+R(\boldsymbol{B})$。于是

$$R(\boldsymbol{A})+R(\boldsymbol{B})-n\leqslant R(\boldsymbol{AB})$$

由这个例子立即可以得到如下结果。

如果 $\boldsymbol{A},\boldsymbol{B}$ 分别为 $m\times n$ 阶和 $n\times s$ 阶矩阵,若 $\boldsymbol{AB}=\boldsymbol{O}$,则

$$R(\boldsymbol{A})+R(\boldsymbol{B})\leqslant n$$

习题 2.6

1. 判断题。

(1) 设三个矩阵 $\boldsymbol{A},\boldsymbol{B},\boldsymbol{C}$，$\boldsymbol{AB}=\boldsymbol{AC}$，且 $\boldsymbol{A}\neq\boldsymbol{O}$，则 $\boldsymbol{B}=\boldsymbol{C}$；

(2) 设 $\boldsymbol{A}$ 是 n 阶矩阵，k 是一个常数，则 $|k\boldsymbol{A}|=k|\boldsymbol{A}|$；

(3) 设 $\boldsymbol{A},\boldsymbol{B}$ 是两个 n 阶矩阵，则 $|\boldsymbol{A}+\boldsymbol{B}|=|\boldsymbol{A}|+|\boldsymbol{B}|$；

(4) 设 $\boldsymbol{A},\boldsymbol{B}$ 是两个 n 阶矩阵，如果 $\boldsymbol{AB}=\boldsymbol{E}$，则 $\boldsymbol{BA}=\boldsymbol{E}$；

(5) 设 $\boldsymbol{A},\boldsymbol{B},\boldsymbol{C}$ 都是 n 阶矩阵，且 $\boldsymbol{AB}=\boldsymbol{E}$，$\boldsymbol{CA}=\boldsymbol{E}$，则 $\boldsymbol{B}=\boldsymbol{C}$；

(6) 若 $\boldsymbol{A}$ 是可逆的对称矩阵，则 $\boldsymbol{A}^{-1}$ 也是对称矩阵；

(7) 设 $\boldsymbol{A},\boldsymbol{P}$ 是两个 n 阶矩阵，则当且仅当 $\boldsymbol{P}$ 是可逆矩阵时，有 $R(\boldsymbol{PA})=R(\boldsymbol{A})$；

(8) 若 n 阶矩阵 $\boldsymbol{A}$ 可逆，则它的伴随矩阵 $\boldsymbol{A}^*$ 也可逆；

(9) 设 $\boldsymbol{A}^*$ 是 $\boldsymbol{A}$ 的伴随矩阵，则 $\boldsymbol{A}^*=|\boldsymbol{A}|\boldsymbol{A}^{-1}$；

(10) 设 $\boldsymbol{A}$ 是 n 阶矩阵，满足 $\boldsymbol{A}^2+\boldsymbol{A}-4\boldsymbol{E}=\boldsymbol{O}$，则 $\boldsymbol{A}-\boldsymbol{E}$ 可逆；

(11) 每一个 n 阶矩阵总可以表示成有限个初等矩阵之积；

(12) 设矩阵 $\boldsymbol{A},\boldsymbol{B}$，如果 $R(\boldsymbol{A})=R(\boldsymbol{B})$，则 $\boldsymbol{A}$ 与 $\boldsymbol{B}$ 等价。

2. 用初等变换求习题 2.5 第 2 题各矩阵的秩。

3. 设 n 阶方阵 $\boldsymbol{A}=\begin{pmatrix}1 & a & \cdots & a\\ a & 1 & \cdots & a\\ \vdots & \vdots & & \vdots\\ a & a & \cdots & 1\end{pmatrix}$，求 $R(\boldsymbol{A})$（a 为常数，$n>1$）。

4. 设 $\boldsymbol{A}$ 是 4×3 阶矩阵，$R(\boldsymbol{A})=2$，$\boldsymbol{B}=\begin{pmatrix}2 & 0 & 1\\ 1 & -1 & 6\\ -2 & 0 & 2\end{pmatrix}$，求 $R(\boldsymbol{AB})$。

5. 设 $\boldsymbol{A}$ 为 n 阶方阵，证明

$$R(\boldsymbol{A}^*)=\begin{cases}n, & R(\boldsymbol{A})=n\\ 1, & R(\boldsymbol{A})=n-1\\ 0, & R(\boldsymbol{A})<n-1\end{cases}$$

6. 设 $\boldsymbol{A}$ 是一个 n 阶矩阵（$n\geqslant2$），证明

$$|\boldsymbol{A}^*|=|\boldsymbol{A}|^{n-1}$$

7. 设 $\boldsymbol{A}$ 是一个 n 阶矩阵（$n>2$），证明

$$(\boldsymbol{A}^*)^*=|\boldsymbol{A}|^{n-2}\boldsymbol{A}$$

8. 设 $\boldsymbol{A}$ 为 n 阶方阵，满足 $\boldsymbol{A}^2=\boldsymbol{E}$，这时称 $\boldsymbol{A}$ 为**对合矩阵**。若 $\boldsymbol{A}$ 是对合矩阵，证明

$$R(\boldsymbol{A}-\boldsymbol{E})+R(\boldsymbol{A}+\boldsymbol{E})=n$$

9. 设$\boldsymbol{A}$为n阶方阵,满足$\boldsymbol{A}^2=\boldsymbol{A}$,这时称$\boldsymbol{A}$为**幂等矩阵**。若$\boldsymbol{A}$是幂等矩阵,证明

$$R(\boldsymbol{A})+R(\boldsymbol{A}-\boldsymbol{E})=n$$

10. 设方阵$\boldsymbol{A}$满足$\boldsymbol{A}^2-3\boldsymbol{A}+2\boldsymbol{E}=\boldsymbol{O}$,证明

$$R(\boldsymbol{A}-\boldsymbol{E})+R(\boldsymbol{A}-2\boldsymbol{E})=n$$

第3章 向量组的线性相关性

向量组的线性相关性是线性代数的理论基础，对本书以后各章的学习起着十分重要的作用。本章将给出向量组线性相关、线性无关、向量组的秩、向量组的等价、n维向量空间的基与维数等重要概念，以及研究它们的一些理论和方法。本章概念较多，内容相对抽象一些，是学习线性代数的难点之一。

3.1 向量的概念与运算

3.1.1 向量的概念

在解析几何中，取定直角坐标系后，平面上一个向量就与有序数组(x,y)一一对应；空间上的一个向量就与有序数组(x,y,z)一一对应。

若要描述某一质点在空中的运行速度，则至少要用到4个量，即该质点在空中的位置x,y,z和它当时的速度v，可由四元有序数组(x,y,z,v)来表示。

在下列线性方程组

$$\begin{cases} a_{11}x_1+a_{12}x_2+\cdots+a_{1n}x_n=b_1 \\ a_{21}x_1+a_{22}x_2+\cdots+a_{2n}x_n=b_2 \\ \qquad\vdots \\ a_{m1}x_1+a_{m2}x_2+\cdots+a_{mn}x_n=b_m \end{cases} \tag{3.1.1}$$

中，每一个方程与由$n+1$个数组成的有序数组

$$(a_{i1},a_{i2},\cdots,a_{in},b_i) \qquad (i=1,2,\cdots,m)$$

成对应关系。

由这些例子，可以抽象出n维向量的概念。

定义3.1.1 数域P上的n个数组成的有序数组

$$(a_1,a_2,\cdots,a_n)$$

称为数域P上的一个**n维向量**，记为$\boldsymbol{\alpha}$，即

$$\boldsymbol{\alpha}=(a_1,a_2,\cdots,a_n) \tag{3.1.2}$$

其中，a_i称为向量$\boldsymbol{\alpha}$的第i个分量或第i个坐标。

以后经常用小写希腊字母$\boldsymbol{\alpha},\boldsymbol{\beta},\boldsymbol{\gamma}$等来表示向量。

也可把由$a_1,a_2,\cdots,a_n$组成的有序数组写为

$$\boldsymbol{\beta}=\begin{pmatrix}a_1\\a_2\\\vdots\\a_n\end{pmatrix} \tag{3.1.3}$$

由式(3.1.2)表示的向量 $\boldsymbol{\alpha}$ 称为 **n 维行向量**,式(3.1.3)表示的向量 $\boldsymbol{\beta}$ 称为 **n 维列向量**。

例 3.1.1 设 $m\times n$ 阶矩阵

$$\begin{pmatrix}a_{11}&a_{12}&\cdots&a_{1j}&\cdots&a_{1n}\\a_{21}&a_{22}&\cdots&a_{2j}&\cdots&a_{2n}\\\vdots&\vdots&&\vdots&&\vdots\\a_{i1}&a_{i2}&\cdots&a_{ij}&\cdots&a_{in}\\\vdots&\vdots&&\vdots&&\vdots\\a_{m1}&a_{m2}&\cdots&a_{mj}&\cdots&a_{mn}\end{pmatrix}$$

它的每一行$(a_{i1},a_{i2},\cdots,a_{in})(i=1,2,\cdots,m)$是一个 n 维行向量,记作

$$\boldsymbol{\alpha}_i=(a_{i1},a_{i2},\cdots,a_{in})\qquad(i=1,2,\cdots,m)$$

它的每一列

$$\begin{pmatrix}a_{1j}\\a_{2j}\\\vdots\\a_{mj}\end{pmatrix}\qquad(j=1,2,\cdots,n)$$

是一个 m 维列向量,记作

$$\boldsymbol{\beta}_j=\begin{pmatrix}a_{1j}\\a_{2j}\\\vdots\\a_{mj}\end{pmatrix}\qquad(j=1,2,\cdots,n)$$

则 $\mathbf{A}$ 可以看作是由 m 个 n 维行向量 $\boldsymbol{\alpha}_1,\boldsymbol{\alpha}_2,\cdots,\boldsymbol{\alpha}_m$ 组成的行向量组,这时它可写为

$$\mathbf{A}=\begin{pmatrix}\boldsymbol{\alpha}_1\\\boldsymbol{\alpha}_2\\\vdots\\\boldsymbol{\alpha}_m\end{pmatrix}$$

$\mathbf{A}$ 也可以看作是由 n 个 m 维列向量 $\boldsymbol{\beta}_1,\boldsymbol{\beta}_2,\cdots,\boldsymbol{\beta}_n$ 组成的列向量组,这时 $\mathbf{A}$ 可写为

$$\mathbf{A}=(\boldsymbol{\beta}_1,\boldsymbol{\beta}_2,\cdots,\boldsymbol{\beta}_n)$$

3.1.2 向量的运算

定义 3.1.2 设有两个 n 维行向量

$$\boldsymbol{\alpha}=(a_1,a_2,\cdots,a_n),\qquad \boldsymbol{\beta}=(b_1,b_2,\cdots,b_n)$$

若 $a_i=b_i(i=1,2,\cdots,n)$，则称向量 $\boldsymbol{\alpha}$ 与 $\boldsymbol{\beta}$ **相等**，记作 $\boldsymbol{\alpha}=\boldsymbol{\beta}$。

分量全为零的向量称为零向量，记作 $\mathbf{0}$。

向量 $(-a_1,-a_2,\cdots,-a_n)$ 称为向量 $\boldsymbol{\alpha}=(a_1,a_2,\cdots,a_n)$ 的**负向量**，记为 $-\boldsymbol{\alpha}$。

设向量

$$\boldsymbol{\alpha}=(a_1,a_2,\cdots,a_n),\qquad \boldsymbol{\beta}=(b_1,b_2,\cdots,b_n)$$

则向量 $(a_1+b_1,a_2+b_2,\cdots,a_n+b_n)$ 称为向量 $\boldsymbol{\alpha}$ 与 $\boldsymbol{\beta}$ 的**和**，记为 $\boldsymbol{\alpha}+\boldsymbol{\beta}$，即

$$\boldsymbol{\alpha}+\boldsymbol{\beta}=(a_1+b_1,a_2+b_2,\cdots,a_n+b_n)$$

设 k 为一个数，则向量 $(ka_1,ka_2,\cdots,ka_n)$ 称为数 k 与向量 $\boldsymbol{\alpha}$ 的**乘积**，简称**数乘**，记为 $k\boldsymbol{\alpha}$ 或 $\boldsymbol{\alpha}k$，即

$$k\boldsymbol{\alpha}=(ka_1,ka_2,\cdots,ka_n)$$

向量 $\boldsymbol{\alpha}$ 与 $\boldsymbol{\beta}$ 的差可以看作 $\boldsymbol{\alpha}$ 与 $(-\boldsymbol{\beta})$ 的和，记为 $\boldsymbol{\alpha}-\boldsymbol{\beta}$，即

$$\boldsymbol{\alpha}-\boldsymbol{\beta}=\boldsymbol{\alpha}+(-\boldsymbol{\beta})=(a_1-b_1,a_2-b_2,\cdots,a_n-b_n)$$

利用向量的加法、数乘和相等，线性方程组(3.1.1)可写成向量形式

$$x_1\boldsymbol{\alpha}_1+x_2\boldsymbol{\alpha}_2+\cdots+x_n\boldsymbol{\alpha}_n=\boldsymbol{\beta}$$

其中

$$\boldsymbol{\alpha}_j=\begin{pmatrix}a_{1j}\\a_{2j}\\\vdots\\a_{mj}\end{pmatrix}\quad(j=1,2,\cdots,n),\qquad \boldsymbol{\beta}=\begin{pmatrix}b_1\\b_2\\\vdots\\b_m\end{pmatrix}$$

向量的加法、减法与数乘统称为向量的**线性运算**。向量的线性运算满足以下基本运算规律。

设 $\boldsymbol{\alpha},\boldsymbol{\beta},\boldsymbol{\gamma}$ 为数域 P 上的 n 维向量，k,l 为数域 P 上的数，则有如下运算规律：

① $\boldsymbol{\alpha}+\boldsymbol{\beta}=\boldsymbol{\beta}+\boldsymbol{\alpha}$；

② $\boldsymbol{\alpha}+(\boldsymbol{\beta}+\boldsymbol{\gamma})=(\boldsymbol{\alpha}+\boldsymbol{\beta})+\boldsymbol{\gamma}$；

③ $\boldsymbol{\alpha}+\mathbf{0}=\mathbf{0}+\boldsymbol{\alpha}=\boldsymbol{\alpha}$；

④ $\boldsymbol{\alpha}+(-\boldsymbol{\alpha})=\mathbf{0}$；

⑤ $k(\boldsymbol{\alpha}+\boldsymbol{\beta})=k\boldsymbol{\alpha}+k\boldsymbol{\beta}$；

⑥ $(k+l)\boldsymbol{\alpha}=k\boldsymbol{\alpha}+l\boldsymbol{\alpha}$；

⑦ $(kl)\boldsymbol{\alpha}=k(l\boldsymbol{\alpha})=l(k\boldsymbol{\alpha})$；

⑧ $1\cdot\boldsymbol{\alpha}=\boldsymbol{\alpha}$。

例 3.1.2　设向量 $\boldsymbol{\alpha}_1=(1,-2,0,4)$，$\boldsymbol{\alpha}_2=(-2,5,1,3)$，$\boldsymbol{\alpha}_3=(5,7,9,-3)$，求向量 $\boldsymbol{\beta}$，使其满足条件 $3\boldsymbol{\beta}-\boldsymbol{\alpha}_1+2\boldsymbol{\alpha}_2+\boldsymbol{\alpha}_3=\mathbf{0}$。

解　$\boldsymbol{\beta}=\dfrac{1}{3}(\boldsymbol{\alpha}_1-2\boldsymbol{\alpha}_2-\boldsymbol{\alpha}_3)=$

$$\frac{1}{3}[(1,-2,0,4)-2(-2,5,1,3)-(5,7,9,-3)]=$$

$$\frac{1}{3}[(1,-2,0,4)+(4,-10,-2,-6)-(5,7,9,-3)]=$$

$$\frac{1}{3}(0,-19,-11,1)=$$

$$\left(0,-\frac{19}{3},-\frac{11}{3},\frac{1}{3}\right)$$

3.2 向量组的线性相关性

3.2.1 向量组的线性相关与线性无关

定义 3.2.1 设$\boldsymbol{\alpha}_1,\boldsymbol{\alpha}_2,\cdots,\boldsymbol{\alpha}_m,\boldsymbol{\beta}$都是数域$P$上的$n$维向量,如果存在数域$P$上的数$k_1,k_2,\cdots,k_m$,使得

$$\boldsymbol{\beta}=k_1\boldsymbol{\alpha}_1+k_2\boldsymbol{\alpha}_2+\cdots+k_m\boldsymbol{\alpha}_m$$

则称$\boldsymbol{\beta}$是向量$\boldsymbol{\alpha}_1,\boldsymbol{\alpha}_2,\cdots,\boldsymbol{\alpha}_m$的**线性组合**,或称$\boldsymbol{\beta}$可由向量组$\boldsymbol{\alpha}_1,\boldsymbol{\alpha}_2,\cdots,\boldsymbol{\alpha}_m$**线性表出**。

例如,向量$\boldsymbol{\alpha}_1=(1,1,0),\boldsymbol{\alpha}_2=(1,-1,1),\boldsymbol{\beta}=(2,0,1)$,则$\boldsymbol{\beta}=\boldsymbol{\alpha}_1+\boldsymbol{\alpha}_2$,因此向量$\boldsymbol{\beta}$是向量$\boldsymbol{\alpha}_1,\boldsymbol{\alpha}_2$的线性组合,也可以说,$\boldsymbol{\beta}$可由向量$\boldsymbol{\alpha}_1,\boldsymbol{\alpha}_2$线性表出。

设n维向量

$$\boldsymbol{\varepsilon}_1=(1,0,\cdots,0),\boldsymbol{\varepsilon}_2=(0,1,\cdots,0),\cdots,\boldsymbol{\varepsilon}_n=(0,0,\cdots,1)$$

则任何一个n维向量$\boldsymbol{\alpha}=(a_1,a_2,\cdots,a_n)$,都可由$\boldsymbol{\varepsilon}_1,\boldsymbol{\varepsilon}_2,\cdots,\boldsymbol{\varepsilon}_n$线性表出:

$$\boldsymbol{\alpha}=a_1\boldsymbol{\varepsilon}_1+a_2\boldsymbol{\varepsilon}_2+\cdots+a_n\boldsymbol{\varepsilon}_n$$

称$\boldsymbol{\varepsilon}_1,\boldsymbol{\varepsilon}_2,\cdots,\boldsymbol{\varepsilon}_n$为**基本单位向量**。

定义 3.2.2 设$\boldsymbol{\alpha}_1,\boldsymbol{\alpha}_2,\cdots,\boldsymbol{\alpha}_m$是数域$P$上的$m$个$n$维向量,如果存在数域$P$上的$m$个不全为零的数$k_1,k_2,\cdots,k_m$,使得

$$k_1\boldsymbol{\alpha}_1+k_2\boldsymbol{\alpha}_2+\cdots+k_m\boldsymbol{\alpha}_m=\boldsymbol{0}$$

则称向量组$\boldsymbol{\alpha}_1,\boldsymbol{\alpha}_2,\cdots,\boldsymbol{\alpha}_m$是**线性相关**的。如果向量组$\boldsymbol{\alpha}_1,\boldsymbol{\alpha}_2,\cdots,\boldsymbol{\alpha}_m$不是线性相关的,就称为**线性无关**的。

由定义可知,当一个向量组中含有零向量时,它一定是线性相关的。当它全为非零向量时,可能线性相关,也可能线性无关。一个线性无关的向量组的特点是,它只有系数全为零的线性组合才是零向量,除此之外,它不再有别的线性组合是零向量。因此,对于向量组$\boldsymbol{\alpha}_1,\boldsymbol{\alpha}_2,\cdots,\boldsymbol{\alpha}_m$,要验证它是线性无关的,只需验证等式

$$k_1\boldsymbol{\alpha}_1+k_2\boldsymbol{\alpha}_2+\cdots+k_m\boldsymbol{\alpha}_m=\boldsymbol{0}$$

只有当

$$k_1=k_2=\cdots=k_m=0$$

时才成立。

设向量组$\boldsymbol{\alpha}_1=(3,-1,0),\boldsymbol{\alpha}_2=(1,0,-1),\boldsymbol{\alpha}_3=(2,-1,1)$,由于

$$\boldsymbol{\alpha}_1-\boldsymbol{\alpha}_2+\boldsymbol{\alpha}_3=\mathbf{0}$$

由定义 3.2.2 可知，向量组 $\boldsymbol{\alpha}_1,\boldsymbol{\alpha}_2,\boldsymbol{\alpha}_3$ 线性相关。

例 3.2.1　试证：n 维基本单位向量组 $\boldsymbol{\varepsilon}_1,\boldsymbol{\varepsilon}_2,\cdots,\boldsymbol{\varepsilon}_n$ 线性无关。

证　令

$$k_1\boldsymbol{\varepsilon}_1+k_2\boldsymbol{\varepsilon}_2+\cdots+k_n\boldsymbol{\varepsilon}_n=\mathbf{0}$$

即

$$k_1(1,0,\cdots,0)+k_2(0,1,0,\cdots,0)+\cdots+k_n(0,0,\cdots,1)=(0,0,\cdots,0)$$

于是

$$(k_1,k_2,\cdots,k_n)=(0,0,\cdots,0)$$

因此

$$k_1=k_2=\cdots=k_n=0$$

由定义 3.2.2 可知，向量组 $\boldsymbol{\varepsilon}_1,\boldsymbol{\varepsilon}_2,\cdots,\boldsymbol{\varepsilon}_n$ 线性无关。

判断一个向量组是否线性相关，往往把其转化为对齐次线性方程组是否有非零解的讨论。

例 3.2.2　讨论向量组 $\boldsymbol{\alpha}_1=(2,1,1)$，$\boldsymbol{\alpha}_2=(1,2,-1)$，$\boldsymbol{\alpha}_3=(-2,3,0)$ 的线性相关性。

解　设 $k_1\boldsymbol{\alpha}_1+k_2\boldsymbol{\alpha}_2+k_3\boldsymbol{\alpha}_3=\mathbf{0}$，即

$$k_1(2,1,1)+k_2(1,2,-1)+k_3(-2,3,0)=(0,0,0)$$

从而

$$\begin{cases}2k_1+k_2-2k_3=0\\k_1+2k_2+3k_3=0\\k_1-k_2=0\end{cases}\tag{3.2.1}$$

因为齐次线性方程组(3.2.1)的系数行列式

$$\begin{vmatrix}2&1&-2\\1&2&3\\1&-1&0\end{vmatrix}=15\neq0$$

所以该方程组只有唯一零解 $k_1=k_2=k_3=0$，因此向量组 $\boldsymbol{\alpha}_1,\boldsymbol{\alpha}_2,\boldsymbol{\alpha}_3$ 线性无关。

例 3.2.3　讨论向量组 $\boldsymbol{\alpha}_1=(0,2,1,3)$，$\boldsymbol{\alpha}_2=(3,1,0,1)$，$\boldsymbol{\alpha}_3=(1,1,1,2)$，$\boldsymbol{\alpha}_4=(2,-4,-3,-7)$ 的线性相关性。

解　设

$$k_1\boldsymbol{\alpha}_1+k_2\boldsymbol{\alpha}_2+k_3\boldsymbol{\alpha}_3+k_4\boldsymbol{\alpha}_4=\mathbf{0}\tag{3.2.2}$$

则 k_1,k_2,k_3,k_4 满足下列齐次线性方程组

$$\begin{cases}3k_2+k_3+2k_4=0\\2k_1+k_2+k_3-4k_4=0\\k_1+k_3-3k_4=0\\3k_1+k_2+2k_3-7k_4=0\end{cases}\tag{3.2.3}$$

因为齐次线性方程组(3.2.3)的系数行列式

$$\begin{vmatrix} 0 & 3 & 1 & 2 \\ 2 & 1 & 1 & -4 \\ 1 & 0 & 1 & -3 \\ 3 & 1 & 2 & -7 \end{vmatrix}=0$$

所以该方程组有非零解,因此存在不全为零的数 k_1,k_2,k_3,k_4,使式(3.2.2)成立,故向量组 $\boldsymbol{\alpha}_1,\boldsymbol{\alpha}_2,\boldsymbol{\alpha}_3,\boldsymbol{\alpha}_4$ 线性相关。

例 3.2.4 设向量组 $\boldsymbol{\alpha}_1,\boldsymbol{\alpha}_2,\boldsymbol{\alpha}_3$ 线性无关,证明:

① $\boldsymbol{\alpha}_1-\boldsymbol{\alpha}_3,2\boldsymbol{\alpha}_1-\boldsymbol{\alpha}_2,2\boldsymbol{\alpha}_3-\boldsymbol{\alpha}_2$ 线性相关;

② $\boldsymbol{\alpha}_1-\boldsymbol{\alpha}_2,\boldsymbol{\alpha}_2-\boldsymbol{\alpha}_3,\boldsymbol{\alpha}_3+\boldsymbol{\alpha}_1$ 线性无关。

证 ① 设

$$k_1(\boldsymbol{\alpha}_1-\boldsymbol{\alpha}_3)+k_2(2\boldsymbol{\alpha}_1-\boldsymbol{\alpha}_2)+k_3(2\boldsymbol{\alpha}_3-\boldsymbol{\alpha}_2)=0 \tag{3.2.4}$$

即

$$(k_1+2k_2)\boldsymbol{\alpha}_1+(-k_2-k_3)\boldsymbol{\alpha}_2+(-k_1+2k_3)\boldsymbol{\alpha}_3=0$$

由于 $\boldsymbol{\alpha}_1,\boldsymbol{\alpha}_2,\boldsymbol{\alpha}_3$ 线性无关,所以

$$\begin{cases} k_1+2k_2 & =0 \\ \quad -k_2-k_3=0 \\ -k_1 \quad +2k_3=0 \end{cases} \tag{3.2.5}$$

因为线性方程组(3.2.5)的系数行列式

$$\begin{vmatrix} 1 & 2 & 0 \\ 0 & -1 & -1 \\ -1 & 0 & 2 \end{vmatrix}=0$$

所以该方程组有非零解,即存在不全为零的数 k_1,k_2,k_3,使式(3.2.4)成立,故向量组 $\boldsymbol{\alpha}_1-\boldsymbol{\alpha}_3,2\boldsymbol{\alpha}_1-\boldsymbol{\alpha}_2,2\boldsymbol{\alpha}_3-\boldsymbol{\alpha}_2$ 线性相关。

② 同理,设

$$k_1(\boldsymbol{\alpha}_1-\boldsymbol{\alpha}_2)+k_2(\boldsymbol{\alpha}_2-\boldsymbol{\alpha}_3)+k_3(\boldsymbol{\alpha}_3+\boldsymbol{\alpha}_1)=0 \tag{3.2.6}$$

即

$$(k_1+k_3)\boldsymbol{\alpha}_1+(-k_1+k_2)\boldsymbol{\alpha}_2+(-k_2+k_3)\boldsymbol{\alpha}_3=0$$

于是

$$\begin{cases} k_1 \quad +k_3=0 \\ -k_1+k_2 \quad =0 \\ \quad -k_2+k_3=0 \end{cases} \tag{3.2.7}$$

因为线性方程组(3.2.7)的系数行列式

$$\begin{vmatrix} 1 & 0 & 1 \\ -1 & 1 & 0 \\ 0 & -1 & 1 \end{vmatrix}=2\neq 0$$

所以该方程组只有唯一零解，即只有当 $k_1=k_2=k_3=0$ 时，式(3.2.6)才成立，故向量组 $\boldsymbol{\alpha}_1-\boldsymbol{\alpha}_2,\boldsymbol{\alpha}_2-\boldsymbol{\alpha}_3,\boldsymbol{\alpha}_3+\boldsymbol{\alpha}_1$ 线性无关。

下面给出向量组线性相关和线性无关的判定条件。

定理 3.2.1　向量组 $\boldsymbol{\alpha}_1,\boldsymbol{\alpha}_2,\cdots,\boldsymbol{\alpha}_m(m\geqslant 2)$ 线性相关的充分必要条件是：其中至少有一个向量可由其余 $m-1$ 个向量线性表出。

证　必要性。由 $\boldsymbol{\alpha}_1,\boldsymbol{\alpha}_2,\cdots,\boldsymbol{\alpha}_m$ 线性相关，则存在不全为零的数 $k_1,k_2,\cdots,k_m$，使得

$$k_1\boldsymbol{\alpha}_1+k_2\boldsymbol{\alpha}_2+\cdots+k_m\boldsymbol{\alpha}_m=\mathbf{0}$$

不妨设 $k_s\neq 0(1\leqslant s\leqslant m)$，于是

$$\boldsymbol{\alpha}_s=-\frac{k_1}{k_s}\boldsymbol{\alpha}_1-\frac{k_2}{k_s}\boldsymbol{\alpha}_2-\cdots-\frac{k_{s-1}}{k_s}\boldsymbol{\alpha}_{s-1}-\frac{k_{s+1}}{k_s}\boldsymbol{\alpha}_{s+1}-\cdots-\frac{k_m}{k_s}\boldsymbol{\alpha}_m$$

即 $\boldsymbol{\alpha}_s$ 可由 $\boldsymbol{\alpha}_1,\boldsymbol{\alpha}_2,\cdots,\boldsymbol{\alpha}_{s-1},\boldsymbol{\alpha}_{s+1},\cdots,\boldsymbol{\alpha}_m$ 线性表出。

充分性。不妨设 $\boldsymbol{\alpha}_1$ 可由 $\boldsymbol{\alpha}_2,\boldsymbol{\alpha}_3,\cdots,\boldsymbol{\alpha}_m$ 线性表出，即有数 $k_2,\cdots,k_m$，使得

$$\boldsymbol{\alpha}_1=k_2\boldsymbol{\alpha}_2+\cdots+k_m\boldsymbol{\alpha}_m$$

即存在一组不全为零的数 $1,-k_2,\cdots,-k_m$，使下式成立，即

$$\boldsymbol{\alpha}_1-k_2\boldsymbol{\alpha}_2-\cdots-k_m\boldsymbol{\alpha}_m=\mathbf{0}$$

故向量组 $\boldsymbol{\alpha}_1,\boldsymbol{\alpha}_2,\cdots,\boldsymbol{\alpha}_m$ 线性相关。证毕。

推论　向量组 $\boldsymbol{\alpha}_1,\boldsymbol{\alpha}_2,\cdots,\boldsymbol{\alpha}_m(m\geqslant 2)$ 线性无关的充分必要条件是：其中每一个向量都不能由其余向量线性表出。

定理 3.2.2　若向量组 $\boldsymbol{\alpha}_1,\boldsymbol{\alpha}_2,\cdots,\boldsymbol{\alpha}_m$ 线性无关，而 $\boldsymbol{\alpha}_1,\boldsymbol{\alpha}_2,\cdots,\boldsymbol{\alpha}_m,\boldsymbol{\beta}$ 线性相关，则 $\boldsymbol{\beta}$ 可由 $\boldsymbol{\alpha}_1,\boldsymbol{\alpha}_2,\cdots,\boldsymbol{\alpha}_m$ 线性表出，而且表法唯一。

证　由向量组 $\boldsymbol{\alpha}_1,\boldsymbol{\alpha}_2,\cdots,\boldsymbol{\alpha}_m,\boldsymbol{\beta}$ 线性相关，即存在一组不全为零的数 $k_1,k_2,\cdots,k_m,k$ 使得

$$k_1\boldsymbol{\alpha}_1+k_2\boldsymbol{\alpha}_2+\cdots+k_m\boldsymbol{\alpha}_m+k\boldsymbol{\beta}=\mathbf{0}$$

若 $k=0$，则有不全为零的数 $k_1,k_2,\cdots,k_m$，使得

$$k_1\boldsymbol{\alpha}_1+k_2\boldsymbol{\alpha}_2+\cdots+k_m\boldsymbol{\alpha}_m=\mathbf{0}$$

即 $\boldsymbol{\alpha}_1,\boldsymbol{\alpha}_2,\cdots,\boldsymbol{\alpha}_m$ 线性相关，与已知矛盾，所以 $k\neq 0$。于是

$$\boldsymbol{\beta}=-\frac{k_1}{k}\boldsymbol{\alpha}_1-\frac{k_2}{k}\boldsymbol{\alpha}_2-\cdots-\frac{k_m}{k}\boldsymbol{\alpha}_m$$

下面证明表法的唯一性。

若有两种表法：

$$\boldsymbol{\beta}=k_1\boldsymbol{\alpha}_1+k_2\boldsymbol{\alpha}_2+\cdots+k_m\boldsymbol{\alpha}_m$$

$$\boldsymbol{\beta}=l_1\boldsymbol{\alpha}_1+l_2\boldsymbol{\alpha}_2+\cdots+l_m\boldsymbol{\alpha}_m$$

两式相减，得

$$(k_1-l_1)\boldsymbol{\alpha}_1+(k_2-l_2)\boldsymbol{\alpha}_2+\cdots+(k_m-l_m)\boldsymbol{\alpha}_m=\mathbf{0}$$

因 $\boldsymbol{\alpha}_1,\boldsymbol{\alpha}_2,\cdots,\boldsymbol{\alpha}_m$ 线性无关，故必有

$$k_i-l_i=0 \qquad (i=1,2,\cdots,m)$$

即

$$k_i=l_i \qquad (i=1,2,\cdots,m)$$

所以表法唯一。证毕。

3.2.2 向量组线性相关性的判别法

下面给出一些向量组线性相关性的判别法，它们的特点是把向量组的线性相关性与矩阵的秩联系起来。

设向量组

$$\boldsymbol{\alpha}_i=(a_{i1},a_{i2},\cdots,a_{in}) \qquad (i=1,2,\cdots,m)$$

以它们为行(或列)可确定一个矩阵

$$\boldsymbol{A}=\begin{pmatrix}\boldsymbol{\alpha}_1\\ \boldsymbol{\alpha}_2\\ \vdots\\ \boldsymbol{\alpha}_m\end{pmatrix}=\begin{pmatrix}a_{11} & a_{12} & \cdots & a_{1n}\\ a_{21} & a_{22} & \cdots & a_{2n}\\ \vdots & \vdots & & \vdots\\ a_{m2} & a_{m2} & \cdots & a_{mn}\end{pmatrix} \tag{3.2.8}$$

反之，若把矩阵 $\boldsymbol{A}$ 的每一行(或列)看作一个向量，则可确定一个向量组。

定理 3.2.3 向量组 $\boldsymbol{\alpha}_1,\boldsymbol{\alpha}_2,\cdots,\boldsymbol{\alpha}_m$ 线性相关的充分必要条件是 $R(\boldsymbol{A})<m$。

证 必要性。设向量组 $\boldsymbol{\alpha}_1,\boldsymbol{\alpha}_2,\cdots,\boldsymbol{\alpha}_m$ 线性相关，欲证 $R(\boldsymbol{A})<m$。

若 $n<m$，则显然有 $R(\boldsymbol{A})<m$。

若 $n\geqslant m$，由已知条件，m 个行向量中至少有一个是其余 $m-1$ 个行向量的线性组合。不妨设 $\boldsymbol{\alpha}_m$ 是 $\boldsymbol{\alpha}_1,\boldsymbol{\alpha}_2,\cdots,\boldsymbol{\alpha}_{m-1}$ 的线性组合，即

$$\boldsymbol{\alpha}_m=k_1\boldsymbol{\alpha}_1+k_2\boldsymbol{\alpha}_2+\cdots+k_{m-1}\boldsymbol{\alpha}_{m-1}$$

对矩阵 $\boldsymbol{A}$ 进行初等行变换，则

$$\boldsymbol{A}=\begin{pmatrix}\boldsymbol{\alpha}_1\\ \boldsymbol{\alpha}_2\\ \vdots\\ \boldsymbol{\alpha}_m\end{pmatrix}=\begin{pmatrix}\boldsymbol{\alpha}_1\\ \boldsymbol{\alpha}_2\\ \vdots\\ \boldsymbol{\alpha}_{m-1}\\ k_1\boldsymbol{\alpha}_1+k_2\boldsymbol{\alpha}_2+\cdots+k_{m-1}\boldsymbol{\alpha}_{m-1}\end{pmatrix}\xrightarrow{r_m+\sum\limits_{i=1}^{m-1}(-k_i)r_i}\begin{pmatrix}\boldsymbol{\alpha}_1\\ \boldsymbol{\alpha}_2\\ \vdots\\ \boldsymbol{\alpha}_{m-1}\\ \boldsymbol{0}\end{pmatrix}=\boldsymbol{B}$$

于是 $R(\boldsymbol{A})=R(\boldsymbol{B})\leqslant m-1$，即 $R(\boldsymbol{A})<m$。

充分性。设 $R(\boldsymbol{A})=r<m$，由定理 2.5.4 的推论 2 可知，存在 m 阶可逆矩阵 $\boldsymbol{P}$ 和 n 阶可逆矩阵 $\boldsymbol{Q}$，使得

$$\boldsymbol{PAQ}=\begin{pmatrix}\boldsymbol{E}_r & \boldsymbol{O}\\ \boldsymbol{O} & \boldsymbol{O}\end{pmatrix}$$

即

$$\boldsymbol{PA}=\begin{pmatrix}\boldsymbol{E}_r & \boldsymbol{O}\\ \boldsymbol{O} & \boldsymbol{O}\end{pmatrix}\boldsymbol{Q}^{-1}$$

令

$$\boldsymbol{P}=\begin{pmatrix}p_{11} & p_{12} & \cdots & p_{1m}\\ p_{21} & p_{22} & \cdots & p_{2m}\\ \vdots & \vdots & & \vdots\\ p_{m1} & p_{m2} & \cdots & p_{mm}\end{pmatrix},\qquad \boldsymbol{Q}^{-1}=\begin{pmatrix}\boldsymbol{Q}_1\\ \boldsymbol{Q}_2\\ \vdots\\ \boldsymbol{Q}_n\end{pmatrix}$$

则由矩阵的分块乘法可得

$$\begin{pmatrix}p_{11}\boldsymbol{\alpha}_1+p_{12}\boldsymbol{\alpha}_2+\cdots+p_{1m}\boldsymbol{\alpha}_m\\ \vdots\\ p_{r1}\boldsymbol{\alpha}_1+p_{r2}\boldsymbol{\alpha}_2+\cdots+p_{rm}\boldsymbol{\alpha}_m\\ p_{r+1,1}\boldsymbol{\alpha}_1+p_{r+1,2}\boldsymbol{\alpha}_2+\cdots+p_{r+1,m}\boldsymbol{\alpha}_m\\ \vdots\\ p_{m1}\boldsymbol{\alpha}_1+p_{m2}\boldsymbol{\alpha}_2+\cdots+p_{mm}\boldsymbol{\alpha}_m\end{pmatrix}=\begin{pmatrix}\boldsymbol{Q}_1\\ \vdots\\ \boldsymbol{Q}_r\\ \boldsymbol{O}\\ \vdots\\ \boldsymbol{O}\end{pmatrix}$$

比较上式两端，得

$$p_{m1}\boldsymbol{\alpha}_1+p_{m2}\boldsymbol{\alpha}_2+\cdots+p_{mm}\boldsymbol{\alpha}_m=\boldsymbol{O}$$

由于 $\boldsymbol{P}$ 为可逆矩阵，所以它的最后一行元素 $p_{m1},p_{m2},\cdots,p_{mm}$ 不全为零，从而向量组 $\boldsymbol{\alpha}_1,\boldsymbol{\alpha}_2,\cdots,\boldsymbol{\alpha}_m$ 线性相关。证毕。

定理 3.2.3 的结论对于列向量组也是成立的。

设向量组

$$\boldsymbol{\beta}_1=\begin{pmatrix}a_{11}\\ a_{21}\\ \vdots\\ a_{m1}\end{pmatrix},\boldsymbol{\beta}_2=\begin{pmatrix}a_{12}\\ a_{22}\\ \vdots\\ a_{m2}\end{pmatrix},\cdots,\boldsymbol{\beta}_n=\begin{pmatrix}a_{1n}\\ a_{2n}\\ \vdots\\ a_{mn}\end{pmatrix}$$

则矩阵(3.2.8)可写为

$$\boldsymbol{A}=(\boldsymbol{\beta}_1,\boldsymbol{\beta}_2,\cdots,\boldsymbol{\beta}_n)=\begin{pmatrix}a_{11} & a_{12} & \cdots & a_{1n}\\ a_{21} & a_{22} & \cdots & a_{2n}\\ \vdots & \vdots & & \vdots\\ a_{m1} & a_{m2} & \cdots & a_{mn}\end{pmatrix}$$

仿照定理 3.2.3 的证明，可以得到以下定理。

定理 3.2.3′　向量组 $\boldsymbol{\beta}_1,\boldsymbol{\beta}_2,\cdots,\boldsymbol{\beta}_n$ 线性相关的充分必要条件是 $R(\boldsymbol{A})<n$。

由定理 3.2.3 和 3.2.3′，可以证明以下推论。

推论 1　$m\times n$ 阶矩阵 $\boldsymbol{A}$ 的 m 个行向量线性无关的充分必要条件是 $R(\boldsymbol{A})=m$；$m\times n$ 阶矩阵 $\boldsymbol{A}$ 的 n 个列向量线性无关的充分必要条件是 $R(\boldsymbol{A})=n$。

推论 2　如果一个向量组中向量的个数 m 大于向量的维数 n，则该向量组线性相关;特别地,任意 $n+1$ 个 n 维向量必定是线性相关的。

证 以这 m 个向量作行向量构成 $m\times n$ 阶矩阵 $\mathbf{A}$,则

$$R(\mathbf{A})\leqslant n<m$$

由定理 3.2.3 可知,这 m 个向量线性相关。证毕。

推论 3 设 $\boldsymbol{\alpha}_i=(a_{i1},a_{i2},\cdots,a_{in})$, $i=1,2,\cdots,n$,则

① 这 n 个 n 维向量线性无关的充分必要条件是

$$\begin{vmatrix} a_{11} & a_{12} & \cdots & a_{1n} \\ a_{21} & a_{22} & \cdots & a_{2n} \\ \vdots & \vdots & & \vdots \\ a_{n1} & a_{n2} & \cdots & a_{nn} \end{vmatrix}\neq 0$$

② 这 n 个 n 维向量线性相关的充分必要条件是

$$\begin{vmatrix} a_{11} & a_{12} & \cdots & a_{1n} \\ a_{21} & a_{22} & \cdots & a_{2n} \\ \vdots & \vdots & & \vdots \\ a_{n1} & a_{n2} & \cdots & a_{nn} \end{vmatrix}=0$$

3.2.3 向量组线性相关性的一些性质

下面给出向量组线性相关性的一些性质。

性质 1 若向量组有一个部分组线性相关,则整个向量组也线性相关。

证 不妨设 $\boldsymbol{\alpha}_1,\boldsymbol{\alpha}_2,\cdots,\boldsymbol{\alpha}_t(t<m)$为向量组 $\boldsymbol{\alpha}_1,\boldsymbol{\alpha}_2,\cdots,\boldsymbol{\alpha}_m$ 中的一个部分组,且它们线性相关。于是,存在一组不全为零的数 $k_1,k_2,\cdots,k_t$,使得

$$k_1\boldsymbol{\alpha}_1+k_2\boldsymbol{\alpha}_2+\cdots+k_t\boldsymbol{\alpha}_t=\mathbf{0}$$

从而

$$k_1\boldsymbol{\alpha}_1+k_2\boldsymbol{\alpha}_2+\cdots+k_t\boldsymbol{\alpha}_t+0\cdot\boldsymbol{\alpha}_{t+1}+\cdots+0\cdot\boldsymbol{\alpha}_m=\mathbf{0}$$

因为 $k_1,k_2,\cdots,k_t,0,\cdots,0$ 不全为零,所以 $\boldsymbol{\alpha}_1,\boldsymbol{\alpha}_2,\cdots,\boldsymbol{\alpha}_m$ 线性相关。证毕。

由性质 1 可以立即得到

性质 1′ 若向量组线性无关,则它的任意一个部分组也线性无关。

性质 2 若向量组

$$\boldsymbol{\alpha}_i=(a_{i1},a_{i2},\cdots,a_{in})\qquad(i=1,2,\cdots,m)$$

线性相关,则去掉最后 r 个分量($1\leqslant r<n$)后,所得到的向量组

$$\boldsymbol{\beta}_i=(a_{i1},a_{i2},\cdots,a_{in-r})\qquad(i=1,2,\cdots,m)$$

也线性相关。

证 由于 $\boldsymbol{\alpha}_1,\boldsymbol{\alpha}_2,\cdots,\boldsymbol{\alpha}_m$ 线性相关,故存在一组不全为零的数 $k_1,k_2,\cdots,k_m$,使得

$$k_1\boldsymbol{\alpha}_1+k_2\boldsymbol{\alpha}_2+\cdots+k_m\boldsymbol{\alpha}_m=\mathbf{0}$$

写成分量形式,即

$$\begin{cases} k_1a_{11}+k_2a_{21}+\cdots+k_ma_{m1}=0 \\ k_1a_{12}+k_2a_{22}+\cdots+k_ma_{m2}=0 \\ \quad\vdots \\ k_1a_{1,n-r}+k_2a_{2,n-r}+\cdots+k_ma_{m,n-r}=0 \\ \quad\vdots \\ k_1a_{1n}+k_2a_{2n}+\cdots+k_ma_{mn}=0 \end{cases}$$

取上述方程组的前 $n-r$ 个方程得到方程组

$$\begin{cases} k_1a_{11}+k_2a_{21}+\cdots+k_ma_{m1}=0 \\ k_1a_{12}+k_2a_{22}+\cdots+k_ma_{m2}=0 \\ \quad\vdots \\ k_1a_{1,n-r}+k_2a_{2,n-r}+\cdots+k_ma_{m,n-r}=0 \end{cases}$$

即存在不全为零的数 $k_1,k_2,\cdots,k_m$，使得

$$k_1\boldsymbol{\beta}_1+k_2\boldsymbol{\beta}_2+\cdots+k_m\boldsymbol{\beta}_m=\mathbf{0}$$

于是向量组 $\boldsymbol{\beta}_1,\boldsymbol{\beta}_2,\cdots,\boldsymbol{\beta}_m$ 线性相关。证毕。

性质 2′　若向量组

$$\boldsymbol{\alpha}_i=(a_{i1},a_{i2},\cdots,a_{in})\qquad(i=1,2,\cdots,m)$$

线性无关，则在每个向量上任意增加 r 个分量后，所得到的向量组

$$\boldsymbol{\beta}_i=(a_{i1},a_{i2},\cdots,a_{in},a_{in+1},\cdots,a_{in+r})\qquad(i=1,2,\cdots,m)$$

也线性无关。

习题 3.2

1. 试将向量 $\boldsymbol{\beta}$ 表成向量 $\boldsymbol{\alpha}_1,\boldsymbol{\alpha}_2,\boldsymbol{\alpha}_3,\boldsymbol{\alpha}_4$ 的线性组合。

(1) $\boldsymbol{\beta}=(1,2,1,1)^T$，　$\boldsymbol{\alpha}_1=(1,1,1,1)^T$，　$\boldsymbol{\alpha}_2=(1,1,-1,-1)^T$，　$\boldsymbol{\alpha}_3=(1,-1,1,-1)^T$，　$\boldsymbol{\alpha}_4=(1,-1,-1,1)^T$；

(2) $\boldsymbol{\beta}=(0,2,0,-1)^T$，　$\boldsymbol{\alpha}_1=(1,1,1,1)^T$，　$\boldsymbol{\alpha}_2=(1,1,1,0)^T$，　$\boldsymbol{\alpha}_3=(1,1,0,0)^T$，　$\boldsymbol{\alpha}_4=(1,0,0,0)^T$。

2. 已知 $\boldsymbol{\beta}=(1,3,2)^T$，　$\boldsymbol{\alpha}_1=(1+k,1,1)^T$，　$\boldsymbol{\alpha}_2=(1,1+k,1)^T$，　$\boldsymbol{\alpha}_3=(1,1,1+k)^T$。当 k 满足什么条件时，$\boldsymbol{\alpha}_1,\boldsymbol{\alpha}_2,\boldsymbol{\alpha}_3$ 能由 $\boldsymbol{\beta}$ 唯一线性表出？

3. 判断下列向量组的线性相关性。

(1) $(1,2,1,4)^T$，　$(1,1,1,1)^T$，　$(3,2,3,0)^T$；

(2) $(1,1,3,1)^T$，　$(4,1,-3,2)^T$，　$(1,0,-1,2)^T$；

(3) $(-2,1,0,3)^T$，　$(1,-3,2,4)^T$，　$(3,0,2,-1)^T$，　$(2,-2,4,6)^T$；

(4) $(5,5,8,14)^T$，　$(3,2,4,5)^T$，　$(1,-1,2,2)^T$，　$(1,4,2,7)^T$。

4. 设向量组 $\boldsymbol{\alpha}_1,\boldsymbol{\alpha}_2,\boldsymbol{\alpha}_3$ 线性无关,当 m,p 满足什么条件时,向量组 $m\boldsymbol{\alpha}_2-\boldsymbol{\alpha}_1$,$p\boldsymbol{\alpha}_3-\boldsymbol{\alpha}_2$,$\boldsymbol{\alpha}_1-\boldsymbol{\alpha}_3$ 线性相关?

5. 设向量组 $\boldsymbol{\alpha}_1,\boldsymbol{\alpha}_2,\boldsymbol{\alpha}_3$ 线性相关,向量组 $\boldsymbol{\alpha}_2,\boldsymbol{\alpha}_3,\boldsymbol{\alpha}_4$ 线性无关。问

(1) $\boldsymbol{\alpha}_1$ 是否可以用 $\boldsymbol{\alpha}_2,\boldsymbol{\alpha}_3$线性表出?请说明理由;

(2) $\boldsymbol{\alpha}_4$ 是否可以用 $\boldsymbol{\alpha}_1,\boldsymbol{\alpha}_2,\boldsymbol{\alpha}_3$ 线性表出?请说明理由。

6. 如果向量组 $\boldsymbol{\alpha}_1,\boldsymbol{\alpha}_2,\cdots,\boldsymbol{\alpha}_p$ 线性相关,而其中任意 $p-1$ 个向量都线性无关,证明:存在 p 个全不为零的数 $k_1,k_2,\cdots,k_p$,使得 $k_1\boldsymbol{\alpha}_1+k_2\boldsymbol{\alpha}_2+\cdots+k_p\boldsymbol{\alpha}_p=\boldsymbol{0}$。

7. 设向量组 $\boldsymbol{\alpha}_1,\boldsymbol{\alpha}_2,\cdots,\boldsymbol{\alpha}_p$,其中 $\boldsymbol{\alpha}_1\neq\boldsymbol{0}$,并且每个 $\boldsymbol{\alpha}_i(2\leqslant i\leqslant p)$都不能由 $\boldsymbol{\alpha}_1,\boldsymbol{\alpha}_2,\cdots,\boldsymbol{\alpha}_{i-1}$线性表出。证明:$\boldsymbol{\alpha}_1,\boldsymbol{\alpha}_2,\cdots,\boldsymbol{\alpha}_p$ 线性无关。

8. 设 $a_1,a_2,\cdots,a_n$ 是 n 个互不相同的数,令

$$\begin{aligned}\boldsymbol{\alpha}_1&=(1,a_1,a_1^2,\cdots,a_1^{n-1})^{\mathrm{T}}\\ \boldsymbol{\alpha}_2&=(1,a_2,a_2^2,\cdots,a_2^{n-1})^{\mathrm{T}}\\ &\vdots\\ \boldsymbol{\alpha}_n&=(1,a_n,a_n^2,\cdots,a_n^{n-1})^{\mathrm{T}}\end{aligned}$$

证明:任一 n 维向量 $\boldsymbol{\beta}$ 都可由 $\boldsymbol{\alpha}_1,\boldsymbol{\alpha}_2,\cdots,\boldsymbol{\alpha}_n$ 线性表出,且表法唯一。

9. 设向量组 $\boldsymbol{\alpha}_1,\boldsymbol{\alpha}_2,\cdots,\boldsymbol{\alpha}_m$ 线性无关。证明:当且仅当 m 为奇数时,向量组

$$\boldsymbol{\alpha}_1+\boldsymbol{\alpha}_2,\boldsymbol{\alpha}_2+\boldsymbol{\alpha}_3,\cdots,\boldsymbol{\alpha}_{m-1}+\boldsymbol{\alpha}_m,\boldsymbol{\alpha}_m+\boldsymbol{\alpha}_1$$

线性无关。

3.3 向量组的秩

3.3.1 向量组的秩与极大线性无关组

定义 3.3.1 如果向量组 $\boldsymbol{\alpha}_1,\boldsymbol{\alpha}_2,\cdots,\boldsymbol{\alpha}_m$ 的部分组 $\boldsymbol{\alpha}_{i_1},\boldsymbol{\alpha}_{i_2},\cdots,\boldsymbol{\alpha}_{i_r}$ 满足条件

① $\boldsymbol{\alpha}_{i_1},\boldsymbol{\alpha}_{i_2},\cdots,\boldsymbol{\alpha}_{i_r}$ 线性无关;

② $\boldsymbol{\alpha}_1,\boldsymbol{\alpha}_2,\cdots,\boldsymbol{\alpha}_m$ 的任一向量均可由 $\boldsymbol{\alpha}_{i_1},\boldsymbol{\alpha}_{i_2},\cdots,\boldsymbol{\alpha}_{i_r}$ 线性表出,

则称 $\boldsymbol{\alpha}_{i_1},\boldsymbol{\alpha}_{i_2},\cdots,\boldsymbol{\alpha}_{i_r}$ 是向量组 $\boldsymbol{\alpha}_1,\boldsymbol{\alpha}_2,\cdots,\boldsymbol{\alpha}_m$ 的一个**极大线性无关组**。

显然,一个非零向量组必有极大线性无关组;一个线性无关的向量组的极大线性无关组就是向量组本身。

例 3.3.1 求向量组 $\boldsymbol{\alpha}_1=(1,\ -1,\ 0)$,$\boldsymbol{\alpha}_2=(0,\ 1,\ 2)$,$\boldsymbol{\alpha}_3=(2,\ -3,\ -2)$ 的极大线性无关组。

解 由于 $\boldsymbol{\alpha}_1,\boldsymbol{\alpha}_2$ 线性无关,$\boldsymbol{\alpha}_3=2\boldsymbol{\alpha}_1-\boldsymbol{\alpha}_2$,所以 $\boldsymbol{\alpha}_1,\boldsymbol{\alpha}_2$ 是该向量组的一个极大线性无关组。显然 $\boldsymbol{\alpha}_1,\boldsymbol{\alpha}_3$ 与 $\boldsymbol{\alpha}_2,\boldsymbol{\alpha}_3$ 也是这个向量组的极大线性无关组。

从这个例子可以看出,一个线性相关的非零向量组,一定存在极大线性无关组,并且它的极大线性无关组不是唯一的。那么,同一个向量组的不同的极大线性无关

组所含向量的个数是否相同呢？下面将回答这一问题。

定理 3.3.1　如果向量组 $\boldsymbol{\alpha}_1,\boldsymbol{\alpha}_2,\cdots,\boldsymbol{\alpha}_m$ 中的每一个向量均可由向量组 $\boldsymbol{\beta}_1,\boldsymbol{\beta}_2,\cdots,\boldsymbol{\beta}_r$ 线性表出，并且 $m>r$，那么向量组 $\boldsymbol{\alpha}_1,\boldsymbol{\alpha}_2,\cdots,\boldsymbol{\alpha}_m$ 线性相关。

证　设

$$\boldsymbol{\alpha}_i=(a_{i1},a_{i2},\cdots,a_{in})\qquad(i=1,2,\cdots,m)$$

$$\boldsymbol{\beta}_j=(b_{j1},b_{j2},\cdots,b_{jn})\qquad(j=1,2,\cdots,r)$$

由条件

$$\boldsymbol{\alpha}_i=k_{i1}\boldsymbol{\beta}_1+k_{i2}\boldsymbol{\beta}_2+\cdots+k_{ir}\boldsymbol{\beta}_r\qquad(i=1,2,\cdots,m)$$

以这两个向量组的向量为行向量作 $(m+r)\times n$ 阶矩阵 $\boldsymbol{C}$，然后对矩阵 $\boldsymbol{C}$ 作初等行变换，得到

$$\boldsymbol{C}=\begin{pmatrix} b_{11} & b_{12} & \cdots & b_{1n} \\ \vdots & \vdots & & \vdots \\ b_{r1} & b_{r2} & \cdots & b_{rn} \\ a_{11} & a_{12} & \cdots & a_{1n} \\ \vdots & \vdots & & \vdots \\ a_{m1} & a_{m2} & \cdots & a_{mn} \end{pmatrix}\rightarrow\begin{pmatrix} b_{11} & b_{12} & \cdots & b_{1n} \\ \vdots & \vdots & & \vdots \\ b_{r1} & b_{r2} & \cdots & b_{rn} \\ 0 & 0 & \cdots & 0 \\ \vdots & \vdots & & \vdots \\ 0 & 0 & \cdots & 0 \end{pmatrix}=\boldsymbol{C}_1$$

于是 $R(\boldsymbol{C})=R(\boldsymbol{C}_1)$。

设 $\boldsymbol{A}=(\boldsymbol{\alpha}_1^{\mathrm{T}},\boldsymbol{\alpha}_2^{\mathrm{T}},\cdots,\boldsymbol{\alpha}_m^{\mathrm{T}})^{\mathrm{T}}$，则 $R(\boldsymbol{A})\leqslant R(\boldsymbol{C})=R(\boldsymbol{C}_1)\leqslant r<m$，由定理 3.2.3 可知，向量组 $\boldsymbol{\alpha}_1,\boldsymbol{\alpha}_2,\cdots,\boldsymbol{\alpha}_m$ 线性相关。证毕。

推论　如果向量组 $\boldsymbol{\alpha}_1,\boldsymbol{\alpha}_2,\cdots,\boldsymbol{\alpha}_m$ 的每个向量均可由 $\boldsymbol{\beta}_1,\boldsymbol{\beta}_2,\cdots,\boldsymbol{\beta}_r$ 线性表出，并且 $\boldsymbol{\alpha}_1,\boldsymbol{\alpha}_2,\cdots,\boldsymbol{\alpha}_m$ 线性无关，那么 $m\leqslant r$。

定理 3.3.2　一个向量组中任意两个极大线性无关组所含向量的个数相等。

证　设向量组 $\boldsymbol{\alpha}_1,\boldsymbol{\alpha}_2,\cdots,\boldsymbol{\alpha}_m$ 的两个极大线性无关组分别为

$$\boldsymbol{\alpha}_{i_1},\boldsymbol{\alpha}_{i_2},\cdots,\boldsymbol{\alpha}_{i_s},\qquad \boldsymbol{\alpha}_{j_1},\boldsymbol{\alpha}_{j_2},\cdots,\boldsymbol{\alpha}_{j_r}$$

要证 $s=r$。

由于 $\boldsymbol{\alpha}_{i_1},\boldsymbol{\alpha}_{i_2},\cdots,\boldsymbol{\alpha}_{i_s}$ 为极大线性无关组，所以 $\boldsymbol{\alpha}_{j_1},\boldsymbol{\alpha}_{j_2},\cdots,\boldsymbol{\alpha}_{j_r}$ 可由其线性表出。又 $\boldsymbol{\alpha}_{j_1},\boldsymbol{\alpha}_{j_2},\cdots,\boldsymbol{\alpha}_{j_r}$ 线性无关，由定理 3.3.2 的推论可知，$r\leqslant s$；同理可证，$s\leqslant r$。于是 $s=r$。证毕。

定义 3.3.2　向量组 $\boldsymbol{\alpha}_1,\boldsymbol{\alpha}_2,\cdots,\boldsymbol{\alpha}_m$ 的极大线性无关组中所含向量的个数称为这个**向量组的秩**，记为 $R\{\boldsymbol{\alpha}_1,\boldsymbol{\alpha}_2,\cdots,\boldsymbol{\alpha}_m\}$。

全由零向量组成的向量组的秩规定为零。

由向量组秩的定义可知，线性无关的向量组的秩等于向量组中所含向量的个数；若向量组的秩小于向量组中所含向量的个数，则向量组必然线性相关。

例 3.3.2　设向量组 $\boldsymbol{\alpha}_1,\boldsymbol{\alpha}_2,\cdots,\boldsymbol{\alpha}_m$ 的秩为 r，试证 $\boldsymbol{\alpha}_1,\boldsymbol{\alpha}_2,\cdots,\boldsymbol{\alpha}_m$ 中任意 r 个线性无关的向量均为该向量组的一个极大线性无关组。

证 设 $\boldsymbol{\alpha}_{i_1},\boldsymbol{\alpha}_{i_2},\cdots,\boldsymbol{\alpha}_{i_r}$ 是该向量组中任意 r 个线性无关的向量,只需证明 $\boldsymbol{\alpha}_1,\boldsymbol{\alpha}_2,\cdots,\boldsymbol{\alpha}_m$ 中任一向量均可由 $\boldsymbol{\alpha}_{i_1},\boldsymbol{\alpha}_{i_2},\cdots,\boldsymbol{\alpha}_{i_r}$ 线性表出即可。

事实上,若存在该向量组中某一个向量 $\boldsymbol{\alpha}_{i_0}(1\leqslant i_0\leqslant m)$,使 $\boldsymbol{\alpha}_{i_1},\boldsymbol{\alpha}_{i_2},\cdots,\boldsymbol{\alpha}_{i_r},\boldsymbol{\alpha}_{i_0}$ 线性无关,那么 $R\{\boldsymbol{\alpha}_1,\boldsymbol{\alpha}_2,\cdots,\boldsymbol{\alpha}_m\}\geqslant r+1$,此与题设矛盾。因此,对于任意 $\boldsymbol{\alpha}_i(1\leqslant i\leqslant m)$,向量组 $\boldsymbol{\alpha}_{i_1},\boldsymbol{\alpha}_{i_2},\cdots,\boldsymbol{\alpha}_{i_r},\boldsymbol{\alpha}_i$ 线性相关。由定理3.2.2可知,$\boldsymbol{\alpha}_i$ 可由 $\boldsymbol{\alpha}_{i_1},\boldsymbol{\alpha}_{i_2},\cdots,\boldsymbol{\alpha}_{i_r}$ 线性表出,即 $\boldsymbol{\alpha}_{i_1},\boldsymbol{\alpha}_{i_2},\cdots,\boldsymbol{\alpha}_{i_r}$ 为向量组 $\boldsymbol{\alpha}_1,\boldsymbol{\alpha}_2,\cdots,\boldsymbol{\alpha}_m$ 的一个极大线性无关组。

这个例子提供了求一个向量组的部分组为其极大线性无关组的方法。

对于向量组 $\boldsymbol{\alpha}_1,\boldsymbol{\alpha}_2,\cdots,\boldsymbol{\alpha}_m$,可用如下方法求它的极大线性无关组。

首先取向量 $\boldsymbol{\alpha}_1$,如果 $\boldsymbol{\alpha}_1\neq\boldsymbol{0}$,可保留 $\boldsymbol{\alpha}_1$;其次取向量 $\boldsymbol{\alpha}_2$,如果 $\boldsymbol{\alpha}_2$ 与 $\boldsymbol{\alpha}_1$ 的对应分量成比例,则删去 $\boldsymbol{\alpha}_2$,否则保留 $\boldsymbol{\alpha}_2$,不妨设 $\boldsymbol{\alpha}_1,\boldsymbol{\alpha}_2$ 线性无关;接着再取向量 $\boldsymbol{\alpha}_3$,若 $\boldsymbol{\alpha}_1,\boldsymbol{\alpha}_2,\boldsymbol{\alpha}_3$ 线性相关,删去 $\boldsymbol{\alpha}_3$,若它们线性无关,则保留下来;接下去取向量 $\boldsymbol{\alpha}_4$……如此这般,一直进行下去,直到把向量组中所有向量考察一遍,即可得到该向量组的一个极大线性无关组。这个方法称为逐个"扩充法"。

例 3.3.3 设向量组 $\boldsymbol{\alpha}_1=(0,0,-1,1),\boldsymbol{\alpha}_2=(1,1,-1,0),\boldsymbol{\alpha}_3=(2,2,-1,-1),\boldsymbol{\alpha}_4=(-1,-1,0,0)$,求它的一个极大线性无关组及该向量组的秩。

解 由于 $\boldsymbol{\alpha}_1\neq\boldsymbol{0}$,保留 $\boldsymbol{\alpha}_1$;又 $\boldsymbol{\alpha}_2\neq k\boldsymbol{\alpha}_1$,即 $\boldsymbol{\alpha}_1$ 与 $\boldsymbol{\alpha}_2$ 线性无关,保留 $\boldsymbol{\alpha}_2$;因 $\boldsymbol{\alpha}_3=2\boldsymbol{\alpha}_2-\boldsymbol{\alpha}_1$,所以 $\boldsymbol{\alpha}_1,\boldsymbol{\alpha}_2,\boldsymbol{\alpha}_3$ 线性相关,删去 $\boldsymbol{\alpha}_3$;最后考察 $\boldsymbol{\alpha}_4$,显然 $\boldsymbol{\alpha}_1,\boldsymbol{\alpha}_2,\boldsymbol{\alpha}_4$ 线性无关,保留 $\boldsymbol{\alpha}_4$。于是 $\boldsymbol{\alpha}_1,\boldsymbol{\alpha}_2,\boldsymbol{\alpha}_4$ 就是该向量组的一个极大线性无关组,且向量组的秩等于3。

3.3.2 向量组的等价

定义 3.3.3 设向量组

$$(\text{Ⅰ}):\boldsymbol{\alpha}_1,\boldsymbol{\alpha}_2,\cdots,\boldsymbol{\alpha}_s;\qquad(\text{Ⅱ}):\boldsymbol{\beta}_1,\boldsymbol{\beta}_2,\cdots,\boldsymbol{\beta}_r$$

若向量组(Ⅰ)中的每一个向量可由向量组(Ⅱ)线性表出,同时向量组(Ⅱ)中的每一个向量也可由向量组(Ⅰ)线性表出,即它们可以互相线性表出,则称向量组(Ⅰ)与向量组(Ⅱ)**等价**。

等价向量组具有如下性质:

① 自反性 任何一个向量组都与它自身等价;

② 对称性 若向量组(Ⅰ)与向量组(Ⅱ)等价,则向量组(Ⅱ)也与向量组(Ⅰ)等价;

③ 传递性 若向量组(Ⅰ)与向量组(Ⅱ)等价,向量组(Ⅱ)也与向量组(Ⅲ)等价,则向量组(Ⅰ)也与向量组(Ⅲ)等价。

由向量组等价的定义、定理3.3.1和定理3.3.2,容易得到等价向量组的下列性质:

性质1 向量组都与它的任一极大线性无关组等价;

性质2 任何两个线性无关的等价向量组所含向量的个数相同;

性质 3　任何两个等价的向量组的秩相等。

定理 3.3.3　若向量组(Ⅰ)：$\boldsymbol{\alpha}_1,\boldsymbol{\alpha}_2,\cdots,\boldsymbol{\alpha}_s$ 可由向量组(Ⅱ)：$\boldsymbol{\beta}_1,\boldsymbol{\beta}_2,\cdots,\boldsymbol{\beta}_t$ 线性表出，且向量组(Ⅰ)的秩为 p，向量组(Ⅱ)的秩为 q，则 $p\leqslant q$。

证　设向量组(Ⅰ)和(Ⅱ)的极大线性无关组分别为

$$(\text{Ⅰ})':\boldsymbol{\alpha}_{i_1},\boldsymbol{\alpha}_{i_2},\cdots,\boldsymbol{\alpha}_{i_p};\qquad (\text{Ⅱ})':\boldsymbol{\beta}_{j_1},\boldsymbol{\beta}_{j_2},\cdots,\boldsymbol{\beta}_{j_q}$$

因为向量组(Ⅰ)′可由(Ⅰ)线性表出，向量组(Ⅱ)可由(Ⅱ)′线性表出，而已知向量组(Ⅰ)可由(Ⅱ)线性表出，所以向量组(Ⅰ)′可由(Ⅱ)′线性表出。由定理 3.3.1 的推论可知，$p\leqslant q$。证毕。

例 3.3.4　证明 n 维向量组 $\boldsymbol{\alpha}_1,\boldsymbol{\alpha}_2,\cdots,\boldsymbol{\alpha}_n$ 线性无关的充分必要条件是 n 维基本单位向量组 $\boldsymbol{\varepsilon}_1,\boldsymbol{\varepsilon}_2,\cdots,\boldsymbol{\varepsilon}_n$ 可由 $\boldsymbol{\alpha}_1,\boldsymbol{\alpha}_2,\cdots,\boldsymbol{\alpha}_n$ 线性表出。

证　必要性。　设 $\boldsymbol{\alpha}_1,\boldsymbol{\alpha}_2,\cdots,\boldsymbol{\alpha}_n$ 线性无关。对任一 $\boldsymbol{\varepsilon}_i(1\leqslant i\leqslant n)$，$\boldsymbol{\alpha}_1,\boldsymbol{\alpha}_2,\cdots,\boldsymbol{\alpha}_n,\boldsymbol{\varepsilon}_i$ 为 $n+1$ 个 n 维向量组成的向量组，必然线性相关，而 $\boldsymbol{\alpha}_1,\boldsymbol{\alpha}_2,\cdots,\boldsymbol{\alpha}_n$ 线性无关，由定理 3.2.2 可知，$\boldsymbol{\varepsilon}_i$ 可由 $\boldsymbol{\alpha}_1,\boldsymbol{\alpha}_2,\cdots,\boldsymbol{\alpha}_n$ 线性表出。由 $\boldsymbol{\varepsilon}_i$ 的任意性可知，$\boldsymbol{\varepsilon}_1,\boldsymbol{\varepsilon}_2,\cdots,\boldsymbol{\varepsilon}_n$ 可由 $\boldsymbol{\alpha}_1,\boldsymbol{\alpha}_2,\cdots,\boldsymbol{\alpha}_n$ 线性表出。

充分性。已知向量组 $\boldsymbol{\varepsilon}_1,\boldsymbol{\varepsilon}_2,\cdots,\boldsymbol{\varepsilon}_n$ 可由 $\boldsymbol{\alpha}_1,\boldsymbol{\alpha}_2,\cdots,\boldsymbol{\alpha}_n$ 线性表出，由定理 3.3.3 可知，$R\{\boldsymbol{\varepsilon}_1,\boldsymbol{\varepsilon}_2,\cdots,\boldsymbol{\varepsilon}_n\}\leqslant R\{\boldsymbol{\alpha}_1,\boldsymbol{\alpha}_2,\cdots,\boldsymbol{\alpha}_n\}$。而 $R\{\boldsymbol{\varepsilon}_1,\boldsymbol{\varepsilon}_2,\cdots,\boldsymbol{\varepsilon}_n\}=n$，$R\{\boldsymbol{\alpha}_1,\boldsymbol{\alpha}_2,\cdots,\boldsymbol{\alpha}_n\}\leqslant n$，于是 $R\{\boldsymbol{\alpha}_1,\boldsymbol{\alpha}_2,\cdots,\boldsymbol{\alpha}_n\}=n$，故 $\boldsymbol{\alpha}_1,\boldsymbol{\alpha}_2,\cdots,\boldsymbol{\alpha}_n$ 线性无关。证毕。

关于向量组的秩和矩阵的秩的关系，有如下定理。

定理 3.3.4　矩阵 $\mathbf{A}$ 的秩等于它的行向量组的秩，也等于它的列向量组的秩。

证　先证明矩阵 $\mathbf{A}$ 的秩等于它的行向量组的秩。

设

$$\mathbf{A}=\begin{pmatrix} a_{11} & a_{12} & \cdots & a_{1n} \\ a_{21} & a_{22} & \cdots & a_{2n} \\ \vdots & \vdots & & \vdots \\ a_{m1} & a_{m2} & \cdots & a_{mn} \end{pmatrix}=\begin{pmatrix} \boldsymbol{\alpha}_1 \\ \boldsymbol{\alpha}_2 \\ \vdots \\ \boldsymbol{\alpha}_m \end{pmatrix}$$

且 $R\{\boldsymbol{\alpha}_1,\boldsymbol{\alpha}_2,\cdots,\boldsymbol{\alpha}_m\}=r$。

若 $r=m$，则 $\boldsymbol{\alpha}_1,\boldsymbol{\alpha}_2,\cdots,\boldsymbol{\alpha}_m$ 线性无关，由定理 3.2.3 的推论 1 可知，$R(\mathbf{A})=m$。

若 $r<m$，则向量组 $\boldsymbol{\alpha}_1,\boldsymbol{\alpha}_2,\cdots,\boldsymbol{\alpha}_m$ 的任一极大线性无关组中只含有 r 个向量，不妨设为 $\boldsymbol{\alpha}_1,\boldsymbol{\alpha}_2,\cdots,\boldsymbol{\alpha}_r$。那么矩阵 $\mathbf{A}$ 的前 r 行中必有一个 r 阶子式不等于零。由于向量组 $\boldsymbol{\alpha}_1,\boldsymbol{\alpha}_2,\cdots,\boldsymbol{\alpha}_m$ 中任意 $r+1$ 个向量线性相关，则矩阵 $\mathbf{A}$ 中所有的 $r+1$ 阶子式都等于零。因此 $R(\mathbf{A})=r$。

注意到

$$R(\mathbf{A})=R(\mathbf{A}^{\mathrm{T}})=\text{矩阵 }\mathbf{A}^{\mathrm{T}}\text{ 的行向量组的秩}=\mathbf{A}\text{ 的列向量组的秩}$$

证毕。

例 3.3.5　求向量组

$\boldsymbol{\alpha}_1=(1,2,2,0)^{\mathrm{T}}$, $\boldsymbol{\alpha}_2=(1,1,-1,2)^{\mathrm{T}}$, $\boldsymbol{\alpha}_3=(1,0,-4,4)^{\mathrm{T}}$, $\boldsymbol{\alpha}_4=(0,2,-3,-3)^{\mathrm{T}}$ 的秩及它的一个极大线性无关组。

解 以向量 $\boldsymbol{\alpha}_1,\boldsymbol{\alpha}_2,\boldsymbol{\alpha}_3,\boldsymbol{\alpha}_4$ 为列组成矩阵 $\boldsymbol{A}$,对其进行初等行变换,则

$$\boldsymbol{A}=(\boldsymbol{\alpha}_1,\boldsymbol{\alpha}_2,\boldsymbol{\alpha}_3,\boldsymbol{\alpha}_4)=\begin{pmatrix}1&1&1&0\\2&1&0&2\\2&-1&-4&-3\\0&2&4&-3\end{pmatrix}\to\begin{pmatrix}1&1&1&0\\0&-1&-2&2\\0&-3&-6&-3\\0&2&4&-3\end{pmatrix}\to$$

$$\begin{pmatrix}1&0&-1&2\\0&1&2&-2\\0&0&0&-9\\0&0&0&-1\end{pmatrix}\to\begin{pmatrix}1&0&-1&2\\0&1&2&-2\\0&0&0&1\\0&0&0&0\end{pmatrix}=\boldsymbol{B}$$

所以 $R(\boldsymbol{\alpha}_1,\boldsymbol{\alpha}_2,\boldsymbol{\alpha}_3,\boldsymbol{\alpha}_4)=R(\boldsymbol{A})=R(\boldsymbol{B})=3$。由 $\boldsymbol{B}$ 容易看出,$\boldsymbol{\alpha}_1,\boldsymbol{\alpha}_2,\boldsymbol{\alpha}_4$ 为向量组的一个极大线性无关组。

例 3.3.6 设 $\boldsymbol{A}$ 是 $m\times k$ 阶矩阵,$\boldsymbol{B}$ 是 $k\times s$ 阶矩阵,则

$$R(\boldsymbol{AB})\leqslant\min\{R(\boldsymbol{A}),R(\boldsymbol{B})\}$$

证 设 $\boldsymbol{A}$ 的列向量组为 $\boldsymbol{\alpha}_1,\boldsymbol{\alpha}_2,\cdots,\boldsymbol{\alpha}_k$,矩阵 $\boldsymbol{B}=(b_{ij})_{k\times s}$,矩阵 $\boldsymbol{C}=\boldsymbol{AB}$ 的列向量组为 $\boldsymbol{\beta}_1,\boldsymbol{\beta}_2,\cdots,\boldsymbol{\beta}_s$,则

$$\boldsymbol{\beta}_j=b_{1j}\boldsymbol{\alpha}_1+b_{2j}\boldsymbol{\alpha}_2+\cdots+b_{kj}\boldsymbol{\alpha}_k\qquad(j=1,2,\cdots,s)$$

即 $\boldsymbol{C}$ 的列向量组可由 $\boldsymbol{A}$ 的列向量组线性表出,由定理 3.3.3 及定理 3.3.4 可知

$$R(\boldsymbol{C})\leqslant R(\boldsymbol{A})$$

又

$$R(\boldsymbol{C})=R(\boldsymbol{AB})=R((\boldsymbol{AB})^{\mathrm{T}})=R(\boldsymbol{B}^{\mathrm{T}}\boldsymbol{A}^{\mathrm{T}})\leqslant R(\boldsymbol{B}^{\mathrm{T}})=R(\boldsymbol{B})$$

故

$$R(\boldsymbol{AB})\leqslant\min\{R(\boldsymbol{A}),R(\boldsymbol{B})\}$$

习题 3.3

1. 判断题

(1) 如果向量组 $\boldsymbol{\alpha}_1,\boldsymbol{\alpha}_2,\cdots,\boldsymbol{\alpha}_m$ 线性相关,那么这个向量组中一定有两个向量成比例;

(2) 如果存在一组全为零的数 $k_1,k_2,\cdots,k_m$,使得

$$k_1\boldsymbol{\alpha}_1+k_2\boldsymbol{\alpha}_2+\cdots+k_m\boldsymbol{\alpha}_m=\boldsymbol{0}$$

则向量组 $\boldsymbol{\alpha}_1,\boldsymbol{\alpha}_2,\cdots,\boldsymbol{\alpha}_m$ 线性无关;

(3) 若向量组 $\boldsymbol{\alpha}_1,\boldsymbol{\alpha}_2,\cdots,\boldsymbol{\alpha}_m$ 线性相关,则其中任意向量均可由其余向量线性表出;

(4) 若向量 $\boldsymbol{\beta}$ 不能由 $\boldsymbol{\alpha}_1,\boldsymbol{\alpha}_2,\cdots,\boldsymbol{\alpha}_m$ 线性表出,则向量组 $\boldsymbol{\alpha}_1,\boldsymbol{\alpha}_2,\cdots,\boldsymbol{\alpha}_m,\boldsymbol{\beta}$ 线性无关;

(5) 若向量组中含有零向量,则该向量组线性相关;

(6) 若向量组 $\boldsymbol{\alpha}_1,\boldsymbol{\alpha}_2,\cdots,\boldsymbol{\alpha}_n$ 线性相关,则向量组 $\boldsymbol{\alpha}_1+\boldsymbol{\alpha}_2,\boldsymbol{\alpha}_2+\boldsymbol{\alpha}_3,\cdots,\boldsymbol{\alpha}_{n-1}+\boldsymbol{\alpha}_n,\boldsymbol{\alpha}_n+\boldsymbol{\alpha}_1$ 也线性相关;

(7) 若向量组 $\boldsymbol{\alpha}_1,\boldsymbol{\alpha}_2,\cdots,\boldsymbol{\alpha}_s$ 线性无关,则向量组 $\boldsymbol{\alpha}_1,\boldsymbol{\alpha}_2,\cdots,\boldsymbol{\alpha}_s,\boldsymbol{\alpha}_{s+1},\cdots,\boldsymbol{\alpha}_m$ 也线性无关;

(8) 若向量组 $\boldsymbol{\alpha}_1,\boldsymbol{\alpha}_2,\cdots,\boldsymbol{\alpha}_s$ 线性相关,则向量组 $\boldsymbol{\alpha}_1,\boldsymbol{\alpha}_2,\cdots,\boldsymbol{\alpha}_s,\boldsymbol{\alpha}_{s+1},\cdots,\boldsymbol{\alpha}_m$ 也线性相关;

(9) 若两个向量组的秩相等,则这两个向量组等价;

(10) 两个等价的向量组所含向量的个数相等。

2. 求下列向量组的秩及一个极大线性无关组:

(1) $\boldsymbol{\alpha}_1=(1,3,2,0)^{\mathrm{T}},\boldsymbol{\alpha}_2=(7,0,14,3)^{\mathrm{T}},\boldsymbol{\alpha}_3=(2,-1,0,1)^{\mathrm{T}},\boldsymbol{\alpha}_4=(5,1,6,2)^{\mathrm{T}}$;

(2) $\boldsymbol{\alpha}_1=(0,4,10,1)^{\mathrm{T}}$, $\boldsymbol{\alpha}_2=(4,8,18,7)^{\mathrm{T}}$, $\boldsymbol{\alpha}_3=(10,18,40,17)^{\mathrm{T}}$, $\boldsymbol{\alpha}_4=(1,7,17,3)^{\mathrm{T}}$;

3. 设向量组 $\boldsymbol{\alpha}_1=(1,1,1,3)^{\mathrm{T}},\boldsymbol{\alpha}_2=(-1,-3,5,1)^{\mathrm{T}},\boldsymbol{\alpha}_3=(3,2,-1,p+2)^{\mathrm{T}},\boldsymbol{\alpha}_4=(-2,-6,10,p)^{\mathrm{T}}$,求:

(1) p 为何值时,该向量组线性无关?并在此时将向量 $\boldsymbol{\alpha}=(4,1,6,10)^{\mathrm{T}}$ 用 $\boldsymbol{\alpha}_1,\boldsymbol{\alpha}_2,\boldsymbol{\alpha}_3,\boldsymbol{\alpha}_4$ 线性表出;

(2) p 为何值时,该向量组线性相关?并在此时求它的秩和一个极大线性无关组。

4. 设向量组 $\boldsymbol{\alpha}_1,\boldsymbol{\alpha}_2,\cdots,\boldsymbol{\alpha}_m$ 的秩为 r,并且它的每一个向量都可以由它的一个部分组 $\boldsymbol{\alpha}_{i_1},\boldsymbol{\alpha}_{i_2},\cdots,\boldsymbol{\alpha}_{i_r}$ 线性表出。证明 $\boldsymbol{\alpha}_{i_1},\boldsymbol{\alpha}_{i_2},\cdots,\boldsymbol{\alpha}_{i_r}$ 是向量组 $\boldsymbol{\alpha}_1,\boldsymbol{\alpha}_2,\cdots,\boldsymbol{\alpha}_m$ 的一个极大线性无关组。

5. 设 $\boldsymbol{A},\boldsymbol{B}$ 均为 $m\times n$ 阶矩阵,试证:

$$R(\boldsymbol{A}+\boldsymbol{B})\leqslant R(\boldsymbol{A})+R(\boldsymbol{B})$$

6. 设向量组 $\boldsymbol{\alpha}_1,\boldsymbol{\alpha}_2,\cdots,\boldsymbol{\alpha}_m$ 的秩为 r_1,向量组 $\boldsymbol{\beta}_1,\boldsymbol{\beta}_2,\cdots,\boldsymbol{\beta}_n$ 的秩为 r_2,向量组 $\boldsymbol{\alpha}_1,\boldsymbol{\alpha}_2,\cdots,\boldsymbol{\alpha}_m,\boldsymbol{\beta}_1,\boldsymbol{\beta}_2,\cdots,\boldsymbol{\beta}_n$ 的秩为 r_3,则

$$\max\{r_1,r_2\}\leqslant r_3\leqslant r_1+r_2$$

7. 设向量组 $\boldsymbol{\alpha}_1,\boldsymbol{\alpha}_2,\cdots,\boldsymbol{\alpha}_r$ 线性无关,且可由向量 $\boldsymbol{\beta}_1,\boldsymbol{\beta}_2,\cdots,\boldsymbol{\beta}_r$ 线性表出。试证这两个向量组等价,从而 $\boldsymbol{\beta}_1,\boldsymbol{\beta}_2,\cdots,\boldsymbol{\beta}_r$ 也线性无关。

8. 已知两个向量组有相同的秩,且其中的一个可被另一个线性表出,证明:这两个向量组等价。

9. 设 $\boldsymbol{\alpha}_1,\boldsymbol{\alpha}_2,\cdots,\boldsymbol{\alpha}_n$ 是 n 个线性无关的向量,$\boldsymbol{\beta}=k_1\boldsymbol{\alpha}_1+k_2\boldsymbol{\alpha}_2+\cdots+k_n\boldsymbol{\alpha}_n$,其中$k_i\neq 0(1\leqslant i\leqslant n)$。证明:$\boldsymbol{\alpha}_1,\boldsymbol{\alpha}_2,\cdots,\boldsymbol{\alpha}_n,\boldsymbol{\beta}$ 中任意 n 个线性无关。

10. 设 $\boldsymbol{\alpha}_1,\boldsymbol{\alpha}_2,\cdots,\boldsymbol{\alpha}_n$ 是一组 n 维向量。证明:$\boldsymbol{\alpha}_1,\boldsymbol{\alpha}_2,\cdots,\boldsymbol{\alpha}_n$ 线性无关的充分必要条件是任一 n 维向量都可由它们线性表出。

3.4 向量空间

3.4.1 向量空间的概念

定义 3.4.1 设 V 是数域 P 上的 n 维向量的非空集合,如果 $\forall \boldsymbol{\alpha},\boldsymbol{\beta}\in V, k\in P$,满足

$$\boldsymbol{\alpha}+\boldsymbol{\beta}\in V, \quad k\boldsymbol{\alpha}\in V$$

则称集合 V 为数域 P 上的**向量空间**。

当 P 为实数域 $\mathbf{R}$ 时,称 V 为实向量空间;当 P 为复数域 $\mathbf{C}$ 时,称 V 为**复向量空间**。

例 3.4.1 实数域 $\mathbf{R}$ 上 n 维向量的全体 $\mathbf{R}^n$ 是一个向量空间,即

$$\mathbf{R}^n=\{\boldsymbol{\alpha}=(a_1,a_2,\cdots,a_n)\,|\,a_i\in\mathbf{R}, \quad i=1,2,\cdots,n\}$$

显然$(0,0,\cdots,0)\in\mathbf{R}^n$,所以 $\mathbf{R}^n$ 非空;$\forall \boldsymbol{\alpha}=(a_1,a_2,\cdots,a_n),\boldsymbol{\beta}=(b_1,b_2,\cdots,b_n)\in\mathbf{R}^n$ 及任意实数 k,有

$$\boldsymbol{\alpha}+\boldsymbol{\beta}=(a_1+b_1,a_2+b_2,\cdots,a_n+b_n)\in\mathbf{R}^n$$
$$k\boldsymbol{\alpha}=(ka_1,ka_2,\cdots,ka_n)\in\mathbf{R}^n$$

故 $\mathbf{R}^n$ 是一个向量空间。

例 3.4.2 证明:

① 集合 $V_1=\{\boldsymbol{\alpha}=(0,a_2,\cdots,a_n)\,|\,a_i\in\mathbf{R}, \quad i=2,3,\cdots,n\}$是一个向量空间;

② 集合 $V_2=\{\boldsymbol{\alpha}=(1,a_2,\cdots,a_n)\,|\,a_i\in\mathbf{R}, \quad i=2,3,\cdots,n\}$不是一个向量空间。

证 ① 显然集合 V_1 非空,对任意 $\boldsymbol{\alpha}=(0,a_2,\cdots,a_n),\boldsymbol{\beta}=(0,b_2,\cdots,b_n)\in V_1$,以及任意实数 k,有

$$\boldsymbol{\alpha}+\boldsymbol{\beta}=(0,a_2+b_2,\cdots,a_n+b_n)\in V_1$$
$$k\boldsymbol{\alpha}=(0,ka_2,\cdots,ka_n)\in V_1$$

所以 V_1 是一个向量空间。

② 因为对于集合 V_2 中的任意两个向量 $\boldsymbol{\alpha}=(1,a_2,\cdots,a_n),\boldsymbol{\beta}=(1,b_2,\cdots,b_n)$,$\boldsymbol{\alpha}+\boldsymbol{\beta}=(2,a_2+b_2,\cdots,a_n+b_n)\notin V_2$,所以 V_2 不是一个向量空间。

定义 3.4.2 设 V_1,V_2 是两个向量空间,如果 $V_1\subseteq V_2$,则称 V_1 是 V_2 的**子空间**。

例 3.4.2 中的集合 V_1 是 n 维向量空间 $\mathbf{R}^n$ 的一个子空间;实数域上任何 n 维向量的集合构成的向量空间都是 $\mathbf{R}^n$ 的子空间。

单独由一个零向量构成的集合$\{\mathbf{0}\}$也是一个向量空间，称为**零空间**。

在 n 维向量空间 V 中，零空间和空间 V 也是它的子空间，称为它的**平凡子空间**。除此之外，V 的其他子空间称为它的**非平凡子空间**。

设 $\boldsymbol{\alpha}_1,\boldsymbol{\alpha}_2,\cdots,\boldsymbol{\alpha}_m$ 为一组 n 维向量，容易证明它的线性组合

$$V=\{\boldsymbol{\alpha}=k_1\boldsymbol{\alpha}_1+k_2\boldsymbol{\alpha}_2+\cdots+k_m\boldsymbol{\alpha}_m \mid k_i\in\mathbf{R},1\leqslant i\leqslant m\}$$

是向量空间，称为由向量 $\boldsymbol{\alpha}_1,\boldsymbol{\alpha}_2,\cdots,\boldsymbol{\alpha}_m$ **生成的向量空间**，记为 $L(\boldsymbol{\alpha}_1,\boldsymbol{\alpha}_2,\cdots,\boldsymbol{\alpha}_m)$。

例 3.4.3　如果向量组 $\boldsymbol{\alpha}_1,\boldsymbol{\alpha}_2,\cdots,\boldsymbol{\alpha}_s$ 与向量组 $\boldsymbol{\beta}_1,\boldsymbol{\beta}_2,\cdots,\boldsymbol{\beta}_r$ 等价，则

$$L(\boldsymbol{\alpha}_1,\boldsymbol{\alpha}_2,\cdots,\boldsymbol{\alpha}_s)=L(\boldsymbol{\beta}_1,\boldsymbol{\beta}_2,\cdots,\boldsymbol{\beta}_r)$$

证　$\forall\boldsymbol{\alpha}\in L(\boldsymbol{\alpha}_1,\boldsymbol{\alpha}_2,\cdots,\boldsymbol{\alpha}_s)$，则 $\boldsymbol{\alpha}$ 可由 $\boldsymbol{\alpha}_1,\boldsymbol{\alpha}_2,\cdots,\boldsymbol{\alpha}_s$ 线性表出，而 $\boldsymbol{\alpha}_1,\boldsymbol{\alpha}_2,\cdots,\boldsymbol{\alpha}_s$ 又可由 $\boldsymbol{\beta}_1,\boldsymbol{\beta}_2,\cdots,\boldsymbol{\beta}_r$ 线性表出，所以 $\boldsymbol{\alpha}$ 可由 $\boldsymbol{\beta}_1,\boldsymbol{\beta}_2,\cdots,\boldsymbol{\beta}_r$ 线性表出，即 $\boldsymbol{\alpha}\in L(\boldsymbol{\beta}_1,\boldsymbol{\beta}_2,\cdots,\boldsymbol{\beta}_r)$，因此 $L(\boldsymbol{\alpha}_1,\boldsymbol{\alpha}_2,\cdots,\boldsymbol{\alpha}_s)\subset L(\boldsymbol{\beta}_1,\boldsymbol{\beta}_2,\cdots,\boldsymbol{\beta}_r)$。

同理可证 $L(\boldsymbol{\beta}_1,\boldsymbol{\beta}_2,\cdots,\boldsymbol{\beta}_r)\subset L(\boldsymbol{\alpha}_1,\boldsymbol{\alpha}_2,\cdots,\boldsymbol{\alpha}_s)$，故

$$L(\boldsymbol{\alpha}_1,\boldsymbol{\alpha}_2,\cdots,\boldsymbol{\alpha}_s)=L(\boldsymbol{\beta}_1,\boldsymbol{\beta}_2,\cdots,\boldsymbol{\beta}_r)$$

3.4.2　基、维数与坐标

定义 3.4.3　设 V 是数域 P 上的向量空间，向量 $\boldsymbol{\alpha}_1,\boldsymbol{\alpha}_2,\cdots,\boldsymbol{\alpha}_m\in V$，如果

① $\boldsymbol{\alpha}_1,\boldsymbol{\alpha}_2,\cdots,\boldsymbol{\alpha}_m$ 线性无关；

② V 中任一向量都能由 $\boldsymbol{\alpha}_1,\boldsymbol{\alpha}_2,\cdots,\boldsymbol{\alpha}_m$ 线性表出，

则称 $\boldsymbol{\alpha}_1,\boldsymbol{\alpha}_2,\cdots,\boldsymbol{\alpha}_m$ 为空间 V 的一组**基**（或**基底**），m 称为向量空间 V 的**维数**，记为 $\dim V=m$，并称 V 是数域 P 上的 m **维向量空间**。

零空间的维数规定为零。

注意，向量空间的维数和该空间中向量的维数是两个不同的概念。

将向量空间 V 的基的定义与向量组的极大线性无关组的定义相比较，不难看出，若把向量空间 V 看作一个向量组，那么它的基就是 V 的一个极大线性无关组，$\dim V$ 就是 V 的秩。

容易证明，若向量空间 V 的维数是 m，那么 V 中任意 m 个线性无关的向量都是 V 的一组基；对于向量空间 V 的任一子空间 V_1，$\dim V_1\leqslant\dim V$。

对于向量空间 $\mathbf{R}^n$，基本单位向量 $\boldsymbol{\varepsilon}_1,\boldsymbol{\varepsilon}_2,\cdots,\boldsymbol{\varepsilon}_n$ 就是它的一组基，因此 $\dim\mathbf{R}^n=n$，称 $\mathbf{R}^n$ 为 n 维实向量空间。

在四维向量空间 $\mathbf{R}^4$ 中，向量组 $\boldsymbol{\alpha}_1=(0,0,0,1)$，$\boldsymbol{\alpha}_2=(0,1,0,1)$，$\boldsymbol{\alpha}_3=(-1,2,0,1)$，$\boldsymbol{\alpha}_4=(1,0,2,1)$线性无关，所以它们也是 $\mathbf{R}^4$ 的一组基。

定义 3.4.4　设 $\boldsymbol{\alpha}_1,\boldsymbol{\alpha}_2,\cdots,\boldsymbol{\alpha}_m$ 为向量空间 V 的一组基，任意 $\boldsymbol{\alpha}\in V$，有

$$\boldsymbol{\alpha}=x_1\boldsymbol{\alpha}_1+x_2\boldsymbol{\alpha}_2+\cdots+x_m\boldsymbol{\alpha}_m$$

则称有序数组 $x_1,x_2,\cdots,x_m$ 为向量 $\boldsymbol{\alpha}$ 在基 $\boldsymbol{\alpha}_1,\boldsymbol{\alpha}_2,\cdots,\boldsymbol{\alpha}_m$ 下的**坐标**，记为$(x_1,x_2,\cdots,$

x_m)。

由定理3.2.2可知,向量$\boldsymbol{\alpha}$的表示式是唯一的,因此$\boldsymbol{\alpha}$在基$\boldsymbol{\alpha}_1,\boldsymbol{\alpha}_2,\cdots,\boldsymbol{\alpha}_m$下的坐标也是唯一的。

例3.4.4 设$\boldsymbol{\alpha}_1=(1,0,2),\boldsymbol{\alpha}_2=(1,0,1),\boldsymbol{\alpha}_3=(-1,2,0)$,证明$\boldsymbol{\alpha}_1,\boldsymbol{\alpha}_2,\boldsymbol{\alpha}_3$是向量空间$\mathbf{R}^3$的一组基,并求向量$\boldsymbol{\alpha}=(2,-3,5)$在这组基下的坐标。

证明 以向量$\boldsymbol{\alpha}_1,\boldsymbol{\alpha}_2,\boldsymbol{\alpha}_3$为列向量得到矩阵

$$\mathbf{A}=\begin{pmatrix}1&1&-1\\0&0&2\\2&1&0\end{pmatrix}$$

$\mathbf{A}$的行列式$|\mathbf{A}|=2\neq0$,所以$\boldsymbol{\alpha}_1,\boldsymbol{\alpha}_2,\boldsymbol{\alpha}_3$线性无关,因此它们是$\mathbf{R}^3$的一组基。

设$\boldsymbol{\alpha}=x_1\boldsymbol{\alpha}_1+x_2\boldsymbol{\alpha}_2+x_3\boldsymbol{\alpha}_3$,把$\boldsymbol{\alpha}_1,\boldsymbol{\alpha}_2,\boldsymbol{\alpha}_3$代入,比较等式两端向量的对应分量,可得线性方程组

$$\begin{cases}x_1+x_2-x_3=2\\2x_3=-3\\2x_1+x_2=5\end{cases}$$

解之,得$x_1=\dfrac{9}{2},x_2=-4,x_3=-\dfrac{3}{2}$。于是,向量$\boldsymbol{\alpha}$在基$\boldsymbol{\alpha}_1,\boldsymbol{\alpha}_2,\boldsymbol{\alpha}_3$下的坐标为$\left(\dfrac{9}{2},-4,-\dfrac{3}{2}\right)$。

3.4.3 基变换与坐标变换

向量空间V的基不是唯一的,V中向量$\boldsymbol{\alpha}$在不同的基下的坐标一般是不同的。下面讨论V中不同的两组基之间的关系以及向量$\boldsymbol{\alpha}$在不同的基下的坐标之间的关系。

设$\boldsymbol{\alpha}_1,\boldsymbol{\alpha}_2,\cdots,\boldsymbol{\alpha}_m$与$\boldsymbol{\beta}_1,\boldsymbol{\beta}_2,\cdots,\boldsymbol{\beta}_m$是向量空间$V$的两组基,由基的定义,它们可以互相线性表出。用$\boldsymbol{\alpha}_1,\boldsymbol{\alpha}_2,\cdots,\boldsymbol{\alpha}_m$表示$\boldsymbol{\beta}_1,\boldsymbol{\beta}_2,\cdots,\boldsymbol{\beta}_m$,则有

$$\begin{cases}\boldsymbol{\beta}_1=p_{11}\boldsymbol{\alpha}_1+p_{12}\boldsymbol{\alpha}_2+\cdots+p_{1m}\boldsymbol{\alpha}_m\\\boldsymbol{\beta}_2=p_{21}\boldsymbol{\alpha}_1+p_{22}\boldsymbol{\alpha}_2+\cdots+p_{2m}\boldsymbol{\alpha}_m\\\qquad\vdots\\\boldsymbol{\beta}_m=p_{m1}\boldsymbol{\alpha}_1+p_{m2}\boldsymbol{\alpha}_2+\cdots+p_{mm}\boldsymbol{\alpha}_m\end{cases}$$

记

$$\boldsymbol{P}=\begin{pmatrix}p_{11}&p_{21}&\cdots&p_{m1}\\p_{12}&p_{22}&\cdots&p_{m2}\\\vdots&\vdots&&\vdots\\p_{1m}&p_{2m}&\cdots&p_{mm}\end{pmatrix}$$

由矩阵的乘法

$$(\boldsymbol{\beta}_1,\boldsymbol{\beta}_2,\cdots,\boldsymbol{\beta}_m)=(\boldsymbol{\alpha}_1,\boldsymbol{\alpha}_2,\cdots,\boldsymbol{\alpha}_m)\boldsymbol{P} \tag{3.4.1}$$

称 $\boldsymbol{P}$ 为由基 $\boldsymbol{\alpha}_1,\boldsymbol{\alpha}_2,\cdots,\boldsymbol{\alpha}_m$ 到基 $\boldsymbol{\beta}_1,\boldsymbol{\beta}_2,\cdots,\boldsymbol{\beta}_m$ 的**过渡矩阵**，式(3.4.1)称为由基 $\boldsymbol{\alpha}_1$，$\boldsymbol{\alpha}_2,\cdots,\boldsymbol{\alpha}_m$ 到基 $\boldsymbol{\beta}_1,\boldsymbol{\beta}_2,\cdots,\boldsymbol{\beta}_m$ 的**基底变换公式**。

过渡矩阵 $\boldsymbol{P}$ 是可逆的，否则，齐次线性方程组 $\boldsymbol{PX}=\boldsymbol{0}$ 有非零解，设其一个解为 $\boldsymbol{\alpha}=(k_1,k_2,\cdots,k_m)^{\mathrm{T}}$，于是

$$k_1\boldsymbol{\beta}_1+k_2\boldsymbol{\beta}_2+\cdots+k_m\boldsymbol{\beta}_m=(\boldsymbol{\beta}_1,\boldsymbol{\beta}_2,\cdots,\boldsymbol{\beta}_m)\boldsymbol{\alpha}=(\boldsymbol{\alpha}_1,\boldsymbol{\alpha}_2,\cdots,\boldsymbol{\alpha}_m)\boldsymbol{P\alpha}=\boldsymbol{0}$$

这意味着 $\boldsymbol{\beta}_1,\boldsymbol{\beta}_2,\cdots,\boldsymbol{\beta}_m$ 线性相关。

前面已经指出，同一向量在不同基底下的坐标一般是不同的，那么坐标之间有什么关系呢？下面的定理回答了这一问题。

定理 3.4.1　设 $\boldsymbol{\alpha}_1,\boldsymbol{\alpha}_2,\cdots,\boldsymbol{\alpha}_m$ 与 $\boldsymbol{\beta}_1,\boldsymbol{\beta}_2,\cdots,\boldsymbol{\beta}_m$ 是线性空间 V 的两组基，由 $\boldsymbol{\alpha}_1$，$\boldsymbol{\alpha}_2,\cdots,\boldsymbol{\alpha}_m$ 到 $\boldsymbol{\beta}_1,\boldsymbol{\beta}_2,\cdots,\boldsymbol{\beta}_m$ 的过渡矩阵为 $\boldsymbol{P}$，如果 V 中任意元素 $\boldsymbol{\alpha}$ 在这两组基下的坐标分别为 $(x_1,x_2,\cdots,x_m)^{\mathrm{T}}$ 与 $(y_1,y_2,\cdots,y_m)^{\mathrm{T}}$，则

$$\begin{pmatrix}x_1\\x_2\\\vdots\\x_m\end{pmatrix}=\boldsymbol{P}\begin{pmatrix}y_1\\y_2\\\vdots\\y_m\end{pmatrix},\qquad \begin{pmatrix}y_1\\y_2\\\vdots\\y_m\end{pmatrix}=\boldsymbol{P}^{-1}\begin{pmatrix}x_1\\x_2\\\vdots\\x_m\end{pmatrix} \tag{3.4.2}$$

式(3.4.2)称为**坐标变换公式**。

证　由题设

$$\boldsymbol{\alpha}=x_1\boldsymbol{\alpha}_1+x_2\boldsymbol{\alpha}_2+\cdots+x_m\boldsymbol{\alpha}_m=(\boldsymbol{\alpha}_1,\boldsymbol{\alpha}_2,\cdots,\boldsymbol{\alpha}_m)\begin{pmatrix}x_1\\x_2\\\vdots\\x_m\end{pmatrix}$$

$$\boldsymbol{\alpha}=y_1\boldsymbol{\beta}_1+y_2\boldsymbol{\beta}_2+\cdots+y_m\boldsymbol{\beta}_m=(\boldsymbol{\beta}_1,\boldsymbol{\beta}_2,\cdots,\boldsymbol{\beta}_m)\begin{pmatrix}y_1\\y_2\\\vdots\\y_m\end{pmatrix}$$

由

$$(\boldsymbol{\beta}_1,\boldsymbol{\beta}_2,\cdots,\boldsymbol{\beta}_m)=(\boldsymbol{\alpha}_1,\boldsymbol{\alpha}_2,\cdots,\boldsymbol{\alpha}_m)\boldsymbol{P}$$

则

$$\boldsymbol{\alpha}=(\boldsymbol{\alpha}_1,\boldsymbol{\alpha}_2,\cdots,\boldsymbol{\alpha}_n)\boldsymbol{P}\begin{pmatrix}y_1\\y_2\\\vdots\\y_n\end{pmatrix}$$

由向量 $\boldsymbol{\alpha}$ 在基 $\boldsymbol{\alpha}_1,\boldsymbol{\alpha}_2,\cdots,\boldsymbol{\alpha}_m$ 下坐标的唯一性，得

$$\begin{pmatrix} x_1 \\ x_2 \\ \vdots \\ x_m \end{pmatrix} = \boldsymbol{P} \begin{pmatrix} y_1 \\ y_2 \\ \vdots \\ y_m \end{pmatrix}, \quad 或 \quad \begin{pmatrix} y_1 \\ y_2 \\ \vdots \\ y_m \end{pmatrix} = \boldsymbol{P}^{-1} \begin{pmatrix} x_1 \\ x_2 \\ \vdots \\ x_m \end{pmatrix}$$

证毕。

例 3.4.5 已知 $\mathbf{R}^3$ 中的二组基

$$\boldsymbol{\alpha}_1=(1,2,1)^{\mathrm{T}}, \quad \boldsymbol{\alpha}_2=(2,3,3)^{\mathrm{T}}, \quad \boldsymbol{\alpha}_3=(3,7,1)^{\mathrm{T}}$$

$$\boldsymbol{\beta}_1=(3,1,4)^{\mathrm{T}}, \quad \boldsymbol{\beta}_2=(5,2,1)^{\mathrm{T}}, \quad \boldsymbol{\beta}_3=(1,1,-6)^{\mathrm{T}}$$

① 求由基 $\boldsymbol{\alpha}_1,\boldsymbol{\alpha}_2,\boldsymbol{\alpha}_3$ 到 $\boldsymbol{\beta}_1,\boldsymbol{\beta}_2,\boldsymbol{\beta}_3$ 的过渡矩阵及坐标变换公式；

② 求向量 $\boldsymbol{\beta}=2\boldsymbol{\beta}_1-\boldsymbol{\beta}_2-\boldsymbol{\beta}_3$ 在基 $\boldsymbol{\alpha}_1,\boldsymbol{\alpha}_2,\boldsymbol{\alpha}_3$ 下的坐标；

③ 求向量 $\boldsymbol{\alpha}=\boldsymbol{\alpha}_1-2\boldsymbol{\alpha}_2+4\boldsymbol{\alpha}_3$ 在基 $\boldsymbol{\beta}_1,\boldsymbol{\beta}_2,\boldsymbol{\beta}_3$ 下的坐标。

解 ① 取 $\mathbf{R}^3$ 中的基

$$\boldsymbol{\varepsilon}_1=(1,0,0)^{\mathrm{T}}, \quad \boldsymbol{\varepsilon}_2=(0,1,0)^{\mathrm{T}}, \quad \boldsymbol{\varepsilon}_3=(0,0,1)^{\mathrm{T}}$$

则

$$(\boldsymbol{\alpha}_1,\boldsymbol{\alpha}_2,\boldsymbol{\alpha}_3)=(\boldsymbol{\varepsilon}_1,\boldsymbol{\varepsilon}_2,\boldsymbol{\varepsilon}_3)\begin{pmatrix} 1 & 2 & 3 \\ 2 & 3 & 7 \\ 1 & 3 & 1 \end{pmatrix}$$

$$(\boldsymbol{\beta}_1,\boldsymbol{\beta}_2,\boldsymbol{\beta}_3)=(\boldsymbol{\varepsilon}_1,\boldsymbol{\varepsilon}_2,\boldsymbol{\varepsilon}_3)\begin{pmatrix} 3 & 5 & 1 \\ 1 & 2 & 1 \\ 4 & 1 & -6 \end{pmatrix}$$

于是

$$(\boldsymbol{\beta}_1,\boldsymbol{\beta}_2,\boldsymbol{\beta}_3)=(\boldsymbol{\alpha}_1,\boldsymbol{\alpha}_2,\boldsymbol{\alpha}_3)\begin{pmatrix} 1 & 2 & 3 \\ 2 & 3 & 7 \\ 1 & 3 & 1 \end{pmatrix}^{-1}\begin{pmatrix} 3 & 5 & 1 \\ 1 & 2 & 1 \\ 4 & 1 & -6 \end{pmatrix}=$$

$$(\boldsymbol{\alpha}_1,\boldsymbol{\alpha}_2,\boldsymbol{\alpha}_3)\begin{pmatrix} -18 & 7 & 5 \\ 5 & -2 & -1 \\ 3 & -1 & -1 \end{pmatrix}\begin{pmatrix} 3 & 5 & 1 \\ 1 & 2 & 1 \\ 4 & 1 & -6 \end{pmatrix}=$$

$$(\boldsymbol{\alpha}_1,\boldsymbol{\alpha}_2,\boldsymbol{\alpha}_3)\begin{pmatrix} -27 & -71 & -41 \\ 9 & 20 & 9 \\ 4 & 12 & 8 \end{pmatrix}$$

所以，由基 $\boldsymbol{\alpha}_1,\boldsymbol{\alpha}_2,\boldsymbol{\alpha}_3$ 到 $\boldsymbol{\beta}_1,\boldsymbol{\beta}_2,\boldsymbol{\beta}_3$ 的过渡矩阵为

$$\boldsymbol{P}=\begin{pmatrix} -27 & -71 & -41 \\ 9 & 20 & 9 \\ 4 & 12 & 8 \end{pmatrix}$$

由基 $\boldsymbol{\beta}_1,\boldsymbol{\beta}_2,\boldsymbol{\beta}_3$ 到基 $\boldsymbol{\alpha}_1,\boldsymbol{\alpha}_2,\boldsymbol{\alpha}_3$ 的过渡矩阵为

$$\boldsymbol{P}^{-1}=\begin{pmatrix} 13 & 19 & \frac{181}{4} \\ -9 & -13 & -\frac{63}{2} \\ 7 & 10 & \frac{99}{4} \end{pmatrix}$$

由此可得坐标变换公式

$$\begin{pmatrix} x_1 \\ x_2 \\ x_3 \end{pmatrix}=\begin{pmatrix} -27 & -71 & -41 \\ 9 & 20 & 9 \\ 4 & 12 & 8 \end{pmatrix}\begin{pmatrix} y_1 \\ y_2 \\ y_3 \end{pmatrix} \tag{3.4.3}$$

或

$$\begin{pmatrix} y_1 \\ y_2 \\ y_3 \end{pmatrix}=\begin{pmatrix} 13 & 19 & \frac{181}{4} \\ -9 & -13 & -\frac{63}{2} \\ 7 & 10 & \frac{99}{4} \end{pmatrix}\begin{pmatrix} x_1 \\ x_2 \\ x_3 \end{pmatrix} \tag{3.4.4}$$

② 由式(3.4.3)可知,向量 $\boldsymbol{\beta}=2\boldsymbol{\beta}_1-\boldsymbol{\beta}_2-\boldsymbol{\beta}_3$ 在基 $\boldsymbol{\alpha}_1,\boldsymbol{\alpha}_2,\boldsymbol{\alpha}_3$ 下的坐标为

$$\begin{pmatrix} x_1 \\ x_2 \\ x_3 \end{pmatrix}=\begin{pmatrix} -27 & -71 & -41 \\ 9 & 20 & 9 \\ 4 & 12 & 8 \end{pmatrix}\begin{pmatrix} 2 \\ -1 \\ -1 \end{pmatrix}=\begin{pmatrix} 58 \\ -11 \\ -12 \end{pmatrix}$$

③ 由式(3.4.4)可知,向量 $\boldsymbol{\alpha}=\boldsymbol{\alpha}_1-2\boldsymbol{\alpha}_2+4\boldsymbol{\alpha}_3$ 在基 $\boldsymbol{\beta}_1,\boldsymbol{\beta}_2,\boldsymbol{\beta}_3$ 下的坐标为

$$\begin{pmatrix} y_1 \\ y_2 \\ y_3 \end{pmatrix}=\begin{pmatrix} 13 & 19 & \frac{181}{4} \\ -9 & -13 & -\frac{63}{2} \\ 7 & 10 & \frac{99}{4} \end{pmatrix}\begin{pmatrix} 1 \\ -2 \\ 4 \end{pmatrix}=\begin{pmatrix} 156 \\ -109 \\ 86 \end{pmatrix}$$

习题 3.4

1. 判断下面 $\mathbf{R}^n$ 的子集是否构成向量空间:

(1) $V_2=\{\boldsymbol{\alpha}=(x_1,x_2,\cdots,x_n)\mid x_1+x_2+\cdots+x_n=0\}$;

(2) $V_2=\{\boldsymbol{\alpha}=(x_1,x_2,\cdots,x_n)\mid x_1+x_2+\cdots+x_n=1\}$。

2. 判断下面向量组是否可作为 $\mathbf{R}^4$ 的基：

(1) $\boldsymbol{\alpha}_1=(1,-2,3,0)$，$\boldsymbol{\alpha}_2=(-2,3,-1,-4)$，$\boldsymbol{\alpha}_3=(0,7,1,-2)$，$\boldsymbol{\alpha}_4=(5,-4,-1,-4)$；

(2) $\boldsymbol{\beta}_1=(1,0,-4,2)$，$\boldsymbol{\beta}_2=(1,0,0,1)$，$\boldsymbol{\beta}_3=(-1,0,-2,3)$，$\boldsymbol{\beta}_4=(1,1,-1,-1)$。

3. 设向量空间 $\mathbf{R}^3$ 的两组基：

$$\boldsymbol{\alpha}_1=(1,2,1,)^{\mathrm{T}},\quad \boldsymbol{\alpha}_2=(2,3,3)^{\mathrm{T}},\quad \boldsymbol{\alpha}_3=(3,7,1)^{\mathrm{T}}$$

$$\boldsymbol{\beta}_1=(9,24,-1)^{\mathrm{T}},\quad \boldsymbol{\beta}_2=(8,22,-2)^{\mathrm{T}},\quad \boldsymbol{\beta}_3=(12,28,4)^{\mathrm{T}}$$

(1) 求由基 $\boldsymbol{\alpha}_1,\boldsymbol{\alpha}_2,\boldsymbol{\alpha}_3$ 到基 $\boldsymbol{\beta}_1,\boldsymbol{\beta}_2,\boldsymbol{\beta}_3$ 的过渡矩阵；

(2) 若向量 $\boldsymbol{\gamma}$ 在基 $\boldsymbol{\alpha}_1,\boldsymbol{\alpha}_2,\boldsymbol{\alpha}_3$ 下的坐标是 $(0,1,-1)^{\mathrm{T}}$，求 $\boldsymbol{\gamma}$ 在基 $\boldsymbol{\beta}_1,\boldsymbol{\beta}_2,\boldsymbol{\beta}_3$ 下的坐标。

4. 证明：n 维向量空间 V 中任意 $k(1\leqslant k\leqslant n)$ 个线性无关的向量都可以扩充成 V 的一组基。

第 4 章　线性方程组

在自然科学、工程技术和生产实践中，大量的理论和实际问题往往需要归结为解线性方程组。因此，研究线性方程组的解法和解的理论就显得十分重要。本章中，主要研究一般的线性方程组，讨论以下三个问题：

① 如何判断方程组是否有解？

② 如果方程组有解，它有多少个解？如何去求解？

③ 当方程组的解不唯一时，这些解之间有什么关系？

4.1　线性方程组有解的判定定理

n 元线性方程组的一般形式为

$$\begin{cases} a_{11}x_1+a_{12}x_2+\cdots+a_{1n}x_n=b_1 \\ a_{21}x_1+a_{22}x_2+\cdots+a_{2n}x_n=b_2 \\ \qquad\qquad\vdots \\ a_{m1}x_1+a_{m2}x_2+\cdots+a_{mn}x_n=b_m \end{cases} \tag{4.1.1}$$

其中，$x_1,x_2,\cdots,x_n$ 为未知量，m 是方程的个数。分别称

$$\boldsymbol{A}=\begin{pmatrix} a_{11} & a_{12} & \cdots & a_{1n} \\ a_{21} & a_{22} & \cdots & a_{2n} \\ \vdots & \vdots & & \vdots \\ a_{m1} & a_{m2} & \cdots & a_{mn} \end{pmatrix}, \qquad \boldsymbol{b}=\begin{pmatrix} b_1 \\ b_2 \\ \vdots \\ b_m \end{pmatrix}$$

是方程组(4.1.1)的**系数矩阵**和**常数项向量**。

令 $\boldsymbol{X}=(x_1,x_2,\cdots,x_n)^{\mathrm{T}}$，则方程组(4.1.1)可写成**矩阵形式**

$$\boldsymbol{AX}=\boldsymbol{b}$$

在方程组的系数矩阵最后加上一列常数项，记为

$$\overline{\boldsymbol{A}}=\begin{pmatrix} a_{11} & a_{12} & \cdots & a_{1n} & b_1 \\ a_{21} & a_{22} & \cdots & a_{2n} & b_2 \\ \vdots & \vdots & & \vdots & \vdots \\ a_{m1} & a_{m2} & \cdots & a_{mn} & b_m \end{pmatrix}$$

称为方程组(4.1.1)的**增广矩阵**。

显然，一个线性方程组由它的未知量的系数和常数项完全确定，因此一个线性方程组与它的增广矩阵是一一对应的。

若令

$$\boldsymbol{\alpha}_j = \begin{pmatrix} a_{1j} \\ a_{2j} \\ \vdots \\ a_{mj} \end{pmatrix} \quad (j = 1,2,\cdots,n)$$

则方程组(4.1.1)可写成**向量形式**

$$\boldsymbol{\alpha}_1 x_1 + \boldsymbol{\alpha}_2 x_2 + \cdots + \boldsymbol{\alpha}_n x_n = \boldsymbol{b} \tag{4.1.2}$$

如果用 $x_1=k_1,x_2=k_2,\cdots,x_n=k_n$ 代入式(4.1.1),使方程组的每个方程的左右两边恒等,则称$(k_1,k_2,\cdots,k_n)^{\mathrm{T}}$ 为该方程组的**解**或**解向量**,记为

$$\boldsymbol{X}=\begin{pmatrix} k_1 \\ k_2 \\ \vdots \\ k_n \end{pmatrix} \quad 或 \quad \boldsymbol{X}^{\mathrm{T}}=(k_1,k_2,\cdots,k_n)^{\mathrm{T}}$$

方程组(4.1.1)的全部解称为它的**解集合**。若两个方程组的解集合相同,则称它们是**同解方程组**。

由式(4.1.2)可以看出,若一个线性方程组有解,则其常数项向量 $\boldsymbol{b}$ 可由系数矩阵的列向量 $\boldsymbol{\alpha}_1,\boldsymbol{\alpha}_2,\cdots,\boldsymbol{\alpha}_n$ 线性表出;反之,若一个线性方程组的常数项向量 $\boldsymbol{b}$ 可由系数矩阵的列向量 $\boldsymbol{\alpha}_1,\boldsymbol{\alpha}_2,\cdots,\boldsymbol{\alpha}_n$ 线性表出,则方程组有解,其解正好是该线性组合的系数。

定理 4.1.1 线性方程组(4.1.1)有解的充分必要条件是

$$R(\boldsymbol{A}) = R(\overline{\boldsymbol{A}})$$

证 必要性。设线性方程组 $\boldsymbol{AX}=\boldsymbol{b}$ 有解,即常数项向量 $\boldsymbol{b}$ 可由它的系数矩阵的列向量 $\boldsymbol{\alpha}_1,\boldsymbol{\alpha}_2,\cdots,\boldsymbol{\alpha}_n$ 线性表出,从而向量组$\{\boldsymbol{\alpha}_1,\boldsymbol{\alpha}_2,\cdots,\boldsymbol{\alpha}_n\}$与向量组$\{\boldsymbol{\alpha}_1,\boldsymbol{\alpha}_2,\cdots,\boldsymbol{\alpha}_n,\boldsymbol{b}\}$等价。所以$R\{\boldsymbol{\alpha}_1,\boldsymbol{\alpha}_2,\cdots,\boldsymbol{\alpha}_n\}=R\{\boldsymbol{\alpha}_1,\boldsymbol{\alpha}_2,\cdots,\boldsymbol{\alpha}_n,\boldsymbol{b}\}$,即 $R(\boldsymbol{A})=R(\overline{\boldsymbol{A}})$。

充分性。设 $R(\boldsymbol{A}) = R(\overline{\boldsymbol{A}}) = r$,即 $R\{\boldsymbol{\alpha}_1,\boldsymbol{\alpha}_2,\cdots,\boldsymbol{\alpha}_n\}=R\{\boldsymbol{\alpha}_1,\boldsymbol{\alpha}_2,\cdots,\boldsymbol{\alpha}_n,\boldsymbol{b}\}=r$。所以 $\boldsymbol{A}$ 的列向量组 $\boldsymbol{\alpha}_1,\boldsymbol{\alpha}_2,\cdots,\boldsymbol{\alpha}_n$ 的极大线性无关组中含有 r 个向量,不妨设为 $\boldsymbol{\alpha}_{i_1},\boldsymbol{\alpha}_{i_2},\cdots,\boldsymbol{\alpha}_{i_r}$。由 $R(\boldsymbol{A}) = R(\overline{\boldsymbol{A}})$,$\boldsymbol{\alpha}_{i_1},\boldsymbol{\alpha}_{i_2},\cdots,\boldsymbol{\alpha}_{i_r}$ 也是 $\overline{\boldsymbol{A}}$ 的列向量组 $\boldsymbol{\alpha}_1,\boldsymbol{\alpha}_2,\cdots,\boldsymbol{\alpha}_n,\boldsymbol{b}$ 的极大线性无关组,于是 $\boldsymbol{b}$ 可由 $\boldsymbol{\alpha}_{i_1},\boldsymbol{\alpha}_{i_2},\cdots,\boldsymbol{\alpha}_{i_r}$ 线性表出,即 $\boldsymbol{b}$ 可由 $\boldsymbol{\alpha}_1,\boldsymbol{\alpha}_2,\cdots,\boldsymbol{\alpha}_n$ 线性表出,从而方程组(4.1.1)有解。证毕。

例 4.1.1 讨论线性方程组

$$\begin{cases} x_1 + x_2 + \lambda x_3 = 1 \\ x_1 + \lambda x_2 + x_3 = 1 \\ \lambda x_1 + x_2 + x_3 = 1 \end{cases}$$

当 λ 取何值时有解,取何值时无解?

解 对方程组的增广矩阵 $\overline{\boldsymbol{A}}$ 作初等行变换,则

$$\overline{\boldsymbol{A}}=(\boldsymbol{A}\quad \boldsymbol{b})=\begin{pmatrix}1&1&\lambda&1\\1&\lambda&1&1\\\lambda&1&1&1\end{pmatrix}\to\begin{pmatrix}1&1&\lambda&1\\0&\lambda-1&1-\lambda&0\\0&1-\lambda&1-\lambda^2&1-\lambda\end{pmatrix}\to$$

$$\begin{pmatrix}1&1&\lambda&1\\0&\lambda-1&1-\lambda&0\\0&0&2-\lambda-\lambda^2&1-\lambda\end{pmatrix}$$

当 $\lambda=1$ 或 $\lambda\neq1,-2$ 时，$R(\boldsymbol{A})=R(\overline{\boldsymbol{A}})$，方程组有解；当 $\lambda=-2$ 时，$R(\boldsymbol{A})=2$，$R(\overline{\boldsymbol{A}})=3$，方程组无解。

4.2　线性方程组解的求法

4.1 节给出了线性方程组是否有解的判定定理，本节主要讨论有解线性方程组解的个数以及如何求解的问题。熟练掌握线性方程组的解法是本节学习的重点。

先看一个例子。

例 4.2.1　解线性方程组

$$\begin{cases}2x_1+4x_2-x_4=-3\\x_1+2x_2+3x_3+x_4=5\\-x_1-2x_2+3x_3+2x_4=8\\x_1+2x_2-9x_3-5x_4=-21\end{cases}$$

解　用通常的**高斯消元法**解这个方程组。将第一、第二个方程互换，方程组变为

$$\begin{cases}x_1+2x_2+3x_3+x_4=5\\2x_1+4x_2-x_4=-3\\-x_1-2x_2+3x_3+2x_4=8\\x_1+2x_2-9x_3-5x_4=-21\end{cases}$$

将第一个方程的 -2 倍加到第二个方程上；将第一个方程加到第三个方程上；将第一个方程的 -1 倍加到第四个方程上，得到

$$\begin{cases}x_1+2x_2+3x_3+x_4=5\\-6x_3-3x_4=-13\\6x_3+3x_4=13\\-12x_3-6x_4=-26\end{cases}$$

把第二个方程加到第三个方程上；第二个方程的 -2 倍加到第四个方程上，得

$$\begin{cases}x_1+2x_2+3x_3+x_4=5\\-6x_3-3x_4=-13\\0=0\\0=0\end{cases}$$

把第二个方程乘以$\frac{1}{2}$加到第一个方程上，再用$-\frac{1}{6}$去乘以第二个方程，得到

$$\begin{cases} x_1+2x_2 \quad -\frac{1}{2}x_4=-\frac{3}{2} \\ \qquad\qquad x_3+\frac{1}{2}x_4=\frac{13}{6} \\ \qquad\qquad\qquad 0=0 \\ \qquad\qquad\qquad 0=0 \end{cases}$$

具有上述形式的方程组称为**阶梯形方程组**。由此得到原方程组的同解方程组

$$\begin{cases} x_1+2x_2 \quad -\frac{1}{2}x_4=-\frac{3}{2} \\ \qquad\qquad x_3+\frac{1}{2}x_4=\frac{13}{6} \end{cases}$$

在这个方程组的第二个方程中，任给 x_4 的一个值，可唯一得到 $x_3=\frac{13}{6}-\frac{1}{2}x_4$；任给 x_2 的一个值，连同 x_4 一起代入第一个方程，可唯一得到 $x_1=-\frac{3}{2}-2x_2+\frac{1}{2}x_4$。这样就得到方程组的一组解

$$\begin{cases} x_1=-\frac{3}{2}-2x_2+\frac{1}{2}x_4 \\ x_2=x_2 \\ x_3=\frac{13}{6}-\frac{1}{2}x_4 \\ x_4=x_4 \end{cases}$$

由于 x_2,x_4 可以任意给定，所以方程组有无穷多组解。这里 x_2,x_4 称为**自由未知量**。在解这个方程组的过程中，对方程组的化简反复使用了下面的三种运算：

① 互换方程组中两个方程的位置；

② 用一个非零常数 k 去乘方程组中某一个方程；

③ 把一个方程的 k 倍加到另一个方程上。

把对方程组进行这三种运算称为对它进行**初等变换**。

如果把方程组和它的增广矩阵 $\overline{\mathbf{A}}$ 联系起来，不难看出，对方程组进行初等变换化为阶梯形方程组的过程，实际上就是对它的增广矩阵 $\overline{\mathbf{A}}$ 进行初等行变换化为最简阶梯形矩阵的过程。下面把例 4.2.1 的解题过程用矩阵的初等变换表示出来：

$$\overline{\mathbf{A}}=\begin{pmatrix} 2 & 4 & 0 & -1 & -3 \\ 1 & 2 & 3 & 1 & 5 \\ -1 & -2 & 3 & 2 & 8 \\ 1 & 2 & -9 & -5 & -21 \end{pmatrix} \to \begin{pmatrix} 1 & 2 & 3 & 1 & 5 \\ 2 & 4 & 0 & -1 & -3 \\ -1 & -2 & 3 & 2 & 8 \\ 1 & 2 & -9 & -5 & -21 \end{pmatrix} \to$$

$$
\begin{pmatrix} 1 & 2 & 3 & 1 & 5 \\ 0 & 0 & -6 & -3 & -13 \\ 0 & 0 & 6 & 3 & 13 \\ 0 & 0 & -12 & -6 & -26 \end{pmatrix} \rightarrow \begin{pmatrix} 1 & 2 & 3 & 1 & 5 \\ 0 & 0 & -6 & -3 & -13 \\ 0 & 0 & 0 & 0 & 0 \\ 0 & 0 & 0 & 0 & 0 \end{pmatrix} \rightarrow
$$

$$
\begin{pmatrix} 1 & 2 & 0 & -\frac{1}{2} & -\frac{3}{2} \\ 0 & 0 & 1 & \frac{1}{2} & \frac{13}{6} \\ 0 & 0 & 0 & 0 & 0 \\ 0 & 0 & 0 & 0 & 0 \end{pmatrix}
$$

由最后的阶梯形矩阵，即可写出方程组的同解方程组，进而得到方程组的解。

下面研究一般线性方程组的解法。

设线性方程组

$$
\begin{cases} a_{11}x_1+a_{12}x_2+\cdots+a_{1n}x_n=b_1 \\ a_{21}x_1+a_{22}x_2+\cdots+a_{2n}x_n=b_2 \\ \qquad\vdots \\ a_{m1}x_1+a_{m2}x_2+\cdots+a_{mn}x_n=b_m \end{cases} \tag{4.2.1}
$$

它的系数矩阵为 $\mathbf{A}$，增广矩阵为 $\overline{\mathbf{A}}$，$R(\mathbf{A})=R(\overline{\mathbf{A}})=r$。

由于 $R(\overline{\mathbf{A}})=r$，则矩阵 $\overline{\mathbf{A}}$ 中至少有一个 r 阶子式不为 0，从而这个不为 0 的 r 阶子式所在的 r 个行向量线性无关。不失一般性，不妨设它位于 $\overline{\mathbf{A}}$ 的左上角。于是矩阵 $\overline{\mathbf{A}}$ 经过行初等变换可化为矩阵

$$
\overline{\mathbf{A}} \rightarrow \begin{pmatrix} a_{11} & a_{12} & \cdots & a_{1r} & \cdots & a_{1n} & b_1 \\ a_{21} & a_{22} & \cdots & a_{2r} & \cdots & a_{2n} & b_2 \\ \vdots & \vdots & & \vdots & & \vdots & \vdots \\ a_{r1} & a_{r2} & \cdots & a_{rr} & \cdots & a_{rn} & b_r \\ 0 & 0 & \cdots & 0 & \cdots & 0 & 0 \\ \vdots & \vdots & & \vdots & & \vdots & \vdots \\ 0 & 0 & \cdots & 0 & \cdots & 0 & 0 \end{pmatrix}
$$

对上述矩阵通过行初等变换进一步化简，可得如下最简阶梯形矩阵

$$
\overline{\mathbf{A}} \rightarrow \begin{pmatrix} 1 & 0 & \cdots & 0 & b_{1,r+1} & \cdots & b_{1n} & d_1 \\ 0 & 1 & \cdots & 0 & b_{2,r+1} & \cdots & b_{2n} & d_2 \\ \vdots & \vdots & & \vdots & \vdots & & \vdots & \vdots \\ 0 & 0 & \cdots & 1 & b_{r,r+1} & \cdots & b_{rn} & d_r \\ 0 & 0 & \cdots & 0 & 0 & \cdots & 0 & 0 \\ \vdots & \vdots & & \vdots & \vdots & & \vdots & \vdots \\ 0 & 0 & \cdots & 0 & 0 & \cdots & 0 & 0 \end{pmatrix} \tag{4.2.2}
$$

下面分情况进行讨论。

① 当$R(\mathbf{A})=R(\overline{\mathbf{A}})=r=n$时,式(4.2.2)具有如下形式

$$
\overline{\mathbf{A}}\to\begin{pmatrix}
1 & 0 & \cdots & 0 & d_1 \\
0 & 1 & \cdots & 0 & d_2 \\
\vdots & \vdots & & \vdots & \vdots \\
0 & 0 & \cdots & 1 & d_n \\
0 & 0 & \cdots & 0 & 0 \\
\vdots & \vdots & & \vdots & \vdots \\
0 & 0 & \cdots & 0 & 0
\end{pmatrix}
$$

这时方程组(4.2.1)有唯一解

$$
\begin{cases}
x_1=d_1 \\
x_2=d_2 \\
\quad\vdots \\
x_n=d_n
\end{cases}
$$

② 当$R(\mathbf{A})=R(\overline{\mathbf{A}})=r<n$时,由式(4.2.2)可得方程组(4.2.1)的同解方程组

$$
\begin{cases}
x_1+b_{1,r+1}x_{r+1}+\cdots+b_{1n}x_n=d_1 \\
x_2+b_{2,r+1}x_{r+1}+\cdots+b_{2n}x_n=d_2 \\
\qquad\vdots \\
x_r+b_{r,r+1}x_{r+1}+\cdots+b_{rn}x_n=d_r
\end{cases}
\tag{4.2.3}
$$

把式(4.2.3)中含有变元$x_{r+1},x_{r+2},\cdots,x_n$的项移到每个方程的右端,得到

$$
\begin{cases}
x_1=d_1-b_{1,r+1}x_{r+1}-\cdots-b_{1n}x_n \\
x_2=d_2-b_{2,r+1}x_{r+1}-\cdots-b_{2n}x_n \\
\quad\vdots \\
x_r=d_r-b_{r,r+1}x_{r+1}-\cdots-b_{rn}x_n
\end{cases}
\tag{4.2.4}
$$

给定$x_{r+1},x_{r+2},\cdots,x_n$的任意一组值,由式(4.2.4)可得到方程组(4.2.1)的一个解

$$
\begin{cases}
x_1\ =d_1-b_{1,r+1}x_{r+1}-\cdots-b_{1n}x_n \\
x_2\ =d_2-b_{2,r+1}x_{r+1}-\cdots-b_{2n}x_n \\
\quad\vdots \\
x_r\ =d_r-b_{r,r+1}x_{r+1}-\cdots-b_{2n}x_n \\
x_{r+1}= \qquad x_{r+1} \\
\quad\vdots \\
x_n\ = \qquad\qquad x_n
\end{cases}
\tag{4.2.5}
$$

这里$x_{r+1},x_{r+2},\cdots,x_n$为**自由未知量**。由于$x_{r+1},x_{r+2},\cdots,x_n$可以任意选取,故方程组在$R(\mathbf{A})=R(\overline{\mathbf{A}})=r<n$时有无穷多个解。式(4.2.5)称为方程组(4.2.1)的**通解**或**一般解**。

由式(4.2.5),可得方程组**解的向量形式**(这里令$-b_{ir+j}=c_{ij}$):

$$\begin{pmatrix} x_1 \\ x_2 \\ \vdots \\ x_r \\ x_{r+1} \\ x_{r+2} \\ \\ x_n \end{pmatrix} = \begin{pmatrix} d_1 \\ d_2 \\ \vdots \\ d_r \\ 0 \\ 0 \\ \vdots \\ 0 \end{pmatrix} + \begin{pmatrix} c_{11} \\ c_{21} \\ \vdots \\ c_{r1} \\ 1 \\ 0 \\ \vdots \\ 0 \end{pmatrix} x_{r+1} + \begin{pmatrix} c_{12} \\ c_{22} \\ \vdots \\ c_{r2} \\ 0 \\ 1 \\ \vdots \\ 0 \end{pmatrix} x_{r+2} + \cdots + \begin{pmatrix} c_{1n-r} \\ c_{2n-r} \\ \vdots \\ c_{rn-r} \\ 0 \\ 0 \\ \vdots \\ 1 \end{pmatrix} x_n$$

综上,得到如下定理。

定理 4.2.1　对于线性方程组(4.2.1),有如下结果:

① 当$R(\mathbf{A})=R(\overline{\mathbf{A}})=r=n$时,方程组有唯一解;

② 当$R(\mathbf{A})=R(\overline{\mathbf{A}})=r<n$时,方程组有无穷多解。

定理 4.2.1 的推导过程,就是方程组的求解过程。

例 4.2.2　解线性方程组

$$\begin{cases} x_1-x_2+x_3-x_4=1 \\ x_1-x_2-x_3+x_4=0 \\ x_1-x_2-2x_3+2x_4=-\dfrac{1}{2} \end{cases}$$

解　对方程组的增广矩阵进行初等行变换,把其化为最简阶梯形矩阵,即

$$\overline{\mathbf{A}}=\begin{pmatrix} 1 & -1 & 1 & -1 & 1 \\ 1 & -1 & -1 & 1 & 0 \\ 1 & -1 & -2 & 2 & -\dfrac{1}{2} \end{pmatrix} \to \begin{pmatrix} 1 & -1 & 1 & -1 & 1 \\ 0 & 0 & -2 & 2 & -1 \\ 0 & 0 & -3 & 3 & -\dfrac{3}{2} \end{pmatrix} \to$$

$$\begin{pmatrix} 1 & -1 & 1 & -1 & 1 \\ 0 & 0 & 1 & -1 & \dfrac{1}{2} \\ 0 & 0 & -3 & 3 & -\dfrac{3}{2} \end{pmatrix} \to \begin{pmatrix} 1 & -1 & 1 & -1 & 1 \\ 0 & 0 & 1 & -1 & \dfrac{1}{2} \\ 0 & 0 & 0 & 0 & 0 \end{pmatrix} \to$$

$$\begin{pmatrix} 1 & -1 & 0 & 0 & \dfrac{1}{2} \\ 0 & 0 & 1 & -1 & \dfrac{1}{2} \\ 0 & 0 & 0 & 0 & 0 \end{pmatrix}$$

由于$R(\mathbf{A})=R(\overline{\mathbf{A}})=2<4$,从而方程组有无穷多解,且原方程组的同解方程组为

$$\begin{cases} x_1 - x_2 = \dfrac{1}{2} \\ x_3 - x_4 = \dfrac{1}{2} \end{cases}$$

取 x_2, x_4 为自由未知量,方程组的通解为

$$\begin{cases} x_1 = \dfrac{1}{2} + x_2 \\ x_2 = x_2 \\ x_3 = \dfrac{1}{2} + x_4 \\ x_4 = x_4 \end{cases}$$

解的向量形式为

$$\begin{pmatrix} x_1 \\ x_2 \\ x_3 \\ x_4 \end{pmatrix} = \begin{pmatrix} \dfrac{1}{2} \\ 0 \\ \dfrac{1}{2} \\ 0 \end{pmatrix} + \begin{pmatrix} 1 \\ 1 \\ 0 \\ 0 \end{pmatrix} x_2 + \begin{pmatrix} 0 \\ 0 \\ 1 \\ 1 \end{pmatrix} x_4$$

例 4.2.3 讨论 λ 取何值时,线性方程组

$$\begin{cases} \lambda x_1 + x_2 + x_3 = 1 \\ x_1 + \lambda x_2 + x_3 = \lambda \\ x_1 + x_2 + \lambda x_3 = \lambda^2 \end{cases}$$

有解,并求其解。

解法 1 方程组中含有参数 λ,需要对 λ 的取值情况进行讨论。

对方程组的增广矩阵 $\overline{\mathbf{A}}$ 作初等行变换,化为最简阶梯形矩阵。

$$\overline{\mathbf{A}} = \begin{pmatrix} \lambda & 1 & 1 & 1 \\ 1 & \lambda & 1 & \lambda \\ 1 & 1 & \lambda & \lambda^2 \end{pmatrix} \to \begin{pmatrix} 1 & \lambda & 1 & \lambda \\ \lambda & 1 & 1 & 1 \\ 1 & 1 & \lambda & \lambda^2 \end{pmatrix} \to$$

$$\begin{pmatrix} 1 & \lambda & 1 & \lambda \\ 0 & 1-\lambda^2 & 1-\lambda & 1-\lambda^2 \\ 0 & 1-\lambda & \lambda-1 & \lambda^2-\lambda \end{pmatrix} \xrightarrow{\lambda \neq 1} \begin{pmatrix} 1 & \lambda & 1 & \lambda \\ 0 & 1+\lambda & 1 & 1+\lambda \\ 0 & 1 & -1 & -\lambda \end{pmatrix} \to$$

$$\begin{pmatrix} 1 & 0 & 1+\lambda & \lambda^2+\lambda \\ 0 & 0 & 2+\lambda & (1+\lambda)^2 \\ 0 & 1 & -1 & -\lambda \end{pmatrix} \xrightarrow{\lambda \neq -2} \begin{pmatrix} 1 & 0 & 1+\lambda & \lambda^2+\lambda \\ 0 & 1 & -1 & -\lambda \\ 0 & 0 & 1 & \dfrac{(1+\lambda)^2}{\lambda+2} \end{pmatrix} \to$$

$$\begin{pmatrix} 1 & 0 & 0 & -\frac{\lambda+1}{\lambda+2} \\ 0 & 1 & 0 & \frac{1}{\lambda+2} \\ 0 & 0 & 1 & \frac{(1+\lambda)^2}{\lambda+2} \end{pmatrix}$$

下面对 λ 的取值情况进行讨论。

当 $\lambda\neq1,\lambda\neq-2$ 时，方程组有唯一解，即

$$x_1=\frac{-\lambda-1}{2+\lambda},\qquad x_2=\frac{1}{2+\lambda},\qquad x_3=\frac{(\lambda+1)^2}{2+\lambda}$$

当 $\lambda=1$ 时，$R(\mathbf{A})=R(\overline{\mathbf{A}})=1<3$，原方程组的同解方程组为

$$x_1+x_2+x_3=1$$

方程组的通解为

$$\begin{cases} x_1=1-x_2-x_3 \\ x_2=\quad x_2 \\ x_3=\quad\quad x_3 \end{cases}$$

其中，x_2,x_3 为自由未知量。

解的向量形式为

$$\begin{pmatrix} x_1 \\ x_2 \\ x_3 \end{pmatrix}=\begin{pmatrix} 1 \\ 0 \\ 0 \end{pmatrix}+\begin{pmatrix} -1 \\ 1 \\ 0 \end{pmatrix}x_2+\begin{pmatrix} -1 \\ 0 \\ 1 \end{pmatrix}x_3$$

当 $\lambda=-2$ 时，由于

$$\overline{\mathbf{A}}\rightarrow\begin{pmatrix} 1 & -1 & 0 & -1 \\ 0 & 0 & 0 & 1 \\ 0 & 1 & -1 & 2 \end{pmatrix}$$

所以 $R(\mathbf{A})=2,R(\overline{\mathbf{A}})=3$，此时方程组无解。

由于例 4.2.3 中未知量的个数与方程的个数相等，也可先求方程组的系数矩阵 $\mathbf{A}$ 的行列式，通过讨论参数 λ 的各种情况，确定方程组是否有解。

解法 2　方程组的系数矩阵 $\mathbf{A}$ 的行列式

$$|\mathbf{A}|=\begin{vmatrix} \lambda & 1 & 1 \\ 1 & \lambda & 1 \\ 1 & 1 & \lambda \end{vmatrix}=\begin{vmatrix} \lambda+2 & \lambda+2 & \lambda+2 \\ 1 & \lambda & 1 \\ 1 & 1 & \lambda \end{vmatrix}=(\lambda+2)\begin{vmatrix} 1 & 1 & 1 \\ 1 & \lambda & 1 \\ 1 & 1 & \lambda \end{vmatrix}=$$

$$(\lambda+2)\begin{vmatrix} 1 & 1 & 1 \\ 0 & \lambda-1 & 0 \\ 0 & 0 & \lambda-1 \end{vmatrix}=(\lambda-1)^2(\lambda+2)$$

下面分别对 λ 的取值情况进行讨论。

① 当 $\lambda\neq1$ 且 $\lambda\neq-2$ 时，$|\mathbf{A}|\neq0$，由克莱姆法则，方程组有唯一解

$$x_1=\frac{-\lambda-1}{\lambda+2},\qquad x_2=\frac{1}{\lambda+2},\qquad x_3=\frac{(\lambda+1)^2}{\lambda+2}$$

② 当$\lambda=1$时,原方程组的三个方程相同,即

$$x_1+x_2+x_3=1$$

这时$R(\mathbf{A})=R(\overline{\mathbf{A}})=1$,原方程组有无穷多个解

$$\begin{pmatrix}x_1\\x_2\\x_3\end{pmatrix}=\begin{pmatrix}1\\0\\0\end{pmatrix}+\begin{pmatrix}-1\\1\\0\end{pmatrix}x_2+\begin{pmatrix}-1\\0\\1\end{pmatrix}x_3$$

③ 当$\lambda=-2$时,通过初等行变换

$$\overline{\mathbf{A}}=\begin{pmatrix}-2&1&1&1\\1&-2&1&-2\\1&1&-2&4\end{pmatrix}\rightarrow\cdots\rightarrow\begin{pmatrix}1&-2&1&-2\\0&-3&3&-3\\0&0&0&3\end{pmatrix}$$

显然,$R(\mathbf{A})=2$,$R(\overline{\mathbf{A}})=3$,所以方程组无解。

把定理4.2.1应用到齐次线性方程组

$$\begin{cases}a_{11}x_1+a_{12}x_2+\cdots+a_{1n}x_n=0\\a_{21}x_1+a_{22}x_2+\cdots+a_{2n}x_n=0\\\qquad\vdots\\a_{m1}x_1+a_{m2}x_2+\cdots+a_{mn}x_n=0\end{cases}\tag{4.2.6}$$

立刻得到如下结果。

定理4.2.2 设$\mathbf{A}$为齐次线性方程组(4.2.6)的系数矩阵,那么

① 如果$R(\mathbf{A})=n$,则齐次线性方程组只有唯一零解。

② 如果$R(\mathbf{A})=r<n$,则齐次线性方程组除零解外,还有无穷多个非零解。特别地,当方程的个数小于未知量个数,即$m<n$时,齐次线性方程组必有无穷多个非零解。

推论 含有n个未知量、n个方程的齐次线性方程组$\mathbf{AX}=\mathbf{0}$有非零解的充分必要条件是:它的系数行列式

$$|\mathbf{A}|=\begin{vmatrix}a_{11}&a_{12}&\cdots&a_{1n}\\a_{21}&a_{22}&\cdots&a_{2n}\\\vdots&\vdots&&\vdots\\a_{n1}&a_{n2}&\cdots&a_{nn}\end{vmatrix}=0$$

例4.2.4 解线性方程组

$$\begin{cases} x_1 - x_2 + 5x_3 - x_4 = 0 \\ x_1 + x_2 - 2x_3 + 3x_4 = 0 \\ 3x_1 - x_2 + 8x_3 + x_4 = 0 \\ x_1 + 3x_2 - 9x_3 + 7x_4 = 0 \end{cases}$$

解　对方程组的系数矩阵 **A** 作初等行变换，化为阶梯形矩阵的最简形。

$$\boldsymbol{A} = \begin{pmatrix} 1 & -1 & 5 & -1 \\ 1 & 1 & -2 & 3 \\ 3 & -1 & 8 & 1 \\ 1 & 3 & -9 & 7 \end{pmatrix} \to \cdots \to \begin{pmatrix} 1 & 0 & \frac{3}{2} & 1 \\ 0 & 1 & -\frac{7}{2} & 2 \\ 0 & 0 & 0 & 0 \\ 0 & 0 & 0 & 0 \end{pmatrix}$$

由此得到原方程组的同解方程组

$$\begin{cases} x_1 + \frac{3}{2}x_3 + x_4 = 0 \\ x_2 - \frac{7}{2}x_3 + 2x_4 = 0 \end{cases}$$

$R(\boldsymbol{A}) = 2$，取 x_3, x_4 为自由未知量，得方程组的通解为

$$\begin{cases} x_1 = -\frac{3}{2}x_3 - x_4 \\ x_2 = \frac{7}{2}x_3 - 2x_4 \\ x_3 = x_3 \\ x_4 = x_4 \end{cases}$$

解的向量形式为

$$\begin{pmatrix} x_1 \\ x_2 \\ x_3 \\ x_4 \end{pmatrix} = \begin{pmatrix} -\frac{3}{2} \\ \frac{7}{2} \\ 1 \\ 0 \end{pmatrix} x_3 + \begin{pmatrix} -1 \\ -2 \\ 0 \\ 1 \end{pmatrix} x_4$$

习题 4.2

1. 解下列线性方程组：

$$(1)\begin{cases}x_1+x_2-3x_4-x_5=0\\x_1-x_2+2x_3-x_4=0\\4x_1-2x_2+6x_3+3x_4-4x_5=0\\2x_1+4x_2-2x_3+4x_4-7x_5=0\end{cases}$$

$$(2)\begin{cases}x_1+3x_2-2x_3=3\\x_1+7x_2+2x_3=1\\2x_1+14x_2+5x_3=0\end{cases}$$

$$(3)\begin{cases}2x_1+x_2-2x_3+3x_4=1\\3x_1+2x_2-x_3+2x_4=4\\3x_1+3x_2+3x_3-3x_4=5\end{cases}$$

$$(4)\begin{cases}2x_1-2x_2+x_3-x_4+x_5=2\\x_1-4x_2+2x_3-2x_4+3x_5=3\\4x_1-10x_2+3x_3-5x_4+7x_5=8\\x_1+2x_2-x_3+x_4-2x_5=-1\end{cases}$$

2. 当 λ 取何值时,方程组

$$\begin{cases}x_1+x_2+x_3=1\\x_1+\lambda x_2+x_3=\lambda\\x_1+x_2+\lambda^2x_3=\lambda\end{cases}$$

无解,有唯一解,有无穷多解。在有无穷多解时,求出通解。

3. 讨论 a,b 取什么值时,方程组

$$\begin{cases}ax_1+x_2+x_3=4\\x_1+bx_2+x_3=3\\x_1+2bx_2+x_3=4\end{cases}$$

无解,有唯一解,有无穷多解。在有无穷多解时,求出通解。

4. 设线性方程组

$$\begin{cases}x_1+x_2+x_3=0\\x_1+2x_2+ax_3=0\\x_1+4x_2+a^2x_3=0\end{cases}$$

与方程

$$x_1+2x_2+x_3=a-1$$

有公共解,求 a 的值及所有公共解。

4.3　线性方程组解的结构

4.3.1　齐次线性方程组解的结构

设 n 元齐次线性方程组

$$\boldsymbol{AX}=\boldsymbol{0} \tag{4.3.1}$$

其中，$\boldsymbol{A}=(a_{ij})_{m\times n}$为系数矩阵，$\boldsymbol{X}=(x_1,x_2,\cdots,x_n)^{\mathrm{T}}$。

对于齐次线性方程组 $\boldsymbol{AX}=\boldsymbol{0}$，如果 $R(\boldsymbol{A})<n$，它有无穷多个非零解，那么这些解之间有什么关系？这些解如何表示出来？下面讨论这些问题。

首先，介绍齐次线性方程组的解的性质。

性质 1　齐次线性方程组 $\boldsymbol{AX}=\boldsymbol{0}$ 的两个解向量的和仍为它的解向量。

证　设 $\boldsymbol{X}_1,\boldsymbol{X}_2$ 为齐次线性方程组 $\boldsymbol{AX}=\boldsymbol{0}$ 的两个解向量，则有 $\boldsymbol{AX}_1=\boldsymbol{0},\boldsymbol{AX}_2=\boldsymbol{0}$，于是$\boldsymbol{A}(\boldsymbol{X}_1+\boldsymbol{X}_2)=\boldsymbol{AX}_1+\boldsymbol{AX}_2=\boldsymbol{0}$，即 $\boldsymbol{X}_1+\boldsymbol{X}_2$ 为方程组 $\boldsymbol{AX}=\boldsymbol{0}$ 的解向量。

性质 2　齐次线性方程组 $\boldsymbol{AX}=\boldsymbol{0}$ 的一个解向量乘以常数 k 仍为它的解向量。

证　设 $\boldsymbol{X}_1$ 为齐次线性方程组 $\boldsymbol{AX}=\boldsymbol{0}$ 的一个解向量，k 为任一常数，则 $\boldsymbol{A}(k\boldsymbol{X}_1)=k\boldsymbol{AX}_1=k\boldsymbol{0}=\boldsymbol{0}$，即 $k\boldsymbol{X}_1$ 为 $\boldsymbol{AX}=\boldsymbol{0}$ 的解向量。

由性质 1 和性质 2 可知，齐次线性方程组解向量的任意线性组合仍为其解向量。由此可知，n 元齐次线性方程组解向量的集合为一向量空间，称为它的**解空间**，它是 n 维向量空间的一个子空间。

定义 4.3.1　设 $\boldsymbol{\alpha}_1,\boldsymbol{\alpha}_2,\cdots,\boldsymbol{\alpha}_k$ 是齐次线性方程组(4.3.1)的一组解向量，并且

① $\boldsymbol{\alpha}_1,\boldsymbol{\alpha}_2,\cdots,\boldsymbol{\alpha}_k$ 线性无关；

② 方程组(4.3.1)的任意一个解向量均可由 $\boldsymbol{\alpha}_1,\boldsymbol{\alpha}_2,\cdots,\boldsymbol{\alpha}_k$ 线性表出，则称 $\boldsymbol{\alpha}_1,\boldsymbol{\alpha}_2,\cdots,\boldsymbol{\alpha}_k$ 是齐次线性方程组(4.3.1)的一个**基础解系**。

由定义可知，基础解系是齐次线性方程组 $\boldsymbol{AX}=\boldsymbol{0}$ 解向量集的极大线性无关组，是它的解空间的一组基。因为一个向量组的极大线性无关组不唯一，同一向量组的不同极大线性无关组所含向量个数相同，所以齐次线性方程组 $\boldsymbol{AX}=\boldsymbol{0}$ 的基础解系不唯一，但所含向量个数是唯一确定的。

定理 4.3.1　如果 n 元齐次线性方程组 $\boldsymbol{AX}=\boldsymbol{0}$ 的系数矩阵 $\boldsymbol{A}$ 的秩 $R(\boldsymbol{A})=r<n$，则方程组有基础解系，并且任一基础解系中含有 $n-r$ 个解向量。

证　因为 $R(\boldsymbol{A})=r<n$，所以 $\boldsymbol{A}$ 中至少有一个 r 阶子式不为零。不妨设 $\boldsymbol{A}$ 中位于左上角的 r 阶子式不为零，按照与推导定理 4.2.1 同样的方法，方程组有无穷多解，并且

$$\begin{cases} x_1 &= c_{1,r+1}x_{r+1} + \cdots + c_{1n}x_n \\ x_2 &= c_{2,r+1}x_{r+1} + \cdots + c_{2n}x_n \\ & \vdots \\ x_r &= c_{r,r+1}x_{r+1} + \cdots + c_{rn}x_n \\ x_{r+1} &= x_{r+1} \\ & \vdots \\ x_n &= x_n \end{cases}$$

其中,$x_{r+1}, x_{r+2}, \cdots, x_n$ 为自由未知量,写成解的向量形式,有

$$\begin{pmatrix} x_1 \\ x_2 \\ \vdots \\ x_r \\ x_{r+1} \\ x_{r+2} \\ \vdots \\ x_n \end{pmatrix} = \begin{pmatrix} c_{1,r+1} \\ c_{2,r+1} \\ \vdots \\ c_{r,r+1} \\ 1 \\ 0 \\ \vdots \\ 0 \end{pmatrix} x_{r+1} + \begin{pmatrix} c_{1,r+2} \\ c_{2,r+2} \\ \vdots \\ c_{r,r+2} \\ 0 \\ 1 \\ \vdots \\ 0 \end{pmatrix} x_{r+2} + \cdots + \begin{pmatrix} c_{1n} \\ c_{2n} \\ \vdots \\ c_{rn} \\ 0 \\ 0 \\ \vdots \\ 1 \end{pmatrix} x_n \tag{4.3.2}$$

逐次取自由未知量$(x_{r+1}, x_{r+2}, \cdots, x_n)$为 $(1,0,0,\cdots,0),(0,1,0,\cdots,0),\cdots,(0,0,0,\cdots 1)$,则得

$$\boldsymbol{\alpha}_1 = \begin{pmatrix} c_{1,r+1} \\ c_{2,r+1} \\ \vdots \\ c_{r,r+1} \\ 1 \\ 0 \\ \vdots \\ 0 \end{pmatrix}, \boldsymbol{\alpha}_2 = \begin{pmatrix} c_{1,r+2} \\ c_{2,r+2} \\ \vdots \\ c_{r,r+2} \\ 0 \\ 1 \\ \vdots \\ 0 \end{pmatrix}, \cdots, \boldsymbol{\alpha}_{n-r} = \begin{pmatrix} c_{1n} \\ c_{2n} \\ \vdots \\ c_{rn} \\ 0 \\ 0 \\ \vdots \\ 1 \end{pmatrix}$$

此即为方程组的 $n-r$ 个解向量。

下面证明 $\boldsymbol{\alpha}_1, \boldsymbol{\alpha}_2, \cdots, \boldsymbol{\alpha}_{n-r}$ 是方程组的一个基础解系。

首先,它可以看成是在 $n-r$ 个 $n-r$ 维基本单位向量$(1,0,\cdots,0),(0,1,\cdots,0),\cdots,(0,0,\cdots,1)$中的每个向量上添加 r 个分量而得到的,所以 $\boldsymbol{\alpha}_1, \boldsymbol{\alpha}_2, \cdots, \boldsymbol{\alpha}_{n-r}$ 线性无关。

其次,设 $\boldsymbol{\alpha} = (k_1, k_2, \cdots, k_n)$是方程组的任意一个解向量,将解的表达式写成向量形式,有

$$\begin{pmatrix} k_1 \\ k_2 \\ \vdots \\ k_r \\ k_{r+1} \\ k_{r+2} \\ \vdots \\ k_n \end{pmatrix} = \begin{pmatrix} c_{1,r+1} \\ c_{2,r+1} \\ \vdots \\ c_{r,r+1} \\ 1 \\ 0 \\ \vdots \\ 0 \end{pmatrix} k_{r+1} + \begin{pmatrix} c_{1,r+2} \\ c_{2,r+2} \\ \vdots \\ c_{r,r+2} \\ 0 \\ 1 \\ \vdots \\ 0 \end{pmatrix} k_{r+2} + \cdots + \begin{pmatrix} c_{1n} \\ c_{2n} \\ \vdots \\ c_{rn} \\ 0 \\ 0 \\ \vdots \\ 1 \end{pmatrix} k_n$$

即

$$\boldsymbol{\alpha} = k_{r+1}\boldsymbol{\alpha}_1 + k_{r+2}\boldsymbol{\alpha}_2 + \cdots + k_n\boldsymbol{\alpha}_{n-r}$$

这意味着方程组的任意解向量 $\boldsymbol{\alpha}$ 均可由 $\boldsymbol{\alpha}_1,\boldsymbol{\alpha}_2,\cdots,\boldsymbol{\alpha}_{n-r}$ 线性表出。于是证明了当 $R(\mathbf{A})=r<n$ 时，方程组(4.3.1)存在基础解系，它的基础解系中含有 $n-r$ 个解向量。证毕。

由定理 4.3.1，若 n 元齐次线性方程组 $\mathbf{AX}=\mathbf{0}$ 的系数矩阵 $\mathbf{A}$ 的秩 $R(\mathbf{A})=r<n$，则它的解空间 $M=\{\mathbf{X}|\mathbf{AX}=\mathbf{0}\}$ 是 $n-r$ 维向量空间，即 $\dim M=n-r$，它的任意 $n-r$ 个线性无关的解向量都是它的基，因此，它的任意 $n-r$ 个线性无关的解向量都是它的基础解系。由此可知，如果齐次线性方程组 $\mathbf{AX}=\mathbf{0}$ 的基础解系为

$$\boldsymbol{\alpha}_1,\boldsymbol{\alpha}_2,\cdots,\boldsymbol{\alpha}_{n-r}$$

那么 $\mathbf{AX}=\mathbf{0}$ 的通解(或全部解)为

$$k_1\boldsymbol{\alpha}_1+k_2\boldsymbol{\alpha}_2+\cdots+k_{n-r}\boldsymbol{\alpha}_{n-r}$$

其中，$k_1,k_2,\cdots,k_{n-r}$ 为任意常数。

若齐次线性方程组 $\mathbf{AX}=\mathbf{0}$ 的系数矩阵 $\mathbf{A}$ 的秩 $R(\mathbf{A})=n$，则它的解空间 $M=\{\mathbf{0}\}$，这时，$\dim M=0$，因为空间 $\{\mathbf{0}\}$ 没有基，故 $\mathbf{AX}=\mathbf{0}$ 没有基础解系。

例 4.3.1　求齐次线性方程组

$$\begin{cases} x_1 - x_2 + 5x_3 - x_4 = 0 \\ x_1 + x_2 - 2x_3 + 3x_4 = 0 \\ 3x_1 - x_2 + 8x_3 + x_4 = 0 \\ x_1 + 3x_2 - 9x_3 + 7x_4 = 0 \end{cases}$$

的一个基础解系，并写出解的结构。

解　对系数矩阵 $\mathbf{A}$ 作初等行变换，化为最简阶梯形。

$$\mathbf{A} = \begin{pmatrix} 1 & -1 & 5 & -1 \\ 1 & 1 & -2 & 3 \\ 3 & -1 & 8 & 1 \\ 1 & 3 & -9 & 7 \end{pmatrix} \to \begin{pmatrix} 1 & -1 & 5 & -1 \\ 0 & 2 & -7 & 4 \\ 0 & 2 & -7 & 4 \\ 0 & 4 & -14 & 8 \end{pmatrix} \to$$

$$\begin{pmatrix} 1 & -1 & 5 & -1 \\ 0 & 2 & -7 & 4 \\ 0 & 0 & 0 & 0 \\ 0 & 0 & 0 & 0 \end{pmatrix} \to \begin{pmatrix} 1 & 0 & \frac{3}{2} & 1 \\ 0 & 1 & -\frac{7}{2} & 2 \\ 0 & 0 & 0 & 0 \\ 0 & 0 & 0 & 0 \end{pmatrix}$$

原方程组的同解方程组为

$$\begin{cases} x_1 \quad + \frac{3}{2}x_3 + x_4 = 0 \\ x_2 - \frac{7}{2}x_3 + 2x_4 = 0 \end{cases}$$

因 $R(\boldsymbol{A})=2$,方程组有基础解系,其中含有 $n-R(\boldsymbol{A})=4-2=2$ 个线性无关的解向量。取 x_3,x_4 为自由未知量,分别令 $\begin{pmatrix} x_3 \\ x_4 \end{pmatrix}=\begin{pmatrix} 1 \\ 0 \end{pmatrix},\begin{pmatrix} 0 \\ 1 \end{pmatrix}$,得方程组的一个基础解系

$$\boldsymbol{\alpha}_1=\begin{pmatrix} -\frac{3}{2} \\ \frac{7}{2} \\ 1 \\ 0 \end{pmatrix}, \quad \boldsymbol{\alpha}_2=\begin{pmatrix} -1 \\ -2 \\ 0 \\ 1 \end{pmatrix}$$

故原方程组的通解为 $\boldsymbol{X}=k_1\boldsymbol{\alpha}_1+k_2\boldsymbol{\alpha}_2$,其中 k_1,k_2 为任意常数。

例 4.3.2 设 $\boldsymbol{A}$ 为 $m\times n$ 阶矩阵,$\boldsymbol{B}$ 为 $n\times k$ 阶矩阵。若 $\boldsymbol{AB}=\boldsymbol{0}$,证明 $R(\boldsymbol{A})+R(\boldsymbol{B})\leqslant n$。

证 设 $\boldsymbol{B}=(\boldsymbol{B}_1,\boldsymbol{B}_2,\cdots,\boldsymbol{B}_k)$,由 $\boldsymbol{AB}=\boldsymbol{0}$,则

$$\boldsymbol{AB}=\boldsymbol{A}(\boldsymbol{B}_1,\boldsymbol{B}_2,\cdots,\boldsymbol{B}_k)=(\boldsymbol{AB}_1,\boldsymbol{AB}_2,\cdots,\boldsymbol{AB}_k)=\boldsymbol{0}$$

即

$$\boldsymbol{AB}_1=\boldsymbol{0},\boldsymbol{AB}_2=\boldsymbol{0},\cdots,\boldsymbol{AB}_k=\boldsymbol{0}$$

从而 $\boldsymbol{B}$ 的列向量 $\boldsymbol{B}_1,\boldsymbol{B}_2,\cdots,\boldsymbol{B}_k$ 均为齐次线性方程组 $\boldsymbol{AX}=\boldsymbol{0}$ 的解向量。

若 $R(\boldsymbol{A})=r<n$,则方程组 $\boldsymbol{AX}=\boldsymbol{0}$ 有基础解系 $\boldsymbol{\alpha}_1,\boldsymbol{\alpha}_2,\cdots,\boldsymbol{\alpha}_{n-r}$,于是 $\boldsymbol{B}_1,\boldsymbol{B}_2,\cdots,\boldsymbol{B}_k$ 都可由 $\boldsymbol{\alpha}_1,\boldsymbol{\alpha}_2,\cdots,\boldsymbol{\alpha}_{n-r}$ 线性表出。由定理 3.3.3 可知

$$R\{\boldsymbol{B}_1,\boldsymbol{B}_2,\cdots,\boldsymbol{B}_k\}\leqslant R\{\boldsymbol{\alpha}_1,\boldsymbol{\alpha}_2,\cdots,\boldsymbol{\alpha}_{n-r}\}$$

即

$$R(\boldsymbol{B})\leqslant n-r=n-R(\boldsymbol{A})$$

所以

$$R(\boldsymbol{A})+R(\boldsymbol{B})\leqslant n$$

若 $R(\boldsymbol{A})=n$,则 $\boldsymbol{AX}=\boldsymbol{0}$ 只有零解,此时 $\boldsymbol{B}_1=\cdots=\boldsymbol{B}_k=\boldsymbol{0}$,即 $\boldsymbol{B}=\boldsymbol{0}$,从而 $R(\boldsymbol{B})=0$,结论依然成立。

例 4.3.3　设 $\boldsymbol{A}$ 是 $m\times n$ 阶实矩阵，证明：$R(\boldsymbol{A}^{\mathrm{T}}\boldsymbol{A})=R(\boldsymbol{A})$。

证　作齐次线性方程组

$$\boldsymbol{AX}=\boldsymbol{0} \qquad 与 \qquad \boldsymbol{A}^{\mathrm{T}}\boldsymbol{AX}=\boldsymbol{0}$$

其中，$\boldsymbol{X}=(x_1,x_2,\cdots,x_n)^{\mathrm{T}}$。显然，$\boldsymbol{AX}=\boldsymbol{0}$ 的解必定是 $\boldsymbol{A}^{\mathrm{T}}\boldsymbol{AX}=\boldsymbol{0}$ 的解。

反之，若 $\boldsymbol{X}_0$ 是 $\boldsymbol{A}^{\mathrm{T}}\boldsymbol{AX}=\boldsymbol{0}$ 的解，则

$$\boldsymbol{A}^{\mathrm{T}}\boldsymbol{AX}_0=\boldsymbol{0}$$

从而

$$\boldsymbol{X}_0{}^{\mathrm{T}}\boldsymbol{A}^{\mathrm{T}}\boldsymbol{AX}_0=\boldsymbol{0}$$

即

$$(\boldsymbol{AX}_0)^{\mathrm{T}}(\boldsymbol{AX}_0)=\boldsymbol{0}$$

设 $\boldsymbol{AX}_0=(a_1,a_2,\cdots,a_m)^{\mathrm{T}}$，由上式可知

$$a_1{}^2+a_2{}^2+\cdots+a_m{}^2=0$$

由于 $a_1,a_2,\cdots,a_m$ 都是实数，所以

$$a_1=a_2=\cdots=a_m=0$$

即

$$\boldsymbol{AX}_0=\boldsymbol{0}$$

因此 $\boldsymbol{X}_0$ 也是 $\boldsymbol{AX}=\boldsymbol{0}$ 的解。

于是 $\boldsymbol{AX}=\boldsymbol{0}$ 与 $\boldsymbol{A}^{\mathrm{T}}\boldsymbol{AX}=\boldsymbol{0}$ 同解，由于同解线性方程组的基础解系中含有相同个数的解向量，所以

$$R(\boldsymbol{A})=R(\boldsymbol{A}^{\mathrm{T}}\boldsymbol{A})$$

由上面的两个例子可以看出，把矩阵的求秩问题转化成线性方程组来讨论是十分方便的。

4.3.2　非齐次线性方程组解的结构

设 n 元非齐次线性方程组

$$\boldsymbol{AX}=\boldsymbol{b} \tag{4.3.3}$$

其中，$\boldsymbol{A}=(a_{ij})_{m\times n}$ 为系数矩阵，$\boldsymbol{X}=(x_1,x_2,\cdots,x_n)^{\mathrm{T}}$，$\boldsymbol{b}=(b_1,b_2,\cdots,b_n)^{\mathrm{T}}$。

在式(4.3.3)中，令 $\boldsymbol{b}=\boldsymbol{0}$，得到的齐次方程组 $\boldsymbol{AX}=\boldsymbol{0}$ 称为方程组(4.3.3)的**导出组**，或称为方程组(4.3.3)的**对应齐次线性方程组**。

当 $R(\boldsymbol{A})=R(\overline{\boldsymbol{A}})=r<n$ 时，方程组(4.3.3)有无穷多解，那么这些解具有什么样的形式？它的每个解如何表示？下面讨论这些问题。

先介绍非齐次线性方程组解的一些性质。

性质 1　设 $\boldsymbol{X}_1,\boldsymbol{X}_2$ 是非齐次线性方程组 $\boldsymbol{AX}=\boldsymbol{b}$ 的任意两个解向量，则 $\boldsymbol{X}_1-\boldsymbol{X}_2$ 是其导出组 $\boldsymbol{AX}=\boldsymbol{0}$ 的解向量。

事实上，$\boldsymbol{A}(\boldsymbol{X}_1-\boldsymbol{X}_2)=\boldsymbol{AX}_1-\boldsymbol{AX}_2=\boldsymbol{b}-\boldsymbol{b}=\boldsymbol{0}$。

性质 2　非齐次线性方程组 $\boldsymbol{AX}=\boldsymbol{b}$ 的某一个解向量 $\boldsymbol{X}_0$ 与其导出组的任意一个解向量 $\boldsymbol{\alpha}$ 之和仍为 $\boldsymbol{AX}=\boldsymbol{b}$ 的解向量。

事实上，$\boldsymbol{A}(\boldsymbol{X}_0+\boldsymbol{\alpha})=\boldsymbol{AX}_0+\boldsymbol{A\alpha}=\boldsymbol{b}+\boldsymbol{0}=\boldsymbol{b}$。

关于非齐次线性方程组解的结构,有如下定理。

定理 4.3.2 设非齐次线性方程组 $\boldsymbol{AX}=\boldsymbol{b}$ 满足 $R(\boldsymbol{A})=R(\overline{\boldsymbol{A}})=r<n$,$\boldsymbol{X}_0$ 是它的一个解向量,$\boldsymbol{\alpha}_1,\boldsymbol{\alpha}_2,\cdots,\boldsymbol{\alpha}_{n-r}$ 是它的导出组 $\boldsymbol{AX}=\boldsymbol{0}$ 的一个基础解系,则方程组 $\boldsymbol{AX}=\boldsymbol{b}$ 的通解可表为

$$\boldsymbol{X}=\boldsymbol{X}_0+k_1\boldsymbol{\alpha}_1+k_2\boldsymbol{\alpha}_2+\cdots+k_{n-r}\boldsymbol{\alpha}_{n-r}$$

其中,$k_1,k_2,\cdots,k_{n-r}$ 为任意常数。

证 设 $\boldsymbol{X}_1$ 是方程组 $\boldsymbol{AX}=\boldsymbol{b}$ 的任意一个解向量,由非齐次线性方程组的解向量的性质1可知,$\boldsymbol{X}_1-\boldsymbol{X}_0$ 是其导出组 $\boldsymbol{AX}=\boldsymbol{0}$ 的解向量,于是它可由其基础解系 $\boldsymbol{\alpha}_1,\boldsymbol{\alpha}_2,\cdots,\boldsymbol{\alpha}_{n-r}$ 线性表出,即

$$\boldsymbol{X}_1-\boldsymbol{X}_0=k_1\boldsymbol{\alpha}_1+k_2\boldsymbol{\alpha}_2+\cdots+k_{n-r}\boldsymbol{\alpha}_{n-r}$$

从而有

$$\boldsymbol{X}_1=\boldsymbol{X}_0+k_1\boldsymbol{\alpha}_1+k_2\boldsymbol{\alpha}_2+\cdots+k_{n-r}\boldsymbol{\alpha}_{n-r}$$

证毕。

定理 4.3.2 表明,当 $R(\boldsymbol{A})=R(\overline{\boldsymbol{A}})=r<n$ 时,非齐次线性方程组 $\boldsymbol{AX}=\boldsymbol{b}$ **的通解**(也称为**全部解或一般解**)可以表示为它的某个已知解向量(特解)加上它的导出组 $\boldsymbol{AX}=\boldsymbol{0}$ 的通解。

例 4.3.4 求非齐次线性方程组

$$\begin{cases}2x_1-4x_2+5x_3+3x_4=7\\3x_1-6x_2+4x_3+2x_4=7\\4x_1-8x_2+17x_3+11x_4=21\end{cases}$$

的通解。

解 ① 先求方程组的一个特解。

对增广矩阵 $\overline{\boldsymbol{A}}$ 作初等行变换

$$\overline{\boldsymbol{A}}=\begin{pmatrix}2&-4&5&3&7\\3&-6&4&2&7\\4&-8&17&11&21\end{pmatrix}\to\begin{pmatrix}2&-4&5&3&7\\0&0&-\frac{7}{2}&-\frac{5}{2}&-\frac{7}{2}\\0&0&7&5&7\end{pmatrix}\to$$

$$\begin{pmatrix}2&-4&5&3&7\\0&0&1&\frac{5}{7}&1\\0&0&0&0&0\end{pmatrix}\to\begin{pmatrix}2&-4&0&-\frac{4}{7}&2\\0&0&1&\frac{5}{7}&1\\0&0&0&0&0\end{pmatrix}\to\begin{pmatrix}1&-2&0&-\frac{2}{7}&1\\0&0&1&\frac{5}{7}&1\\0&0&0&0&0\end{pmatrix}$$

$R(\boldsymbol{A})=R(\overline{\boldsymbol{A}})=2<4$,故方程组有无穷多个解,它的同解方程组为

$$\begin{cases}x_1-2x_2-\frac{2}{7}x_4=1\\x_3+\frac{5}{7}x_4=1\end{cases}$$

取 x_2, x_4 为自由未知量，令 $x_2 = x_4 = 0$，得方程组的一个特解

$$\boldsymbol{X}_0 = (1,0,1,0)^{\mathrm{T}}$$

② 再求它的导出组的通解。

方程组的导出组的同解方程组为

$$\begin{cases} x_1 - 2x_2 \quad - \dfrac{2}{7}x_4 = 0 \\ \qquad\qquad x_3 + \dfrac{5}{7}x_4 = 0 \end{cases}$$

同样取 x_2, x_4 为自由未知量：

令 $x_2 = 1, x_4 = 0$，得解 $\boldsymbol{\alpha}_1 = (2,1,0,0)^{\mathrm{T}}$；令 $x_2 = 0, x_4 = 1$，得解 $\boldsymbol{\alpha}_2 = \left(\dfrac{2}{7}, 0, -\dfrac{5}{7}, 1\right)^{\mathrm{T}}$，则 $\boldsymbol{\alpha}_1, \boldsymbol{\alpha}_2$ 为导出组的一个基础解系。于是导出组的通解为

$$k_1\boldsymbol{\alpha}_1 + k_2\boldsymbol{\alpha}_2$$

其中，k_1, k_2 为任意常数。

③ 由非齐次线性方程组解的结构，得方程组的通解为

$$\boldsymbol{X} = \boldsymbol{X}_0 + k_1\boldsymbol{\alpha}_1 + k_2\boldsymbol{\alpha}_2$$

其中，k_1, k_2 为任意常数。

例 4.3.5　设 $\boldsymbol{X}_1 = (1,0,0)^{\mathrm{T}}, \boldsymbol{X}_2 = (1,1,0)^{\mathrm{T}}, \boldsymbol{X}_3 = (1,1,1)^{\mathrm{T}}$ 为非齐次线性方程组 $\boldsymbol{AX} = \boldsymbol{b}$ 的三个解向量，且 $\boldsymbol{A} \neq \boldsymbol{0}$。

① 求其导出组 $\boldsymbol{AX} = \boldsymbol{0}$ 的通解；

② 求 $\boldsymbol{AX} = \boldsymbol{b}$ 的通解。

解　① 由题设条件，$\boldsymbol{AX} = \boldsymbol{0}$ 为三元齐次线性方程组，且 $1 \leqslant R(\boldsymbol{A}) < 3$。由非齐次线性方程组解的性质 1 可知，$\boldsymbol{\alpha}_1 = \boldsymbol{X}_2 - \boldsymbol{X}_1 = (0,1,0)^{\mathrm{T}}, \boldsymbol{\alpha}_2 = \boldsymbol{X}_3 - \boldsymbol{X}_2 = (0,0,1)^{\mathrm{T}}$ 为 $\boldsymbol{AX} = \boldsymbol{0}$ 的解向量，由于 $\boldsymbol{\alpha}_1, \boldsymbol{\alpha}_2$ 线性无关及 $\boldsymbol{A} \neq \boldsymbol{0}$，所以 $R(\boldsymbol{A}) = 1$，于是 $\boldsymbol{\alpha}_1, \boldsymbol{\alpha}_2$ 为 $\boldsymbol{AX} = \boldsymbol{0}$ 的基础解系。故 $\boldsymbol{AX} = \boldsymbol{0}$ 的通解为

$$k_1\boldsymbol{\alpha}_1 + k_2\boldsymbol{\alpha}_2$$

其中，k_1, k_2 为任意常数。

② 由非齐次线性方程组解的结构可知，方程组 $\boldsymbol{AX} = \boldsymbol{b}$ 的通解为

$$\boldsymbol{X} = \boldsymbol{X}_1 + k_1\boldsymbol{\alpha}_1 + k_2\boldsymbol{\alpha}_2$$

其中，k_1, k_2 为任意常数。

例 4.3.6　已知向量

$\boldsymbol{\beta} = (1,3,-3)^{\mathrm{T}}$，　$\boldsymbol{\alpha}_1 = (1,2,0)^{\mathrm{T}}$，　$\boldsymbol{\alpha}_2 = (1, a+2, -3a)^{\mathrm{T}}$，　$\boldsymbol{\alpha}_3 = (-1, -b-2, a+2b)^{\mathrm{T}}$ 试讨论 a, b 为何值时，则

① $\boldsymbol{\beta}$ 不能用 $\boldsymbol{\alpha}_1, \boldsymbol{\alpha}_2, \boldsymbol{\alpha}_3$ 线性表示；

② $\boldsymbol{\beta}$ 可由 $\boldsymbol{\alpha}_1, \boldsymbol{\alpha}_2, \boldsymbol{\alpha}_3$ 唯一地表示，并求出表示式；

③ $\boldsymbol{\beta}$ 可由 $\boldsymbol{\alpha}_1, \boldsymbol{\alpha}_2, \boldsymbol{\alpha}_3$ 表示，但表示式不唯一，并求出表示式。

解　作线性方程组

$$x_1\boldsymbol{\alpha}_1+x_2\boldsymbol{\alpha}_2+x_3\boldsymbol{\alpha}_3=\boldsymbol{\beta}$$

对上述线性方程组的增广矩阵 $\overline{\mathbf{A}}$ 作初等行变换,有

$$\overline{\mathbf{A}}=\begin{pmatrix}1&1&-1&1\\2&a+2&-b-2&3\\0&-3a&a+2b&-3\end{pmatrix}\to\begin{pmatrix}1&1&-1&1\\0&a&-b&1\\0&-3a&a+2b&-3\end{pmatrix}\to\begin{pmatrix}1&1&-1&1\\0&a&-b&1\\0&0&a-b&0\end{pmatrix}$$

① 当 $a=0,b=0$ 时,$R(\mathbf{A})=1,R(\overline{\mathbf{A}})=2$,方程组无解;当 $a=0,b\neq0$ 时,$R(\mathbf{A})=2,R(\overline{\mathbf{A}})=3$,方程组也无解。

因此,当 $a=0,b$ 为任意值时,方程组无解,即 $\boldsymbol{\beta}$ 不能用 $\boldsymbol{\alpha}_1,\boldsymbol{\alpha}_2,\boldsymbol{\alpha}_3$ 线性表示。

② 当 $a\neq0$ 且 $a\neq b$ 时,有

$$\overline{\mathbf{A}}\to\begin{pmatrix}1&1&-1&1\\0&a&-b&1\\0&0&a-b&0\end{pmatrix}\to\begin{pmatrix}1&1&-1&1\\0&a&-b&1\\0&0&1&0\end{pmatrix}\to$$

$$\begin{pmatrix}1&1&0&1\\0&a&0&1\\0&0&1&0\end{pmatrix}\to\begin{bmatrix}1&0&0&1-\dfrac{1}{a}\\0&1&0&\dfrac{1}{a}\\0&0&1&0\end{bmatrix}$$

这时方程组有唯一解:$x_1=1-\dfrac{1}{a},x_2=\dfrac{1}{a},x_3=0$,从而有唯一表示式

$$\boldsymbol{\beta}=\left(1-\frac{1}{a}\right)\boldsymbol{\alpha}_1+\frac{1}{a}\boldsymbol{\alpha}_2$$

③ 当 $a=b\neq0$ 时,$R(\mathbf{A})=R(\overline{\mathbf{A}})=2$,方程组有无穷多个解,这时

$$\overline{\mathbf{A}}\to\begin{pmatrix}1&1&-1&1\\0&a&-a&1\\0&0&0&0\end{pmatrix}\to\begin{bmatrix}1&1&-1&1\\0&1&-1&\dfrac{1}{a}\\0&0&0&0\end{bmatrix}\to\begin{bmatrix}1&0&0&1-\dfrac{1}{a}\\0&1&-1&\dfrac{1}{a}\\0&0&0&0\end{bmatrix}$$

于是得原方程组的同解方程组

$$\begin{cases}x_1=1-\dfrac{1}{a}\\x_2-x_3=\dfrac{1}{a}\end{cases}$$

取 x_3 为自由未知量,令 $x_3=k$,得方程组的一个解:$x_1=1-\dfrac{1}{a},x_2=k+\dfrac{1}{a},x_3=k$,从而有如下表示式

$$\boldsymbol{\beta}=\left(1-\frac{1}{a}\right)\boldsymbol{\alpha}_1+\left(k+\frac{1}{a}\right)\boldsymbol{\alpha}_2+k\boldsymbol{\alpha}_3$$

其中,k 为任意常数。

例 4.3.7 已知平面上三条不同直线的方程分别为

$$l_1:\quad ax+2by+3c=0$$

$$l_2:\quad bx+2cy+3a=0$$

$$l_3:\quad cx+2ay+3b=0$$

试证这三条直线交于一点的充分必要条件为 $a+b+c=0$。

证明 必要性。设三条直线交于一点，则方程组

$$\begin{cases} ax+2by=-3c \\ bx+2cy=-3a \\ cx+2ay=-3b \end{cases}$$

有唯一解，故系数矩阵

$$\boldsymbol{A}=\begin{pmatrix} a & 2b \\ b & 2c \\ c & 2a \end{pmatrix}$$

与增广矩阵

$$\bar{\boldsymbol{A}}=\begin{pmatrix} a & 2b & -3c \\ b & 2c & -3a \\ c & 2a & -3b \end{pmatrix}$$

的秩均为 2，于是 $|\bar{\boldsymbol{A}}|=0$，而

$$|\bar{\boldsymbol{A}}|=\begin{vmatrix} a & 2b & -3c \\ b & 2c & -3a \\ c & 2a & -3b \end{vmatrix}=6(a+b+c)(a^2+b^2+c^2-ab-ac-bc)=$$

$$3(a+b+c)[(a-b)^2+(b-c)^2+(c-a)^2]$$

因 $(a-b)^2+(b-c)^2+(c-a)^2\neq 0$，故 $a+b+c=0$。

充分性。由 $a+b+c=0$，则 $|\bar{\boldsymbol{A}}|=0$，所以 $R(\bar{\boldsymbol{A}})<3$。

由于

$$\begin{vmatrix} a & 2b \\ b & 2c \end{vmatrix}=2(ac-b^2)=-[a(a+b)+b^2]=$$

$$-2\left[\left(a+\frac{1}{2}b\right)^2+\frac{3}{4}b^2\right]\neq 0$$

故 $R(\boldsymbol{A})=2$。于是 $R(\boldsymbol{A})=R(\bar{\boldsymbol{A}})=2$。因此方程组有唯一解，即三条直线交于一点。

习题 4.3

1. 判断下述论断是否正确：

(1) 线性方程组的两个解向量的和还是这个线性方程组的解向量；

(2) 若齐次线性方程组有非零解，那么方程的个数一定小于未知量的个数；

(3) 齐次线性方程组有非零解的充分必要条件是系数矩阵的秩小于未知量的个数;

(4) 如果一个 n 元齐次线性方程组系数矩阵的秩为 r,那么它的任意 $n-r$ 个非零解就是它的一个基础解系;

(5) 如果 $\boldsymbol{\alpha}_1,\boldsymbol{\alpha}_2$ 是一个齐次线性方程组的基础解系,那么该线性方程组的全部解为 $k_1\boldsymbol{\alpha}_1+k_2\boldsymbol{\alpha}_2$,其中 k_1,k_2 是不同时为零的任意常数;

(6) 如果齐次线性方程组有基础解系,那么它有无穷多个基础解系;

(7) 如果齐次线性方程组有非零解,那么系数矩阵的秩与自由未知量的个数相等;

(8) n 元非齐次线性方程组 $\boldsymbol{AX}=\boldsymbol{b}$ 有无穷多个解的充分必要条件是 $R(\boldsymbol{A})=R(\overline{\boldsymbol{A}})<n$;

(9) n 元非齐次线性方程组 $\boldsymbol{AX}=\boldsymbol{b}$ 有无穷多个解的充分必要条件是 $R(\boldsymbol{A})=R(\overline{\boldsymbol{A}})<$方程的个数;

(10) 如果 $\boldsymbol{\alpha},\boldsymbol{\beta}$ 是 n 元非齐次线性方程组 $\boldsymbol{AX}=\boldsymbol{b}$ 的两个解向量,那么 $k_1\boldsymbol{\alpha}+k_2\boldsymbol{\beta}$(这里 k_1,k_2 是常数,且满足 $k_1+k_2=1$)也是这个方程组的一个解向量。

2. 求下列齐次线性方程组的一个基础解系,并写出通解:

(1) $\begin{cases} x_1+3x_2+2x_3=0 \\ x_1+5x_2+x_3=0 \\ 3x_1+5x_2+8x_3=0 \end{cases}$

(2) $\begin{cases} x_1+2x_2-x_3+2x_4=0 \\ 2x_1+4x_2+x_3+x_4=0 \\ -x_1-2x_2-2x_3+x_4=0 \end{cases}$

(3) $\begin{cases} x_1+x_2-3x_4-x_5=0 \\ x_1-x_2+2x_3-x_4=0 \\ 4x_1-2x_2+6x_3+3x_4-4x_5=0 \\ 2x_1+4x_2-2x_3+4x_4-7x_5=0 \end{cases}$

(4) $\begin{cases} x_1-x_3+x_5=0 \\ x_2-x_4+x_6=0 \\ x_1-x_2+x_5-x_6=0 \\ x_1-x_4+x_5=0 \end{cases}$

3. 已知矩阵 $\boldsymbol{A}=\begin{pmatrix} 1 & -2 & 3 \\ -3 & 6 & -9 \\ 2 & -4 & 6 \end{pmatrix}$,求一个三阶矩阵 $\boldsymbol{B}$,$R(\boldsymbol{B})=2$,使得 $\boldsymbol{AB}=\boldsymbol{0}$。

4. 设矩阵 $\boldsymbol{A}=\begin{pmatrix} 1 & 2 & 1 & 2 \\ 0 & 1 & a & a \\ 1 & a & 0 & 1 \end{pmatrix}$,齐次线性方程组 $\boldsymbol{AX}=\boldsymbol{0}$ 的基础解系含有 2 个解

向量，求方程组 $\boldsymbol{AX}=\boldsymbol{0}$ 的通解。

5. 设 $\boldsymbol{AX}=\boldsymbol{b}$ 为三元非齐次线性方程组，$R(\boldsymbol{A})=1$，且 $\boldsymbol{X}_1=(1,0,2)^{\mathrm{T}}$，$\boldsymbol{X}_2=(-1,2,-1)^{\mathrm{T}}$，$\boldsymbol{X}_3=(1,0,0)^{\mathrm{T}}$ 为 $\boldsymbol{AX}=\boldsymbol{b}$ 的三个解向量。

(1) 求导出组 $\boldsymbol{AX}=\boldsymbol{0}$ 的一个基础解系；

(2) 求 $\boldsymbol{AX}=\boldsymbol{b}$ 的通解；

(3) 求满足上述要求的一个非齐次线性方程组。

6. 设 $\boldsymbol{AX}=\boldsymbol{b}$ 为四元非齐次线性方程组，$R(\boldsymbol{A})=2$，$\boldsymbol{X}_1,\boldsymbol{X}_2,\boldsymbol{X}_3,\boldsymbol{X}_4$ 为该方程组的四个解向量，且满足

$$\boldsymbol{X}_1+\boldsymbol{X}_2=\begin{pmatrix}2\\4\\0\\8\end{pmatrix},\qquad \boldsymbol{X}_2+\boldsymbol{X}_3=\begin{pmatrix}3\\0\\3\\3\end{pmatrix},\qquad \boldsymbol{X}_3+\boldsymbol{X}_4=\begin{pmatrix}2\\1\\0\\1\end{pmatrix}$$

(1) 求导出组 $\boldsymbol{AX}=\boldsymbol{0}$ 的一个基础解系；

(2) 求 $\boldsymbol{AX}=\boldsymbol{b}$ 的通解。

7. 已知非齐次线性方程组

$$\begin{cases}x_1+x_2+x_3+x_4=-1\\4x_1+3x_2+5x_3-x_4=-1\\ax_1+x_2+3x_3+bx_4=1\end{cases}$$

有三个线性无关的解。

(1) 证明方程组系数矩阵 $\boldsymbol{A}$ 的秩 $R(\boldsymbol{A})=2$；

(2) 求 a,b 的值及方程组的通解。

8. 设向量组 $\boldsymbol{\alpha}_1=(a,2,10)^{\mathrm{T}}$，$\boldsymbol{\alpha}_2=(-2,1,5)^{\mathrm{T}}$，$\boldsymbol{\alpha}_3=(-1,1,4)^{\mathrm{T}}$，$\boldsymbol{\beta}=(1,b,c)^{\mathrm{T}}$。试问：当 a,b,c 满足什么条件时，则

(1) $\boldsymbol{\beta}$ 可由 $\boldsymbol{\alpha}_1,\boldsymbol{\alpha}_2,\boldsymbol{\alpha}_3$ 线性表出，且表法唯一；

(2) $\boldsymbol{\beta}$ 不能由 $\boldsymbol{\alpha}_1,\boldsymbol{\alpha}_2,\boldsymbol{\alpha}_3$ 线性表出；

(3) $\boldsymbol{\beta}$ 可由 $\boldsymbol{\alpha}_1,\boldsymbol{\alpha}_2,\boldsymbol{\alpha}_3$ 线性表出，但表法不唯一，并求出一般表达式。

9. 试证线性方程组

$$\begin{cases}x_1-x_2=a_1\\x_2-x_3=a_2\\x_3-x_4=a_3\\x_4-x_5=a_4\\-x_1+x_5=a_5\end{cases}$$

有解的充分必要条件是 $\sum_{j=1}^{5}a_j=0$，并在有解的条件下写出通解。

10. 设 $\boldsymbol{A}=(a_{ij})_{n\times n}$，$\boldsymbol{b}$ 是一个 $n\times 1$ 阶矩阵，k 是一个常数，令

$$\boldsymbol{B}=\begin{pmatrix}\boldsymbol{A} & \boldsymbol{b}\\ \boldsymbol{b}^{\mathrm{T}} & k\end{pmatrix}$$

试证:若 $R(\boldsymbol{A})=R(\boldsymbol{B})$,则方程组 $\boldsymbol{AX}=\boldsymbol{b}$ 有解。

11. 已知 n 阶行列式 $D=|a_{ij}|\neq 0$,试证:线性方程组

$$\sum_{j=1}^{n-1} a_{ij}x_j = a_{in} \qquad (i=1,2,\cdots,n)$$

无解。

12. 设 $\boldsymbol{\alpha}_1,\boldsymbol{\alpha}_2,\cdots,\boldsymbol{\alpha}_s$ 是齐次线性方程组 $\boldsymbol{AX}=\boldsymbol{0}$ 的一个基础解系,试证:

$$\boldsymbol{\beta}_1=\boldsymbol{\alpha}_2+\boldsymbol{\alpha}_3+\cdots+\boldsymbol{\alpha}_s,\boldsymbol{\beta}_2=\boldsymbol{\alpha}_1+\boldsymbol{\alpha}_3+\cdots+\boldsymbol{\alpha}_s,\cdots,\boldsymbol{\beta}_s=\boldsymbol{\alpha}_1+\boldsymbol{\alpha}_2+\cdots+\boldsymbol{\alpha}_{s-1}\,(s>1)$$

也是该方程组的一个基础解系。

13. 设齐次线性方程组

$$\begin{cases} a_{11}x_1+a_{12}x_2+\cdots+a_{1n}x_n=0\\ a_{21}x_1+a_{22}x_2+\cdots+a_{2n}x_n=0\\ \qquad\qquad\vdots\\ a_{n1}x_1+a_{n2}x_2+\cdots+a_{nn}x_n=0 \end{cases}$$

的系数矩阵 $\boldsymbol{A}$ 的行列式 $|\boldsymbol{A}|=0$,而 $\boldsymbol{A}$ 中元素 a_{kl} 的代数余子式 $A_{kl}\neq 0$。证明:

$$(A_{k1},A_{k2},\cdots,A_{kn})^{\mathrm{T}}$$

是这个方程组的一个基础解系。

14. 设 $\boldsymbol{X}_0$ 是非齐次线性方程组 $\boldsymbol{AX}=\boldsymbol{b}$ 的一个解向量,$\boldsymbol{\alpha}_1,\boldsymbol{\alpha}_2,\cdots,\boldsymbol{\alpha}_{n-r}$ 是对应齐次线性方程组 $\boldsymbol{AX}=\boldsymbol{0}$ 的一个基础解系。试证:

(1) $\boldsymbol{X}_0,\boldsymbol{\alpha}_1,\boldsymbol{\alpha}_2,\cdots,\boldsymbol{\alpha}_{n-r}$,线性无关;

(2) $\boldsymbol{X}_0,\boldsymbol{X}_0+\boldsymbol{\alpha}_1,\boldsymbol{X}_0+\boldsymbol{\alpha}_2,\cdots,\boldsymbol{X}_0+\boldsymbol{\alpha}_{n-r}$ 是方程组 $\boldsymbol{AX}=\boldsymbol{b}$ 的 $n-r+1$ 个线性无关的解向量;

(3) $\boldsymbol{AX}=\boldsymbol{b}$ 的任一解 $\boldsymbol{X}$ 都可表成如下形式

$$\boldsymbol{X}=k_0\boldsymbol{X}_0+k_1(\boldsymbol{X}_0+\boldsymbol{\alpha}_1)+k_2(\boldsymbol{X}_0+\boldsymbol{\alpha}_2)+\cdots+k_{n-r}(\boldsymbol{X}_0+\boldsymbol{\alpha}_{n-r})$$

且 $\sum\limits_{i=0}^{n-r}k_i=1$。

15. 若两个 $m\times n$ 阶矩阵 $\boldsymbol{A},\boldsymbol{C}$ 的行向量都是同一个齐次线性方程组的基础解系,则存在 m 阶可逆阵 $\boldsymbol{B}$,使得 $\boldsymbol{A}=\boldsymbol{BC}$。

16. 设 $\boldsymbol{\alpha}_1,\boldsymbol{\alpha}_2,\cdots,\boldsymbol{\alpha}_s$ 是 $s(s<n)$ 个线性无关的 n 维向量,证明:存在 n 元齐次线性方程组,使 $\boldsymbol{\alpha}_1,\boldsymbol{\alpha}_2,\cdots,\boldsymbol{\alpha}_s$ 为它的一个基础解系。

第5章　矩阵的相似变换

本章主要讨论矩阵的相似变换。首先给出方阵的特征值和特征向量的概念及其基本性质，然后讨论方阵的相似对角化问题，最后简要介绍矩阵的 Jordan 标准形。

5.1　方阵的特征值与特征向量

5.1.1　特征值与特征向量的概念

定义 5.1.1　设 $\boldsymbol{A}$ 是数域 P 上的 n 阶方阵，$\boldsymbol{\alpha}$ 是非零 n 维列向量，若有数 $\lambda \in P$ 使

$$\boldsymbol{A\alpha}=\lambda\boldsymbol{\alpha} \tag{5.1.1}$$

则称 λ 为 $\boldsymbol{A}$ 的特征值，$\boldsymbol{\alpha}$ 为 $\boldsymbol{A}$ 的属于 λ 的**特征向量**。

从几何上看，矩阵 $\boldsymbol{A}$ 的一个特征向量 $\boldsymbol{\alpha}$ 经过 $\boldsymbol{A}$ 作用后得到的向量 $\boldsymbol{A\alpha}$ 与特征向量 $\boldsymbol{\alpha}$ 是共线的，而比例系数 λ 就是特征向量 $\boldsymbol{\alpha}$ 所属的特征值。

对于数域 P 上给定的一个 n 阶方阵 $\boldsymbol{A}$，它可能有多个特征值，也可能没有特征值。如果 $\boldsymbol{A}$ 有特征值 λ，那么 $\boldsymbol{A}$ 的属于特征值 λ 的特征向量有多少个呢？

定理 5.1.1　若 $\boldsymbol{\alpha}_1,\boldsymbol{\alpha}_2,\cdots,\boldsymbol{\alpha}_s$ 是 $\boldsymbol{A}$ 的属于特征值 λ 的特征向量，则 $\boldsymbol{\alpha}_1,\boldsymbol{\alpha}_2,\cdots,\boldsymbol{\alpha}_s$ 的任何非零线性组合 $\boldsymbol{\beta}=k_1\boldsymbol{\alpha}_1+k_2\boldsymbol{\alpha}_2+\cdots+k_s\boldsymbol{\alpha}_s$ 也是 $\boldsymbol{A}$ 的属于 λ 的特征向量。

证　由条件　　$\boldsymbol{A\alpha}_1=\lambda\boldsymbol{\alpha}_i \quad (i=1,2,\cdots,s)$

从而

$$\begin{aligned}\boldsymbol{A\beta}=\boldsymbol{A}(k_1\boldsymbol{\alpha}_1+k_2\boldsymbol{\alpha}_2+\cdots+k_s\boldsymbol{\alpha}_s)=\\ k_1\boldsymbol{A\alpha}_1+k_2\boldsymbol{A\alpha}_2+\cdots+k_s\boldsymbol{A\alpha}_s=\\ k_1\lambda\boldsymbol{\alpha}_1+k_2\lambda\boldsymbol{\alpha}_2+\cdots+k_s\lambda\boldsymbol{\alpha}_s=\\ \lambda(k_1\boldsymbol{\alpha}_1+k_2\boldsymbol{\alpha}_2+\cdots+k_s\boldsymbol{\alpha}_s)=\lambda\boldsymbol{\beta}\end{aligned}$$

由定义 5.1.1 可知，$\boldsymbol{\beta}$ 是 $\boldsymbol{A}$ 的属于特征值 λ 的特征向量。证毕。

由定理 5.1.1 可知，若 $\boldsymbol{A}$ 有特征值 λ，则 $\boldsymbol{A}$ 的属于 λ 的特征向量有无穷多个。相反，若已知 $\boldsymbol{A}$ 有特征向量 $\boldsymbol{\alpha}$，则 $\boldsymbol{\alpha}$ 只能属于 $\boldsymbol{A}$ 的一个特征值。事实上，若 $\boldsymbol{\alpha}$ 属于 $\boldsymbol{A}$ 的特征值 λ_1 与 λ_2，则 $\boldsymbol{A\alpha}=\lambda_1\boldsymbol{\alpha}$，$\boldsymbol{A\alpha}=\lambda_2\boldsymbol{\alpha}$，从而 $\lambda_1\boldsymbol{\alpha}=\lambda_2\boldsymbol{\alpha}$，得 $(\lambda_1-\lambda_2)\boldsymbol{\alpha}=\boldsymbol{0}$。由于特征向量 $\boldsymbol{\alpha}\neq\boldsymbol{0}$，故 $\lambda_1-\lambda_2=0$，即 $\lambda_1=\lambda_2$。

下面给出寻找方阵 $\boldsymbol{A}$ 的特征值与特征向量的方法。

5.1.2 特征值与特征向量的求法

设$\boldsymbol{A}=(a_{ij})_{n\times n}$是数域$P$上的$n$阶方阵,若$\lambda$是$\boldsymbol{A}$的特征值,$\boldsymbol{\alpha}=\begin{pmatrix}x_1\\x_2\\\vdots\\x_n\end{pmatrix}$是$\boldsymbol{A}$的属于$\lambda$的特征向量,由

$$\boldsymbol{A\alpha}=\lambda\boldsymbol{\alpha}$$

得

$$\lambda\boldsymbol{\alpha}-\boldsymbol{A\alpha}=\boldsymbol{0}$$

即

$$(\lambda\boldsymbol{E}-\boldsymbol{A})\boldsymbol{\alpha}=\boldsymbol{0} \tag{5.1.2}$$

注意$\lambda\boldsymbol{E}-\boldsymbol{A}$是一个$n$阶矩阵,把$\boldsymbol{\alpha}$看作未知向量,式(5.1.2)就是一个齐次线性方程组

$$\begin{cases}(\lambda-a_{11})x_1-a_{12}x_2-\cdots-a_{1n}x_n=0\\-a_{21}x_1+(\lambda-a_{22})x_2-\cdots-a_{2n}x_n=0\\\qquad\vdots\\-a_{n1}x_1-a_{n2}x_2-\cdots+(\lambda-a_{nn})x_n=0\end{cases} \tag{5.1.3}$$

由于$\boldsymbol{\alpha}\neq\boldsymbol{0}$,故$x_1,x_2,\cdots,x_n$不全为零,即$x_1,x_2,\cdots,x_n$是式(5.1.3)的非零解。而齐次线性方程组(5.1.3)有非零解的充分必要条件是它的系数行列式为零,即

$$|\lambda\boldsymbol{E}-\boldsymbol{A}|=\begin{vmatrix}\lambda-a_{11}&-a_{12}&\cdots&-a_{1n}\\-a_{21}&\lambda-a_{22}&\cdots&-a_{2n}\\\vdots&\vdots&&\vdots\\-a_{n1}&-a_{n2}&\cdots&\lambda-a_{nn}\end{vmatrix}=0$$

定义5.1.2 设$\boldsymbol{A}$是数域P上的n阶方阵,λ是在P上取值的变量。矩阵$\lambda\boldsymbol{E}-\boldsymbol{A}$称为$\boldsymbol{A}$的特征矩阵。行列式

$$|\lambda\boldsymbol{E}-\boldsymbol{A}|=\begin{vmatrix}\lambda-a_{11}&-a_{12}&\cdots&-a_{1n}\\-a_{21}&\lambda-a_{22}&\cdots&-a_{2n}\\\vdots&\vdots&&\vdots\\-a_{n1}&-a_{n2}&\cdots&\lambda-a_{nn}\end{vmatrix} \tag{5.1.4}$$

称为$\boldsymbol{A}$的**特征多项式**。它是数域P上以λ为变元的一个n次多项式。

上面的分析说明,如果λ是方阵$\boldsymbol{A}$的特征值,则λ必是$\boldsymbol{A}$的特征多项式的一个根;反之,如果λ是$\boldsymbol{A}$的特征多项式在数域P中的一个根,则齐次线性方程组(5.1.3)必有非零解。这样,λ就是$\boldsymbol{A}$的一个特征值,而式(5.1.3)的非零解$\boldsymbol{\alpha}=(x_1,x_2,\cdots,x_n)^{\mathrm{T}}$就是$\boldsymbol{A}$的属于$\lambda$的特征向量。

综上所述,确定方阵$\boldsymbol{A}$的特征值与特征向量的方法分为以下几步:

① 写出$\boldsymbol{A}$的特征多项式$|\lambda\boldsymbol{E}-\boldsymbol{A}|$,并求出它在数域$P$中的全部根(称为$\boldsymbol{A}$的特征根),这些根也就是$\boldsymbol{A}$的全部特征值;

② 把所求得的特征值逐个代入方程组(5.1.3),对每个特征值解方程组(5.1.3),求出它的基础解系,它们就是属于这个特征值的线性无关的特征向量。

例 5.1.1　求 n 阶数量矩阵 $k\boldsymbol{E}$ 的特征值与特征向量。

解　$k\boldsymbol{E}$ 的特征多项式为

$$|\lambda\boldsymbol{E}-k\boldsymbol{E}|=\begin{vmatrix}\lambda-k & & & \\ & \lambda-k & & \\ & & \ddots & \\ & & & \lambda-k\end{vmatrix}=(\lambda-k)^n$$

特征多项式的根为 $\lambda=k$，即 $k\boldsymbol{E}$ 的特征值只有数 k，它是一个 n 重特征根。

把 $\lambda=k$ 代入 $(\lambda\boldsymbol{E}-k\boldsymbol{E})\boldsymbol{\alpha}=\boldsymbol{0}$，得

$$\boldsymbol{O\alpha}=\boldsymbol{0}$$

这说明任何非零向量都是 $k\boldsymbol{E}$ 的特征向量。直接由特征向量的定义也可知，数量矩阵 $k\boldsymbol{E}$ 左乘任何向量 $\boldsymbol{\alpha}$ 后得到 $k\boldsymbol{\alpha}$。

例 5.1.2　设

$$\boldsymbol{A}=\begin{pmatrix}2 & 3 & 2\\ 1 & 4 & 2\\ 1 & -3 & 1\end{pmatrix}$$

为实数域 $\mathbf{R}$ 上的矩阵，求 $\boldsymbol{A}$ 的特征值与特征向量。

解　$\boldsymbol{A}$ 的特征多项式为

$$|\lambda\boldsymbol{E}-\boldsymbol{A}|=(\lambda-1)(\lambda-3)^2$$

故 $\boldsymbol{A}$ 的特征值是 1 和 3（二重特征根）。

对于特征值 $\lambda=1$，解齐次线性方程组 $(\boldsymbol{E}-\boldsymbol{A})\boldsymbol{X}=\boldsymbol{0}$，得属于特征值 1 的特征向量

$$\boldsymbol{\alpha}_1=\begin{pmatrix}-3\\ -1\\ 3\end{pmatrix}$$

从而属于 1 的全部特征向量为 $k_1\boldsymbol{\alpha}_1$。其中，k_1 取不为零的所有实数。

对于二重特征值 $\lambda=3$，解齐次线性方程组 $(3\boldsymbol{E}-\boldsymbol{A})\boldsymbol{X}=\boldsymbol{0}$，得属于特征值 3 的特征向量

$$\boldsymbol{\alpha}_2=\begin{pmatrix}-1\\ -1\\ 1\end{pmatrix}$$

从而属于特征值 3 的全部特征向量为 $k_2\boldsymbol{\alpha}_2$，这里 k_2 取不为零的所有实数。

例 5.1.3　设

$$\boldsymbol{A}=\begin{pmatrix}1 & 2 & 2\\ 2 & 1 & 2\\ 2 & 2 & 1\end{pmatrix}$$

为实数域 $\mathbf{R}$ 上的矩阵，求 $\boldsymbol{A}$ 的特征值与特征向量。

解 $\boldsymbol{A}$ 的特征多项式为

$$|\lambda\boldsymbol{E}-\boldsymbol{A}|=\begin{vmatrix}\lambda-1 & -2 & -2\\ -2 & \lambda-2 & -2\\ -2 & -2 & \lambda-1\end{vmatrix}=(\lambda+1)^2(\lambda-5)$$

故 $\boldsymbol{A}$ 的特征值是 -1(二重特征根)和 5。

把特征值 -1 代入 $(\lambda\boldsymbol{E}-\boldsymbol{A})\boldsymbol{X}=\boldsymbol{0}$,得齐次线性方程组

$$\begin{cases}-2x_1-2x_2-2x_3=0\\ -2x_1-2x_2-2x_3=0\\ -2x_1-2x_2-2x_3=0\end{cases}$$

它的基础解系是

$$\boldsymbol{\alpha}_1=\begin{pmatrix}1\\0\\-1\end{pmatrix},\quad \boldsymbol{\alpha}_2=\begin{pmatrix}0\\1\\-1\end{pmatrix}$$

故属于 -1 的两个线性无关特征向量就是 $\boldsymbol{\alpha}_1,\boldsymbol{\alpha}_2$;而属于 -1 的全部特征向量是 $k_1\boldsymbol{\alpha}_1+k_2\boldsymbol{\alpha}_2$,其中,$k_1,k_2$ 取不同时为零的所有实数。

再把特征值 5 与代入 $(\lambda\boldsymbol{E}-\boldsymbol{A})\boldsymbol{X}=\boldsymbol{0}$,得齐次线性方程组

$$\begin{cases}4x_1-2x_2-2x_3=0\\ -2x_1+4x_2-2x_3=0\\ -2x_1-2x_2+4x_3=0\end{cases}$$

它的基础解系是 $\boldsymbol{\alpha}_3=\begin{pmatrix}1\\1\\1\end{pmatrix}$,它就是属于 5 的一个特征向量。属于 5 的全部特征向量就是 $k\boldsymbol{\alpha}_3$,这里 k 取不等于零的任意实数。

由上述两个例子看出,如果 λ_0 是特征方程 $|\lambda\boldsymbol{E}-\boldsymbol{A}|=\boldsymbol{0}$ 的单根,那么属于 λ_0 的线性无关特征向量的个数只有一个;如果 λ_0 是特征方程 $|\lambda\boldsymbol{E}-\boldsymbol{A}|=\boldsymbol{0}$ 的重根,那么属于 λ_0 线性无关的特征向量的个数可能等于 λ_0 的重数,也可能小于 λ_0 的重数。一般来讲,有如下结果。

定理 5.1.2 设 λ_0 是 n 阶方阵 $\boldsymbol{A}$ 的 k 重特征值,则 $\boldsymbol{A}$ 的属于特征值 λ_0 的线性无关的特征向量的个数不超过 k。

证 反证法。设属于特征值 λ_0 的线性无关的特征向量的个数为 $l(l>k)$ 个,分别用 $\boldsymbol{\alpha}_1,\boldsymbol{\alpha}_2,\cdots,\boldsymbol{\alpha}_l$ 表示,由习题 3.4 中练习题 4 可知,可找到 $n-l$ 个 n 维向量 $\boldsymbol{\alpha}_{l+1}$,$\boldsymbol{\alpha}_{l+2},\cdots,\boldsymbol{\alpha}_n$,使得

$$\boldsymbol{\alpha}_1,\boldsymbol{\alpha}_2,\cdots,\boldsymbol{\alpha}_l,\boldsymbol{\alpha}_{l+1},\boldsymbol{\alpha}_{l+2},\cdots,\boldsymbol{\alpha}_n$$

成为 n 维向量空间的一组基。以它们作列向量,得到 n 阶满秩矩阵

$$\boldsymbol{P}=(\boldsymbol{\alpha}_1,\boldsymbol{\alpha}_2,\cdots,\boldsymbol{\alpha}_l,\boldsymbol{\alpha}_{l+1},\cdots,\boldsymbol{\alpha}_n)$$

由于 $\boldsymbol{A}\boldsymbol{\alpha}_i\,(i=l+1,\cdots,n)$ 为 n 维向量,故可由 $\boldsymbol{\alpha}_1,\boldsymbol{\alpha}_2,\cdots,\boldsymbol{\alpha}_n$ 线性表出,且表达式唯

一。设

$$\boldsymbol{A\alpha}_i = p_{1i}\boldsymbol{\alpha}_1 + p_{2i}\boldsymbol{\alpha}_2 + p_{ni}\boldsymbol{\alpha}_n \qquad (l+1 \leqslant i \leqslant n)$$

于是

$$\begin{aligned}\boldsymbol{AP} = &(\boldsymbol{A\alpha}_1, \boldsymbol{A\alpha}_2, \cdots, \boldsymbol{A\alpha}_l, \boldsymbol{A\alpha}_{l+1}, \cdots, \boldsymbol{A\alpha}_n) = \\ &(\lambda_0\boldsymbol{\alpha}_1, \lambda_0\boldsymbol{\alpha}_2, \cdots, \lambda_0\boldsymbol{\alpha}_l, \boldsymbol{A\alpha}_{l+1}, \cdots, \boldsymbol{A\alpha}_n) = \\ &(\alpha_1, \alpha_2, \cdots, \alpha_l, \alpha_{l+1}, \cdots, \alpha_n)\begin{pmatrix} \lambda_0 & 0 & \cdots & 0 & p_{1,l+1} & \cdots & p_{1n} \\ 0 & \lambda_0 & \cdots & 0 & p_{2,l+1} & \cdots & p_{2n} \\ \vdots & \vdots & & \vdots & \vdots & & \vdots \\ 0 & 0 & \cdots & \lambda_0 & p_{l,l+1} & \cdots & p_{ln} \\ 0 & 0 & \cdots & 0 & p_{l+1,l+1} & \cdots & p_{l+1,n} \\ \vdots & \vdots & & \vdots & \vdots & & \vdots \\ 0 & 0 & \cdots & 0 & p_{n,l+1} & \cdots & p_{nn} \end{pmatrix} = \\ &\boldsymbol{P}\begin{pmatrix} \lambda_0\boldsymbol{E}_l & \boldsymbol{P}_1 \\ \boldsymbol{0} & \boldsymbol{P}_2 \end{pmatrix}\end{aligned}$$

即
$$\boldsymbol{P}^{-1}\boldsymbol{AP} = \begin{pmatrix} \lambda_0\boldsymbol{E}_l & \boldsymbol{P}_1 \\ \boldsymbol{0} & \boldsymbol{P}_2 \end{pmatrix}$$

故
$$|\lambda\boldsymbol{E} - \boldsymbol{A}| = |\lambda\boldsymbol{E} - \boldsymbol{P}^{-1}\boldsymbol{AP}| = (\lambda - \lambda_0)^l\ |\lambda\boldsymbol{E} - \boldsymbol{P}_2|$$

这意味着 λ_0 至少是 $\boldsymbol{A}$ 的 l 重特征值，而 $l > k$，这与 λ_0 为 $\boldsymbol{A}$ 的 k 重特征值矛盾。证毕。

5.1.3　特征值与特征向量的性质

先看矩阵 $\boldsymbol{A}$ 的特征多项式 $f(\lambda) = |\lambda\boldsymbol{E} - \boldsymbol{A}|$ 的形式。由于

$$f(\lambda) = |\lambda\boldsymbol{E} - \boldsymbol{A}| = \begin{vmatrix} \lambda - a_{11} & -a_{12} & \cdots & -a_{1n} \\ -a_{21} & \lambda - a_{22} & \cdots & -a_{2n} \\ \vdots & \vdots & & \vdots \\ -a_{n1} & -a_{n2} & \cdots & \lambda - a_{nn} \end{vmatrix}$$

由行列式定义，展开式中有一项是主对角线元素的连乘积：

$$f(\lambda) = (\lambda - a_{11})(\lambda - a_{22})\cdots(\lambda - a_{nn}) + \cdots + C$$

而其余各项中至多包含 $n-2$ 个主对角线上的元素，它的 λ 的次数最多是 $n-2$。因此特征多项式中含 λ 的 n 次与 $n-1$ 次的项只能在主对角线上元素的连乘积中出现，所以

$$f(\lambda) = \lambda^n - (a_{11} + a_{22} + \cdots + a_{nn})\lambda^{n-1} + \cdots + C$$

把 $\lambda = 0$ 代入上式，得

$$C = f(0) = |-\boldsymbol{A}| = (-1)^n|\boldsymbol{A}|$$

从而

$$f(\lambda)=\lambda^n-(a_{11}+a_{22}+\cdots+a_{nn})\lambda^{n-1}+\cdots+(-1)^n|\boldsymbol{A}| \tag{5.1.5}$$

定义 5.1.3 方阵 $\boldsymbol{A}$ 的主对角线上元素之和称为 $\boldsymbol{A}$ 的迹,记为 $\mathrm{tr}\,\boldsymbol{A}$。

$$\mathrm{tr}\,\boldsymbol{A}=(a_{11}+a_{22}+\cdots+a_{nn})$$

定理 5.1.3 若 n 阶方阵 $\boldsymbol{A}$ 在复域上的 n 个特征值为 $\lambda_1,\lambda_2,\cdots,\lambda_n$(重根按重数计),则

$$\lambda_1+\lambda_2+\cdots+\lambda_n=a_{11}+a_{22}+\cdots+a_{nn}=\mathrm{tr}\,\boldsymbol{A},\qquad \lambda_1\lambda_2\cdots\lambda_n=|\boldsymbol{A}|$$

即 $\boldsymbol{A}$ 的全体特征值之和等于它的迹 $\mathrm{tr}\,\boldsymbol{A}$,$\boldsymbol{A}$ 的全体特征值之积等于它的行列式 $|\boldsymbol{A}|$。

证 设 $\boldsymbol{A}$ 的特征值为 $\lambda_1,\lambda_2,\cdots,\lambda_n$,则

$$f(\lambda)=|\lambda\boldsymbol{E}-\boldsymbol{A}|=(\lambda-\lambda_1)(\lambda-\lambda_2)\cdots(\lambda-\lambda_n)$$

即

$$f(\lambda)=\lambda^n-(\lambda_1+\lambda_2+\cdots+\lambda_n)\lambda^{n-1}+\cdots+(-1)^n\lambda_1\lambda_2\cdots\lambda_n$$

与式(5.1.5)比较,得

$$\lambda_1+\lambda_2+\cdots+\lambda_n=a_{11}+a_{22}+\cdots+a_{nn}$$

$$\lambda_1\lambda_2\cdots\lambda_n=|\boldsymbol{A}|$$

证毕。

推论 复数域方阵 $\boldsymbol{A}$ 可逆的充分必要条件是 $\boldsymbol{A}$ 的特征值全不为零。

定理 5.1.4 若 n 阶可逆阵 $\boldsymbol{A}$ 的特征值为 $\lambda_1,\lambda_2,\cdots,\lambda_n$,则 $\boldsymbol{A}^{-1}$ 的特征值恰为

$$1/\lambda_1,1/\lambda_2,\cdots,1/\lambda_n$$

证 由于 $\boldsymbol{A}$ 可逆,由定理 5.1.3 可知,$\lambda_i\neq0\ (i=1,2,\cdots,n)$,因此 $1/\lambda_1,\cdots,1/\lambda_n$ 有意义。

设 $\boldsymbol{\alpha}_i$ 是 $\boldsymbol{A}$ 的属于特征值 λ_i 的特征向量,则

$$\boldsymbol{A}\boldsymbol{\alpha}_i=\lambda\boldsymbol{\alpha}_i\qquad(i=1,2,\cdots,n)$$

$\boldsymbol{A}^{-1}$ 左乘上式两端,可得

$$\boldsymbol{\alpha}_i=\lambda_i\boldsymbol{A}^{-1}\boldsymbol{\alpha}_i$$

即

$$\boldsymbol{A}^{-1}\boldsymbol{\alpha}_i=(1/\lambda_i)\boldsymbol{\alpha}_i$$

从而 $1/\lambda_i$ 是 $\boldsymbol{A}^{-1}$ 的特征值,故 $\boldsymbol{A}^{-1}$ 的全部特征值恰为 $1/\lambda_1,\cdots,1/\lambda_n$。证毕。

例 5.1.4 证明:若 λ 是正交矩阵 $\boldsymbol{Q}$ 的特征值,则 $1/\lambda$ 也是 $\boldsymbol{Q}$ 的特征值。

证 设 $\boldsymbol{Q}$ 为正交矩阵,则

$$\boldsymbol{Q}^{\mathrm{T}}\boldsymbol{Q}=\boldsymbol{Q}\boldsymbol{Q}^{\mathrm{T}}=\boldsymbol{E}\qquad 且\qquad \boldsymbol{Q}^{-1}=\boldsymbol{Q}^{\mathrm{T}}$$

由定理 5.1.4 可知,$1/\lambda$ 是 $\boldsymbol{Q}^{-1}$ 的特征值,从而是 $\boldsymbol{Q}^{\mathrm{T}}$ 的特征值。由于

$$|\lambda\boldsymbol{E}-\boldsymbol{Q}|=|(\lambda\boldsymbol{E}-\boldsymbol{Q})^{\mathrm{T}}|=|\lambda\boldsymbol{E}-\boldsymbol{Q}^{\mathrm{T}}|$$

故 $\boldsymbol{Q}$ 与 $\boldsymbol{Q}^{\mathrm{T}}$ 的特征多项式相同,故 $1/\lambda$ 也是 $\boldsymbol{Q}$ 的特征值。

例 5.1.5 设 $\boldsymbol{A}$ 是准对角阵

$$\boldsymbol{A}=\begin{pmatrix}\boldsymbol{A}_1 & & & \\ & \boldsymbol{A}_2 & & \\ & & \ddots & \\ & & & \boldsymbol{A}_s\end{pmatrix}$$

则 $\boldsymbol{A}_1,\boldsymbol{A}_2,\cdots,\boldsymbol{A}_s$ 的所有特征值就是 $\boldsymbol{A}$ 的全部特征值。

证　令 $\boldsymbol{E}_i(i=1,2,\cdots,s)$ 是与 $\boldsymbol{A}_i(i=1,2,\cdots,s)$ 同阶的单位阵，则

$$|\lambda\boldsymbol{E}-\boldsymbol{A}|=\begin{vmatrix}\lambda\boldsymbol{E}_1-\boldsymbol{A}_1 & & & \\ & \lambda\boldsymbol{E}_2-\boldsymbol{A}_2 & & \\ & & \ddots & \\ & & & \lambda\boldsymbol{E}_s-\boldsymbol{A}_s\end{vmatrix}=$$

$$|\lambda\boldsymbol{E}_1-\boldsymbol{A}_1|\,|\lambda\boldsymbol{E}_2-\boldsymbol{A}_2|\cdots|\lambda\boldsymbol{E}_s-\boldsymbol{A}_s|$$

从而 $\boldsymbol{A}$ 的特征多项式是所有 $\boldsymbol{A}_i(i=1,2,\cdots,s)$ 的特征多项式之积。故 $\boldsymbol{A}_i(i=1,2,\cdots,s)$ 的所有特征值就是 $\boldsymbol{A}$ 的全部特征值。

下面给出特征向量的一个重要性质。

定理 5.1.5　若 $\lambda_1,\lambda_2,\cdots,\lambda_m$ 是 $\boldsymbol{A}$ 的 m 个不同特征值，$\boldsymbol{\alpha}_1,\boldsymbol{\alpha}_2,\cdots,\boldsymbol{\alpha}_m$ 是分别属于它们的特征向量，则 $\boldsymbol{\alpha}_1,\boldsymbol{\alpha}_2,\cdots,\boldsymbol{\alpha}_m$ 线性无关。

证　对不同特征值的个数 m 作归纳法。

当 $m=1$ 时，单个非零的向量总是线性无关的，定理成立。

现设对 $m-1$ 个属于不同特征值的特征向量定理成立。考察 m 个属于不同特征值的特征向量 $\boldsymbol{\alpha}_1,\boldsymbol{\alpha}_2,\cdots,\boldsymbol{\alpha}_m$，令

$$k_1\boldsymbol{\alpha}_1+k_2\boldsymbol{\alpha}_2+\cdots+k_m\boldsymbol{\alpha}_m=\boldsymbol{0} \tag{5.1.6}$$

用 $\boldsymbol{A}$ 左乘式(5.1.6)得

$$k_1\lambda_1\boldsymbol{\alpha}_1+k_2\lambda_2\boldsymbol{\alpha}_2+\cdots+k_m\lambda_m\boldsymbol{\alpha}_m=\boldsymbol{0} \tag{5.1.7}$$

再用 λ_m 乘以式(5.1.6)两端并与式(5.1.7)相减，得

$$k_1(\lambda_m-\lambda_1)\boldsymbol{\alpha}_1+k_2(\lambda_m-\lambda_2)\boldsymbol{\alpha}_2+\cdots+k_{m-1}(\lambda_m-\lambda_{m-1})\boldsymbol{\alpha}_{m-1}=\boldsymbol{0}$$

由归纳假设 $\boldsymbol{\alpha}_1,\boldsymbol{\alpha}_2,\cdots,\boldsymbol{\alpha}_{m-1}$ 线性无关，且 $\lambda_m-\lambda_i\neq 0(i=1,2,\cdots,m-1)$，故 $k_1=k_2=\cdots=k_{m-1}=0$。这时，式(5.1.6)变为

$$k_m\boldsymbol{\alpha}_m=\boldsymbol{0}$$

由于 $\boldsymbol{\alpha}_m\neq\boldsymbol{0}$，则 $k_m=0$。这样证明了 $\boldsymbol{\alpha}_1,\boldsymbol{\alpha}_2,\cdots,\boldsymbol{\alpha}_m$ 线性无关。证毕。

更一般地有如下定理。

定理 5.1.6　设 n 阶方阵 $\boldsymbol{A}$ 有 m 个互不相同的特征值 $\lambda_1,\lambda_2,\cdots,\lambda_m$，而属于 $\lambda_i(i=1,2,\cdots,m)$ 的所有线性无关特征向量有 r_i 个：$\boldsymbol{\alpha}_{i1},\boldsymbol{\alpha}_{i2},\cdots,\boldsymbol{\alpha}_{ir_i}$，那么由这些特征向量组成的向量组 $\boldsymbol{\alpha}_{11},\boldsymbol{\alpha}_{12},\cdots,\boldsymbol{\alpha}_{1r_1},\boldsymbol{\alpha}_{21},\boldsymbol{\alpha}_{22},\cdots,\boldsymbol{\alpha}_{2r_2},\cdots,\boldsymbol{\alpha}_{m1},\boldsymbol{\alpha}_{m2},\cdots,\boldsymbol{\alpha}_{mr_m}$ 也线性无关。

证　设

$$k_{11}\boldsymbol{\alpha}_{11}+\cdots+k_{1r_1}\boldsymbol{\alpha}_{1r_1}+k_{21}\boldsymbol{\alpha}_{21}+\cdots+k_{2r_2}\boldsymbol{\alpha}_{2r_2}+\cdots+k_{m1}\boldsymbol{\alpha}_{m1}+\cdots+k_{mr_m}\boldsymbol{\alpha}_{mr_m}=\boldsymbol{0} \tag{5.1.8}$$

记

$$\boldsymbol{\alpha}_i=k_{i1}\boldsymbol{\alpha}_{i1}+\cdots+k_{ir_i}\boldsymbol{\alpha}_{ir_i}=\sum_{j=1}^{r_i}k_{ij}\boldsymbol{\alpha}_{ij}\qquad(i=1,2,\cdots,m)$$

则式(5.1.8)可以写成

$$\boldsymbol{\alpha}_1+\boldsymbol{\alpha}_2+\cdots+\boldsymbol{\alpha}_m=\mathbf{0} \tag{5.1.9}$$

显然这 m 个向量全为零向量。若有某些 $\boldsymbol{\alpha}_i\neq\mathbf{0}$，由定理 5.1.1 可知，$\boldsymbol{\alpha}_i$ 仍是属于 λ_i 的特征向量，而式(5.1.9)说明，这些属于不同特征值的特征向量线性相关，此与定理 5.1.5 矛盾，故 $\boldsymbol{\alpha}_1,\boldsymbol{\alpha}_2,\cdots,\boldsymbol{\alpha}_m$ 必全为 $\mathbf{0}$，即

$$\boldsymbol{\alpha}_i=k_{i1}\boldsymbol{\alpha}_{i1}+\cdots+k_{ir_i}\boldsymbol{\alpha}_{ir_i}=\mathbf{0} \qquad (i=1,2,\cdots,n)$$

又 $\boldsymbol{\alpha}_{i1},\cdots,\boldsymbol{\alpha}_{ir_i}$ 线性无关，得 $k_{ij}=0,i=1,2,\cdots,m;j=1,2,\cdots,r_i$。从而向量组 $\boldsymbol{\alpha}_{11},\cdots,\boldsymbol{\alpha}_{1r_1},\boldsymbol{\alpha}_{21},\cdots,\boldsymbol{\alpha}_{2r_2},\cdots,\boldsymbol{\alpha}_{m1},\cdots,\boldsymbol{\alpha}_{mr_m}$ 线性无关。证毕。

习题 5.1

1. 求下列矩阵在实数域内的特征值和相应的特征向量：

(1) $\begin{pmatrix}3&1&-1\\2&2&-1\\2&2&0\end{pmatrix}$；　　(2) $\begin{pmatrix}-1&1&0\\-4&3&0\\1&0&2\end{pmatrix}$；

(3) $\begin{pmatrix}4&2&-5\\6&4&-9\\5&3&-7\end{pmatrix}$；　　(4) $\begin{pmatrix}3&6&6\\0&2&0\\-3&-12&-6\end{pmatrix}$。

2. 设 $\boldsymbol{\alpha}_1,\boldsymbol{\alpha}_2$ 分别是矩阵 $\boldsymbol{A}$ 的属于特征值 λ_1,λ_2 的特征向量，且 $\lambda_1\neq\lambda_2$。试证 $\boldsymbol{\alpha}_1+\boldsymbol{\alpha}_2$ 不再是 $\boldsymbol{A}$ 的特征向量。

3. 设 λ 是 n 阶矩阵 $\boldsymbol{A}$ 的一个特征值。

(1) 试证：$k\lambda$ 是 $k\boldsymbol{A}$ 的特征值(数 $k\neq0$)；

(2) 试证：λ^m 是 $\boldsymbol{A}^m$ 的特征值(m 为正整数)；

(3) 设 $f(x)$ 是 x 的 m 次多项式，试证：$f(\lambda)$是矩阵 $f(\boldsymbol{A})$ 的一个特征值；

(4) 若 $\boldsymbol{A}$ 可逆，试证：伴随矩阵 $\boldsymbol{A}^*$ 的特征值是$\dfrac{|\boldsymbol{A}|}{\lambda}$。

4. 如果 $\boldsymbol{A}^2=\boldsymbol{E}$，试证：$\boldsymbol{A}$ 的特征值只可能是±1。

5. 已知三阶方阵 $\boldsymbol{A}$ 的特征值是$-1,2,3$，且 $\boldsymbol{B}=\boldsymbol{A}^3-5\boldsymbol{A}^2+6\boldsymbol{A}$，试求矩阵 $\boldsymbol{B}$ 的特征值。

5.2 矩阵的相似对角化

本节主要讨论矩阵的相似对角化问题，即一个方阵在什么条件下才能化成对角形矩阵。

5.2.1 相似矩阵

定义 5.2.1 设 $\boldsymbol{A},\boldsymbol{B}$ 为两个 n 阶方阵，若存在 n 阶可逆阵 $\boldsymbol{P}$ 使

$$P^{-1}AP=B$$

则称矩阵 A 与 B 相似，记为 $A\sim B$。

用可逆矩阵 P 对 A 作运算 $P^{-1}AP$，称为对矩阵 A 进行一次相似变换。

相似是矩阵之间的一种关系。这种关系满足下面三个性质：

① 反身性　对任意 n 阶方阵 A，有 $A\sim A$；

② 对称性　若 $A\sim B$，则 $B\sim A$；

③ 传递性　若 $A\sim B$，则 $B\sim C$，则 $A\sim C$。

矩阵的相似还具有以下运算性质：

① 若 $P^{-1}A_1P=B_1$，$P^{-1}A_2P=B_2$，则 $P^{-1}(A_1+A_2)P=B_1+B_2$。

② 若 $A\sim B$，则 $kA\sim kB$，k 为常数，$k\in P$。

③ 若 $P^{-1}A_1P=B_1$，$P^{-1}A_2P=B_2$，则 $P^{-1}(A_1A_2)P=(P^{-1}A_1P)(P^{-1}A_2P)=B_1B_2$。特别地，若 $A\sim B$，则 $A^k\sim B^k$，这里 k 为正整数。

④ 若 $A\sim B$，$f(x)$ 是一个多项式，则 $f(A)\sim f(B)$。

以上运算性质可以用来简化矩阵的运算。

相似矩阵的下述性质，称为相似不变性。

定理 5.2.1　设 $A\sim B$，则有

① $R(A)=R(B)$，此处 $R(A)$，$R(B)$ 分别是 A 与 B 的秩；

② $|A|=|B|$；

③ A 可逆时 B 也可逆，且有 $A^{-1}\sim B^{-1}$。

证　①和②是显然的，只证③。

由于 $|A|=|B|$，故 $|A|\neq 0$ 时 $|B|\neq 0$，即 A 可逆时 B 也可逆；反之亦然。且 $B^{-1}=(P^{-1}AP)^{-1}=P^{-1}A^{-1}P$，即 $A^{-1}\sim B^{-1}$。证毕。

定理 5.2.2　相似的矩阵有相同的特征多项式，从而有相同的特征值。

证　设 $A\sim B$，则有可逆阵 P，使 $P^{-1}AP=B$，从而 $|\lambda E-B|=|\lambda E-P^{-1}AP|=|P^{-1}(\lambda E-A)P|=\left|P^{-1}\right||\lambda E-A||P|=|\lambda E-A|$。这样，$A$ 与 B 有相同特征多项式，从而有相同的特征值。证毕。

应该指出，定理 5.2.2 的逆是不成立的。特征多项式相同的矩阵未必是相似的。例如

$$A=\begin{pmatrix}1 & 0\\0 & 1\end{pmatrix},\qquad B=\begin{pmatrix}1 & 1\\0 & 1\end{pmatrix}$$

$|\lambda E-A|=|\lambda E-B|=(\lambda-1)^2$，但 A 与 B 不是相似的。因为 A 是单位矩阵，而与单位矩阵相似的矩阵只能是其本身。

由定理 5.2.2 可知，相似的矩阵有相同特征值。如果能找到与 A 相似的较简单的矩阵，则可简化许多问题的处理。在 n 阶矩阵中，对角矩阵是比较简单的矩阵。那么，一个矩阵什么情况下才能相似于对角矩阵呢？下面讨论这一问题。

5.2.2 矩阵的相似对角化

给定 n 阶矩阵 $\boldsymbol{A}$,怎样在与 $\boldsymbol{A}$ 相似的所有方阵中找出一个最简单的方阵呢?换言之,如何寻找可逆矩阵 $\boldsymbol{P}$ 使 $\boldsymbol{P}^{-1}\boldsymbol{A}\boldsymbol{P}=\boldsymbol{B}$ 成为对角阵呢?这就是下面要讨论的问题。

定义 5.2.2 设 $\boldsymbol{A}$ 是数域 P 上的 n 阶矩阵。如果存在数域 P 上的可逆阵 $\boldsymbol{P}$,使得

$$\boldsymbol{P}^{-1}\boldsymbol{A}\boldsymbol{P}=\begin{pmatrix}\lambda_1 & & & \\ & \lambda_2 & & \\ & & \ddots & \\ & & & \lambda_n\end{pmatrix},\quad \lambda_i\in \boldsymbol{P}\qquad (i=1,2,\cdots,n)$$

则称 $\boldsymbol{A}$ 是可相似对角化的方阵,简称 $\boldsymbol{A}$ 为可对角化。

下面的例子说明,并非所有的方阵都可以对角化。

例 5.2.1 取复数域 $\mathbf{C}$ 上的二阶矩阵

$$\boldsymbol{A}=\begin{pmatrix}1 & 1\\ 0 & 1\end{pmatrix}$$

则 $\boldsymbol{A}$ 在复数域上不能对角化。

证 设若不然,则存在可逆矩阵

$$\boldsymbol{P}=\begin{pmatrix}a & b\\ c & d\end{pmatrix}$$

使 $\boldsymbol{P}^{-1}\boldsymbol{A}\boldsymbol{P}=\begin{pmatrix}\lambda_1 & 0\\ 0 & \lambda_2\end{pmatrix}$,$\lambda_1,\lambda_2\in \boldsymbol{P}$。于是

$$\boldsymbol{A}\boldsymbol{P}=\boldsymbol{P}\begin{pmatrix}\lambda_1 & 0\\ 0 & \lambda_2\end{pmatrix}$$

即

$$\begin{pmatrix}1 & 1\\ 0 & 1\end{pmatrix}\begin{pmatrix}a & b\\ c & d\end{pmatrix}=\begin{pmatrix}a & b\\ c & d\end{pmatrix}\begin{pmatrix}\lambda_1 & 0\\ 0 & \lambda_2\end{pmatrix}$$

比较两边元素有

$$\begin{cases}a+c=a\lambda_1\\ a+d=b\lambda_2\\ c=c\lambda_1\\ d=d\lambda_2\end{cases}$$

由于 $\boldsymbol{P}$ 可逆,c,d 不能同时为 0,不妨设 $c\neq 0$,则有 $\lambda_1=1$,再由第一式有 $c=0$,这样出现了矛盾。此矛盾说明不可能存在可逆矩阵 $\boldsymbol{P}$ 对 $\boldsymbol{A}$ 作运算 $\boldsymbol{P}^{-1}\boldsymbol{A}\boldsymbol{P}$ 成对角形,即 $\boldsymbol{A}$ 在复数域 $\mathbf{C}$ 上不能对角化。

那么,什么样的方阵是可以对角化的呢?

如果 $\boldsymbol{A}$ 可相似对角化,则存在可逆阵 $\boldsymbol{P}$ 使

$$\boldsymbol{P}^{-1}\boldsymbol{A}\boldsymbol{P}=\begin{pmatrix}\lambda_1 & & & \\ & \lambda_2 & & \\ & & \ddots & \\ & & & \lambda_n\end{pmatrix}$$

从而有

$$\boldsymbol{A}\boldsymbol{P}=\boldsymbol{P}\begin{pmatrix}\lambda_1 & & & \\ & \lambda_2 & & \\ & & \ddots & \\ & & & \lambda_n\end{pmatrix}$$

记 $\boldsymbol{\alpha}_1,\boldsymbol{\alpha}_2,\cdots,\boldsymbol{\alpha}_n$ 为 $\boldsymbol{P}$ 的列向量,则有

$$\boldsymbol{A}(\boldsymbol{\alpha}_1,\boldsymbol{\alpha}_2,\cdots,\boldsymbol{\alpha}_n)=(\boldsymbol{\alpha}_1,\boldsymbol{\alpha}_2,\cdots,\boldsymbol{\alpha}_n)\begin{pmatrix}\lambda_1 & & & \\ & \lambda_2 & & \\ & & \ddots & \\ & & & \lambda_n\end{pmatrix}$$

即

$$(\boldsymbol{A}\boldsymbol{\alpha}_1,\boldsymbol{A}\boldsymbol{\alpha}_2,\cdots,\boldsymbol{A}\boldsymbol{\alpha}_n)=(\lambda_1\boldsymbol{\alpha}_1,\lambda_2\boldsymbol{\alpha}_2,\cdots,\lambda_n\boldsymbol{\alpha}_n)$$

从而

$$\boldsymbol{A}\boldsymbol{\alpha}_i=\lambda_i\boldsymbol{\alpha}_i \qquad (i=1,2,\cdots,n) \tag{5.2.1}$$

由于 $\boldsymbol{P}$ 可逆,则 $\boldsymbol{\alpha}_1,\boldsymbol{\alpha}_2,\cdots,\boldsymbol{\alpha}_n$ 线性无关。因此,要使 $\boldsymbol{A}$ 可对角化,$\boldsymbol{A}$ 必须有 n 个线性无关的特征向量,而与 $\boldsymbol{A}$ 相似的对角形矩阵中的 $\lambda_i(i=1,2,\cdots,n)$ 则是 $\boldsymbol{A}$ 的特征值。

以上分析说明,矩阵 $\boldsymbol{A}$ 是否可对角化,与 $\boldsymbol{A}$ 的特征值、特征向量的状况有密切关系。

定理 5.2.3　n 阶方阵 $\boldsymbol{A}$ 可相似对角化的充分必要条件是 $\boldsymbol{A}$ 有 n 个线性无关的特征向量。

证　必要性上面已经证明,下面证充分性。设 $\boldsymbol{A}$ 有 n 个线性无关的特征向量 $\boldsymbol{\alpha}_1,\boldsymbol{\alpha}_2,\cdots,\boldsymbol{\alpha}_n$,分别属于它的特征值 $\lambda_1,\lambda_2,\cdots,\lambda_n$,则有

$$\boldsymbol{A}\boldsymbol{\alpha}_i=\lambda_i\boldsymbol{\alpha}_i \qquad (i=1,2,\cdots,n)$$

以 $\boldsymbol{\alpha}_1,\boldsymbol{\alpha}_2,\cdots,\boldsymbol{\alpha}_n$ 为列向量作矩阵 $\boldsymbol{P}$,则 $\boldsymbol{P}$ 可逆,且

$$\begin{aligned}\boldsymbol{A}\boldsymbol{P}=&(\boldsymbol{A}\boldsymbol{\alpha}_1,\boldsymbol{A}\boldsymbol{\alpha}_2,\cdots,\boldsymbol{A}\boldsymbol{\alpha}_n)=\\&(\lambda_1\boldsymbol{\alpha}_1,\lambda_2\boldsymbol{\alpha}_2,\cdots,\lambda_n\boldsymbol{\alpha}_n)=\\&(\boldsymbol{\alpha}_1,\boldsymbol{\alpha}_2,\cdots,\boldsymbol{\alpha}_n)\begin{pmatrix}\lambda_1 & & & \\ & \lambda_2 & & \\ & & \ddots & \\ & & & \lambda_n\end{pmatrix}\end{aligned}$$

即
$$P^{-1}AP=\begin{pmatrix}\lambda_1 & & & \\ & \lambda_2 & & \\ & & \ddots & \\ & & & \lambda_n\end{pmatrix}$$
从而A可对角化。证毕。

推论 若n阶矩阵A在复数域C上有n个不同的特征值,则A可对角化。

证 设$\lambda_1,\lambda_2,\cdots,\lambda_n$是$A$的$n$个不同的特征值,$\boldsymbol{\alpha}_1,\boldsymbol{\alpha}_2,\cdots,\boldsymbol{\alpha}_n$是分别属于它们的特征向量。由定理5.1.5可知,$\boldsymbol{\alpha}_1,\boldsymbol{\alpha}_2,\cdots,\boldsymbol{\alpha}_n$线性无关;由定理5.2.3可知,$A$可对角化。

由例5.2.1可以看到,并非任何方阵都可相似对角化。这个推论给出的只是方阵相似于对角形矩阵的一个充分条件,但不是必要条件。

定理5.2.3说明,一个n阶方阵A是否可以相似对角化,在于它是否有n个线性无关的特征向量。如果A的特征值都是单根,因为属于不同特征值的特征向量是彼此线性无关的,这时A有n个线性无关的特征向量,从而A可以对角化。如果A有重特征值,注意到属于A的不同特征值的线性无关的特征向量组成的向量组是线性无关的,那么只有属于它的每个重特征值的线性无关的特征向量个数和该特征值的重数相等时,它才有n个线性无关的特征向量,这时A才可以对角化。将数域P上n阶矩阵A相似对角化的步骤归纳如下。

第一步:求特征多项式$f(\lambda)=|\lambda E-A|$,若$f(\lambda)$在数域P上不能分解为一次因式之积,则A不能对角化。

第二步:若$f(\lambda)$在数域P上可分解为因式之积,$f(\lambda)=(\lambda-\lambda_1)^{r_1}(\lambda-\lambda_2)^{r_2}\cdots(\lambda-\lambda_t)^{r_t}$,$\lambda_1,\lambda_2,\cdots,\lambda_t\in P$,则$\lambda_1,\lambda_2,\cdots,\lambda_t$就是$A$的全部特征值。

第三步:对每个特征值λ_i,求方程组$(\lambda_i E-A)X=0$的基础解系,得到属于λ_i的所有线性无关的特征向量。如果这些特征向量的总个数等于n,则A可对角化,否则不能对角化。

第四步:若方阵A的线性无关特征向量全体有n个,设为$\boldsymbol{\alpha}_1,\boldsymbol{\alpha}_2,\cdots,\boldsymbol{\alpha}_n$,令$P=(\boldsymbol{\alpha}_1,\boldsymbol{\alpha}_2,\cdots,\boldsymbol{\alpha}_n)$,则$P^{-1}AP$为对角阵,且主对角线上元素等于$\boldsymbol{\alpha}_i(i=1,2,\cdots,n)$对应的特征值。

注意,前面所说的对角化总是对数域P上而言的,矩阵是否可对角化是与所在数域有关的。对于没有明确指出所在数域的矩阵A,一般认为是在复数域上讨论的。

例5.2.2 设$A=\begin{pmatrix}1 & 0 & 0\\ -2 & 5 & -2\\ -2 & 4 & -1\end{pmatrix}$为实数域$R$上的三阶矩阵,问$A$是否可对角化?若可对角化,求出可逆阵$P$,使$P^{-1}AP$为对角阵。

解 首先求出A的特征值为1(二重特征根)和3。分别把$\lambda_1=1,\lambda_2=3$代入线性方程组$(\lambda E-A)X=0$,解之,得到属于特征值1的线性无关特征向量为

$$\boldsymbol{\alpha}_1=\begin{pmatrix}2\\1\\0\end{pmatrix},\qquad \boldsymbol{\alpha}_2=\begin{pmatrix}-1\\0\\1\end{pmatrix}$$

属于特征值 3 的特征向量为

$$\boldsymbol{\alpha}_3=\begin{pmatrix}0\\1\\1\end{pmatrix}$$

由定理 5.1.6 可知，$\boldsymbol{\alpha}_1,\boldsymbol{\alpha}_2,\boldsymbol{\alpha}_3$ 线性无关。$\boldsymbol{A}$ 为三阶矩阵，它有 3 个线性无关的特征向量，故 $\boldsymbol{A}$ 可对角化。令

$$\boldsymbol{P}=(\boldsymbol{\alpha}_1,\boldsymbol{\alpha}_2,\boldsymbol{\alpha}_3)=\begin{pmatrix}2&-1&0\\1&0&1\\0&1&1\end{pmatrix}$$

则

$$\boldsymbol{P}^{-1}\boldsymbol{AP}=\begin{pmatrix}\lambda_1&&\\&\lambda_1&\\&&\lambda_2\end{pmatrix}=\begin{pmatrix}1&&\\&1&\\&&3\end{pmatrix}$$

例 5.2.3　已知三阶矩阵 $\boldsymbol{A}$ 在实数域 $\mathbf{R}$ 上有 3 个不同特征值 $-1,1,2$，矩阵 $\boldsymbol{B}=\boldsymbol{A}^3+2\boldsymbol{A}+\boldsymbol{E}$。问 $\boldsymbol{B}$ 在实数域上是否可对角化，并求 $|\boldsymbol{B}|$。

解　已知 $\boldsymbol{A}$ 有 3 个互异特征值，由定理 5.2.3 的推论可知，$\boldsymbol{A}$ 可对角化，即有可逆阵 $\boldsymbol{P}$ 使

$$\boldsymbol{P}^{-1}\boldsymbol{AP}=\begin{pmatrix}-1&&\\&1&\\&&2\end{pmatrix}$$

由于

$$\boldsymbol{P}^{-1}\boldsymbol{A}^3\boldsymbol{P}=(\boldsymbol{P}^{-1}\boldsymbol{AP})(\boldsymbol{P}^{-1}\boldsymbol{AP})(\boldsymbol{P}^{-1}\boldsymbol{AP})=\begin{pmatrix}-1&&\\&1&\\&&2\end{pmatrix}^3=\begin{pmatrix}-1&&\\&1&\\&&8\end{pmatrix}$$

$$\boldsymbol{P}^{-1}(2\boldsymbol{A})\boldsymbol{P}=2(\boldsymbol{P}^{-1}\boldsymbol{AP})=\begin{pmatrix}-2&&\\&2&\\&&4\end{pmatrix}$$

则

$$\boldsymbol{P}^{-1}\boldsymbol{BP}=\boldsymbol{P}^{-1}(\boldsymbol{A}^3+2\boldsymbol{A}+\boldsymbol{E})\boldsymbol{P}=\boldsymbol{P}^{-1}\boldsymbol{A}^3\boldsymbol{P}+2\boldsymbol{P}^{-1}\boldsymbol{AP}+\boldsymbol{E}=$$

$$\begin{pmatrix}-1&&\\&1&\\&&8\end{pmatrix}+\begin{pmatrix}-2&&\\&2&\\&&4\end{pmatrix}+\begin{pmatrix}1&&\\&1&\\&&1\end{pmatrix}=\begin{pmatrix}-2&&\\&4&\\&&13\end{pmatrix}$$

故 $\boldsymbol{B}$ 可对角化，且 $\boldsymbol{B}$ 的特征值为 $-2,4,13$。由定理 5.2.1 可知，$|\boldsymbol{B}|=\begin{vmatrix}-2 & & \\ & 4 & \\ & & 13\end{vmatrix}=-104$。

例 5.2.4 设三阶方阵 $\boldsymbol{A},4\boldsymbol{E}-\boldsymbol{A},\boldsymbol{A}+5\boldsymbol{E}$ 都不可逆，问 $\boldsymbol{A}$ 是否可对角化，若可对角化，写出其对角阵。

解 因为 $\boldsymbol{A},4\boldsymbol{E}-\boldsymbol{A},\boldsymbol{A}+5\boldsymbol{E}$ 都不可逆，所以

$$|\boldsymbol{A}|=|4\boldsymbol{E}-\boldsymbol{A}|=|\boldsymbol{A}+5\boldsymbol{E}|=0$$

从而 $\boldsymbol{A}$ 有 3 个不同特征值 $0,4,-5$，由定理 5.2.3 的推论可知，$\boldsymbol{A}$ 可相似对角化。它的对角阵为

$$\begin{pmatrix}0 & & \\ & 4 & \\ & & -5\end{pmatrix}$$

习题 5.2

1. 判断题：

(1) n 阶方阵 $\boldsymbol{A}$ 与对角阵相似的充分必要条件是 $\boldsymbol{A}$ 有 n 个互不相同的特征值；

(2) 如果 n 阶矩阵 $\boldsymbol{A}$ 经初等变换可化为对角阵 $\boldsymbol{B}$，则 $\boldsymbol{A}$ 与 $\boldsymbol{B}$ 相似；

(3) n 阶方阵 $\boldsymbol{A}$ 与 $\boldsymbol{B}$ 有相同的特征多项式，那么它们一定相似；

(4) 设 $\boldsymbol{\alpha}_1,\boldsymbol{\alpha}_2,\cdots,\boldsymbol{\alpha}_s$ 为方阵 $\boldsymbol{A}$ 的属于特征值 λ 的线性无关的特征向量，那么它们的任一线性组合 $k_1\boldsymbol{\alpha}_1+k_2\boldsymbol{\alpha}_2+\cdots+k_s\boldsymbol{\alpha}_s$ ($k_1,k_2,\cdots,k_s$ 不同时为零) 也是 $\boldsymbol{A}$ 的属于特征值 λ 的特征向量；

(5) 任何一个方阵 $\boldsymbol{A}$ 都与其自身相似；

(6) 设 $\boldsymbol{A}$ 与 $\boldsymbol{B}$ 都是 n 阶矩阵，如果 $\boldsymbol{A}^2$ 与 $\boldsymbol{B}^2$ 相似，则 $\boldsymbol{A}$ 与 $\boldsymbol{B}$ 相似；

(7) 设 $\boldsymbol{A}$ 与 $\boldsymbol{B}$ 是两个 n 阶矩阵，a 与 b 是任意两个常数，如果 $\boldsymbol{A}$ 与 $\boldsymbol{B}$ 相似，则 $a\boldsymbol{A}$ 与 $b\boldsymbol{B}$ 也相似；

(8) λ 是矩阵 $\boldsymbol{A}$ 的特征值，$\boldsymbol{A}$ 为正交矩阵，则 $\dfrac{1}{\lambda}$ 也是 $\boldsymbol{A}$ 的特征值；

(9) 若 λ_0 是矩阵 $\boldsymbol{A}$ 的特征值，则 ${\lambda_0}^2+2\lambda_0+1$ 是矩阵 $(\boldsymbol{A}+\boldsymbol{E})^2$ 的特征值；

(10) 设 $\boldsymbol{A}$ 为三阶方阵，其特征值为 $1,2,-3$，与之对应的特征向量依次为 $\boldsymbol{P}_1$，$\boldsymbol{P}_2,\boldsymbol{P}_3$，设 $\boldsymbol{P}=(\boldsymbol{P}_3,\boldsymbol{P}_2,\boldsymbol{P}_1)$，则 $\boldsymbol{P}^{-1}\boldsymbol{A}\boldsymbol{P}=\begin{pmatrix}-3 & & \\ & 2 & \\ & & 1\end{pmatrix}$。

2. 设 $\boldsymbol{A}=\begin{pmatrix}1 & 0\\ 1 & -2\end{pmatrix}$，求 $\boldsymbol{A}^{10}$。

3. 证明对角形矩阵$\begin{pmatrix} a_1 & & \\ & a_2 & \\ & & a_3 \end{pmatrix}$与$\begin{pmatrix} a_3 & & \\ & a_2 & \\ & & a_1 \end{pmatrix}$相似。

4. 已知矩阵 $\boldsymbol{A}=\begin{pmatrix} -2 & 0 & 0 \\ 2 & a & 2 \\ 3 & 1 & 1 \end{pmatrix}$与矩阵 $\boldsymbol{B}=\begin{pmatrix} -1 & & \\ & 2 & \\ & & b \end{pmatrix}$相似，求 a,b。

5. 求复数域上矩阵 $\boldsymbol{A}$ 的特征值与特征向量；对于其中可对角化的，求可逆阵 $\boldsymbol{P}$，使 $\boldsymbol{P}^{-1}\boldsymbol{AP}$ 为对角阵。

(1) $\boldsymbol{A}=\begin{pmatrix} 1 & 1 & 1 \\ 1 & 1 & 1 \\ 1 & 1 & 1 \end{pmatrix}$；

(2) $\boldsymbol{A}=\begin{pmatrix} 4 & 0 & 0 \\ 0 & 3 & 1 \\ 0 & 1 & 3 \end{pmatrix}$；

(3) $\boldsymbol{A}=\begin{pmatrix} 1 & -3 & 3 \\ 3 & -5 & 3 \\ 6 & -6 & 4 \end{pmatrix}$；

(4) $\boldsymbol{A}=\begin{pmatrix} 5 & 6 & -3 \\ -1 & 0 & 1 \\ 1 & 2 & -1 \end{pmatrix}$；

(5) $\boldsymbol{A}=\begin{pmatrix} 1 & 1 & 1 & 1 \\ 1 & 1 & -1 & -1 \\ 1 & -1 & 1 & -1 \\ 1 & -1 & -1 & 1 \end{pmatrix}$；

(6) $\boldsymbol{A}=\begin{pmatrix} 3 & 1 & 0 \\ -4 & -1 & 0 \\ 4 & -8 & -2 \end{pmatrix}$。

6. 如果 $\boldsymbol{A}$ 可逆，证明：$\boldsymbol{AB}$ 与 $\boldsymbol{BA}$ 相似。

7. 如果 $\boldsymbol{A}$ 与 $\boldsymbol{B}$ 相似，$\boldsymbol{C}$ 与 $\boldsymbol{D}$ 相似，证明$\begin{pmatrix} \boldsymbol{A} & \boldsymbol{O} \\ \boldsymbol{O} & \boldsymbol{C} \end{pmatrix}$与$\begin{pmatrix} \boldsymbol{B} & \boldsymbol{O} \\ \boldsymbol{O} & \boldsymbol{D} \end{pmatrix}$相似。

5.3　实对称矩阵的相似对角化

在本节中将证明，若 $\boldsymbol{A}$ 是实数域 $\mathbf{R}$ 上的对称矩阵，则 $\boldsymbol{A}$ 必可相似对角化。更进一步，可找到正交矩阵 $\boldsymbol{Q}$，使 $\boldsymbol{Q}^{-1}\boldsymbol{AQ}=\boldsymbol{Q}^{\mathrm{T}}\boldsymbol{AQ}=\boldsymbol{B}$ 为对角矩阵。为此，需要先介绍向量内积的概念与向量的正交化方法。

5.3.1　向量的内积与施密特(Schmidt)正交化方法

在解析几何中知道，三维向量空间中的向量可定义数量积运算。设$\{\boldsymbol{i},\boldsymbol{j},\boldsymbol{k}\}$是三维向量空间中互相垂直的单位向量，若

$$\boldsymbol{\alpha}=a_1\boldsymbol{i}+a_2\boldsymbol{j}+a_3\boldsymbol{k},\qquad \boldsymbol{\beta}=b_1\boldsymbol{i}+b_2\boldsymbol{j}+b_3\boldsymbol{k}$$

则 $\boldsymbol{\alpha}$ 与 $\boldsymbol{\beta}$ 的数量积 $\boldsymbol{\alpha}\cdot\boldsymbol{\beta}=a_1b_1+a_2b_2+a_3b_3$。

向量的许多性质如长度、夹角、垂直关系都可由此来表示。受此启发，可以在 n 维向量空间中引入类似运算，并由此描述向量之间的所谓“正交”关系。在本节中只限于在 n 维实向量空间上讨论。

定义 5.3.1 设 $\boldsymbol{\alpha}=(a_1,a_2,\cdots,a_n)^{\mathrm{T}}$,$\boldsymbol{\beta}=(b_1,b_2,\cdots,b_n)^{\mathrm{T}}$ 是 n 维实向量空间 $\mathbf{R}^n$ 中的任意两个向量,令

$$(\boldsymbol{\alpha},\boldsymbol{\beta})=a_1b_1+a_2b_2+\cdots+a_nb_n$$

称实数$(\boldsymbol{\alpha},\boldsymbol{\beta})$ 为向量 $\boldsymbol{\alpha}$ 与 $\boldsymbol{\beta}$ 的内积。

向量的内积具有以下性质:

① 对称性 $(\boldsymbol{\alpha},\boldsymbol{\beta})=(\boldsymbol{\beta},\boldsymbol{\alpha})$;

② 线性性 $(\boldsymbol{\alpha}+\boldsymbol{\beta},\boldsymbol{\gamma})=(\boldsymbol{\alpha},\boldsymbol{\gamma})+(\boldsymbol{\beta},\boldsymbol{\gamma})$,$(k\boldsymbol{\alpha},\boldsymbol{\beta})=k(\boldsymbol{\alpha},\boldsymbol{\beta})$;

③ 恒正性 $(\boldsymbol{\alpha},\boldsymbol{\alpha})>0$,当 $\boldsymbol{\alpha}\neq\mathbf{0}$ 时。

定义 5.3.2 若$(\boldsymbol{\alpha},\boldsymbol{\beta})=0$,则称向量 $\boldsymbol{\alpha}$ 与 $\boldsymbol{\beta}$ **正交**。

易见向量的正交是三维空间中向量互相垂直关系的自然推广。由定义可知,零向量与任何向量正交。

定义 5.3.3 设 $\boldsymbol{\alpha}$ 是 n 维向量,称 $\sqrt{(\boldsymbol{\alpha},\boldsymbol{\alpha})}$ 为 $\boldsymbol{\alpha}$ 的长,记为$|\boldsymbol{\alpha}|$。若$|\boldsymbol{\alpha}|=1$,则称 $\boldsymbol{\alpha}$ 为单位向量。

易见$|\boldsymbol{\alpha}|=0$,当且仅当 $\boldsymbol{\alpha}$ 为零向量。对任何非零向量 $\boldsymbol{\alpha}$,有$|\boldsymbol{\alpha}|>0$,且有

$$|k\boldsymbol{\alpha}|=\sqrt{(k\boldsymbol{\alpha},k\boldsymbol{\alpha})}=\sqrt{k^2(\boldsymbol{\alpha},\boldsymbol{\alpha})}=|k|\,|\boldsymbol{\alpha}|$$

对于非零向量 $\boldsymbol{\alpha}$,$\boldsymbol{\alpha}^0=\dfrac{1}{|\boldsymbol{\alpha}|}\boldsymbol{\alpha}$ 的长 $|\boldsymbol{\alpha}^0|=\dfrac{1}{|\boldsymbol{\alpha}|}|\boldsymbol{\alpha}|=1$,$\boldsymbol{\alpha}^0$ 称为 $\boldsymbol{\alpha}$ 的单位化,$\boldsymbol{\alpha}^0=\dfrac{1}{|\boldsymbol{\alpha}|}\boldsymbol{\alpha}$ 称为单位化公式。

定义 5.3.4 设 $\boldsymbol{\alpha}_1,\boldsymbol{\alpha}_2,\cdots,\boldsymbol{\alpha}_s$ 是一组非零向量。若其中任意两个都是正交的,则称其为**正交向量组**。仅由一个非零向量 $\boldsymbol{\alpha}$ 组成的向量组也称为**正交向量组**。

若正交向量组中每个向量都是单位向量,则称其为**标准正交组**。

例 5.3.1 设 $\boldsymbol{\alpha}_1=(1,2,-1,1)$,$\boldsymbol{\alpha}_2=(1,-1,0,1)$,$\boldsymbol{\alpha}_3=(-1,1,3,2)$,则 $\boldsymbol{\alpha}_1,\boldsymbol{\alpha}_2,\boldsymbol{\alpha}_3$ 是 $\mathbf{R}^4$ 中正交向量组,但不是标准正交组。

解 这是因为

$$(\boldsymbol{\alpha}_1,\boldsymbol{\alpha}_2)=1-2+0+1=0$$
$$(\boldsymbol{\alpha}_1,\boldsymbol{\alpha}_3)=-1+2-3+2=0$$
$$(\boldsymbol{\alpha}_2,\boldsymbol{\alpha}_3)=-1-1+0+2=0$$

而

$$|\boldsymbol{\alpha}_1|=\sqrt{1+4+1+1}=\sqrt{7}$$
$$|\boldsymbol{\alpha}_2|=\sqrt{1+1+0+1}=\sqrt{3}$$
$$|\boldsymbol{\alpha}_3|=\sqrt{1+1+9+4}=\sqrt{15}$$

故 $\boldsymbol{\alpha}_1,\boldsymbol{\alpha}_2,\boldsymbol{\alpha}_3$ 都不是单位向量。若

$$\boldsymbol{\beta}_1=\frac{1}{\sqrt{7}}\boldsymbol{\alpha}_1=\left(\frac{1}{\sqrt{7}},\frac{2}{\sqrt{7}},\frac{-1}{\sqrt{7}},\frac{1}{\sqrt{7}}\right)$$

$$\boldsymbol{\beta}_2=\frac{1}{\sqrt{3}}\boldsymbol{\alpha}_2=\left(\frac{1}{\sqrt{3}},\frac{-1}{3},0,\frac{1}{\sqrt{3}}\right)$$

$$\boldsymbol{\beta}_3=\frac{1}{\sqrt{15}}\boldsymbol{\alpha}_3=\left(\frac{-1}{\sqrt{15}},\frac{1}{\sqrt{15}},\frac{3}{\sqrt{15}},\frac{2}{\sqrt{15}}\right)$$

则 $\boldsymbol{\beta}_1,\boldsymbol{\beta}_2,\boldsymbol{\beta}_3$ 是标准正交组。

定理 5.3.1　设 $\boldsymbol{\alpha}_1,\boldsymbol{\alpha}_2,\cdots,\boldsymbol{\alpha}_m$ 是 $\mathbf{R}^n$ 中的向量组,则

① 若 $\boldsymbol{\beta}$ 与 $\boldsymbol{\alpha}_1,\boldsymbol{\alpha}_2,\cdots,\boldsymbol{\alpha}_m$ 的每一个向量正交,则 $\boldsymbol{\beta}$ 必与 $\boldsymbol{\alpha}_1,\boldsymbol{\alpha}_2\cdots,\boldsymbol{\alpha}_m$ 的任一线性组合正交。

② 若 $\boldsymbol{\alpha}_1,\boldsymbol{\alpha}_2,\cdots,\boldsymbol{\alpha}_m$ 是正交向量组,则它们必然线性无关。

证　① 由条件可知,$(\boldsymbol{\beta},\boldsymbol{\alpha}_i)=0(i=1,2,\cdots,m)$ 。设 $\boldsymbol{\gamma}=k_1\boldsymbol{\alpha}_1+k_2\boldsymbol{\alpha}_2+\cdots+k_m\boldsymbol{\alpha}_m$ 是 $\boldsymbol{\alpha}_1,\boldsymbol{\alpha}_2,\cdots,\boldsymbol{\alpha}_m$ 的任一线性组合,由内积的线性性,有

$$(\boldsymbol{\beta},\boldsymbol{\gamma})=(\boldsymbol{\beta},k_1\boldsymbol{\alpha}_1+k_2\boldsymbol{\alpha}_2+\cdots+k_m\boldsymbol{\alpha}_m)=$$
$$k_1(\boldsymbol{\beta},\boldsymbol{\alpha}_1)+k_2(\boldsymbol{\beta},\boldsymbol{\alpha}_2)+\cdots+k_m(\boldsymbol{\beta},\boldsymbol{\alpha}_m)=0$$

故 $\boldsymbol{\beta}$ 与 $\boldsymbol{\gamma}$ 正交。

② 设 $k_1\boldsymbol{\alpha}_1+k_2\boldsymbol{\alpha}_2+\cdots+k_m\boldsymbol{\alpha}_m=\mathbf{0}$,用 $\boldsymbol{\alpha}_1$ 与其两边作内积运算,得

$$k_1(\boldsymbol{\alpha}_1,\boldsymbol{\alpha}_1)+k_2(\boldsymbol{\alpha}_1,\boldsymbol{\alpha}_2)+\cdots+k_m(\boldsymbol{\alpha}_1,\boldsymbol{\alpha}_m)=(\boldsymbol{\alpha}_1,\mathbf{0})=0$$

由于当 $j\neq1$ 时,$(\boldsymbol{\alpha}_1,\boldsymbol{\alpha}_j)=0$,于是 $k_1(\boldsymbol{\alpha}_1,\boldsymbol{\alpha}_1)=0$。因为 $\boldsymbol{\alpha}_1$ 是非零向量,故$(\boldsymbol{\alpha}_1,\boldsymbol{\alpha}_1)\neq0$,因此$k_1=0$。

用 $\boldsymbol{\alpha}_i$ 代替 $\boldsymbol{\alpha}_1$ 重复以上论证,可得 $k_i=0,i=2,\cdots,m$,故 $\boldsymbol{\alpha}_1,\boldsymbol{\alpha}_2,\cdots,\boldsymbol{\alpha}_m$ 线性无关。证毕。

定理 5.3.1 表明,在 $\mathbf{R}^n$ 中正交向量组至多含有 n 个向量,这是因为在 $\mathbf{R}^n$ 中至多有 n 个线性无关的向量。

下面讨论任给 $\mathbf{R}^n$ 中线性无关的向量组 $\boldsymbol{\alpha}_1,\boldsymbol{\alpha}_2,\cdots,\boldsymbol{\alpha}_m(m\leqslant n)$,如何找到 $\mathbf{R}^n$ 中的标准正交组 $\boldsymbol{\beta}_1,\boldsymbol{\beta}_2,\cdots,\boldsymbol{\beta}_m$,使每个 $\boldsymbol{\beta}_i$ 都是 $\boldsymbol{\alpha}_1,\boldsymbol{\alpha}_2,\cdots,\boldsymbol{\alpha}_i(i=1,2,\cdots,m)$的线性组合。这就是所谓的施密特正交化方法。它的意义在于,把任一组线性无关向量转化为标准正交向量组,而它们之间是等价的。

定理 5.3.2(施密特正交定理)　设 $\boldsymbol{\alpha}_1,\boldsymbol{\alpha}_2,\cdots,\boldsymbol{\alpha}_m(m\leqslant n)$是 $\mathbf{R}^n$ 中线性无关向量组,则必存在标准正交组 $\boldsymbol{\beta}_1,\boldsymbol{\beta}_2,\cdots,\boldsymbol{\beta}_m$,使 $\boldsymbol{\beta}_j$ 可由 $\boldsymbol{\alpha}_1,\boldsymbol{\alpha}_2,\cdots,\boldsymbol{\alpha}_j(j=1,2,\cdots,m)$线性表出。

证　首先,取 $\boldsymbol{\gamma}_1=\boldsymbol{\alpha}_1$,显然 $\boldsymbol{\gamma}_1$ 可由 $\boldsymbol{\alpha}_1$ 线性表出。令

$$\boldsymbol{\gamma}_2=\boldsymbol{\alpha}_2-\frac{(\boldsymbol{\alpha}_2,\boldsymbol{\gamma}_1)}{(\boldsymbol{\gamma}_1,\boldsymbol{\gamma}_1)}\boldsymbol{\gamma}_1$$

由于 $\boldsymbol{\alpha}_1,\boldsymbol{\alpha}_2$ 线性无关,故 $\boldsymbol{\gamma}_2\neq0$,且$(\boldsymbol{\gamma}_2,\boldsymbol{\gamma}_1)=0$。$\boldsymbol{\gamma}_2$ 是 $\boldsymbol{\gamma}_1,\boldsymbol{\alpha}_2$ 的线性组合,从而是 $\boldsymbol{\alpha}_1,\boldsymbol{\alpha}_2$ 的线性组合。这样 $\boldsymbol{\gamma}_1,\boldsymbol{\gamma}_2$ 是正交向量组,且可由 $\boldsymbol{\alpha}_1,\boldsymbol{\alpha}_2$ 线性表出。

一般地,若 $\boldsymbol{\gamma}_1,\boldsymbol{\gamma}_2,\cdots,\boldsymbol{\gamma}_i$ 已作成正交向量组且可由 $\boldsymbol{\alpha}_1,\boldsymbol{\alpha}_2,\cdots,\boldsymbol{\alpha}_i$ 线性表出,令

$$\boldsymbol{\gamma}_{i+1}=\boldsymbol{\alpha}_{i+1}-\frac{(\boldsymbol{\alpha}_{i+1},\boldsymbol{\gamma}_i)}{(\boldsymbol{\gamma}_i,\boldsymbol{\gamma}_i)}\boldsymbol{\gamma}_i-\frac{(\boldsymbol{\alpha}_{i+1},\boldsymbol{\gamma}_{i-1})}{(\boldsymbol{\gamma}_{i-1},\boldsymbol{\gamma}_{i-1})}\boldsymbol{\gamma}_{i-1}-\cdots-\frac{(\boldsymbol{\alpha}_{i+1},\boldsymbol{\gamma}_1)}{(\boldsymbol{\gamma}_1,\boldsymbol{\gamma}_1)}\boldsymbol{\gamma}_1 \tag{5.3.1}$$

则$(\boldsymbol{\gamma}_{i+1},\boldsymbol{\gamma}_j)=0, j=1,2,\cdots,i$。这样$\boldsymbol{\gamma}_1,\boldsymbol{\gamma}_2,\cdots,\boldsymbol{\gamma}_i,\boldsymbol{\gamma}_{i+1}$为正交向量组,且$\boldsymbol{\gamma}_{i+1}$可由$\boldsymbol{\gamma}_1,\boldsymbol{\gamma}_2,\cdots,\boldsymbol{\gamma}_i,\boldsymbol{\alpha}_{i+1}$线性表出。由于$\boldsymbol{\gamma}_j(j=1,2,\cdots,i)$皆可由$\boldsymbol{\alpha}_1,\boldsymbol{\alpha}_2,\cdots,\boldsymbol{\alpha}_i$线性表出,故$\boldsymbol{\gamma}_{i+1}$可由$\boldsymbol{\alpha}_1,\boldsymbol{\alpha}_2,\cdots,\boldsymbol{\alpha}_i,\boldsymbol{\alpha}_{i+1}$线性表出。

继续上述过程,直到$i+1=m$时,$\boldsymbol{\gamma}_1,\boldsymbol{\gamma}_2,\cdots,\boldsymbol{\gamma}_m$就成为正交向量组。

再令

$$\boldsymbol{\beta}_j=\frac{1}{|\boldsymbol{\gamma}_j|}\boldsymbol{\gamma}_j \qquad (j=1,2,\cdots,m) \tag{5.3.2}$$

则$\boldsymbol{\beta}_1,\boldsymbol{\beta}_2,\cdots,\boldsymbol{\beta}_m$即为所求的标准正交组。证毕。

定理5.3.2的证明过程实际上就是向量组的标准正交化的具体实施过程。式(5.3.1)、式(5.3.2)就是具体实行的计算公式。式(5.3.1)实行向量组的正交化,式(5.3.2)实行正交向量组的单位化。

例5.3.2 设$\boldsymbol{\alpha}_1=(1,1,0,0)^{\mathrm{T}},\boldsymbol{\alpha}_2=(1,0,1,0)^{\mathrm{T}},\boldsymbol{\alpha}_3=(-1,0,0,1)^{\mathrm{T}}$是$\mathbf{R}^4$中的向量组,用施密特正交化方法把它们化为标准正交组。

解 易验证$\boldsymbol{\alpha}_1,\boldsymbol{\alpha}_2,\boldsymbol{\alpha}_3$线性无关,从而可通过施密特正交化的方法把其化为标准正交组。对之进行正交化,得

$$\boldsymbol{\beta}_1=\boldsymbol{\alpha}_1=(1,1,0,0)^{\mathrm{T}}$$

$$\boldsymbol{\beta}_2=\boldsymbol{\alpha}_2-\frac{(\boldsymbol{\alpha}_2,\boldsymbol{\beta}_1)}{(\boldsymbol{\beta}_1,\boldsymbol{\beta}_1)}\boldsymbol{\beta}_1=\left(\frac{1}{2},-\frac{1}{2},1,0\right)^{\mathrm{T}}$$

$$\boldsymbol{\beta}_3=\boldsymbol{\alpha}_3-\frac{(\boldsymbol{\alpha}_3,\boldsymbol{\beta}_2)}{(\boldsymbol{\beta}_2,\boldsymbol{\beta}_2)}\boldsymbol{\beta}_2-\frac{(\boldsymbol{\alpha}_3,\boldsymbol{\beta}_1)}{(\boldsymbol{\beta}_1,\boldsymbol{\beta}_1)}\boldsymbol{\beta}_1=\left(-\frac{1}{3},\frac{1}{3},\frac{1}{3},1\right)^{\mathrm{T}}$$

再单位化,得

$$\boldsymbol{\gamma}_1=\left(\frac{1}{\sqrt{2}},\frac{1}{\sqrt{2}},0,0\right)^{\mathrm{T}}$$

$$\boldsymbol{\gamma}_2=\left(\frac{1}{\sqrt{6}},-\frac{1}{\sqrt{6}},\frac{2}{\sqrt{6}},0\right)^{\mathrm{T}}$$

$$\boldsymbol{\gamma}_3=\left(-\frac{1}{\sqrt{12}},\frac{1}{\sqrt{12}},\frac{1}{\sqrt{12}},\frac{3}{\sqrt{12}}\right)^{\mathrm{T}}$$

则$\boldsymbol{\gamma}_1,\boldsymbol{\gamma}_2,\boldsymbol{\gamma}_3$就是$\boldsymbol{\alpha}_1,\boldsymbol{\alpha}_2,\boldsymbol{\alpha}_3$的标准正交组。

5.3.2 实对称矩阵的特征值与特征向量

在2.2.3小节中已经给出了对称矩阵的概念。如果对称矩阵中的元素全为实数,则称为实对称矩阵。单位矩阵、实对角形矩阵均为实对称矩阵的特殊情形。实对称矩阵的特征值与特征向量具有特别的性质。

定理5.3.3 实对称矩阵的特征值全为实数。

证 设对称矩阵$\boldsymbol{A}=(a_{ij})_{n\times n}$,它的共轭矩阵为$\overline{\boldsymbol{A}}=(\overline{a}_{ij})_{n\times n}$,其中$\overline{a}_{ij}$表示$a_{ij}$的共轭复数。设$\lambda_0$是实对称矩阵$\boldsymbol{A}$的特征值,$\boldsymbol{\alpha}=(a_1,a_2,\cdots,a_n)^{\mathrm{T}}$为$\boldsymbol{A}$的居于$\lambda_0$的特征向量,要证明$\lambda_0=\overline{\lambda}_0$。

对 $\boldsymbol{A\alpha}=\lambda_0\boldsymbol{\alpha}$ 两边取共轭复数，得$\overline{\boldsymbol{A\alpha}}=\bar{\lambda}_0\bar{\boldsymbol{\alpha}}$。由于 $\boldsymbol{A}$ 是实对称的，故有 $\boldsymbol{A}^{\mathrm{T}}=\boldsymbol{A},\bar{\boldsymbol{A}}=\boldsymbol{A}$。从而

$$\bar{\boldsymbol{\alpha}}^{\mathrm{T}}(\boldsymbol{A\alpha})=\bar{\boldsymbol{\alpha}}^{\mathrm{T}}\boldsymbol{A}^{\mathrm{T}}\boldsymbol{\alpha}=(\boldsymbol{A}\bar{\boldsymbol{\alpha}})^{\mathrm{T}}\boldsymbol{\alpha}=(\overline{\boldsymbol{A\alpha}})^{\mathrm{T}}\boldsymbol{\alpha}$$

$$\bar{\boldsymbol{\alpha}}^{\mathrm{T}}(\boldsymbol{A\alpha})=\bar{\boldsymbol{\alpha}}^{\mathrm{T}}(\lambda_0\boldsymbol{\alpha})=\lambda_0(\bar{\boldsymbol{\alpha}}^{\mathrm{T}}\boldsymbol{\alpha})$$

又

$$(\overline{\boldsymbol{A\alpha}})^{\mathrm{T}}\boldsymbol{\alpha}=(\overline{\lambda_0\boldsymbol{\alpha}})^{\mathrm{T}}\boldsymbol{\alpha}=(\bar{\lambda}_0\bar{\boldsymbol{\alpha}}^{\mathrm{T}})\boldsymbol{\alpha}=\bar{\lambda}_0(\bar{\boldsymbol{\alpha}}^{\mathrm{T}}\boldsymbol{\alpha})$$

则

$$\lambda_0(\bar{\boldsymbol{\alpha}}^{\mathrm{T}}\boldsymbol{\alpha})=\bar{\lambda}_0(\bar{\boldsymbol{\alpha}}^{\mathrm{T}}\boldsymbol{\alpha})$$

由于

$$\bar{\boldsymbol{\alpha}}^{\mathrm{T}}\boldsymbol{\alpha}=(\bar{a}_1,\bar{a}_2,\cdots,\bar{a}_n)\begin{pmatrix}a_1\\a_2\\\vdots\\a_n\end{pmatrix}=\bar{a}_1a_1+\bar{a}_2a_2+\cdots+\bar{a}_na_n=|a_1|^2+|a_2|^2+\cdots+|a_n|^2>0$$

由此 $\lambda_0=\bar{\lambda}_0$，故 λ_0 是实数。证毕。

由于 λ_0 是实数，且它的特征向量 $\boldsymbol{\alpha}$ 是$(\lambda_0\boldsymbol{E}-\boldsymbol{A})\boldsymbol{X}=\boldsymbol{0}$ 的非零解，因此实对称矩阵的特征向量可以取实向量。

注意　若 $\boldsymbol{A}$ 是一般的实矩阵而非对称的，则其特征值与特征向量完全可能是复数。

定理 5.3.4　设 $\boldsymbol{A}$ 是实对称矩阵，则属于 $\boldsymbol{A}$ 的不同特征值的特征向量必然正交。

证　设 λ,μ 是 $\boldsymbol{A}$ 的两个不同特征值，$\boldsymbol{\alpha},\boldsymbol{\beta}$ 是分别属于 λ,μ 的特征向量，则有

$$\boldsymbol{A\alpha}=\lambda\boldsymbol{\alpha},\qquad \boldsymbol{A\beta}=\mu\boldsymbol{\beta}$$

对第一个等式两边转置并右乘 $\boldsymbol{\beta}$，得

$$\boldsymbol{\alpha}^{\mathrm{T}}\boldsymbol{A}^{\mathrm{T}}\boldsymbol{\beta}=\lambda\boldsymbol{\alpha}^{\mathrm{T}}\boldsymbol{\beta}$$

由于 $\boldsymbol{A}=\boldsymbol{A}^{\mathrm{T}}$，代入上式左边，并移项得

$$(\lambda-\mu)\boldsymbol{\alpha}^{\mathrm{T}}\boldsymbol{\beta}=\boldsymbol{0}$$

由于 $\lambda\neq\mu$，故 $\boldsymbol{\alpha}^{\mathrm{T}}\boldsymbol{\beta}=\boldsymbol{0}$，即 $\boldsymbol{\alpha}$ 与 $\boldsymbol{\beta}$ 正交。证毕。

定理 5.3.4 指出，实对称矩阵的属于不同特征值的特征向量不仅是线性无关的，而且是互相正交的。这为寻找实对称矩阵的正交特征向量组提供了可能。

5.3.3　实对称矩阵的相似对角化

现在来讨论，实对称矩阵是否可相似于一个对角形矩阵。与此等价的问题是，n 阶实对称矩阵是否有 n 个线性无关的特征向量？答案是肯定的。n 阶实对称矩阵不仅有 n 个线性无关的特征向量，而且它还可以有 n 个相互正交的单位向量作为特征向量。下面来讨论这个问题。

定理 5.3.5　设 $\boldsymbol{A}$ 是 n 阶实对称矩阵，则必有 n 阶正交矩阵 $\boldsymbol{Q}$，使

$$Q^{T}AQ=Q^{-1}AQ=\begin{pmatrix}\lambda_1 & & & \\ & \lambda_2 & & \\ & & \ddots & \\ & & & \lambda_n\end{pmatrix}$$

其中,Q 的列是 A 的 n 个相互正交的单位特征向量,$\lambda_1,\lambda_2,\cdots,\lambda_n$ 是 A 的全部实特征值。

证 对 A 的阶数 n,用数学归纳法来证明本定理。

当 $n=1$ 时,A 本身就是对角形矩阵,取正交矩阵 Q 为一阶单位矩阵 E,即有 $Q^{T}AQ=Q^{-1}AQ=A$为对角形矩阵。定理显然成立。

设对 $n-1$ 阶实对称矩阵定理成立,现考虑 n 阶实对称矩阵 A。由定理5.3.3可知,A 的特征值全为实数,故至少有一个实特征值 λ_1。设 $\boldsymbol{\alpha}_1$ 是 A 的属于 λ_1 的特征向量,则 $\boldsymbol{\alpha}_1\neq\mathbf{0}$,且 $A\boldsymbol{\alpha}_1=\lambda_1\boldsymbol{\alpha}_1$。由于在 $\mathbf{R}^n$ 中,任一个线性无关向量组都可扩充为它的基,故 $\boldsymbol{\alpha}_1$ 可扩充为 $\mathbf{R}^n$ 的基,设为 $\boldsymbol{\alpha}_1,\boldsymbol{\alpha}_2,\cdots,\boldsymbol{\alpha}_n$。应用施密特正交化定理,由 $\boldsymbol{\alpha}_1,\boldsymbol{\alpha}_2,\cdots,\boldsymbol{\alpha}_n$ 可得标准正交组 $\boldsymbol{\beta}_1,\boldsymbol{\beta}_2,\cdots,\boldsymbol{\beta}_n$。

注意 $\boldsymbol{\beta}_1$ 仍是 A 的属于 λ_1 的特征向量,而 $\boldsymbol{\beta}_1,\boldsymbol{\beta}_2,\cdots,\boldsymbol{\beta}_n$ 仍是 $\mathbf{R}^n$ 的基,有

$$A\boldsymbol{\beta}_1=\lambda_1\boldsymbol{\beta}_1$$
$$A\boldsymbol{\beta}_i=b_{1i}\boldsymbol{\beta}_1+b_{2i}\boldsymbol{\beta}_2+\cdots+b_{ni}\boldsymbol{\beta}_n \qquad (i=2,3,\cdots,n)$$

令 $S=(\boldsymbol{\beta}_1,\boldsymbol{\beta}_2,\cdots,\boldsymbol{\beta}_n)$,则 S 是正交矩阵,且

$$AS=A(\boldsymbol{\beta}_1,\boldsymbol{\beta}_2,\cdots,\boldsymbol{\beta}_n)=(\boldsymbol{\beta}_1,\boldsymbol{\beta}_2,\cdots,\boldsymbol{\beta}_n)\begin{pmatrix}\lambda_1 & b_{12} & \cdots & b_{1n}\\ 0 & b_{22} & \cdots & b_{2n}\\ \vdots & \vdots & & \vdots\\ 0 & b_{n2} & \cdots & b_{nn}\end{pmatrix}$$

于是

$$S^{T}AS=S^{T}S\begin{pmatrix}\lambda_1 & b_{12} & \cdots & b_{1n}\\ 0 & b_{22} & \cdots & b_{2n}\\ \vdots & \vdots & & \vdots\\ 0 & b_{n2} & \cdots & b_{nn}\end{pmatrix}=\begin{pmatrix}\lambda_1 & b_{12} & \cdots & b_{1n}\\ 0 & b_{22} & \cdots & b_{2n}\\ \vdots & \vdots & & \vdots\\ 0 & b_{n2} & \cdots & b_{nn}\end{pmatrix}=B$$

由于 A 是对称矩阵,则 $B^{T}=(S^{T}AS)^{T}=S^{T}A^{T}S=S^{T}AS=B$,即 B 也是对称矩阵,必有 $b_{12}=\cdots=b_{1n}=0$。令

$$B_1=\begin{pmatrix}b_{22} & \cdots & b_{2n}\\ \vdots & & \vdots\\ b_{n2} & \cdots & b_{nn}\end{pmatrix}$$

它是 $n-1$ 阶实对称矩阵。由归纳假定,存在 $n-1$ 阶正交矩阵 S_1,使

$$S_1^{-1}B_1S_1=S_1^{T}B_1S_1=\begin{pmatrix}\lambda_2 & & & \\ & \lambda_3 & & \\ & & \ddots & \\ & & & \lambda_n\end{pmatrix}$$

令
$$S_2=\begin{pmatrix}1 & 0\\ 0 & S_1\end{pmatrix}$$

则 S_2 是 n 阶正交矩阵,且

$$S_2^{-1}BS_2=S_2^{T}BS_2=\begin{pmatrix}\lambda_1 & & & \\ & \lambda_2 & & \\ & & \ddots & \\ & & & \lambda_n\end{pmatrix}$$

这样,有

$$(SS_2)^{-1}A(SS_2)=S_2^{-1}S^{-1}ASS_2=S_2^{-1}BS_2=\begin{pmatrix}\lambda_1 & & & \\ & \lambda_2 & & \\ & & \ddots & \\ & & & \lambda_n\end{pmatrix}$$

令 $Q=SS_2$,则 $Q^{-1}=(SS_2)^{-1}=S_2^{-1}S^{-1}=S_2^{T}S^{T}=(SS_2)^{T}=Q^{T}$,故 Q 为 n 阶正交矩阵,而 $Q^{-1}AQ=Q^{T}AQ$ 为对角形矩阵。显然 Q 的列是 A 的特征向量,而 $\lambda_1,\lambda_2,\cdots,\lambda_n$ 为 A 的全部特征值。证毕。

定理 5.3.5 告诉我们,对任何实对称矩阵 A,必存在正交矩阵 Q,使 $Q^{T}AQ=Q^{-1}AQ$ 为对角形矩阵。同时,由此定理还可看出,若 A 的特征值 λ 是 k 重的,则它就有 k 个线性无关的特征向量。因此在把实对称矩阵 A 相似对角化时,关键是找出它的 n 个相互正交的特征向量。

例 5.3.3　设四阶实对称矩阵

$$A=\begin{pmatrix}0 & 1 & 1 & -1\\ 1 & 0 & -1 & 1\\ 1 & -1 & 0 & 1\\ -1 & 1 & 1 & 0\end{pmatrix}$$

用正交矩阵把 A 相似对角化。

解　由

$$|\lambda E-A|=\begin{vmatrix}\lambda & -1 & -1 & 1\\ -1 & \lambda & 1 & -1\\ -1 & 1 & \lambda & -1\\ 1 & -1 & -1 & \lambda\end{vmatrix}=\begin{vmatrix}0 & \lambda-1 & \lambda-1 & 1-\lambda^2\\ 0 & \lambda-1 & 0 & \lambda-1\\ 0 & 0 & \lambda-1 & \lambda-1\\ 1 & -1 & -1 & \lambda\end{vmatrix}=$$

$$-(\lambda-1)^3\begin{vmatrix}1 & 1 & -1-\lambda\\ 1 & 0 & 1\\ 0 & 1 & 1\end{vmatrix}=(\lambda-1)^3(\lambda+3)$$

得 $\boldsymbol{A}$ 的特征值 $\lambda_1=1$(三重根),$\lambda_2=-3$。

先求属于 $\lambda_1=1$ 的特征向量。把 $\lambda=1$ 代入

$$\begin{pmatrix} \lambda & -1 & -1 & 1 \\ -1 & \lambda & 1 & -1 \\ -1 & 1 & \lambda & -1 \\ 1 & -1 & -1 & \lambda \end{pmatrix}\begin{pmatrix} x_1 \\ x_2 \\ x_3 \\ x_4 \end{pmatrix}=\begin{pmatrix} 0 \\ 0 \\ 0 \\ 0 \end{pmatrix} \tag{5.3.3}$$

求得基础解系

$$\boldsymbol{\alpha}_1=(1,1,0,0)^{\mathrm{T}}, \quad \boldsymbol{\alpha}_2=(1,0,1,0)^{\mathrm{T}}, \quad \boldsymbol{\alpha}_3=(-1,0,0,1)^{\mathrm{T}}$$

对之进行正交化,得

$$\boldsymbol{\beta}_1=\boldsymbol{\alpha}_1=(1,1,0,0)^{\mathrm{T}}$$

$$\boldsymbol{\beta}_2=\boldsymbol{\alpha}_2-\frac{(\boldsymbol{\alpha}_2,\boldsymbol{\beta}_1)}{(\boldsymbol{\beta}_1,\boldsymbol{\beta}_1)}\boldsymbol{\beta}_1=\left(\frac{1}{2},-\frac{1}{2},1,0\right)^{\mathrm{T}}$$

$$\boldsymbol{\beta}_3=\boldsymbol{\alpha}_3-\frac{(\boldsymbol{\alpha}_3,\boldsymbol{\beta}_2)}{(\boldsymbol{\beta}_2,\boldsymbol{\beta}_2)}\boldsymbol{\beta}_2-\frac{(\boldsymbol{\alpha}_3,\boldsymbol{\beta}_1)}{(\boldsymbol{\beta}_1,\boldsymbol{\beta}_1)}\boldsymbol{\beta}_1=\left(-\frac{1}{3},\frac{1}{3},\frac{1}{3},1\right)^{\mathrm{T}}$$

再单位化,得

$$\boldsymbol{\gamma}_1=\left(\frac{1}{\sqrt{2}},\frac{1}{\sqrt{2}},0,0\right)^{\mathrm{T}} \qquad \boldsymbol{\gamma}_2=\left(\frac{1}{\sqrt{6}},-\frac{1}{\sqrt{6}},\frac{2}{\sqrt{6}},0\right)^{\mathrm{T}}$$

$$\boldsymbol{\gamma}_3=\left(-\frac{1}{\sqrt{12}},\frac{1}{\sqrt{12}},\frac{1}{\sqrt{12}},\frac{3}{\sqrt{12}}\right)^{\mathrm{T}}$$

再求属于 $\lambda_2=-3$ 的特征向量。把 $\lambda=-3$ 代入式(5.3.3),求得基础解系

$$\boldsymbol{\alpha}_4=(1,-1,-1,1)^{\mathrm{T}}$$

将其单位化,得

$$\boldsymbol{\gamma}_4=\left(\frac{1}{2},-\frac{1}{2},-\frac{1}{2},\frac{1}{2}\right)^{\mathrm{T}}$$

以 $\boldsymbol{\gamma}_1,\boldsymbol{\gamma}_2,\boldsymbol{\gamma}_3,\boldsymbol{\gamma}_4$ 为列向量组成的正交矩阵为

$$\boldsymbol{Q}=\begin{pmatrix} \frac{1}{\sqrt{2}} & \frac{1}{\sqrt{6}} & -\frac{1}{\sqrt{12}} & \frac{1}{2} \\ \frac{1}{\sqrt{2}} & -\frac{1}{\sqrt{6}} & \frac{1}{\sqrt{12}} & -\frac{1}{2} \\ 0 & \frac{2}{\sqrt{6}} & \frac{1}{\sqrt{12}} & -\frac{1}{2} \\ 0 & 0 & \frac{3}{\sqrt{12}} & \frac{1}{2} \end{pmatrix}$$

则

$$\boldsymbol{Q}^{-1}\boldsymbol{A}\boldsymbol{Q}=\boldsymbol{Q}^{\mathrm{T}}\boldsymbol{A}\boldsymbol{Q}=\begin{pmatrix} 1 & & & \\ & 1 & & \\ & & 1 & \\ & & & -3 \end{pmatrix}$$

习题 5.3

1. 设 $\boldsymbol{\alpha}_1=(2,0,1)^{\mathrm{T}}$，$\boldsymbol{\alpha}_2=(0,1,1)^{\mathrm{T}}$，$\boldsymbol{\alpha}_3=(1,1,0)^{\mathrm{T}}$ 是 $\mathbf{R}^3$ 中的向量组，用施密特正交化方法把它们化为标准正交组。

2. 已知 0 是 $\boldsymbol{A}=\begin{pmatrix}1&0&1\\0&2&0\\1&0&a\end{pmatrix}$ 的特征值，求 a 和 $\boldsymbol{A}$ 的其他的特征值。

3. 已知 $\boldsymbol{A}$ 为 $2n+1$ 阶正交矩阵，且 $|\boldsymbol{A}|=1$。试证 $\boldsymbol{A}$ 必有特征值 1。

4. 设 $\boldsymbol{\alpha}_1,\boldsymbol{\alpha}_2,\cdots,\boldsymbol{\alpha}_n,\boldsymbol{\beta}$ 是一个向量空间中的向量，且 $\boldsymbol{\beta}$ 是 $\boldsymbol{\alpha}_1,\boldsymbol{\alpha}_2,\cdots,\boldsymbol{\alpha}_n$ 的线性组合。证明：如果 $\boldsymbol{\beta}$ 与每一个 $\boldsymbol{\alpha}_i(i=1,2,\cdots,n)$ 正交，那么 $\boldsymbol{\beta}=\boldsymbol{0}$。

5. 求正交矩阵，使下列矩阵通过正交相似化为对角形矩阵：

(1) $\begin{pmatrix}2&0&0\\0&3&2\\0&2&3\end{pmatrix}$；　　(2) $\begin{pmatrix}3&4&-2\\4&3&2\\-2&2&6\end{pmatrix}$；

(3) $\begin{bmatrix}a&1&1&1\\1&a&1&1\\1&1&a&1\\1&1&1&a\end{bmatrix}$；　　(4) $\begin{bmatrix}0&0&4&1\\0&0&1&4\\4&1&0&0\\1&4&0&0\end{bmatrix}$。

6. 设三阶实对称矩阵 $\boldsymbol{A}$ 的各行元素之和均为 3，向量 $\boldsymbol{\alpha}_1=(-1,2,-1)^{\mathrm{T}}$，$\boldsymbol{\alpha}_2=(0,-1,1)^{\mathrm{T}}$ 是线性方程组 $\boldsymbol{A}\boldsymbol{x}=\boldsymbol{0}$ 的两个解。

(1) 求 $\boldsymbol{A}$ 的特征值与特征向量；

(2) 求正交矩阵 $\boldsymbol{Q}$ 和对角形矩阵 $\boldsymbol{\Lambda}$，使得 $\boldsymbol{Q}^{\mathrm{T}}\boldsymbol{A}\boldsymbol{Q}=\boldsymbol{\Lambda}$。

5.4* Jordan 标准形 Cayley 定理

并非每个 n 阶方阵都有 n 个线性无关的特征向量，因此，它不一定都能相似于对角形矩阵。当矩阵不能相似于对角形矩阵时，人们希望能够找到一种形式较简单的矩阵与之相似。本节所介绍的 Jordan 矩阵就是这方面的内容。

在这一节，仅限于对复数域上的 n 阶复矩阵进行讨论。

5.4.1 Jordan 标准形的概念

定义 5.4.1 形如

$$
J_k(\lambda)=\begin{pmatrix} \lambda & 1 & & & \\ & \lambda & 1 & & \\ & & \lambda & \ddots & \\ & & & \ddots & 1 \\ & & & & \lambda \end{pmatrix}_{k\times k}
$$

的 k 阶方阵称为一个 **k 阶 Jordan 块**。其中,λ 是一个复数;当 $k=1$ 时,一阶 Jordan 块就是一个数 $J_1(\lambda)=(\lambda)=\lambda$。

例 5.4.1 方阵 $\boldsymbol{A}=\begin{pmatrix} 3 & 1 & 0 \\ 0 & 3 & 1 \\ 0 & 0 & 3 \end{pmatrix}$,$\boldsymbol{B}=\begin{pmatrix} 1 & 1 \\ 0 & 1 \end{pmatrix}$,$\boldsymbol{C}=(2+\sqrt{-1})$都是 Jordan 块。其中,复数 $\boldsymbol{C}=(2+\sqrt{-1})$是一阶 Jordan 块。

定义 5.4.2 设 $J_{m_1}(\lambda_1),J_{m_2}(\lambda_2),\cdots,J_{m_s}(\lambda_s)$是 Jordan 块,称准对角形矩阵

$$
\boldsymbol{J}=\begin{pmatrix} J_{m_1}(\lambda_1) & & & \\ & J_{m_2}(\lambda_2) & & \\ & & \ddots & \\ & & & J_{m_s}(\lambda_s) \end{pmatrix}_{n\times n}
$$

为 **Jordan 矩阵或 Jordan 标准形**。其中,$n=m_1+m_2+\cdots+m_s$。

例 5.4.2 $\boldsymbol{A}=\begin{pmatrix} 3 & 1 & 0 & 0 \\ 0 & 3 & 0 & 0 \\ 0 & 0 & 3 & 1 \\ 0 & 0 & 0 & 3 \end{pmatrix}$,$\boldsymbol{B}=\begin{pmatrix} 3 & 1 & 0 & 0 \\ 0 & 3 & 0 & 0 \\ 0 & 0 & (2) & 0 \\ 0 & 0 & 0 & (1) \end{pmatrix}$都是 Jordan 矩阵,这里 $\boldsymbol{A}$ 含有 2 个 Jordan 块;$\boldsymbol{B}$ 含有 3 个 Jordan 块。

注意,n 阶对角形矩阵

$$
\boldsymbol{J}=\begin{pmatrix} \lambda_1 & & & \\ & \lambda_2 & & \\ & & \ddots & \\ & & & \lambda_n \end{pmatrix}=\begin{pmatrix} (\lambda_1) & & & \\ & (\lambda_2) & & \\ & & \ddots & \\ & & & (\lambda_n) \end{pmatrix}
$$

也是 Jordan 矩阵,它恰好含有 n 个一阶 Jordan 块。因此,对角形矩阵是 Jordan 矩阵的特殊情形。

下面给出 Jordan 标准形定理。

定理 5.4.1(Jordan 标准形定理) 任一 n 阶复矩阵 $\boldsymbol{A}$ 都与一个 Jordan 矩阵 $\boldsymbol{J}$ 相似,即存在 n 阶可逆矩阵 $\boldsymbol{P}$,使得

$$
\boldsymbol{P}^{-1}\boldsymbol{AP}=\boldsymbol{J}=\begin{pmatrix} J_1(\lambda_1) & & & \\ & J_2(\lambda_2) & & \\ & & \ddots & \\ & & & J_s(\lambda_s) \end{pmatrix}
$$

除了 Jordan 块的排列次序可以改变外，该 Jordan 矩阵 $\boldsymbol{J}$ 是唯一的。

注意，$\boldsymbol{A}$ 的 Jordan 标准形 $\boldsymbol{J}$ 的主对角线上的元素就是 $\boldsymbol{A}$ 的全部特征值（按重数计）。

由定理 5.4.1 可知，每个方阵 $\boldsymbol{A}$ 都相似于唯一的 Jordan 标准形，Jordan 矩阵 $\boldsymbol{J}$ 可作为相似等价类中的代表。

例如，若 J_1 与 J_2 都是 Jordan 块，易知两个 Jordan 矩阵

$$\begin{pmatrix} J_1 & 0 \\ 0 & J_2 \end{pmatrix},\qquad \begin{pmatrix} J_2 & 0 \\ 0 & J_1 \end{pmatrix}$$

必定相似。因此，若两个 Jordan 矩阵只是 Jordan 块的次序不同，则它们必定相似。

利用 Jordan 标准形还可以判定矩阵能否相似对角化。

推论 1　方阵 $\boldsymbol{A}$ 可相似对角化的充分必要条件是它的 Jordan 标准形 $\boldsymbol{J}$ 仅含有一阶的 Jordan 块。

推论 2　如果方阵 $\boldsymbol{A}$ 的 Jordan 标准形 $\boldsymbol{J}$ 含有二阶以上的 Jordan 块，则它不能对角化。

5.4.2　Jordan 标准形的求法

现在介绍一种矩阵 Jordan 标准形的求法。

因为矩阵 $\boldsymbol{A}$ 与它的 Jordan 标准形 $\boldsymbol{J}$ 相似，即存在 n 阶可逆矩阵 $\boldsymbol{P}$，使得

$$\boldsymbol{P}^{-1}\boldsymbol{A}\boldsymbol{P}=\boldsymbol{J}$$

于是
$$\boldsymbol{P}^{-1}(\boldsymbol{A}-b\boldsymbol{E})\boldsymbol{P}=\boldsymbol{P}^{-1}\boldsymbol{A}\boldsymbol{P}-\boldsymbol{P}^{-1}b\boldsymbol{E}\boldsymbol{P}=\boldsymbol{J}-b\boldsymbol{E}\qquad(b\text{ 为复数})$$

即
$$\boldsymbol{A}-b\boldsymbol{E}\sim\boldsymbol{J}-b\boldsymbol{E}$$

同理可得
$$(\boldsymbol{A}-b\boldsymbol{E})^k\sim(\boldsymbol{J}-b\boldsymbol{E})^k\qquad(k=1,2,\cdots,n)$$

从而
$$R(\boldsymbol{A}-b\boldsymbol{E})^k=R(\boldsymbol{J}-b\boldsymbol{E})^k$$

其中，b 可取矩阵 $\boldsymbol{A}$ 的任一特征值。

利用上述结果，可以求出一些矩阵的 Jordan 标准形，下面通过例子来说明。

例 5.4.3　设 $\boldsymbol{A}=\begin{pmatrix} -1 & 1 & 0 \\ -4 & 3 & 0 \\ 1 & 0 & 2 \end{pmatrix}$。

① 求 $\boldsymbol{A}$ 的 Jordan 标准形 $\boldsymbol{J}$，判断 $\boldsymbol{A}$ 可否对角化；

② 求相似变换阵 $\boldsymbol{P}$，使 $\boldsymbol{P}^{-1}\boldsymbol{A}\boldsymbol{P}=\boldsymbol{J}$。

解　由 $\boldsymbol{A}$ 的特征多项式 $|\lambda\boldsymbol{E}-\boldsymbol{A}|=(\lambda-2)(\lambda-1)^2$，可得 $\boldsymbol{A}$ 的特征值为 2,1,1。

根据矩阵 $\boldsymbol{A}$ 的 Jordan 标准形是特殊上三角形矩阵的结构，可设 $\boldsymbol{A}$ 的 Jordan 标准形为

$$\boldsymbol{J}=\left(\begin{array}{c:cc} 2 & 0 & 0 \\ \hdashline 0 & 1 & * \\ 0 & 0 & 1 \end{array}\right)$$

其中,“$*$”可能是1或0。

由于
$$A \sim J$$
可得
$$R(A-\lambda E)=R(J-\lambda E)$$
将$\lambda=1$代入上式得
$$R(A-E)=R(J-E)$$
因为
$$R(A-E)=R\begin{pmatrix}-2 & 1 & 0\\ -4 & 2 & 0\\ 1 & 0 & 1\end{pmatrix}=2$$
从而
$$R(J-E)=R\begin{pmatrix}1 & 0 & 0\\ 0 & 0 & *\\ 0 & 0 & 0\end{pmatrix}=2$$
于是必有
$$*=1$$
故A的Jordan标准形为
$$J=\begin{pmatrix}2 & 0 & 0\\ 0 & 1 & 1\\ 0 & 0 & 1\end{pmatrix}$$
因为J中含有二阶Jordan块,由定理5.4.1的推论2可知,A不能对角化。

设相似变换矩阵$P=(X_1,X_2,X_3)$,$X_i(i=1,2,3)$为列向量,则$AP=PA$,即
$$A(X_1,X_2,X_3)=(X_1,X_2,X_3)\begin{pmatrix}2 & 0 & 0\\ 0 & 1 & 1\\ 0 & 0 & 1\end{pmatrix}$$
比较上式两端,得
$$AX_1=2X_1,\qquad AX_2=X_2,\qquad AX_3=X_2+X_3$$
所以X_1为A的关于$\lambda=2$的特征向量;X_2为A的关于$\lambda=1$的特征向量;X_3是非齐次方程$(A-E)X_3=X_2$的解。

由$(2E-A)X_1=0$,解出$X_1=(0,0,1)^{T}$;由$(E-A)X_2=0$,解出$X_2=(1,2,-1)^{T}$;由$(A-E)X_3=X_2$,解出$X_3=(-1,-1,0)^{T}$或$X_3=(0,1,-1)^{T}$。

令$P=(X_1,X_2,X_3)=\begin{pmatrix}0 & 1 & -1\\ 0 & 2 & -1\\ 1 & -1 & 0\end{pmatrix}$或$P=\begin{pmatrix}0 & 1 & 0\\ 0 & 2 & 1\\ 1 & -1 & -1\end{pmatrix}$可知
$$AP=P\begin{pmatrix}2 & 0 & 0\\ 0 & 1 & 1\\ 0 & 0 & 1\end{pmatrix}=PJ \qquad 即 \qquad P^{-1}AP=J$$

上例求Jordan标准形的方法,应用于求一些较高阶的矩阵的Jordan标准形时,显得非常便捷。

例 5.4.4　求矩阵 $\boldsymbol{A}=\begin{pmatrix}-2&-1&-1&-1\\2&1&3&2\\1&1&0&1\\-1&-1&-2&-2\end{pmatrix}$ 的 Jordan 标准形 $\boldsymbol{J}$。

解　由 $\boldsymbol{A}$ 的特征多项式 $|\lambda\boldsymbol{E}-\boldsymbol{A}|=\lambda(\lambda+1)^3$，可得 $\boldsymbol{A}$ 的特征值为 $0,-1,-1,-1$。可设 $\boldsymbol{A}$ 的 Jordan 标准形为

$$\boldsymbol{J}=\begin{pmatrix}0&&&\\&-1&*&\\&&-1&*\\&&&-1\end{pmatrix}$$

其中，“$*$”等于 1 或 0。

因为
$$\boldsymbol{A}+\boldsymbol{E}\sim\boldsymbol{J}+\boldsymbol{E}=\begin{pmatrix}1&&&\\&0&*&\\&&0&*\\&&&0\end{pmatrix}$$

且
$$R(\boldsymbol{J}+\boldsymbol{E})=R(\boldsymbol{A}+\boldsymbol{E})=R\begin{pmatrix}-1&-1&-1&-1\\2&2&3&2\\1&1&1&1\\-1&-1&-2&-1\end{pmatrix}=2$$

于是，$\boldsymbol{J}+\boldsymbol{E}$ 中两个 $*$ 只有一个等于 1，另一个等于 0。

故
$$\boldsymbol{J}=\begin{pmatrix}0&&&\\&-1&1&\\&&-1&\\&&&-1\end{pmatrix}\quad 或 \quad\begin{pmatrix}0&&&\\&-1&&\\&&-1&1\\&&&-1\end{pmatrix}$$

这两个 Jordan 标准形含有三个相同的 Jordan 块，只是它们的排列次序不同。

如果两个 Jordan 矩阵只是 Jordan 块的次序不同，则认为它们本质上相同。在这个意义上，本题中的 $\boldsymbol{J}$ 由 $\boldsymbol{A}$ 唯一决定，不妨写为

$$\boldsymbol{J}=\begin{pmatrix}0&&&\\&-1&1&\\&&-1&\\&&&-1\end{pmatrix}$$

另外，与例 5.4.3 的方法相同，也可以找到一个可逆阵

$$\boldsymbol{P}=\begin{pmatrix}-1&0&1&1\\3&-1&0&0\\1&0&-1&0\\-2&1&0&-1\end{pmatrix}$$

使得 $$P^{-1}AP=J$$

例 5.4.5 设 k 为自然数,$A^k=0$,试证:$|A+E|=1$。

证 由 $A^k=0$ 可知,A 的特征值全为零,从而 Jordan 标准形 J 的主对角线元素全为零。利用 $A=PJP^{-1}$ 可知,$|A+E|=|PJP^{-1}+E|=|P||J+E||P^{-1}|=1$。

5.4.3 三角化定理与 Cayley 定理

任意方阵不一定相似于对角阵,但可以相似于三角阵.

定理 5.4.2(三角化定理) 复数域上任意 n 阶矩阵 A 必相似于上三角阵,即存在可逆阵 P,使 $P^{-1}AP$ 为上三角阵,可写为

$$P^{-1}AP=B=\begin{pmatrix}\lambda_1 & & * \\ & \ddots & \\ & & \lambda_n\end{pmatrix}\text{(上三角阵)}$$

其中,对角元 $\lambda_1,\cdots,\lambda_n$ 为 A 的全部特征值.

证明 用归纳法,$n=1$ 时显然成立。假定结论对 $n-1$ 阶矩阵成立。任取 A 的一个特征值 λ_1,必存在属于 λ_1 的特征向量 X_1 使 $AX_1=\lambda_1X_1$,作一个可逆阵

$$P_1=(X_1,\cdots,X_n)(X_1\text{ 为 }P_1\text{ 的第一列})$$

从而有

$$AP_1=(AX_1,\cdots,AX_n)=(\lambda_1X_1,\cdots,AX_n)$$

且有

$$P_1^{-1}AX_1=P_1^{-1}(\lambda_1X_1)=\lambda_1P_1^{-1}X_1=\lambda_1\begin{pmatrix}1\\0\\\vdots\\0\end{pmatrix}$$

故有 $P_1^{-1}AP_1=(P_1^{-1}AX_1,\cdots,P_1^{-1}AX_n)=\begin{pmatrix}\lambda_1 & * \\ 0 & A_1\end{pmatrix}$。其中,$A_1$ 为 $n-1$ 阶方阵。

由归纳假设,存在 $n-1$ 阶可逆阵 Q_1,使 $Q_1^{-1}A_1Q_1$ 为上三角阵,即

$$Q_1^{-1}A_1Q_1=\begin{pmatrix}\lambda_2 & & * \\ & \ddots & \\ & & \lambda_n\end{pmatrix}$$

取 $P_2=\begin{pmatrix}1 & 0\\0 & Q_1\end{pmatrix}$,显然 $P_2^{-1}=\begin{pmatrix}1 & 0\\0 & Q_1^{-1}\end{pmatrix}$,令 $P=P_1P_2$,则 $P^{-1}=P_2^{-1}P_1^{-1}$,故

$$P^{-1}AP=\begin{pmatrix}1 & 0\\0 & Q_1^{-1}\end{pmatrix}\begin{pmatrix}\lambda_1 & *\\0 & A_1\end{pmatrix}\begin{pmatrix}1 & 0\\0 & Q_1\end{pmatrix}=\begin{pmatrix}\lambda_1 & *'\\0 & Q_1^{-1}A_1Q_1\end{pmatrix}=\left(\begin{array}{c:ccc}\lambda_1 & & *' & \\ \hdashline & \lambda_2 & & * \\ & & \ddots & \\ & & & \lambda_n\end{array}\right)$$

此为上三角阵。

例如：$\boldsymbol{A}=\begin{pmatrix}1 & 3\\ 2 & 2\end{pmatrix}$，特征值为 $\lambda_1=4,\lambda_2=-1$，令可逆阵 $\boldsymbol{P}=\begin{pmatrix}1 & -1\\ 1 & 1\end{pmatrix}$，其中，$\boldsymbol{P}$ 的第一列是 $\boldsymbol{A}$ 的一个特征向量，可知 $\boldsymbol{P}^{-1}=\frac{1}{2}\begin{pmatrix}1 & 1\\ -1 & 1\end{pmatrix}$，验证可得

$$\boldsymbol{P}^{-1}\boldsymbol{AP}=\boldsymbol{P}^{-1}(\boldsymbol{AP})=\begin{pmatrix}4 & 1\\ 0 & 1\end{pmatrix}\text{（上三角阵）}$$

推论　设 $\boldsymbol{A}$ 的 n 个特征值为 $\lambda_1,\cdots,\lambda_n$，$g(x)$ 为 x 的任一多项式，则矩阵多项式 $g(\boldsymbol{A})$ 的 n 个特征值为 $g(\lambda_1),\cdots,g(\lambda_n)$，特别地，$k\boldsymbol{A}$ 的特征值为 $k\lambda_1,\cdots,k\lambda_n$，$A^m$ 的特征值为 $\lambda_1^m,\cdots,\lambda_n^m$。

事实上，设 $\boldsymbol{P}^{-1}\boldsymbol{AP}=\boldsymbol{B}=\begin{pmatrix}\lambda_1 & & *\\ & \ddots & \\ & & \lambda_n\end{pmatrix}$，令 $g(x)=x^m+a_1x^{m-1}+\cdots+a_{m-1}x+a_m$，通过直接验算得 $\boldsymbol{P}^{-1}g(\boldsymbol{A})\boldsymbol{P}=g(\boldsymbol{P}^{-1}\boldsymbol{AP})=g(\boldsymbol{B})=\boldsymbol{B}^m+a_1\boldsymbol{B}^{m-1}+\cdots+a_{m-1}\boldsymbol{B}+a_m\boldsymbol{E}$，即

$$\begin{aligned}\boldsymbol{P}^{-1}g(\boldsymbol{A})\boldsymbol{P}=&\boldsymbol{P}^{-1}(\boldsymbol{A}^m+a_1\boldsymbol{A}^{m-1}+\cdots+a_{m-1}\boldsymbol{A}+a_m\boldsymbol{E})\boldsymbol{P}=\\ &(\boldsymbol{P}^{-1}\boldsymbol{AP})m+a_1(\boldsymbol{P}^{-1}\boldsymbol{AP})\,m-1+\cdots+a_{m-1}\boldsymbol{P}^{-1}\boldsymbol{AP}+a_m\boldsymbol{E}=\\ &\begin{pmatrix}\lambda_1 & & *\\ & \ddots & \\ & & \lambda_n\end{pmatrix}^m+a_1\begin{pmatrix}\lambda_1 & & *\\ & \ddots & \\ & & \lambda_n\end{pmatrix}^{m-1}+\cdots+a_{m+1}\begin{pmatrix}\lambda_1 & & *\\ & \ddots & \\ & & \lambda_n\end{pmatrix}+a_m\boldsymbol{E}=\\ &\begin{pmatrix}\lambda_1^m & & *\\ & \ddots & \\ & & \lambda_n^m\end{pmatrix}+a_1\begin{pmatrix}\lambda_1^{m-1} & & *\\ & \ddots & \\ & & \lambda_n^{m-1}\end{pmatrix}+\cdots+a_{m+1}\begin{pmatrix}\lambda_1 & & *\\ & \ddots & \\ & & \lambda_n\end{pmatrix}+a_m\boldsymbol{E}=\\ &\begin{pmatrix}g(\lambda_1) & & *\\ & \ddots & \\ & & g(\lambda_n)\end{pmatrix}\end{aligned}$$

定理 5.4.3（Cayley-Hamilton 定理）　设 n 阶方阵 $\boldsymbol{A}$ 的特征多项式为

$$f(\lambda)=|\lambda\boldsymbol{I}-\boldsymbol{A}|=\lambda^n+c_1\lambda^{n-1}+\cdots+c_{n-1}\lambda+c_n$$

则有

$$f(\boldsymbol{A})=\boldsymbol{A}^n+c_1\boldsymbol{A}^{n-1}+\cdots+c_{n-1}\boldsymbol{A}+c_n\boldsymbol{E}=\boldsymbol{0}\text{（零矩阵）}$$

证　设

$$f(\lambda)=(\lambda-\lambda_1)(\lambda-\lambda_2)\cdots(\lambda-\lambda_n)$$

其中,$\lambda_1,\cdots,\lambda_n$ 为 $\boldsymbol{A}$ 的全部特征值,则

$$f(\boldsymbol{A})=(\boldsymbol{A}-\lambda_1\boldsymbol{E})(\boldsymbol{A}-\lambda_2\boldsymbol{E})\cdots(\boldsymbol{A}-\lambda_n\boldsymbol{E})$$

由三角化定理可设

$$\boldsymbol{P}^{-1}\boldsymbol{A}\boldsymbol{P}=\boldsymbol{B}=\begin{pmatrix}\lambda_1 & & * \\ & \ddots & \\ & & \lambda_n\end{pmatrix}$$

直接验算知

$$\boldsymbol{P}^{-1}f(\boldsymbol{A})\boldsymbol{P}=f(\boldsymbol{P}^{-1}\boldsymbol{A}\boldsymbol{P})=f(\boldsymbol{B})=(\boldsymbol{B}-\lambda_1\boldsymbol{E})\cdots(\boldsymbol{B}-\lambda_n\boldsymbol{E})=0$$

故 $f(\boldsymbol{A})=0$。

例 5.4.6 设 $\boldsymbol{A}=\begin{pmatrix}1 & 1\\ 1 & -1\end{pmatrix}$,计算 $\boldsymbol{A}^7-2\boldsymbol{A}^5+\boldsymbol{A}^3-\boldsymbol{A}-\boldsymbol{E}$。

解 $f(\lambda)=|\lambda\boldsymbol{I}-\boldsymbol{A}|=\lambda^2-2$,由 Cayley 定理知

$$f(\boldsymbol{A})=\boldsymbol{A}^2-2\boldsymbol{E}=0$$

令

$$g(\lambda)=\lambda^7-2\lambda^5+\lambda^3-\lambda-1$$

由多项式除法可得

$$g(\lambda)=f(\lambda)h(\lambda)+\lambda-1$$

故 $g(\boldsymbol{A})=f(\boldsymbol{A})h(\boldsymbol{A})+\boldsymbol{A}-\boldsymbol{E}=\boldsymbol{A}-\boldsymbol{E}=\begin{pmatrix}0 & 1\\ 1 & -2\end{pmatrix}$。

习题 5.4*

1. 求下列矩阵的 Jordan 标准形。

(1) $\begin{pmatrix}1 & 4 & 2\\ 0 & -3 & 4\\ 0 & 4 & 3\end{pmatrix}$; (2) $\begin{pmatrix}3 & 0 & 8\\ 3 & -1 & 6\\ -2 & 0 & -5\end{pmatrix}$; (3) $\begin{pmatrix}1 & 1 & -1\\ -3 & -3 & 3\\ -2 & -2 & 2\end{pmatrix}$。

2. 证明:阶数大于 1 的 Jordan 块不能对角化。

3. 求下列矩阵的 Jordan 标准形 $\boldsymbol{J}$ 及其相似变换阵 $\boldsymbol{P}$。

(1) $\begin{pmatrix}-1 & -4 & 1\\ 1 & 3 & 0\\ 0 & 0 & 2\end{pmatrix}$; (2) $\begin{pmatrix}4 & 6 & 0\\ -3 & -5 & 0\\ -3 & -6 & 1\end{pmatrix}$。

4. 试写出两个矩阵,它们的 Jordan 标准形都是 $\boldsymbol{J}=\begin{pmatrix}2 & 0 & 0\\ 0 & 1 & 1\\ 0 & 0 & 1\end{pmatrix}$。

5. 设 $\boldsymbol{A}$ 与 $\boldsymbol{J}$ 相似，b 为复数。证明 $(\boldsymbol{A}-b\boldsymbol{E})^k$ 与 $(\boldsymbol{J}-b\boldsymbol{E})^k$ 相似。

6. 若 $\boldsymbol{A}$ 与 $\boldsymbol{B}$ 都是方阵，证明 $\begin{pmatrix}\boldsymbol{A} & \boldsymbol{O}\\ \boldsymbol{O} & \boldsymbol{B}\end{pmatrix}$ 与 $\begin{pmatrix}\boldsymbol{B} & \boldsymbol{O}\\ \boldsymbol{O} & \boldsymbol{A}\end{pmatrix}$ 相似。

7. 已知 n 阶方阵 $\boldsymbol{A}$ 满足 $\boldsymbol{A}^n=\boldsymbol{0}\neq\boldsymbol{A}^{n-1}$，求其 Jordan 标准形 $\boldsymbol{J}$ 。

8. 设 $\boldsymbol{A}=\begin{pmatrix}1 & 1\\ 1 & -1\end{pmatrix}$，计算 $\boldsymbol{A}^9-2\boldsymbol{A}^7+\boldsymbol{A}^2-\boldsymbol{A}$。

第6章　二次型

二次型的研究起源于解析几何中把一些中心在原点的二次曲线或二次曲面方程化为标准形的问题。从代数学的观点看，这种变化过程就是通过变量的线性变换化简一个二次齐次多项式，使之只含各个变量的平方项。这类问题称为二次型化简，它在数学各分支、物理及工程技术中都有广泛的应用。

本章主要讨论二次型及其标准形、惯性定理、正定二次型等内容。

6.1　二次型及其矩阵表示

定义 6.1.1　设 P 是一个数域，关于 n 个变元 $x_1,x_2,\cdots,x_n$ 的系数在 P 中的二次齐次多项式

$$f(x_1,x_2,\cdots,x_n)=a_{11}x_1^2+2a_{12}x_1x_2+\cdots+2a_{1n}x_1x_n+ a_{22}x_2^2+\cdots+2a_{2n}x_2x_n+\cdots+a_{nn}x_n^2 \qquad (6.1.1)$$

称为数域 P 上的一个 n 元二次型。在不会引起混淆时简称为二次型。若 P 是实数域 $\mathbf{R}$ 或复数域 $\mathbf{C}$ 时，分别称之为**实二次型**或**复二次型**。

在二次型的表达式中，若取 $a_{ij}=a_{ji}$，则 $2a_{ij}x_ix_j=a_{ij}x_ix_j+a_{ij}x_jx_i$，于是式(6.1.1)可写成

$$f(x_1,x_2,\cdots,x_n)=a_{11}x_1^2+a_{12}x_1x_2+\cdots+a_{1n}x_1x_n+a_{21}x_2x_1+ a_{22}x_2^2+\cdots+a_{2n}x_2x_n+\cdots+a_{n1}x_nx_1+a_{n2}x_nx_2+\cdots+a_{nn}x_n^2 \qquad (6.1.2)$$

若记

$$\boldsymbol{A}=\begin{pmatrix} a_{11} & a_{12} & \cdots & a_{1n} \\ a_{21} & a_{22} & \cdots & a_{2n} \\ \vdots & \vdots & & \vdots \\ a_{n1} & a_{n2} & \cdots & a_{nn} \end{pmatrix}, \qquad \boldsymbol{X}=\begin{pmatrix} x_1 \\ x_2 \\ \vdots \\ x_n \end{pmatrix}$$

应用矩阵乘法，式(6.1.2)可改写为

$$f(x_1,x_2,\cdots,x_n)=\sum_{i=1}^{n}\sum_{j=1}^{n}a_{ij}x_ix_j= (x_1,x_2,\cdots,x_n)\begin{pmatrix} a_{11} & a_{12} & \cdots & a_{1n} \\ a_{21} & a_{22} & \cdots & a_{2n} \\ \vdots & \vdots & & \vdots \\ a_{n1} & a_{n2} & \cdots & a_{nn} \end{pmatrix}\begin{pmatrix} x_1 \\ x_2 \\ \vdots \\ x_n \end{pmatrix}=\boldsymbol{X}^{\mathrm{T}}\boldsymbol{A}\boldsymbol{X} \qquad (6.1.3)$$

在式(6.1.2)中，由二次型的系数 a_{ij} 组成的矩阵 $\boldsymbol{A}=(a_{ij})_{n\times n}$ 是对称矩阵，称为二次型 $f(x_1,x_2,\cdots,x_n)$ 的矩阵，把矩阵 $\boldsymbol{A}$ 的秩称为二次型 $f(x_1,x_2,\cdots,x_n)$ 的秩。

显然 n 元二次型 f 与 n 阶对称矩阵 $\boldsymbol{A}$ 之间是一一对应的，即任给一个 n 元二次型就唯一确定了一个 n 阶对称矩阵，反之亦然。

对于二次型，要讨论的主要问题是，能否经过变元的替换化为只含平方项的简单形式？

定义 6.1.2　设 $x_1,x_2,\cdots,x_n$ 和 $y_1,y_2,\cdots,y_n$ 是两组变元，c_{ij} $(1\leqslant i\leqslant n,1\leqslant j\leqslant n)$ 是数域 P 上的常数，下述关系式

$$\begin{cases} x_1=c_{11}y_1+c_{12}y_2+\cdots+c_{1n}y_n \\ x_2=c_{21}y_1+c_{22}y_2+\cdots+c_{2n}y_n \\ \qquad\vdots \\ x_n=c_{n1}y_1+c_{n2}y_2+\cdots+c_{nn}y_n \end{cases} \tag{6.1.4}$$

称为由 $x_1,x_2,\cdots,x_n$ 到 $y_1,y_2,\cdots,y_n$ 的一个线性变换。它可写成矩阵乘积形式

$$\boldsymbol{X}=\boldsymbol{C}\boldsymbol{Y} \tag{6.1.5}$$

其中

$$\boldsymbol{X}=\begin{pmatrix} x_1 \\ x_2 \\ \vdots \\ x_n \end{pmatrix},\quad \boldsymbol{C}=\begin{pmatrix} c_{11} & c_{12} & \cdots & c_{1n} \\ c_{21} & c_{22} & \cdots & c_{2n} \\ \vdots & \vdots & & \vdots \\ c_{n1} & c_{n2} & \cdots & c_{nn} \end{pmatrix},\quad \boldsymbol{Y}=\begin{pmatrix} y_1 \\ y_2 \\ \vdots \\ y_n \end{pmatrix}$$

若系数矩阵 $\boldsymbol{C}$ 是可逆的，则称式(6.1.4)或式(6.1.5)为**可逆线性变换**。

把可逆线性变换式(6.1.5)代入二次型式(6.1.3)，得

$$f(x_1,x_2,\cdots,x_n)=\boldsymbol{X}^{\mathrm{T}}\boldsymbol{A}\boldsymbol{X}=(\boldsymbol{C}\boldsymbol{Y})^{\mathrm{T}}\boldsymbol{A}(\boldsymbol{C}\boldsymbol{Y})=$$
$$\boldsymbol{Y}^{\mathrm{T}}(\boldsymbol{C}^{\mathrm{T}}\boldsymbol{A}\boldsymbol{C})\boldsymbol{Y}=\boldsymbol{Y}^{\mathrm{T}}\boldsymbol{B}\boldsymbol{Y}=g(y_1,y_2,\cdots,y_n)$$

其中，$\boldsymbol{B}=\boldsymbol{C}^{\mathrm{T}}\boldsymbol{A}\boldsymbol{C}$，$\boldsymbol{B}^{\mathrm{T}}=(\boldsymbol{C}^{\mathrm{T}}\boldsymbol{A}\boldsymbol{C})^{\mathrm{T}}=\boldsymbol{C}^{\mathrm{T}}\boldsymbol{A}(\boldsymbol{C}^{\mathrm{T}})^{\mathrm{T}}=\boldsymbol{C}^{\mathrm{T}}\boldsymbol{A}\boldsymbol{C}=\boldsymbol{B}$，即 $\boldsymbol{B}$ 为对称矩阵。因此 $g(y_1,y_2,\cdots,y_n)$ 是关于变元 $y_1,y_2,\cdots,y_n$ 的二次型，它对应的矩阵为 $\boldsymbol{B}=\boldsymbol{C}^{\mathrm{T}}\boldsymbol{A}\boldsymbol{C}$。当 $\boldsymbol{C}$ 可逆时，$\boldsymbol{B}$ 的秩还等于 $\boldsymbol{A}$ 的秩。

于是，得到如下结论：

任何二次型 $f=\boldsymbol{X}^{\mathrm{T}}\boldsymbol{A}\boldsymbol{X}$，经过可逆线性变换 $\boldsymbol{X}=\boldsymbol{C}\boldsymbol{Y}$ 后仍是一个二次型，并且其秩不变。

定义 6.1.3　设 $\boldsymbol{A},\boldsymbol{B}$ 为数域 P 的两个 n 阶矩阵，若存在 P 上可逆矩阵 $\boldsymbol{C}$，使

$$\boldsymbol{B}=\boldsymbol{C}^{\mathrm{T}}\boldsymbol{A}\boldsymbol{C}$$

则称 $\boldsymbol{A}$ 与 $\boldsymbol{B}$ 是**合同的矩阵**，记为 $\boldsymbol{A}\simeq\boldsymbol{B}$。

类似于矩阵的相似关系，矩阵的合同关系有下述性质：

① 反身性　$\boldsymbol{A}\simeq\boldsymbol{A}$，这是因为 $\boldsymbol{A}=\boldsymbol{E}^{\mathrm{T}}\boldsymbol{A}\boldsymbol{E}$。

② 对称性　若 $\boldsymbol{A}_1\simeq\boldsymbol{A}_2$ 则 $\boldsymbol{A}_2\simeq\boldsymbol{A}_1$。事实上，当 $\boldsymbol{A}_2=\boldsymbol{C}^{\mathrm{T}}\boldsymbol{A}_1\boldsymbol{C}$ 时，必有 $\boldsymbol{A}_1=(\boldsymbol{C}^{-1})^{\mathrm{T}}\boldsymbol{A}_2(\boldsymbol{C}^{-1})$；

③ 传递性　若 $A_1 \simeq A_2$，$A_2 \simeq A_3$ 则 $A_1 \simeq A_3$。因为若 $A_2 = C_1^T A_1 C_1$，$A_3 = C_2^T A_2 C_2$，则有 $A_3 = C_2^T C_1^T A_1 C_1 C_2 = (C_1 C_2)^T A (C_1 C_2)$。

由定义 6.1.3 可知，合同的矩阵具有相同的秩。

根据矩阵合同的概念，可得到结论：经过可逆线性变换式(6.1.5)后，新二次型的矩阵与原二次型的矩阵是合同的。注意，本章总要求所作的线性变换是可逆的(或非退化的)，因为这样可以由

$$X = CY$$

得出逆变换

$$Y = C^{-1} X$$

由它把所得的二次型还原，可以从所得二次型的性质推断原二次型的性质。

定义 6.1.4　只含平方项的二次型 $f(x_1, x_2, \cdots, x_n) = \sum_{i=1}^{n} d_i x_i^2$ 称为**标准的二次型**。

如果可逆线性变换 $X = CY$ 把二次型 $f = X^T A X$ 化成了标准的二次型 $g = \sum_{i=1}^{n} d_i y_i^2$，则称 g 为 f 的一个**标准形**。

显然 f 的标准形与 f 具有相同的秩。

易见，标准的二次型的矩阵是对角形矩阵。由于二次型与对称矩阵是一一对应的，因此把二次型 $f = X^T A X$ 化为标准形的过程，就是去寻找可逆矩阵 C，使 $C^T A C$ 为对角形的过程。在 6.2 节将对此进行讨论。

6.2　化二次型为标准形

本节主要介绍化二次型为标准形的三种方法。

6.2.1　配方法

把一个二次型化为标准形，实际上就是要用可逆线性变换消去二次型中的交叉乘积项 $x_i x_j (i \neq j)$，使其只含有新变量的平方项。下面先通过两个例子说明这种方法。

例 6.2.1　试用配方法将二次型

$$f(x_1, x_2, x_3) = x_1{}^2 + 2x_2{}^2 + 2x_1 x_2 - 2x_1 x_3 + 2x_2 x_3$$

化为标准形，并写出所用的可逆线性变换。

解　这个二次型含有变量 x_1 的平方项，可先将二次型中含 x_1 的所有项放在一起配成一个完全平方项，然后再分别对 x_2, x_3 进行配方。由于

$$f(x_1, x_2, x_3) = (x_1 + x_2 - x_3)^2 + x_2{}^2 + 4x_2 x_3 - x_3{}^2 =$$
$$(x_1 + x_2 - x_3)^2 + (x_2 + 2x_3)^2 - 5x_3{}^2$$

取

$$\begin{cases} y_1 = x_1 + x_2 - x_3 \\ y_2 = x_2 + 2x_3 \\ y_3 = x_3 \end{cases}$$

即

$$\begin{pmatrix} y_1 \\ y_2 \\ y_3 \end{pmatrix} = \begin{pmatrix} 1 & 1 & -1 \\ 0 & 1 & 2 \\ 0 & 0 & 1 \end{pmatrix} \begin{pmatrix} x_1 \\ x_2 \\ x_3 \end{pmatrix}$$

则通过可逆线性变换

$$\begin{pmatrix} x_1 \\ x_2 \\ x_3 \end{pmatrix} = \begin{pmatrix} 1 & 1 & -1 \\ 0 & 1 & 2 \\ 0 & 0 & 1 \end{pmatrix}^{-1} \begin{pmatrix} y_1 \\ y_2 \\ y_3 \end{pmatrix} = \begin{pmatrix} 1 & -1 & 3 \\ 0 & 1 & -2 \\ 0 & 0 & 1 \end{pmatrix} \begin{pmatrix} y_1 \\ y_2 \\ y_3 \end{pmatrix}$$

把二次型 f 化为标准形

$$f = {y_1}^2 + {y_2}^2 - 5{y_3}^2$$

二次型 f 所对应的矩阵为

$$\boldsymbol{A} = \begin{pmatrix} 1 & 1 & -1 \\ 1 & 2 & 1 \\ -1 & 1 & 0 \end{pmatrix}$$

所作可逆线性变换所对应的矩阵为

$$\boldsymbol{C} = \begin{pmatrix} 1 & -1 & 3 \\ 0 & 1 & -2 \\ 0 & 0 & 1 \end{pmatrix}$$

容易验证

$$\boldsymbol{C}^{\mathrm{T}}\boldsymbol{A}\boldsymbol{C} = \begin{pmatrix} 1 & 0 & 0 \\ 0 & 1 & 0 \\ 0 & 0 & -5 \end{pmatrix}$$

例 6.2.2　试用配方法将二次型

$$f(x_1, x_2, x_3) = 2x_1x_2 - 6x_2x_3 + 2x_3x_1$$

化为标准形。

解　在这里遇到一个特殊情形,即 f 中不含平方项。而没有平方项就无法直接应用例6.2.1进行配方的方法。可以利用一个特别的线性变换先构造出一些平方项来。令

$$\begin{cases} x_1 = y_1 - y_2 \\ x_2 = y_1 + y_2 \\ x_3 = y_3 \end{cases} \tag{6.2.1}$$

写成矩阵乘积形式

$$\begin{pmatrix}x_1\\x_2\\x_3\end{pmatrix}=\begin{pmatrix}1&-1&0\\1&1&0\\0&0&1\end{pmatrix}\begin{pmatrix}y_1\\y_2\\y_3\end{pmatrix},\quad 即\quad \boldsymbol{X}=\boldsymbol{CY}$$

易见,$\boldsymbol{C}$ 是可逆矩阵,从而式(6.2.1)是可逆线性变换。对 f 作此变换后得

$$f(x_1,x_2,x_3)=g(y_1,y_2,y_3)=2y_1^2-2y_2^2-4y_1y_3-8y_2y_3$$

按例 6.2.1 中的方法进行配方,得

$$\begin{aligned}f(x_1,x_2,x_3)=g(y_1,y_2,y_3)=2(y_1-y_3)^2-2(y_2^2+4y_2y_3+4y_3^2)-2y_3^2+8y_3^2=\\2(y_1-y_3)^2-2(y_2+2y_3)^2+6y_3^2\end{aligned}$$

再令

$$\begin{cases}z_1=y_1-y_3\\z_2=y_2+2y_3\\z_3=y_3\end{cases}\tag{6.2.2}$$

得

$$f(x_1,x_2,x_3)=g(y_1,y_2,y_3)=h(z_1,z_2,z_3)=2z_1^2-2z_2^2+6z_3^2$$

即 f 经过变元的线性变换化成了关于变元 z_1,z_2,z_3 的标准形。

与式(6.2.2)相应的矩阵式为

$$\begin{pmatrix}z_1\\z_2\\z_3\end{pmatrix}=\begin{pmatrix}1&0&-1\\0&1&2\\0&0&1\end{pmatrix}\begin{pmatrix}y_1\\y_2\\y_3\end{pmatrix},\quad 即\quad \boldsymbol{Z}=\boldsymbol{BY}$$

这样,由式(6.2.1)、式(6.2.2)得到总的线性变换为

$$\boldsymbol{X}=\boldsymbol{CY}=\boldsymbol{C}(\boldsymbol{B}^{-1}\boldsymbol{Z})=(\boldsymbol{CB}^{-1})\boldsymbol{Z}=\boldsymbol{DZ}\tag{6.2.3}$$

即 f 经过可逆线性变换式(6.2.3)化成了标准形,其中

$$\boldsymbol{D}=\boldsymbol{CB}^{-1}=\begin{pmatrix}1&-1&0\\1&1&0\\0&0&1\end{pmatrix}\begin{pmatrix}1&0&-1\\0&1&2\\0&0&1\end{pmatrix}^{-1}=\begin{pmatrix}1&-1&3\\1&1&-1\\0&0&1\end{pmatrix}$$

记 $\boldsymbol{A}=\begin{pmatrix}0&1&1\\1&0&-3\\1&-3&0\end{pmatrix}$为 f 对应的矩阵,则

$$\boldsymbol{D}^{\mathrm{T}}\boldsymbol{AD}=\begin{pmatrix}2&&\\&-2&\\&&6\end{pmatrix}$$

上面通过两个具体例子,说明了把一个二次型通过可逆线性变换化为标准形的方法。事实上,这种方法具有一般性。

定理 6.2.1 数域 $\boldsymbol{P}$ 上任意一个二次型 f 都可由可逆线性变换化为标准形

$$d_1y_1^2+d_2y_2^2+\cdots+d_ny_n^2$$

证 对变元的个数 n 作归纳法。

当 $n=1$ 时，二次型为 $f(x_1)=a_{11}x_1^2$，这已经是标准形式了。假定对于 $n-1$ 个变元的二次型定理成立，取 n 元二次型

$$f(x_1,x_2,\cdots,x_n)=\sum_{i=1}^{n}\sum_{j=1}^{n}a_{ij}x_ix_j \qquad (a_{ij}=a_{ji})$$

以下分三种情形进行讨论：

① 若 $a_{ii}(i=1,2,\cdots,n)$ 中至少有一个不为 0，例如 $a_{11}\neq 0$，这时可直接施行配方：

$$\begin{aligned}f=&a_{11}x_1^2+\sum_{j=2}^{n}a_{1j}x_1x_j+\sum_{i=2}^{n}a_{i1}x_ix_1+\sum_{i=2}^{n}\sum_{j=2}^{n}a_{ij}x_ix_j=\\&a_{11}x_1^2+2\sum_{j=2}^{n}a_{1j}x_1x_j+\sum_{i=2}^{n}\sum_{j=2}^{n}a_{ij}x_ix_j=\\&a_{11}\left(x_1+\sum_{j=2}^{n}a_{11}^{-1}a_{1j}x_j\right)^2-a_{11}^{-1}\left(\sum_{j=2}^{n}a_{1j}x_j\right)^2+\sum_{i=2}^{n}\sum_{j=2}^{n}a_{ij}x_ix_j=\\&a_{11}\left(x_1+\sum_{j=2}^{n}a_{11}^{-1}a_{1j}x_j\right)^2+\sum_{i=2}^{n}\sum_{j=2}^{n}b_{ij}x_ix_j\end{aligned}$$

其中，$\sum_{i=2}^{n}\sum_{j=2}^{n}b_{ij}x_ix_j=-a_{11}^{-1}\left(\sum_{j=2}^{n}a_{1j}x_j\right)^2+\sum_{i=2}^{n}\sum_{j=2}^{n}a_{ij}x_ix_j$ 是一个关于变元 $x_2,x_3,\cdots,x_n$ 的二次型。

作可逆线性变换

$$\begin{cases}y_1=x_1+\sum_{j=2}^{n}a_{11}^{-1}a_{1j}x_j\\y_2=x_2\\\quad\vdots\\y_n=x_n\end{cases}$$

则

$$f=a_{11}y_1^2+\sum_{i=2}^{n}\sum_{j=2}^{n}b_{ij}y_iy_j$$

由归纳法假设，其中 $\sum_{i=2}^{n}\sum_{j=2}^{n}b_{ij}y_iy_j$ 可利用可逆线性变换化为标准形 $d_2z_2^2+d_3z_3^2+\cdots+d_nz_n^2$。再令 $y_1=z_1$，则 f 化成了标准形。

② 若 $a_{ii}(i=1,2,\cdots,n)$ 全为零，但至少有一个 $a_{1j}\neq 0\ (j>1)$。不妨设 $a_{12}\neq 0$，令

$$\begin{cases}x_1=z_1+z_2\\x_2=z_1-z_2\\x_3=z_3\\\quad\vdots\\x_n=z_n\end{cases}$$

则

$$
\begin{aligned}
f=2a_{12}x_1x_2+\cdots= \\
2a_{12}(z_1+z_2)(z_1-z_2)+\cdots= \\
2a_{12}z_1^2-2a_{12}z_2^2+\cdots
\end{aligned}
$$

这样,z_1^2 的系数不为零,化成了情形①的情况,从而它可化为标准形。

③ 若 $a_{11}=a_{12}=\cdots=a_{1n}=0$,此时,由于系数的对称性,必有 $a_{21}=a_{31}=\cdots=a_{n1}=0$,从而 $f=\sum\limits_{i=2}^{n}\sum\limits_{j=2}^{n}a_{ij}x_ix_j$ 已是 $n-1$ 个变元的二次型,由归纳假设它可化为标准形。证毕。

根据6.1节对二次型矩阵合同关系的讨论,由定理6.2.1立即可得以下推论。

推论 数域 P 上任意一个对称矩阵都必合同于一个对角形矩阵,即对任意对称矩阵 $\boldsymbol{A}$,必存在可逆矩阵 $\boldsymbol{C}$,使 $\boldsymbol{C}^{\mathrm{T}}\boldsymbol{AC}$ 成对角形矩阵。

6.2.2 初等变换法

由前面的讨论知道,二次型与它的矩阵是互相唯一决定的。如果能够对二次型的矩阵进行某种变换使之化为对角形,则原二次型将变为标准形。由定理6.2.1的推论,任意一个对称矩阵 $\boldsymbol{A}$,必存在可逆矩阵 $\boldsymbol{C}$,使得

$$\boldsymbol{C}^{\mathrm{T}}\boldsymbol{AC}=\boldsymbol{D}$$

这里矩阵 $\boldsymbol{D}$ 为对角形矩阵,而可逆矩阵 $\boldsymbol{C}$ 可表示成有限个初等矩阵的乘积,令

$$\boldsymbol{C}=\boldsymbol{P}_1\boldsymbol{P}_2\cdots\boldsymbol{P}_m$$

其中,$\boldsymbol{P}_i(i=1,2,\cdots,m)$ 为初等矩阵。于是

$$
\begin{aligned}
\boldsymbol{C}^{\mathrm{T}}\boldsymbol{AC}=(\boldsymbol{P}_1\boldsymbol{P}_2\cdots\boldsymbol{P}_m)^{\mathrm{T}}\boldsymbol{A}(\boldsymbol{P}_1\boldsymbol{P}_2\cdots\boldsymbol{P}_m)= \\
\boldsymbol{P}_m{}^{\mathrm{T}}\cdots(\boldsymbol{P}_2{}^{\mathrm{T}}(\boldsymbol{P}_1{}^{\mathrm{T}}\boldsymbol{AP}_1)\boldsymbol{P}_2)\cdots\boldsymbol{P}_m=\boldsymbol{D}
\end{aligned}
\tag{6.2.4}
$$

初等矩阵共有三类,它们的转置是其自身或同类型的初等矩阵。由初等矩阵的性质,对 $\boldsymbol{A}$ 进行一次行的初等变换,相当于在 $\boldsymbol{A}$ 的左边乘上一个相应的初等矩阵;对 $\boldsymbol{A}$ 进行一次列的初等变换,相当于在 $\boldsymbol{A}$ 的右边乘上一个相应的初等矩阵。对于对称矩阵 $\boldsymbol{A}$,如果对它进行了一次列的初等变换(在 $\boldsymbol{A}$ 的右边乘上初等矩阵 $\boldsymbol{P}$)后,接着再进行一次同样的初等行变换(在 $\boldsymbol{AP}$ 的左边再乘上 $\boldsymbol{P}^{\mathrm{T}}$),则把这个过程称做一个变换,这样每次变换后得到的矩阵 $\boldsymbol{P}^{\mathrm{T}}\boldsymbol{AP}$ 是对称矩阵。由对称矩阵的合同与相应二次型的可逆线性变换的关系可知,$\boldsymbol{P}^{\mathrm{T}}\boldsymbol{AP}$ 也正好是 $\boldsymbol{A}$ 对应的二次型经过可逆线性变换 $\boldsymbol{X}=\boldsymbol{PY}$ 后所得的二次型矩阵。

由式(6.2.4)容易看出,对称矩阵 $\boldsymbol{A}$ 经过有限次变换后可化为对角形矩阵。因此,只要把每次行的初等变换对应的初等矩阵 $\boldsymbol{P}_i^{\mathrm{T}}(i=1,2,\cdots,m)$ 找出来,那么所需的可逆线性变换 $\boldsymbol{X}=\boldsymbol{CY}$(其中 $\boldsymbol{C}=\boldsymbol{P}_1\boldsymbol{P}_2\cdots\boldsymbol{P}_m$)也就给出了。

定理6.2.2 任一个数域 P 上的对称矩阵 $\boldsymbol{A}$ 都可以经由初等变换化为标准形,只要在每次初等行变换后紧接着进行一次同样的初等列变换即可。

证 设 $\boldsymbol{A}$ 左上角元素 $a_{11}\neq0$,则可将第一行的 $-\dfrac{a_{i1}}{a_{11}}$ 倍加到第 i 行,$i=2,\cdots,n$。

这样 $\boldsymbol{A}$ 的第一列除 a_{11} 外将全变为零。然后同样地将第一列的 $-\frac{a_{i1}}{a_{11}}$ 倍加到第 i 列，$i=2,\cdots,n$。由于 $\boldsymbol{A}$ 是对称矩阵，有 $a_{i1}=a_{1i}, i=2,\cdots,n$。故这样必使得 $\boldsymbol{A}$ 的第一行除 a_{11} 外其余元素全变为零，从而 $\boldsymbol{A}$ 变成了第一行及第一列除 a_{11} 外其余元素全为零的对称矩阵。

若 $\boldsymbol{A}$ 左上角元素 $a_{11}=0$，而主对角线上有某个元素 $a_{ii}\neq 0$，则可将第一行与第 i 行互换，再将第一列与第 i 列互换，即可将 $\boldsymbol{A}$ 变为左上角元素不为零的矩阵。然后再按 $a_{11}\neq 0$ 的情形进行。

若 $\boldsymbol{A}$ 的主对角线上所有元素均为零，而第一列中有某个元素 $a_{k1}\neq 0$，可将第 k 行加到第一行，再将第 k 列加到第一列。由于 $a_{kk}=0$，这样做的结果将使左上角元素变为 $2a_{k1}\neq 0$。然后再按 $a_{11}\neq 0$ 的情形进行。

对已变为

$$\begin{pmatrix} a_{11} & 0 & \cdots & 0 \\ 0 & & & \\ \vdots & & \boldsymbol{B}_{n-1} & \\ 0 & & & \end{pmatrix}$$

形状的矩阵，其中 $\boldsymbol{B}_{n-1}$ 是 $n-1$ 阶的对称矩阵，继续对 $\boldsymbol{B}_{n-1}$ 进行上述变换，最后必可变为对角形矩阵。证毕。

上述定理的证明过程实际上给出了用初等变换化二次型为标准形的具体方法。

例 6.2.3　设二次型 f 为

$$f(x_1,x_2,x_3,x_4)=2x_1x_2+2x_1x_3+2x_1x_4+2x_2x_3+2x_2x_4+2x_3x_4$$

用初等变换化 f 为标准形。

解　f 对应的对称矩阵为

$$\boldsymbol{A}=\begin{pmatrix} 0 & 1 & 1 & 1 \\ 1 & 0 & 1 & 1 \\ 1 & 1 & 0 & 1 \\ 1 & 1 & 1 & 0 \end{pmatrix}$$

对 $\boldsymbol{A}$ 进行定理 6.2.2 所示的变换。由于 $\boldsymbol{A}$ 的主对角线元素全为零，将第二行加到第一行，再将第二列加到第一列，得

$$\boldsymbol{A}\rightarrow\begin{pmatrix} 2 & 1 & 2 & 2 \\ 1 & 0 & 1 & 1 \\ 2 & 1 & 0 & 1 \\ 2 & 1 & 1 & 0 \end{pmatrix}$$

现在可将第一行乘以 $-\frac{1}{2}$、-1、-1 分别加到第二、三、四行，再将第一列乘以 $-\frac{1}{2}$、-1、-1 分别加到第二、三、四列，得

$$
A\to\begin{pmatrix}2&1&2&2\\1&0&1&1\\2&1&0&1\\2&1&1&0\end{pmatrix}\to\begin{pmatrix}2&0&0&0\\0&-\frac{1}{2}&0&0\\0&0&-2&-1\\0&0&-1&-2\end{pmatrix}
$$

最后将第三行乘以$-\frac{1}{2}$加到第四行,再将第三列乘以$-\frac{1}{2}$加到第四列,得

$$
A\to\begin{pmatrix}2&1&2&2\\1&0&1&1\\2&1&0&1\\2&1&1&0\end{pmatrix}\to\begin{pmatrix}2&0&0&0\\0&-\frac{1}{2}&0&0\\0&0&-2&-1\\0&0&-1&-2\end{pmatrix}\to\begin{pmatrix}2&0&0&0\\0&-\frac{1}{2}&0&0\\0&0&-2&0\\0&0&0&-\frac{3}{2}\end{pmatrix}
$$

于是,得到二次型 f 的一个标准形

$$
f=2{y_1}^2-\frac{1}{2}{y_2}^2-2{y_3}^2-\frac{3}{2}{y_4}^2 \tag{6.2.5}
$$

上面三次初等行变换对应的矩阵分别为

$$
P_1^{\mathrm{T}}=\begin{pmatrix}1&1&0&0\\0&1&0&0\\0&0&1&0\\0&0&0&1\end{pmatrix},\quad P_2^{\mathrm{T}}=\begin{pmatrix}1&0&0&0\\-\frac{1}{2}&1&0&0\\-1&0&1&0\\-1&0&0&1\end{pmatrix},\quad P_3^{\mathrm{T}}=\begin{pmatrix}1&0&0&0\\0&1&0&0\\0&0&1&0\\0&0&-\frac{1}{2}&1\end{pmatrix}
$$

总的行变换矩阵为

$$
P^{\mathrm{T}}=P_3^{\mathrm{T}}P_2^{\mathrm{T}}P_1^{\mathrm{T}}=\begin{pmatrix}1&1&0&0\\-\frac{1}{2}&\frac{1}{2}&0&0\\-1&-1&1&0\\-\frac{1}{2}&-\frac{1}{2}&-\frac{1}{2}&1\end{pmatrix}
$$

这样,二次型 f 经过可逆线性变换 $X=PY$ 变成标准形式(6.2.5)。

初等变换法虽然本质上与配方法是一致的,但它充分运用了矩阵这一简便有力的表述和运算工具,是实际运算时常用的方法。

6.2.3 正交变换法

当考虑的数域为实数域 $\mathbf{R}$ 时,二次型的化简有更进一步的结果。

由定理 5.3.5 可知,对于 n 阶实对称矩阵 A,必有 n 阶正交矩阵 Q,使

$$Q^{\mathrm{T}}AQ=Q^{-1}AQ=\begin{pmatrix}\lambda_1 & & & \\ & \lambda_2 & & \\ & & \ddots & \\ & & & \lambda_n\end{pmatrix}$$

其中,Q 的列向量是 A 的 n 个正交的单位特征向量,$\lambda_1,\lambda_2,\cdots,\lambda_n$ 是 A 的全部特征值。

由此可以立即得到关于实二次型化为标准形的如下结论。

定理 6.2.3　设 $f=X^{\mathrm{T}}AX$ 是实数域 $\mathbf{R}$ 上的二次型,则必有可逆线性变换 $X=QY$,使

$$f=Y^{\mathrm{T}}(Q^{\mathrm{T}}AQ)Y=\lambda_1y_1^2+\lambda_2y_2^2+\cdots+\lambda_ny_n^2$$

其中,Q 是正交矩阵,标准形中平方项的系数是 A 的全部实特征值。

当 Q 为正交矩阵时,称线性变换 $X=QY$ 为**正交线性变换**。合同变换 $Q^{\mathrm{T}}AQ$ 称为**正交合同变换**。这样,由定理 6.2.3 可知,实二次型必可经正交线性变换化为标准形,实对称矩阵必可由正交合同变换化为对角形。

由于 Q 为正交矩阵时,$Q^{\mathrm{T}}=Q^{-1}$,$Q^{\mathrm{T}}AQ=Q^{-1}AQ$,从而实对称矩阵的正交合同变换与正交相似变换完全是一回事。把 5.3.3 小节中实对称矩阵相似对角化的方法完全照搬过来,就是实对称矩阵的正交合同对角化方法。

正交线性变换 $X=QY$ 在实际应用中有特殊意义。例如在三维实向量空间中,正交线性变换保持向量的长度和向量间的夹角不变。若一个二次曲面 $f(x_1,x_2,x_3)=0$ 的左边是实二次型,则经过正交线性变换后所得曲面保持原曲面的大小,形状不变,仅仅是在空间的位置变化了(如经过某种旋转)。而一般的可逆线性变换则可能使曲面的大小、形状都产生变化。因此,正交变换法无论在理论上还是在实际应用中都十分重要。

例 6.2.4　把实二次型

$$f(x_1,x_2,x_3)=2x_1x_2+2x_1x_3+2x_2x_3$$

用正交线性变换化为标准形。

解　f 对应的实对称矩阵为

$$A=\begin{pmatrix}0 & 1 & 1\\ 1 & 0 & 1\\ 1 & 1 & 0\end{pmatrix}$$

由 A 的特征多项式

$$|\lambda E-A|=(\lambda+1)^2(\lambda-2)$$

可得 A 的特征值 $\lambda_1=-1$,$\lambda_2=2$。其中 λ_1 是重根。

当 $\lambda_1=-1$ 时,解方程组 $(-E-A)X=\mathbf{0}$,求得基础解系

$$\boldsymbol{\alpha}_1=(-1,0,1)^{\mathrm{T}},\qquad \boldsymbol{\alpha}_2=(-1,1,0)^{\mathrm{T}}$$

先把 $\boldsymbol{\alpha}_1,\boldsymbol{\alpha}_2$ 正交化,令

$$\boldsymbol{\beta}_1=\boldsymbol{\alpha}_1=(-1,0,1)^{\mathrm{T}}$$

$$\boldsymbol{\beta}_2=\boldsymbol{\alpha}_2-\frac{(\boldsymbol{\alpha}_2,\boldsymbol{\beta}_1)}{(\boldsymbol{\beta}_1,\boldsymbol{\beta}_1)}\boldsymbol{\beta}_1=(-1,2,-1)^{\mathrm{T}}$$

再把 $\boldsymbol{\beta}_1,\boldsymbol{\beta}_1$ 单位化,得

$$\boldsymbol{\gamma}_1=\frac{\boldsymbol{\beta}_1}{|\boldsymbol{\beta}_1|}=\left(-\frac{1}{\sqrt{2}},0,\frac{1}{\sqrt{2}}\right)^{\mathrm{T}}$$

$$\boldsymbol{\gamma}_2=\frac{\boldsymbol{\beta}_2}{|\boldsymbol{\beta}_2|}=\left(-\frac{1}{\sqrt{6}},\frac{2}{\sqrt{6}},-\frac{1}{\sqrt{6}}\right)^{\mathrm{T}}$$

当 $\lambda_2=2$ 时,解方程组 $(2\boldsymbol{E}-\boldsymbol{A})\boldsymbol{X}=\boldsymbol{0}$,求得基础解系

$$\boldsymbol{\alpha}_3=(1,1,1)^{\mathrm{T}}$$

将其单位化,得

$$\boldsymbol{\gamma}_3=\frac{\boldsymbol{\alpha}_3}{|\boldsymbol{\alpha}_3|}=\left(\frac{1}{\sqrt{3}},\frac{1}{\sqrt{3}},\frac{1}{\sqrt{3}}\right)^{\mathrm{T}}$$

令

$$\boldsymbol{Q}=(\boldsymbol{\gamma}_1,\boldsymbol{\gamma}_2,\boldsymbol{\gamma}_3)=\begin{pmatrix}-\frac{1}{\sqrt{2}} & -\frac{1}{\sqrt{6}} & \frac{1}{\sqrt{3}}\\ 0 & \frac{2}{\sqrt{6}} & \frac{1}{\sqrt{3}}\\ \frac{1}{\sqrt{2}} & -\frac{1}{\sqrt{6}} & \frac{1}{\sqrt{3}}\end{pmatrix}$$

则 $\boldsymbol{Q}$ 为正交矩阵,且

$$\boldsymbol{Q}^{\mathrm{T}}\boldsymbol{A}\boldsymbol{Q}=\boldsymbol{Q}^{-1}\boldsymbol{A}\boldsymbol{Q}=\begin{pmatrix}-1 & & \\ & -1 & \\ & & 2\end{pmatrix}$$

即 $\boldsymbol{A}$ 经正交合同变换化成了对角形,相应地 f 可经正交线性变换 $\boldsymbol{X}=\boldsymbol{Q}\boldsymbol{Y}$ 化成标准形

$$g(y_1,y_2,y_3)=-y_1^2-y_2^2+2y_3^2$$

习题 6.2

1. 用可逆线性变换化下列二次型为标准形,并利用矩阵验算所得结果:

(1) $f(x_1,x_2,x_3)=x_1^2+2x_2^2+5x_3^2+2x_1x_2+2x_1x_3+6x_2x_3$;

(2) $f(x_1,x_2,x_3)=2x_1x_2+2x_1x_3-6x_2x_3$;

(3) $f(x_1,x_2,x_3)=2x_1^2+x_2^2-4x_1x_2-4x_2x_3$;

(4) $f(x_1,x_2,x_3)=x_1^2+5x_2^2-4x_3^2+2x_1x_2-4x_2x_3$。

2. 用矩阵的初等变换化二次型

$$f=x_1^2-4x_3^2-2x_1x_2+2x_1x_3+4x_2x_3$$

为标准形,并写出合同变换的变换矩阵。

3. 证明：

$$\begin{pmatrix}\lambda_1 & & & \\ & \lambda_2 & & \\ & & \ddots & \\ & & & \lambda_n\end{pmatrix} \quad 与 \quad \begin{pmatrix}\lambda_{i_1} & & & \\ & \lambda_{i_2} & & \\ & & \ddots & \\ & & & \lambda_{i_n}\end{pmatrix}$$

合同,其中 $i_1,i_2,\cdots,i_n$ 是 $1,2,\cdots,n$ 的一个排列。

4. 设 $\boldsymbol{A}$ 是一个 n 阶矩阵,证明：

(1) $\boldsymbol{A}$ 是反对称矩阵,当且仅当对任一个 n 维向量 $\boldsymbol{X}$,有 $\boldsymbol{X}^{\mathrm{T}}\boldsymbol{A}\boldsymbol{X}=\boldsymbol{0}$;

(2) 如果 $\boldsymbol{A}$ 是对称矩阵,且对任一个 n 维向量 $\boldsymbol{X}$ 有 $\boldsymbol{X}^{\mathrm{T}}\boldsymbol{A}\boldsymbol{X}=\boldsymbol{0}$,那么 $\boldsymbol{A}=\boldsymbol{0}$。

5. 证明:秩等于 r 的对称矩阵可以表成 r 个秩等于 1 的对称矩阵之和。

6. 用正交的线性变换化下列实二次型为标准形,并写出所用的正交变换矩阵：

(1) $f(x_1,x_2,x_3)=2x_1^2+3x_2^2+3x_3^2+4x_2x_3$;

(2) $f(x_1,x_2,x_3)=2x_1^2+5x_2^2+5x_3^2+4x_1x_2-4x_1x_3-8x_2x_3$;

(3) $f(x_1,x_2,x_3)=4x_2^2-3x_3^2+4x_1x_2-4x_1x_3+8x_2x_3$;

(4) $f(x_1,x_2,x_3,x_4)=2x_1x_2+2x_1x_3-2x_1x_4-2x_2x_3+2x_2x_4+2x_3x_4$。

7. 已知二次型 $f(x_1,x_2,x_3)=2x_1{}^2+3x_2{}^2+2ax_2x_3+3x_3{}^2\,(a>0)$ 通过正交线性变换化为标准形 $f(x_1,x_2,x_3)=y_1{}^2+2y_2{}^2+5y_3{}^2$,求参数 a 及所用的正交线性变换。

8. 已知二次型 $f(x_1,x_2,x_3)=(1-a)x_1^2+(1+a)x_2^2+2x_3^2+2(1+a)x_1x_2$ 的秩为 2。

(1) 求 a 的值;

(2) 求正交变换 $\boldsymbol{X}=\boldsymbol{Q}\boldsymbol{Y}$,把 $f(x_1,x_2,x_3)$ 化成标准形;

(3) 求方程 $f(x_1,x_2,x_3)=0$ 的解。

6.3　惯性定理

二次型经过可逆线性变换化为标准形后,它的标准形是否是唯一确定的？换言之,与一个对称矩阵合同的对角形矩阵是否是唯一的？本节将讨论这一问题。

6.3.1　实二次型的规范形及唯一性

在定理 6.2.3 中已经看到,对于实二次型,用正交线性变换化为标准形后,标准形中平方项的系数就是其相应实对称矩阵的全部特征值,从而其标准形除平方项排列顺序外是唯一确定的。与此相应,与实对称矩阵正交合同的对角矩阵除主对角线元素排列顺序外是唯一确定的。

然而在用可逆线性变换化二次型为标准形时,情况就不一样了。

例如对于二次型 $f=2x_1x_2-6x_2x_3+2x_1x_3$,经可逆线性变换

$$\begin{pmatrix}x_1\\x_2\\x_3\end{pmatrix}=\begin{pmatrix}1&1&3\\1&-1&-1\\0&0&1\end{pmatrix}\begin{pmatrix}y_1\\y_2\\y_3\end{pmatrix}$$

可化为标准形 $g(y_1,y_2,y_3)=2y_1^2-2y_2^2+6y_3^2$。

若用可逆线性变换

$$\begin{pmatrix}x_1\\x_2\\x_3\end{pmatrix}=\begin{pmatrix}1&-\frac{1}{2}&1\\1&\frac{1}{2}&-\frac{1}{3}\\0&0&\frac{1}{3}\end{pmatrix}\begin{pmatrix}z_1\\z_2\\z_3\end{pmatrix}$$

f 又可化为标准形 $h(z_1,z_2,z_3)=2z_1^2-\frac{1}{2}z_2^2+\frac{2}{3}z_3^2$。

因此,二次型的标准形不是唯一的,它与所作的可逆线性变换有关。但可以看出,尽管 g 与 h 不同,但它们的系数非零的项数是相同的,系数为正的项数也是相同的。下面将会看到,这并不是巧合。

设 $f(x_1,x_2,\cdots,x_n)$ 是一个实二次型,由定理 6.2.3 可知,f 必可由可逆线性变换化为只含平方项的标准形

$$d_1y_1^2+d_2y_2^2+\cdots+d_ny_n^2 \tag{6.3.1}$$

其中,$d_i\in\mathbf{R}$,$i=1,2,\cdots,n$。

相应地,实二次型 f 的矩阵 $\mathbf{A}$ 经过合同变换化为对角形

$$\boldsymbol{B}=\begin{pmatrix}d_1&&&\\&d_2&&\\&&\ddots&\\&&&d_n\end{pmatrix}$$

由于合同的矩阵具有相同的秩,而 $\boldsymbol{B}$ 的秩就是主对角线上非零元素的个数,故标准形中系数非零的平方项个数是确定的,它就等于 $\mathbf{A}$ 的秩 r,它不会因不同的可逆线性变换而改变。这样,适当排列变元次序后,f 的标准形式(6.3.1)可写为

$$d_1y_1^2+\cdots+d_py_p^2-d_{p+1}y_{p+1}^2-\cdots-d_ry_r^2 \tag{6.3.2}$$

其中,$d_i>0(i=1,2,\cdots,r)$为正实数,$r\leqslant n$。

在式(6.3.2)中之所以有些带正号而另一些带负号,是因为不为零的平方项系数可能有一些大于零,而另一些小于零。由于在实数域 $\mathbf{R}$ 上正数总可开平方,对式(6.3.2)继续作下列可逆线性变换

$$\begin{cases} y_1=\dfrac{1}{\sqrt{d_1}}z_1 \\ y_2=\dfrac{1}{\sqrt{d_2}}z_2 \\ \quad\vdots \\ y_r=\dfrac{1}{\sqrt{d_r}}z_r \\ y_{r+1}=z_{r+1} \\ \quad\vdots \\ y_n=z_n \end{cases} \tag{6.3.3}$$

则式(6.3.2)变为

$$z_1^2+\cdots+z_p^2-z_{p+1}^2-\cdots-z_r^2 \tag{6.3.4}$$

式(6.3.4)称为实二次型 $f(x_1,x_2,\cdots,x_n)$ 的**规范形**，它完全被 r,p 这两个数所决定。由于 r 为 f 的秩，故 r 是完全由 f 确定的。那么数 p，即规范形式(6.3.4)中系数为正的平方项个数是否唯一确定呢？下面的定理回答了这一问题。

定理 6.3.1(惯性定理)　任意一个实二次型 f 经过适当的可逆线性变换必可化为规范形，且规范形是唯一的。

证　定理的前一个论断已由式(6.3.2)、式(6.3.3)、式(6.3.4)证明，只需证明规范形的唯一性即可。由于规范形中的数 r 是确定的，实际上只要证明规范形式(6.3.4)中的数 p 是唯一的即可。

设实二次型 $f(x_1,x_2,\cdots,x_n)$ 经过可逆线性变换 $\boldsymbol{X}=\boldsymbol{BY}$ 化成规范形

$$f=\boldsymbol{X}^{\mathrm{T}}\boldsymbol{AX}=\boldsymbol{Y}^{\mathrm{T}}(\boldsymbol{B}^{\mathrm{T}}\boldsymbol{AB})\boldsymbol{Y}=y_1^2+\cdots+y_p^2-y_{p+1}^2-\cdots-y_r^2$$

而 f 经另一个可逆线性变换 $\boldsymbol{X}=\boldsymbol{CZ}$ 化为规范形

$$f=\boldsymbol{X}^{\mathrm{T}}\boldsymbol{AX}=\boldsymbol{Z}^{\mathrm{T}}(\boldsymbol{C}^{\mathrm{T}}\boldsymbol{AC})\boldsymbol{Z}=z_1^2+\cdots+z_q^2-z_{q+1}^2-\cdots-z_r^2$$

要证明 $p=q$。用反证法。设 $p>q$，则由

$$f=\boldsymbol{Y}^{\mathrm{T}}(\boldsymbol{B}^{\mathrm{T}}\boldsymbol{AB})\boldsymbol{Y}=\boldsymbol{Z}^{\mathrm{T}}(\boldsymbol{C}^{\mathrm{T}}\boldsymbol{AC})\boldsymbol{Z}$$

得

$$y_1^2+\cdots+y_p^2-y_{p+1}^2-\cdots-y_r^2=z_1^2+\cdots+z_q^2-z_{q+1}^2-\cdots-z_r^2 \tag{6.3.5}$$

由于 $\boldsymbol{X}=\boldsymbol{CZ}$，则 $\boldsymbol{Z}=\boldsymbol{C}^{-1}\boldsymbol{X}$，从而

$$\boldsymbol{Z}=\boldsymbol{C}^{-1}(\boldsymbol{BY})=(\boldsymbol{C}^{-1}\boldsymbol{B})\boldsymbol{Y} \tag{6.3.6}$$

记

$$\boldsymbol{C}^{-1}\boldsymbol{B}=\boldsymbol{G}=\begin{pmatrix} g_{11} & \cdots & g_{1n} \\ \vdots & & \vdots \\ g_{n1} & \cdots & g_{nn} \end{pmatrix}$$

则式(6.3.6)给出了由变元 $z_1,z_2,\cdots,z_n$ 到 $y_1,y_2,\cdots,y_n$ 的可逆线性变换

$$\begin{cases} z_1=g_{11}y_1+\cdots+g_{1n}y_n \\ z_2=g_{21}y_1+\cdots+g_{2n}y_n \\ \quad\vdots \\ z_n=g_{n1}y_1+\cdots+g_{nn}y_n \end{cases} \tag{6.3.7}$$

考虑线性方程组

$$\begin{cases} g_{11}y_1+\cdots+g_{1n}y_n=0 \\ \quad\vdots \\ g_{q1}y_1+\cdots+g_{qn}y_n=0 \\ y_{p+1}=0 \\ \quad\vdots \\ y_n=0 \end{cases} \tag{6.3.8}$$

它是含有 n 个未知数 $y_1,y_2,\cdots,y_n$ 且含有 $q+(n-p)$ 个方程的齐次线性方程组。由假设 $p>q$,则

$$q+(n-p)=n-(p-q)<n$$

故方程组(6.3.8)必有非零解,设为

$$(y_1,\cdots,y_p,y_{p+1},\cdots,y_n)^{\mathrm{T}}=(k_1,\cdots,k_p,k_{p+1},\cdots,k_n)^{\mathrm{T}} \tag{6.3.9}$$

则由式(6.3.8)的后 $n-p$ 个方程可知

$$k_{p+1}=\cdots=k_n=0$$

将式(6.3.9)代入式(6.3.5)左边得

$$k_1^2+\cdots+k_p^2>0$$

再把式(6.3.9)代入式(6.3.7),由式(6.3.8)的前 q 个方程可知

$$z_1=\cdots=z_q=0$$

再代入式(6.3.5)右边得

$$-z_{q+1}^2-\cdots-z_r^2\leqslant 0$$

这样,$y_1,y_2,\cdots,y_n$ 的一组非零的值代入式(6.3.5)的左、右两边得到不同的值,由此说明假设 $p>q$ 是不对的。故必有 $p\leqslant q$。

交换 p,q 的位置,同法可证 $q\leqslant p$。综合上述两种情况,有 $p=q$。证毕。

定义 6.3.1 实二次型 f 的规范形中正平方项的个数 p 称为 f 的**正惯性指数**;负平方项的个数 $r-p$ 称为 f 的**负惯性指数**;二者的差 $p-(r-p)=2p-r$ 称为 f 的**符号差**。

有了上述概念,就可以把惯性定理另外叙述如下。

定理 6.3.2 实二次型 f 的标准形中系数为正的平方项个数是唯一确定的,它等于 f 的正惯性指数;系数为负的平方项个数也是唯一确定的,它等于 f 的负惯性指数。

关于实二次型的惯性定理的矩阵叙述如下。

定理 6.3.3　任一实对称矩阵 $\boldsymbol{A}$ 必合同于一个如下述形状的对角矩阵

$$\boldsymbol{B}=\begin{pmatrix}1&&&&&&&&\\&\ddots&&&&&&&\\&&1&&&&&&\\&&&-1&&&&&\\&&&&\ddots&&&&\\&&&&&-1&&&\\&&&&&&0&&\\&&&&&&&\ddots&\\&&&&&&&&0\end{pmatrix}\tag{6.3.10}$$

其中，$\boldsymbol{B}$ 的主对角线上 1 的个数 p 及 -1 的个数 $r-p$（r 是 $\boldsymbol{A}$ 的秩）都是唯一确定的，分别称为 $\boldsymbol{A}$ 的正、负惯性指数。它们的差 $2p-r$ 称为 $\boldsymbol{A}$ 的符号差。

推论　两个 n 阶实对称矩阵合同的充分必要条件是它们有相同的秩和相同的正惯性指数（或相同的符号差）。

例 6.3.1　求实二次型

$$f(x_1,x_2,x_3)=(x_1+x_2)^2+(x_2-x_3)^2+(x_3+x_1)^2$$

的正、负惯性指数。

解　由配方法得

$$f(x_1,x_2,x_3)=2\left(x_1+\frac{1}{2}x_2+\frac{1}{2}x_3\right)^2+\frac{3}{2}(x_2+x_3)^2=$$

$$2{y_1}^2+\frac{3}{2}{y_2}^2$$

故实二次型的正、负惯性指数分别为 2，0。

6.3.2　复数域上二次型的规范形

现在考虑复数域上二次型可以化为什么样的标准形。由二次型化为标准形的一般性定理 6.2.1 可知，任何数域 P 上的 n 元二次型 f 必能由可逆线性变换化为标准形

$$d_1y_1^2+d_2y_2^2+\cdots+d_ry_r^2,\qquad d_i\in P,d_i\neq 0,i=1,2,\cdots,r\qquad (r\leqslant n)$$

其中，r 为 f 的秩。若 P 是复数域，由于在复数域内任何数皆可开平方，再进行下列线性变换

$$\begin{cases}y_1=\dfrac{1}{\sqrt{d_1}}z_1\\ \quad\vdots\\ y_r=\dfrac{1}{\sqrt{d_r}}z_r\\ y_{r+1}=z_{r+1}\\ \quad\vdots\\ y_n=z_n\end{cases}$$

则得到如下标准形

$$z_1^2+z_2^2+\cdots+z_r^2 \tag{6.3.11}$$

称式(6.3.11)为复二次型 $f(x_1,x_2,\cdots,x_n)$ 的**规范形**。显然它完全由二次型的秩 r 唯一确定。于是有以下定理。

定理 6.3.4 任意一个复数域上的 n 元二次型 $f(x_1,x_2,\cdots,x_n)$ 必可经过可逆线性变换化为规范形,且规范形由 f 的秩 r 唯一确定。

由定理 6.3.4 立即得到如下结论。

定理 6.3.5 任一个复数域上的对称矩阵 $\mathbf{A}$ 必合同于一个如下形状的对角形矩阵

$$\begin{pmatrix} 1 & & & & & \\ & \ddots & & & & \\ & & 1 & & & \\ & & & 0 & & \\ & & & & \ddots & \\ & & & & & 0 \end{pmatrix}$$

且主对角线上 1 的个数等于 $\mathbf{A}$ 的秩。因此两个复对称矩阵合同的充分必要条件是它们的秩相等。

习题 6.3

1. 用可逆线性变换化二次型

$$f=x_1^2+5x_1x_2-3x_2x_3$$

为规范形,并写出使用的线性变换。

2. 把二次型

$$f(x_1,x_2,x_3,x_4)=x_1^2-4x_2^2+9x_3^2-\frac{49}{9}x_4^2$$

分别在复数、实数范围内化为规范形。

3. 设实二次型 $f(x_1,x_2,x_3)$ 的正负惯性指数分别是 2 与 1,设 a_1,a_2 是两个任意正数,b_1 是任意一个负数。试证:二次型 f 可经实可逆线性变换化为 $a_1y_1^2+a_2y_2^2+b_1y_3^2$。

4. 证明:一个实二次型可以分解成两个实系数的一次齐次多项式的乘积的充分必要条件是它的秩等于 2 和符号差等于 0,或者秩等于 1。

6.4 正定二次型和正定矩阵

在实二次型中,正定二次型具有重要的地位。本节讨论正定二次型及正定矩阵

的定义、性质和常用的几个判别方法。

定义 6.4.1　设 $f(x_1,x_2,\cdots,x_n)=\boldsymbol{X}^{\mathrm{T}}\boldsymbol{A}\boldsymbol{X}$ 为 n 元实二次型。若对于任意非零实向量 $\boldsymbol{X}=(x_1,x_2,\cdots,x_n)^{\mathrm{T}}\neq\boldsymbol{0}$,都有

$$f(x_1,x_2,\cdots,x_n)=\boldsymbol{X}^{\mathrm{T}}\boldsymbol{A}\boldsymbol{X}>0$$

则称实二次型 f 为**正定二次型**;相应的实对称矩阵 $\boldsymbol{A}$ 称为**正定矩阵**。

注意,只有当 $\boldsymbol{A}$ 是实对称矩阵时才考虑其正定性,不是实对称的矩阵不谈论是否正定。

关于规范形实二次型的正定性,有如下结果。

定理 6.4.1　n 元实二次型 $f(y_1,y_2,\cdots,y_n)=d_1y_1^2+d_2y_2^2+\cdots+d_ny_n^2$ 正定的充分必要条件是 $d_1,d_2,\cdots,d_n$ 全都大于零。

证　必要性。若 $f(y_1,y_2,\cdots,y_n)=d_1y_1^2+d_2y_2^2+\cdots+d_ny_n^2$ 正定,取一组数$(0,\cdots,0,1,0,\cdots,0)$,代入得

$$f(0,\cdots,0,1,0,\cdots,0)=d_i>0$$

当 $i=1,2,\cdots,n$ 时,得 $d_1,d_2,\cdots,d_n$ 全都大于零。

充分性。若 $d_1,d_2,\cdots,d_n$ 全都大于零,则对任一组不全为零的实数 $c_1,c_2,\cdots,c_n$,有

$$f(c_1,c_2,\cdots,c_n)=d_1c_1^2+d_2c_2^2+\cdots+d_nc_n^2$$

因为至少有一个 $c_i\neq0$,即 $d_ic_i^2>0$,而其余的 $d_jc_j^2\geqslant0(j\neq i)$,所以

$$f(c_1,c_2,\cdots,c_n)=d_1c_1^2+d_2c_2^2+\cdots+d_nc_n^2>0$$

即 f 是正定二次型。证毕。

根据定义,正定二次型 $f(x_1,x_2,\cdots,x_n)$ 作为 n 元实函数,它在非零点的函数值总大于零,从而秩为 n 且正惯性指数也为 n 的 n 元二次型是规范形时,它是正定的。但如果二次型不是规范形,就不是很容易观察出来了。此时可以用可逆线性变换将其化为规范形。然而这样做,它的正定性是否保持不变呢?

由惯性定理可知,实二次型经过可逆线性变换后其正惯性指数不变,因而实二次型经过可逆线性变换保持正定性不变。确切地说,若实二次型 $f(x_1,x_2,\cdots,x_n)=\boldsymbol{X}^{\mathrm{T}}\boldsymbol{A}\boldsymbol{X}$ 经过可逆线性变换 $\boldsymbol{X}=\boldsymbol{C}\boldsymbol{Y}$ 化为 $g(y_1,y_2,\cdots,y_n)=\boldsymbol{Y}^{\mathrm{T}}\boldsymbol{B}\boldsymbol{Y}$,此处 $\boldsymbol{B}=\boldsymbol{C}^{\mathrm{T}}\boldsymbol{A}\boldsymbol{C}$。若 $f(x_1,x_2,\cdots,x_n)$是正定的,则 $g(y_1,y_2,\cdots,y_n)$也是正定的;反之亦然。于是有以下定理。

定理 6.4.2　可逆线性变换不改变实二次型的正定性。

关于 n 元正定二次型,有下述性质:

性质 1　n 元实二次型 $f(x_1,x_2,\cdots,x_n)$正定的充分必要条件是其正惯性指数等于 n。

性质 2　实对称矩阵 $\boldsymbol{A}$ 为正定的充分必要条件是 $\boldsymbol{A}$ 合同于单位矩阵 $\boldsymbol{E}$。

性质 3　实对称矩阵 $\boldsymbol{A}$ 为正定的充分必要条件是存在可逆矩阵 $\boldsymbol{C}$,使 $\boldsymbol{A}=\boldsymbol{C}^{\mathrm{T}}\boldsymbol{C}$。

证　由性质 2 可知,$\boldsymbol{A}$ 正定的充分必要条件是 $\boldsymbol{A}$ 合同于单位矩阵 $\boldsymbol{E}$,即存在可逆

矩阵 $\boldsymbol{C}$,使 $\boldsymbol{A}=\boldsymbol{C}^{\mathrm{T}}\boldsymbol{E}\boldsymbol{C}=\boldsymbol{C}^{\mathrm{T}}\boldsymbol{C}$。证毕。

性质4 实对称矩阵 $\boldsymbol{A}$ 为正定的充分必要条件是 $\boldsymbol{A}$ 的特征值全大于0。从而正定矩阵的行列式大于0。

证 设 $\boldsymbol{A}$ 是 n 阶实对称矩阵,由定理5.3.5可知,必有正交矩阵 $\boldsymbol{Q}$,使

$$\boldsymbol{Q}^{\mathrm{T}}\boldsymbol{A}\boldsymbol{Q}=\boldsymbol{Q}^{-1}\boldsymbol{A}\boldsymbol{Q}=\boldsymbol{B}=\begin{pmatrix}\lambda_1 & & & \\ & \lambda_2 & & \\ & & \ddots & \\ & & & \lambda_n\end{pmatrix}$$

其中,$\lambda_1,\lambda_2,\cdots,\lambda_n$ 是 $\boldsymbol{A}$ 的全部特征值。因为 $\boldsymbol{A}$ 正定的充分必要条件是 $\boldsymbol{B}$ 正定。而 $\boldsymbol{B}$ 对应的二次型为

$$\boldsymbol{Y}^{\mathrm{T}}\boldsymbol{B}\boldsymbol{Y}=\lambda_1 y_1^2+\lambda_2 y_2^2+\cdots+\lambda_n y_n^2$$

由定理6.4.1可知,该二次型正定的充分必要条件是 $\lambda_i>0(i=1,2,\cdots,n)$。

由于 $|A|=|B|=\lambda_1\lambda_2\cdots\lambda_n>0$,即正定矩阵的行列式大于0。证毕。

例6.4.1 判断实二次型 $f(x_1,x_2,x_3)=3x_1^2+3x_2^2+x_3^2-4x_1x_2$ 的正定性。

解 二次型 f 的矩阵为

$$\boldsymbol{A}=\begin{pmatrix}3 & -2 & 0\\ -2 & 3 & 0\\ 0 & 0 & 1\end{pmatrix}$$

其特征多项式为

$$|\lambda\boldsymbol{E}-\boldsymbol{A}|=\begin{vmatrix}\lambda-3 & 2 & 0\\ 2 & \lambda-3 & 0\\ 0 & 0 & \lambda-1\end{vmatrix}=(\lambda-1)^2(\lambda-5)$$

从而 $\boldsymbol{A}$ 的特征值为1,1,5,由性质4可知,f 为正定二次型。

下面介绍判定实对称矩阵 $\boldsymbol{A}$ 正定的一个常用性质。为此,先引入下述顺序主子式的定义。

定义6.4.2 设 $\boldsymbol{A}=(a_{ij})$ 是 n 阶矩阵,依次取 $\boldsymbol{A}$ 的前 k 行和前 k 列所构成的 k 阶矩阵的行列式

$$\begin{vmatrix}a_{11} & a_{12} & \cdots & a_{1k}\\ a_{21} & a_{22} & \cdots & a_{2k}\\ \vdots & \vdots & & \vdots\\ a_{k1} & a_{k2} & \cdots & a_{kk}\end{vmatrix}\quad(k=1,2,\cdots,n)$$

称其为矩阵 $\boldsymbol{A}$ 的 **k 阶顺序主子式**。

性质5 实对称矩阵 $\boldsymbol{A}$ 正定的充分必要条件是 $\boldsymbol{A}$ 的各阶顺序主子式全大于零。

性质5的证明从略。

例6.4.2 试问 t 取何值时,$f(x_1,x_2,x_3)=x_1^2+x_2^2+5x_3^2+2tx_1x_2-2x_1x_3+$

$4x_2x_3$ 为正定二次型。

解　二次型 f 的矩阵为

$$A=\begin{pmatrix}1 & t & -1\\ t & 1 & 2\\ -1 & 2 & 5\end{pmatrix}$$

要使 f 正定，只需让 A 的各阶顺序主子式大于零，即

$$|A_1|=1>0,\qquad |A_2|=\begin{vmatrix}1 & t\\ t & 1\end{vmatrix}=1-t^2>0,\qquad 即 -1<t<1$$

$$|A_3|=|A|=\begin{vmatrix}1 & t & -1\\ t & 1 & 2\\ -1 & 2 & 5\end{vmatrix}=-5t^2-4t>0,\qquad 即 -\frac{4}{5}<t<0$$

于是当 $-\frac{4}{5}<t<0$ 时，f 为正定二次型。

定义 6.4.3　设 $f(x_1,x_2,\cdots,x_n)=X^TAX$ 为 n 元实二次型，$X=(c_1,c_2,\cdots,c_n)^T$ 为任一非零的实向量。若恒有 $f(c_1,c_2,\cdots,c_n)\geqslant 0$，则称 f 为**半正定二次型**；若恒有 $f(c_1,c_2,\cdots,c_n)<0$，则称 f 为**负定二次型**；若恒有 $f(c_1,c_2,\cdots,c_n)\leqslant 0$，则称 f 为**半负定二次型**。

上述二次型对应的矩阵 A 分别称为**半正定矩阵**、**负定矩阵**和**半负定矩阵**。

若 $f(x_1,x_2,\cdots,x_n)$ 既不是半正定，又不是半负定，则称 f 为**不定二次型**，相应的矩阵 A 称为**不定矩阵**。

易见半正定矩阵包括了正定矩阵在内，半负定矩阵包括了负定矩阵在内。此外，A 为负定矩阵的充分必要条件是 $(-A)$ 为正定矩阵，A 为半负定矩阵的充分必要条件是 $(-A)$ 为半正定矩阵。而 A 为不定矩阵意味着既存在某些 $X=(x_1,x_2,\cdots,x_n)^T$ 的值使 $f=X^TAX>0$，又存在另一些 X 的值使 $f=X^TAX<0$。

关于负定二次型和半正定二次型，有如下结论。

定理 6.4.3　设 $f(x_1,x_2,\cdots,x_n)=X^TAX$ 为实二次型，则下列命题等价：

① $f(x_1,x_2,\cdots,x_n)$ 是负定二次型；

② $f(x_1,x_2,\cdots,x_n)$ 的负惯性指数为 n；

③ A 合同于 $(-E)$；

④ A 的特征值均小于零；

⑤ A 的奇数阶顺序主子式小于零，偶数阶顺序主子式大于零。

定理 6.4.4　设 $f(x_1,x_2,\cdots,x_n)=X^TAX$ 为实二次型，则下列命题等价：

① $f(x_1,x_2,\cdots,x_n)$ 是半正定二次型；

② $f(x_1,x_2,\cdots,x_n)$ 的正惯性指数 $p=r\leqslant n$，其中 r 是 A 的秩；

③ A 合同于矩阵 $\begin{pmatrix}E_r & O\\ O & O\end{pmatrix}_{n\times n}$；

④ $\boldsymbol{A}$ 的特征值均非负。

应该注意:如果实对称矩阵 $\boldsymbol{A}$ 的所有顺序主子式非负,则 $\boldsymbol{A}$ 未必是半正定的。如 $\boldsymbol{A}=\begin{pmatrix}0 & 0\\0 & -1\end{pmatrix}$的所有顺序主子式皆等于 0,但 $\boldsymbol{A}$ 是一个半负定矩阵。

例 6.4.3 判断下列二次型的类型:

① $f_1(x_1,x_2,x_3)=-2x_1^2-6x_2^2-4x_3^2+2x_1x_2+2x_1x_3$;

② $f_2(x_1,x_2,x_3)=x_1^2+2x_2^2+3x_3^2-4x_1x_2-4x_2x_3$。

解 ①二次型 f_1 的矩阵为

$$\boldsymbol{A}=\begin{pmatrix}-2 & 1 & 1\\1 & -6 & 0\\1 & 0 & -4\end{pmatrix}$$

$\boldsymbol{A}$ 的顺序主子式

$$|\boldsymbol{A}_1|=-2<0,\qquad |\boldsymbol{A}_2|=\begin{vmatrix}-2 & 1\\1 & -6\end{vmatrix}=11>0$$

$$|\boldsymbol{A}_3|=\begin{vmatrix}-2 & 1 & 1\\1 & -6 & 0\\1 & 0 & -4\end{vmatrix}=-38<0$$

所以 f_1 为负定二次型。

② 二次型 f_2 的矩阵为

$$\boldsymbol{A}=\begin{pmatrix}1 & -2 & 0\\-2 & 2 & -2\\0 & -2 & 3\end{pmatrix}$$

$\boldsymbol{A}$ 的顺序主子式$|\boldsymbol{A}_1|=1>0$,$|\boldsymbol{A}_2|=\begin{vmatrix}1 & -2\\-2 & 2\end{vmatrix}=-2<0$,所以 f_2 是不定二次型。

例 6.4.4 证明:n 阶矩阵 $\boldsymbol{A}$ 正定的充分必要条件是存在 n 阶正定矩阵 $\boldsymbol{B}$,使 $\boldsymbol{A}=\boldsymbol{B}^2$。

证 充分性。假设有 n 阶正定矩阵 $\boldsymbol{B}$,使 $\boldsymbol{A}=\boldsymbol{B}^2$。由 $\boldsymbol{B}$ 对称可知 $\boldsymbol{A}$ 对称。再由 $\boldsymbol{B}$ 正定,则 $\boldsymbol{B}$ 的特征值$\lambda_1,\lambda_2,\cdots,\lambda_n$ 都大于 0,从而 $\boldsymbol{A}$ 的特征值$\lambda_1^2,\lambda_2^2,\cdots,\lambda_n^2$ 都大于 0,所以 $\boldsymbol{A}$ 是正定矩阵。

必要性。设 $\boldsymbol{A}$ 是 n 阶正定矩阵,则 $\boldsymbol{A}$ 为实对称矩阵,从而存在正交矩阵 $\boldsymbol{Q}$,使得

$$\boldsymbol{Q}^{-1}\boldsymbol{A}\boldsymbol{Q}=\boldsymbol{Q}^{\mathrm{T}}\boldsymbol{A}\boldsymbol{Q}=\begin{pmatrix}\lambda_1 & & \\ & \ddots & \\ & & \lambda_n\end{pmatrix}$$

即

$$\boldsymbol{A}=\boldsymbol{Q}\begin{pmatrix}\lambda_1 & & \\ & \ddots & \\ & & \lambda_n\end{pmatrix}\boldsymbol{Q}^{\mathrm{T}}$$

其中，$\lambda_1,\cdots,\lambda_n$ 是 $\boldsymbol{A}$ 的 n 个特征值，且都大于零，于是

$$\boldsymbol{A}=\boldsymbol{Q}\begin{pmatrix}\sqrt{\lambda_1} & & \\ & \ddots & \\ & & \sqrt{\lambda_n}\end{pmatrix}^2\boldsymbol{Q}^{\mathrm{T}}=\left[\boldsymbol{Q}\begin{pmatrix}\sqrt{\lambda_1} & & \\ & \ddots & \\ & & \sqrt{\lambda_n}\end{pmatrix}\boldsymbol{Q}^{\mathrm{T}}\right]^2$$

取

$$\boldsymbol{B}=\boldsymbol{Q}\begin{pmatrix}\sqrt{\lambda_1} & & \\ & \ddots & \\ & & \sqrt{\lambda_n}\end{pmatrix}\boldsymbol{Q}^{\mathrm{T}}$$

则 $\boldsymbol{B}^{\mathrm{T}}=\boldsymbol{B},\boldsymbol{A}=\boldsymbol{B}^2$。又 $\boldsymbol{B}$ 的 n 个特征值 $\sqrt{\lambda_1},\cdots,\sqrt{\lambda_n}$ 都大于零，所以 $\boldsymbol{B}$ 为正定矩阵。

例 6.4.5　设 $\boldsymbol{A}$ 为 $m\times n$ 阶实矩阵，$\boldsymbol{E}$ 为 n 阶单位矩阵，已知 $\boldsymbol{B}=k\boldsymbol{E}+\boldsymbol{A}^{\mathrm{T}}\boldsymbol{A}$，试证：当 $k>0$ 时，矩阵 $\boldsymbol{B}$ 为正定矩阵。

证　因为 $\boldsymbol{B}^{\mathrm{T}}=(k\boldsymbol{E}+\boldsymbol{A}^{\mathrm{T}}\boldsymbol{A})^{\mathrm{T}}=k\boldsymbol{E}+\boldsymbol{A}^{\mathrm{T}}\boldsymbol{A}=\boldsymbol{B}$，所以 $\boldsymbol{B}$ 为对称矩阵。

对于任意的 n 维实向量 $\boldsymbol{X}$，有

$$\boldsymbol{X}^{\mathrm{T}}\boldsymbol{B}\boldsymbol{X}=\boldsymbol{X}^{\mathrm{T}}(k\boldsymbol{E}+\boldsymbol{A}^{\mathrm{T}}\boldsymbol{A})\boldsymbol{X}=k\boldsymbol{X}^{\mathrm{T}}\boldsymbol{X}+\boldsymbol{X}^{\mathrm{T}}\boldsymbol{A}^{\mathrm{T}}\boldsymbol{A}\boldsymbol{X}=$$
$$k\boldsymbol{X}^{\mathrm{T}}\boldsymbol{X}+(\boldsymbol{A}\boldsymbol{X})^{\mathrm{T}}\boldsymbol{A}\boldsymbol{X}$$

当 $\boldsymbol{X}\neq\boldsymbol{0}$ 时，有 $\boldsymbol{X}^{\mathrm{T}}\boldsymbol{X}>0,(\boldsymbol{A}\boldsymbol{X})^{\mathrm{T}}\boldsymbol{A}\boldsymbol{X}\geqslant 0$。因此，当 $k>0$ 时，有

$$\boldsymbol{X}^{\mathrm{T}}\boldsymbol{B}\boldsymbol{X}=k\boldsymbol{X}^{\mathrm{T}}\boldsymbol{X}+(\boldsymbol{A}\boldsymbol{X})^{\mathrm{T}}\boldsymbol{A}\boldsymbol{X}>0$$

故 $\boldsymbol{B}$ 为正定矩阵。

习题 6.4

1. 判断题：

(1) 在数域 P 上，任意一个对称矩阵都和同于一个对角矩阵；

(2) 若方阵 $\boldsymbol{A},\boldsymbol{B}$ 合同，则 $\boldsymbol{A},\boldsymbol{B}$ 具有相同的秩；

(3) 若 $\boldsymbol{A}$ 是 n 阶实方阵，$\boldsymbol{X}$ 是 $\mathbf{R}^n$ 中的列向量，则 $\boldsymbol{X}^{\mathrm{T}}\boldsymbol{A}^{\mathrm{T}}\boldsymbol{A}\boldsymbol{X}$ 为半正定二次型；

(4) 若实方阵 $\boldsymbol{A}$ 的全体特征根都为正数，则二次型 $f(\boldsymbol{X})=\boldsymbol{X}^{\mathrm{T}}\boldsymbol{A}\boldsymbol{X}$ 为正定二次型；

(5) 设方阵 $\boldsymbol{A}$ 与 $\boldsymbol{B}$ 合同，则 $\boldsymbol{A}^2$ 与 $\boldsymbol{B}^2$ 合同；

(6) 如果 $\boldsymbol{A}$ 是 n 阶对称矩阵，且对任一个 n 维向量 $\boldsymbol{X}$，都有 $\boldsymbol{X}^{\mathrm{T}}\boldsymbol{A}\boldsymbol{X}=0$，那么 $\boldsymbol{A}=0$；

(7) 如果实对称矩阵 $\boldsymbol{A}$ 不是正定矩阵，而是半正定矩阵，则 $\boldsymbol{A}$ 的行列式 $|\boldsymbol{A}|=0$；

(8) 若 $\boldsymbol{A},\boldsymbol{B}$ 是两个同阶的正定矩阵，那么它们一定合同；

(9) 设 $\boldsymbol{A}$ 与 $\boldsymbol{B}$ 都是 n 阶正定矩阵,则 AB 是正定矩阵;

(10) 任何实二次型经过满秩线性变换总可化为规范形，但规范形中的正平方项个数不是唯一的。

2. 判别下列二次型是否正定。

(1) $f(x_1,x_2,x_3)=5x_1^2+6x_2^2+4x_3^2-4x_1x_2-4x_2x_3$;

(2) $f(x_1,x_2,x_3)=x_1^2+2x_2^2+x_3^2+2x_1x_2+2x_1x_3+4x_2x_3$;

(3) $f(x_1,x_2,x_3)=4x_1^2+3x_2^2+3x_3^3+2x_2x_3$;

(4) $f(x_1,x_2,x_3)=x_1^2+x_2^2+x_3^2-2x_1x_3$;

(5) $f(x_1,x_2,\cdots,x_n)=\sum\limits_{i=1}^{n}x_i^2+\sum\limits_{1\leqslant i<j\leqslant n}x_ix_j$;

(6) $f(x_1,x_2,\cdots,x_n)=\sum\limits_{i=1}^{n}x_i^2+\sum\limits_{i=1}^{n-1}x_ix_{i+1}$。

3. 求 t 的取值范围,使下列二次型是正定二次型。

(1) $f(x_1,x_2,x_3)=x_1^2+4x_2^2+4x_3^2+2tx_1x_2-2x_1x_3+4x_2x_3$;

(2) $f(x_1,x_2,x_3)=x_1^2+2x_2^2+(1-t)x_3^2+2tx_1x_2+2x_1x_3$;

(3) $f(x_1,x_2,x_3)=x_1^2+4x_2^2+x_3^2+2tx_1x_2+10x_1x_3+6x_2x_3$;

(4) $f(x_1,x_2,x_3)=x_1^2+x_2^2+5x_3^2+2tx_1x_2-2x_1x_3+4x_2x_3$。

4. 问 a 为何值时,二次型 $f(x_1,x_2,x_3)=x_1^2+(a+1)x_2^2+x_3^2-2x_2x_3$ 是正定、半正定或不定?

5. 设实二次型 $f(x,y,z)=\lambda(x^2+y^2+z^2)+2xy+2xz-2yz$,问

(1) λ 取什么值时,f 为正定?

(2) λ 取什么值时,f 为负定?

(3) 当 $\lambda=2$ 或 $\lambda=-1$ 时,f 属什么类型?

6. 判定下列实对称阵的正定、负定、半正定、半负定和不定性:

(1) $\boldsymbol{A}=\begin{pmatrix} n & -1 & \cdots & -1 \\ -1 & n & \ddots & \vdots \\ \vdots & \ddots & \ddots & -1 \\ -1 & \cdots & -1 & n \end{pmatrix}$;　　(2) $\boldsymbol{A}=\begin{pmatrix} 2 & 1 & \cdots & 1 \\ 1 & \ddots & \ddots & \vdots \\ \vdots & \ddots & \ddots & 1 \\ 1 & \cdots & 1 & 2 \end{pmatrix}$;

(3) $\boldsymbol{A}=\begin{pmatrix} 0 & \frac{1}{2} & \cdots & \frac{1}{2} \\ \frac{1}{2} & \ddots & \ddots & \vdots \\ \vdots & \ddots & \ddots & \frac{1}{2} \\ \frac{1}{2} & \cdots & \frac{1}{2} & 0 \end{pmatrix}$。

7. 如果 $\boldsymbol{A}$ 是 n 阶正定矩阵,$\boldsymbol{B}$ 是 n 阶半正定矩阵,证明 $\boldsymbol{A}+\boldsymbol{B}$ 是正定矩阵。

8. 试证：如果 $\boldsymbol{A}$ 为正定矩阵，则 $\boldsymbol{A}^{-1}$，$\boldsymbol{A}^{*}$，$\boldsymbol{A}^{k}$（k 为正整数）均为正定矩阵。

9. 设 $\boldsymbol{A}$ 是实对称矩阵，证明当实数 t 充分大后，$t\boldsymbol{E}+\boldsymbol{A}$ 是正定矩阵。

10. 设 $\boldsymbol{A}$，$\boldsymbol{B}$ 均为 n 阶正定阵，证明 $\boldsymbol{AB}$ 为正定矩阵的充分必要条件是 $\boldsymbol{AB}=\boldsymbol{BA}$。

11. 设 $\boldsymbol{A}$ 为 n 阶实对称矩阵，并且 $\boldsymbol{A}^3-6\boldsymbol{A}^2+11\boldsymbol{A}-6\boldsymbol{E}=\boldsymbol{O}$。试证：$\boldsymbol{A}$ 是正定矩阵。

12. 设 $\boldsymbol{A}$ 是 n 阶正定矩阵，试证明行列式 $|\boldsymbol{A}+\boldsymbol{E}|>1$。

13*. 设矩阵 $\boldsymbol{A}$，$\boldsymbol{B}$ 都是正定矩阵，证明矩阵 $\boldsymbol{AB}$ 的特征值都大于零。

第7章 线性空间

线性空间是线性代数最基本的概念之一，是第3章中学过的n维实向量空间的进一步抽象和概括。其本质特征是具有元素的加法和数乘运算，并满足一些运算律。本章主要讨论线性空间的有关概念和方法，以及子空间、欧氏空间的理论。这些理论和方法已渗透到自然科学、工程技术的各个领域，有许多重要应用。

7.1 线性空间的定义和性质

7.1.1 线性空间的定义

线性空间是本书讨论的第一个抽象概念。前面遇到过的n维向量、n阶矩阵等都是一些具体的对象。为了引出线性空间的一般概念，先仔细观察以下两个具体对象。

例 7.1.1 实数域上n维向量全体组成一个集合

$$V=\{(\boldsymbol{a}_1,\boldsymbol{a}_2,\cdots,\boldsymbol{a}_n)\mid \boldsymbol{a}_i\in\mathbf{R},\quad i=1,2,\cdots,n\}$$

这个集合中的元素是n维向量。更重要的是这个集合的元素之间可以进行加法运算，即任意两个n维向量可以相加等于另一个n维向量。此外，用一个实数k与n维向量也可作乘法。这两种运算是集合V中的最基本运算，并且还满足一些运算律。n维向量的许多性质都是通过这两种运算来描述的。

例 7.1.2 实数域上全体n阶矩阵组成一个集合$M_n(\mathbf{R})$，其中的元素(n阶矩阵)也可以进行加法和用实数k去乘以矩阵这两种运算，这些运算也体现了矩阵之间的许多关系和性质。

这两个例子虽然对象不同，但其共同点是有一个集合和一个数域，集合的元素有加法和数乘两种运算，构成一个系统。由此可引入抽象的线性空间概念。

定义 7.1.1 设V是一个非空集合，P是一个数域。在V中定义了元素之间的加法与数乘运算，即对于V中任意两个元素$\boldsymbol{\alpha},\boldsymbol{\beta}$，都有$V$中唯一的一个元素$\boldsymbol{\gamma}$与之对应，记为$\boldsymbol{\gamma}=\boldsymbol{\alpha}+\boldsymbol{\beta}$；对于$P$中任意一个数$k$与$V$中任意一个元素$\boldsymbol{\alpha}$，都有$V$中唯一的一个元素$\boldsymbol{\delta}$与之对应，记为$\boldsymbol{\delta}=k\boldsymbol{\alpha}$，且满足以下8条运算律，就称$V$为数域$P$上的一个**线性空间**。

① $\boldsymbol{\alpha}+\boldsymbol{\beta}=\boldsymbol{\beta}+\boldsymbol{\alpha}$；

② $(\boldsymbol{\alpha}+\boldsymbol{\beta})+\boldsymbol{\gamma}=\boldsymbol{\alpha}+(\boldsymbol{\beta}+\boldsymbol{\gamma})$；

③ V中存在元素$\mathbf{0}$，使对任意$\boldsymbol{\alpha}\in V$有

$$\boldsymbol{\alpha}+\mathbf{0}=\boldsymbol{\alpha}$$

④ 对于 V 中任意 $\boldsymbol{\alpha}$，存在 V 中元素 $\boldsymbol{\beta}$ 使得

$$\boldsymbol{\alpha}+\boldsymbol{\beta}=\mathbf{0}$$

⑤ $1\boldsymbol{\alpha}=\boldsymbol{\alpha}$；

⑥ $k(l\boldsymbol{\alpha})=(kl)\boldsymbol{\alpha}$；

⑦ $(k+l)\boldsymbol{\alpha}=k\boldsymbol{\alpha}+l\boldsymbol{\alpha}$；

⑧ $k(\boldsymbol{\alpha}+\boldsymbol{\beta})=k\boldsymbol{\alpha}+k\boldsymbol{\beta}$。

以上规则中，k,l 等表示数域 P 中的任意数；α,β,γ 表示集合 V 中的任意元素。

这一定义中对加法、数乘的要求，称为运算的封闭性，即相加和数乘的结果必须还在集合 V 中。

运算律的①、②分别称为加法交换律、结合律，③中的 $\mathbf{0}$ 称为零元素(注意虽然把它记为 $\mathbf{0}$，但并不是数中的 0)，④中的 $\boldsymbol{\beta}$ 称为 $\boldsymbol{\alpha}$ 的负元素，⑤中的 1 指数域中的数 1，⑥称为数乘结合律，⑦、⑧称为数乘与加法的分配律。

例 7.1.1 和例 7.1.2 中的 n 维向量、n 阶矩阵的加法、数乘运算是满足运算封闭性和运算律①～⑧的，所以它们都是实数域 $\mathbf{R}$ 上的线性空间，称为 n 维向量空间和 n 阶矩阵空间。下面再看几个例子，以体会线性空间这一概念的广泛性。

例 7.1.3　数域 P 上全体一元多项式

$$P[x]=\{a_0+a_1x+\cdots+a_nx^n \mid a_i\in P,\quad i=1,2,\cdots,n,\quad n\text{ 为非零正整数}\}$$

组成的集合，按通常多项式加法和数与多项式乘法，构成一个数域 P 上的线性空间。如果只考虑其中次数小于 n 的全体多项式(包括零多项式)，则也构成数域 P 上一个线性空间，记为$P[x]_n$。

例 7.1.4　定义在闭区间$[a,b]$上(或全体实数区间$(-\infty,+\infty)$上)的全体实连续函数，按通常函数的加法及数与函数的乘法，构成一个实数域 $\mathbf{R}$ 上的线性空间，记为 $C[a,b]$(或 $C(-\infty,+\infty)$)。其中零元素是零函数，某个函数 $f(x)$的负元素是其负函数$-f(x)$。

例 7.1.5　全体有理数组成集合 $\mathbf{Q}$，按通常有理数的加法和有理数对有理数的乘法，构成一个有理数域上的线性空间。注意，这个线性空间 V 及它所属的数域 P 是同一个集合。一般地，任何一个数域 P 都是 P 自身上的线性空间。但 $\mathbf{Q}$ 不构成实数域 $\mathbf{R}$ 上的线性空间，因为用一个实数与 $\mathbf{Q}$ 中元素进行数乘的结果未必是 $\mathbf{Q}$ 中的元素，如$\sqrt{2}\times 2\notin\mathbf{Q}$，从而在 $\mathbf{Q}$ 中用实数去进行的数乘运算不是封闭的。

从这些例子可以知道，线性空间可以在各种不同的集合上对于各种不同的加法、数乘运算来定义，只要这个集合上定义的加法、数乘运算满足封闭性及 8 条运算律，就可成为一个某数域上的线性空间。

7.1.2　线性空间的初步性质

对于数域 P 上的线性空间 V，一般用小写希腊字母 $\boldsymbol{\alpha},\boldsymbol{\beta},\boldsymbol{\gamma}$ 等代表线性空间 V 中

的元素,而用小写拉丁字母 a,b,c 等代表数域 P 中的数。

下面直接从定义来证明线性空间的一些简单性质。

定理 7.1.1 设 V 是数域 P 上的线性空间,则有

① V 中的零元素 $\mathbf{0}$ 是唯一的;

② 对 $\boldsymbol{\alpha}\in V$,$\boldsymbol{\alpha}$ 的负元素是 $-\boldsymbol{a}$ 唯一的;

③ $0\boldsymbol{\alpha}=\mathbf{0}, k\mathbf{0}=\mathbf{0}, (-1)\boldsymbol{\alpha}=-\boldsymbol{\alpha}$;

④ 若 $k\boldsymbol{\alpha}=\mathbf{0}$,则 $k=0$ 或 $\boldsymbol{\alpha}=\mathbf{0}$。

证 ① 设 $\mathbf{0}_1,\mathbf{0}_2$ 是 V 中的两个零元素,要证 $\mathbf{0}_1=\mathbf{0}_2$。由于 $\mathbf{0}_1$ 是零元素,由定义有

$$\mathbf{0}_1+\mathbf{0}_2=\mathbf{0}_2$$

又由于 $\mathbf{0}_2$ 也是零元素,由定义又应有

$$\mathbf{0}_1+\mathbf{0}_2=\mathbf{0}_1$$

从而

$$\mathbf{0}_1=\mathbf{0}_1+\mathbf{0}_2=\mathbf{0}_2$$

这证明了零元素的唯一性;

② 设 $\boldsymbol{\alpha}\in V$,$\boldsymbol{\beta}$ 与 $\boldsymbol{\gamma}$ 都是 $\boldsymbol{\alpha}$ 的负元素,则

$$\boldsymbol{\alpha}+\boldsymbol{\beta}=\mathbf{0},\qquad \boldsymbol{\alpha}+\boldsymbol{\gamma}=\mathbf{0}$$

这样有

$$\boldsymbol{\beta}=\boldsymbol{\beta}+\mathbf{0}=\boldsymbol{\beta}+(\boldsymbol{\alpha}+\boldsymbol{\gamma})=(\boldsymbol{\beta}+\boldsymbol{\alpha})+\boldsymbol{\gamma}=\mathbf{0}+\boldsymbol{\gamma}=\boldsymbol{\gamma}$$

从而 $\boldsymbol{\alpha}$ 的负元素是唯一的;

③ 因为

$$\boldsymbol{\alpha}+0\boldsymbol{\alpha}=1\boldsymbol{\alpha}+0\boldsymbol{\alpha}=(1+0)\boldsymbol{\alpha}=1\boldsymbol{\alpha}=\boldsymbol{\alpha}$$

故

$$0\boldsymbol{\alpha}=0+0\boldsymbol{\alpha}=\boldsymbol{\alpha}+(-\boldsymbol{\alpha})+0\boldsymbol{\alpha}=(\boldsymbol{\alpha}+0\boldsymbol{\alpha})+(-\boldsymbol{\alpha})=\boldsymbol{\alpha}+(-\boldsymbol{\alpha})=\mathbf{0}$$

又由

$$\boldsymbol{\alpha}+(-1)\boldsymbol{\alpha}=1\boldsymbol{\alpha}+(-1)\boldsymbol{\alpha}=(1-1)\boldsymbol{\alpha}=0\boldsymbol{\alpha}=\mathbf{0}$$

得

$$(-1)\boldsymbol{\alpha}=0+(-1)\boldsymbol{\alpha}=\boldsymbol{\alpha}+(-\boldsymbol{\alpha})+(-1)\boldsymbol{\alpha}=[\boldsymbol{\alpha}+(-1)\boldsymbol{\alpha}]+(-\boldsymbol{\alpha})=0+(-\boldsymbol{\alpha})=-\boldsymbol{\alpha}$$

最后

$$k\mathbf{0}=k[\boldsymbol{\alpha}+(-\boldsymbol{\alpha})]=k\boldsymbol{\alpha}+k(-1)\boldsymbol{\alpha}=k\boldsymbol{\alpha}+(-k)\boldsymbol{\alpha}=[k+(-k)]\boldsymbol{\alpha}=0\boldsymbol{\alpha}=\mathbf{0}$$

④ 设 $k\boldsymbol{\alpha}=\mathbf{0}$,若 $k\neq 0$,则

$$\boldsymbol{\alpha}=(k^{-1}k)\boldsymbol{\alpha}=k^{-1}(k\boldsymbol{\alpha})=k^{-1}\mathbf{0}=\mathbf{0}$$

故或者 $k=0$,或者 $\boldsymbol{\alpha}=\mathbf{0}$。证毕。

利用定理 7.1.1 中③的性质$(-1)\boldsymbol{\alpha}=(-\boldsymbol{\alpha})$可以定义线性空间 V 中的减法如下：

$$\boldsymbol{\alpha}-\boldsymbol{\beta}=\boldsymbol{\alpha}+(-\boldsymbol{\beta})=\boldsymbol{\alpha}+(-1)\boldsymbol{\beta}$$

这样，减法实际上是加法的一种情形。

定理 7.1.1 给出的性质是人们在许多对象，如数、向量、矩阵的运算中熟悉的。从线性空间的定义出发给出了这些性质的严密的证明，就能保证在任何线性空间（无论熟悉与否）中这些运算性质都是成立的、可以运用的。例如，由 $k\boldsymbol{\zeta}+\boldsymbol{\alpha}=\boldsymbol{\beta}$，当 $k\neq 0$ 时，可有 $\boldsymbol{\zeta}=k^{-1}(\boldsymbol{\beta}-\boldsymbol{\alpha})$。要注意的是，并非所有在数的运算中熟悉的性质都能在线性空间中成立。特别地，在线性空间中没有定义两个元素之间的乘法运算。

习题 7.1

1. 验证所有实的 $n\times n$ 阶矩阵的集合，对于矩阵的加法以及数与矩阵的乘法，构成一个线性空间。

2. 令 $V=\{(a,b)\,|\,a,b\in\mathbf{R}\}$，定义$(a_1,b_1)\oplus(a_2,b_2)=(a_1-a_2,b_1b_2)$；$k\circ(a_1,b_1)=(ka_1,kb_1)$，$k\in\mathbf{R}$。
证明：V 对于规定的加法“$\oplus$”、数乘“$\circ$”运算构成 $\mathbf{R}$ 上的线性空间。

3. 在数域 P 上的线性空间 V 中，证明

(1) $\boldsymbol{\alpha}+\boldsymbol{\beta}=\boldsymbol{\gamma}\Leftrightarrow\boldsymbol{\alpha}=\boldsymbol{\gamma}-\boldsymbol{\beta}$；

(2) $a(\boldsymbol{\alpha}-\boldsymbol{\beta})=a\boldsymbol{\alpha}-a\boldsymbol{\beta}$；$(a+b)(\boldsymbol{\alpha}+\boldsymbol{\beta})=a\boldsymbol{\alpha}+a\boldsymbol{\beta}+b\boldsymbol{\alpha}+b\boldsymbol{\beta}$；

(3) $(a-b)\boldsymbol{\alpha}=a\boldsymbol{\alpha}-b\boldsymbol{\alpha}$；$(a-b)(\boldsymbol{\alpha}-\boldsymbol{\beta})=a\boldsymbol{\alpha}-a\boldsymbol{\beta}-b\boldsymbol{\alpha}+b\boldsymbol{\beta}$。

4. 设 $\boldsymbol{\alpha}_1=(2,5,1,3)$，$\boldsymbol{\alpha}_2=(10,1,5,10)$，$\boldsymbol{\alpha}_3=(4,1,-1,1)$，在 $\mathbf{R}^4$ 中求 $\boldsymbol{\alpha}$，使得 $3(\boldsymbol{\alpha}_1-\boldsymbol{\alpha})+2(\boldsymbol{\alpha}_2+\boldsymbol{\alpha})=5(\boldsymbol{\alpha}_3+\boldsymbol{\alpha})$。

5. 证明：若 $a(2,2,5)+b(0,1,3,)+c(3,-5,1)=0$，则 $a=b=c=0$。

7.2　维数、基与坐标

7.2.1　线性空间的维数与基

在 n 维实向量空间中，基与坐标的引入是十分自然的。对于抽象的线性空间的研究，基底与坐标也是必不可少的工具。

定义 7.2.1　设 V 是数域 P 上的一个线性空间，$\boldsymbol{\alpha}_1,\boldsymbol{\alpha}_2,\cdots,\boldsymbol{\alpha}_r$ 是 V 中的一组元素，$k_1,k_2,\cdots,k_r$ 是 P 中的一组数，则由下列数乘和加法得到的 V 中元素

$$\boldsymbol{\alpha}=k_1\boldsymbol{\alpha}_1+k_2\boldsymbol{\alpha}_2+\cdots+k_r\boldsymbol{\alpha}_r$$

称为 $\boldsymbol{\alpha}_1,\boldsymbol{\alpha}_2,\cdots,\boldsymbol{\alpha}_r$ 的一个**线性组合**，或称 $\boldsymbol{\alpha}$ 可由 $\boldsymbol{\alpha}_1,\boldsymbol{\alpha}_2,\cdots,\boldsymbol{\alpha}_r$ **线性表出**。

定义 7.2.2　设 $\boldsymbol{\alpha}_1,\boldsymbol{\alpha}_2,\cdots,\boldsymbol{\alpha}_r$ 与 $\boldsymbol{\beta}_1,\boldsymbol{\beta}_2,\cdots,\boldsymbol{\beta}_s$ 是线性空间 V 中的两组元素。若

每个 $\boldsymbol{\alpha}_i(i=1,2,\cdots,r)$ 都可由 $\boldsymbol{\beta}_1,\boldsymbol{\beta}_2,\cdots,\boldsymbol{\beta}_s$ 线性表出，则称元素组 $\boldsymbol{\alpha}_1,\boldsymbol{\alpha}_2,\cdots,\boldsymbol{\alpha}_r$ 可由 $\boldsymbol{\beta}_1,\boldsymbol{\beta}_2,\cdots,\boldsymbol{\beta}_s$ 线性表出。如果这两组元素可以互相线性表出，则称这两个元素组是等价的。

定义 7.2.3 线性空间 V 中的向量 $\boldsymbol{\alpha}_1,\boldsymbol{\alpha}_2,\cdots,\boldsymbol{\alpha}_r$ 称为线性相关的，如果数域 P 中存在 r 个不全为零的数 $k_1,k_2,\cdots,k_r$ 使

$$k_1\boldsymbol{\alpha}_1+k_2\boldsymbol{\alpha}_2+\cdots+k_r\boldsymbol{\alpha}_r=\mathbf{0} \tag{7.2.1}$$

成立；否则，如果不存在这样的数，即要使式(7.2.1)成立，只有 $k_1=k_2=\cdots=k_r=0$，则称 $\boldsymbol{\alpha}_1,\boldsymbol{\alpha}_2,\cdots,\boldsymbol{\alpha}_r$ **线性无关**。

上述几个定义实际上是在第3章中已经介绍过的，不过是把 n 维向量空间的相应概念搬到了抽象的线性空间中。只依赖于线性空间的加法和数乘运算，这些概念便可毫无困难地移植过来。不仅如此，在第3章对 n 维向量线性相关性的讨论可以完全照搬到抽象的线性空间中，并得出相同的结论。这里不再重复这些论证，只把相关结论叙述如下。

定理 7.2.1 设 V 是数域 P 上的线性空间，$\boldsymbol{\alpha},\boldsymbol{\beta}\in V$，$\boldsymbol{\alpha}_1,\boldsymbol{\alpha}_2,\cdots,\boldsymbol{\alpha}_r$ 及 $\boldsymbol{\beta}_1,\boldsymbol{\beta}_2,\cdots,\boldsymbol{\beta}_s$ 是 V 中两个元素组，则有

① 单个元素 $\boldsymbol{\alpha}$ 线性相关的充分必要条件是 $\boldsymbol{\alpha}=\mathbf{0}$。含两个以上元素的元素组 $\boldsymbol{\alpha}_1,\boldsymbol{\alpha}_2,\cdots,\boldsymbol{\alpha}_r$ 线性相关的充分必要条件是其中有一个元素是其余元素的线性组合。

② 若元素组 $\boldsymbol{\alpha}_1,\boldsymbol{\alpha}_2,\cdots,\boldsymbol{\alpha}_r$ 线性无关，且可由 $\boldsymbol{\beta}_1,\boldsymbol{\beta}_2,\cdots,\boldsymbol{\beta}_s$ 线性表出，则必有 $r\leqslant s$。

③ 若 $\boldsymbol{\alpha}_1,\boldsymbol{\alpha}_2,\cdots,\boldsymbol{\alpha}_r$ 线性无关，而 $\boldsymbol{\alpha}_1,\boldsymbol{\alpha}_2,\cdots,\boldsymbol{\alpha}_r,\boldsymbol{\beta}$ 线性相关，则 $\boldsymbol{\beta}$ 必可由 $\boldsymbol{\alpha}_1,\boldsymbol{\alpha}_2,\cdots,\boldsymbol{\alpha}_r$ 线性表出，且表法是唯一的。

在 n 维向量空间中，极大线性无关组称为基，其所含向量的个数称为空间的维数。利用线性相关性，在一般的线性空间中也可以引入基与维数的概念。

定义 7.2.4 设 V 是数域 P 上的线性空间，V 中任意 n 个线性无关的元素 $\boldsymbol{\varepsilon}_1,\boldsymbol{\varepsilon}_2,\cdots,\boldsymbol{\varepsilon}_n$ 称为 V 的一组基(或称为一组基底)，若 V 中任一元素 $\boldsymbol{\alpha}$ 可由 $\boldsymbol{\varepsilon}_1,\boldsymbol{\varepsilon}_2,\cdots,\boldsymbol{\varepsilon}_n$ 线性表出，即

$$\boldsymbol{\alpha}=a_1\boldsymbol{\varepsilon}_1+a_2\boldsymbol{\varepsilon}_2+\cdots+a_n\boldsymbol{\varepsilon}_n$$

其中，表出系数 $a_1,a_2,\cdots,a_n$ 是唯一确定的(当基 $\boldsymbol{\varepsilon}_1,\boldsymbol{\varepsilon}_2,\cdots,\boldsymbol{\varepsilon}_n$ 取定时)。这组系数称为 $\boldsymbol{\alpha}$ 在基 $\boldsymbol{\varepsilon}_1,\boldsymbol{\varepsilon}_2,\cdots,\boldsymbol{\varepsilon}_n$ 下的坐标，记为 $(a_1,a_2,\cdots,a_n)$。

由此定义，线性空间中可能有许多不同的基，但这些不同的基所含的向量个数必是相同的。

定理 7.2.2 设 $\boldsymbol{\alpha}_1,\boldsymbol{\alpha}_2,\cdots,\boldsymbol{\alpha}_n$ 是线性空间 V 的一组基，$\boldsymbol{\beta}_1,\boldsymbol{\beta}_2,\cdots,\boldsymbol{\beta}_m$ 也是线性空间 V 的一组基，则 $n=m$。

证 由于 $\boldsymbol{\alpha}_1,\boldsymbol{\alpha}_2,\cdots,\boldsymbol{\alpha}_n$ 是 V 的一组基，由定义7.2.4可知，V 中任一元素 $\boldsymbol{\beta}$ 可由 $\boldsymbol{\alpha}_1,\boldsymbol{\alpha}_2,\cdots,\boldsymbol{\alpha}_n$ 线性表出，从而 $\boldsymbol{\beta}_1,\boldsymbol{\beta}_2,\cdots,\boldsymbol{\beta}_m$ 可由 $\boldsymbol{\alpha}_1,\boldsymbol{\alpha}_2,\cdots,\boldsymbol{\alpha}_n$ 线性表出。又已知 $\boldsymbol{\beta}_1,\boldsymbol{\beta}_2,\cdots,\boldsymbol{\beta}_m$ 是线性无关的，由定理7.2.1的②，有 $m\leqslant n$。同样，由于 $\boldsymbol{\beta}_1,\boldsymbol{\beta}_2,\cdots,\boldsymbol{\beta}_m$ 也是线性空间 V 的一组基，$\boldsymbol{\alpha}_1,\boldsymbol{\alpha}_2,\cdots,\boldsymbol{\alpha}_n$ 也可由 $\boldsymbol{\beta}_1,\boldsymbol{\beta}_2,\cdots,\boldsymbol{\beta}_m$ 线性表出。注意到 $\boldsymbol{\alpha}_1$，

$\boldsymbol{\alpha}_2,\cdots,\boldsymbol{\alpha}_n$ 是线性无关的，再应用定理 7.2.1 的②，又有 $n\leqslant m$，故 $m=n$。证毕。

这样，线性空间中不同的基所含的向量个数是确定的。

定义 7.2.5　设 V 是数域 P 上的线性空间，如果在 V 中存在 n 个线性无关的元素 $\boldsymbol{\varepsilon}_1,\boldsymbol{\varepsilon}_2,\cdots,\boldsymbol{\varepsilon}_n$ 作为一组基，则称**线性空间 V 是 n 维的**，记为 $\dim V=n$。如果在 V 中存在任意多个线性无关的元素，则称 V 是无穷维的线性空间，记为 $\dim V=\infty$。

无穷维空间是一个专门研究的对象，它与有限维空间比较，有很大的差别。本书只讨论有限维线性空间。

例 7.2.1　实数域上所有 n 阶矩阵所成的实数域上线性空间是 n^2 维的，因为若记

$$\boldsymbol{E}_{ij}=\begin{pmatrix} 0 & 0 & \cdots & \cdots & \cdots & \cdots & 0 \\ \vdots & \vdots & \cdots & \cdots & \cdots & & \vdots \\ 0 & \cdots & 0 & 1 & 0 & \cdots & 0 \\ \vdots & \vdots & \cdots & \cdots & \cdots & & \vdots \\ 0 & 0 & \cdots & \cdots & \cdots & \cdots & 0 \end{pmatrix} i$$

$$j$$

为只有第 i 行第 j 列元素为 1，其余均为 0 的 n 阶矩阵，则 $\{\boldsymbol{E}_{ij}\mid i=1,2,\cdots,n,j=1,2,\cdots,n\}$ 线性无关，且共有 n^2 个元素。易见任一 n 阶方阵可由它们线性表出，由定理 7.2.1 可知，最多只有 n^2 个线性无关元素。

例 7.2.2　实数集 **R** 作为自身的线性空间是一维的。$\{1\}$ 是一个线性无关元素，且任一元素均可由它线性表出。

例 7.2.3　所有实数域上的一元多项式所成的实数域上线性空间中有任意多个线性无关元素。对任意的 n

$$1,x,x^2,\cdots,x^{n-1}$$

这 n 个元素都是线性无关的，故这是一个无穷维线性空间。

以下假定所论及的线性空间是有限维的。

例 7.2.4　设 $M_n(\mathbf{R})$ 是实数域上所有 n 阶方阵所成实数域 **R** 上的线性空间，则在例 7.2.1中给出的

$$\{\boldsymbol{E}_{ij}\mid i=1,2,\cdots,n,\quad j=1,2,\cdots,n\}$$

是 $M_n(\mathbf{R})$ 的一组基。任给一个 n 阶实矩阵 $\mathbf{A}=(a_{ij})_{n\times n}$，有

$$\mathbf{A}=\sum_{i=1}^{n}\sum_{j=1}^{n}a_{ij}\boldsymbol{E}_{ij}$$

因而 **A** 在这组基下的坐标是 $(a_{11},a_{12},\cdots,a_{1n},a_{21},a_{22},\cdots,a_{2n},\cdots,a_{n1},a_{n2},\cdots,a_{nn})$。

7.2.2　基变换与坐标变换

在线性空间中，对于不同的基底，元素 α 的坐标一般是不同的。那么当基变换时，坐标是怎么变化的呢？

设 $\boldsymbol{\varepsilon}_1,\boldsymbol{\varepsilon}_2,\cdots,\boldsymbol{\varepsilon}_n$ 与 $\boldsymbol{\eta}_1,\boldsymbol{\eta}_2,\cdots,\boldsymbol{\eta}_n$ 是 n 维线性空间 V 中的两组基。由基的定义可知,它们必可以互相线性表出。设 $\boldsymbol{\eta}_1,\boldsymbol{\eta}_2,\cdots,\boldsymbol{\eta}_n$ 由 $\boldsymbol{\varepsilon}_1,\boldsymbol{\varepsilon}_2,\cdots,\boldsymbol{\varepsilon}_n$ 线性表出的关系式为

$$\begin{cases}\boldsymbol{\eta}_1=a_{11}\boldsymbol{\varepsilon}_1+a_{12}\boldsymbol{\varepsilon}_2+\cdots+a_{1n}\boldsymbol{\varepsilon}_n\\ \boldsymbol{\eta}_2=a_{21}\boldsymbol{\varepsilon}_1+a_{22}\boldsymbol{\varepsilon}_2+\cdots+a_{2n}\boldsymbol{\varepsilon}_n\\ \quad\vdots\\ \boldsymbol{\eta}_n=a_{n1}\boldsymbol{\varepsilon}_1+a_{n2}\boldsymbol{\varepsilon}_2+\cdots+a_{nn}\boldsymbol{\varepsilon}_n\end{cases}\tag{7.2.2}$$

用矩阵记法,上式可写为

$$(\boldsymbol{\eta}_1,\boldsymbol{\eta}_2,\cdots,\boldsymbol{\eta}_n)=(\boldsymbol{\varepsilon}_1,\boldsymbol{\varepsilon}_2,\cdots,\boldsymbol{\varepsilon}_n)\boldsymbol{A}\tag{7.2.3}$$

其中,矩阵

$$\boldsymbol{A}=\begin{pmatrix}a_{11}&a_{21}&\cdots&a_{n1}\\a_{12}&a_{22}&\cdots&a_{n2}\\\vdots&\vdots&&\vdots\\a_{1n}&a_{2n}&\cdots&a_{nn}\end{pmatrix}$$

称为由基 $\boldsymbol{\varepsilon}_1,\boldsymbol{\varepsilon}_2,\cdots,\boldsymbol{\varepsilon}_n$ 到基 $\boldsymbol{\eta}_1,\boldsymbol{\eta}_2,\cdots,\boldsymbol{\eta}_n$ 的**过渡矩阵**。类似于3.4节的证明,$\boldsymbol{A}$ 是可逆的。

设 $\boldsymbol{\alpha}$ 是 V 中任一元素,它在 $\boldsymbol{\varepsilon}_1,\boldsymbol{\varepsilon}_2,\cdots,\boldsymbol{\varepsilon}_n$ 下的坐标为$(x_1,x_2,\cdots,x_n)$,即

$$\boldsymbol{\alpha}=(\boldsymbol{\varepsilon}_1,\boldsymbol{\varepsilon}_2,\cdots,\boldsymbol{\varepsilon}_n)\begin{pmatrix}x_1\\x_2\\\vdots\\x_n\end{pmatrix}\tag{7.2.4}$$

再设 $\boldsymbol{\alpha}$ 在 $\boldsymbol{\eta}_1,\boldsymbol{\eta}_2,\cdots,\boldsymbol{\eta}_n$ 下的坐标为$(y_1,y_2,\cdots,y_n)$,即

$$\boldsymbol{\alpha}=(\boldsymbol{\eta}_1,\boldsymbol{\eta}_2,\cdots,\boldsymbol{\eta}_n)\begin{pmatrix}y_1\\y_2\\\vdots\\y_n\end{pmatrix}$$

将式(7.2.3)代入上式,并与式(7.2.4)比较,由 $\boldsymbol{\alpha}$ 在基底 $\boldsymbol{\varepsilon}_1,\boldsymbol{\varepsilon}_2,\cdots,\boldsymbol{\varepsilon}_n$ 下表出的唯一性,即得

$$\begin{pmatrix}x_1\\x_2\\\vdots\\x_n\end{pmatrix}=\boldsymbol{A}\begin{pmatrix}y_1\\y_2\\\vdots\\y_n\end{pmatrix}\tag{7.2.5}$$

或

$$\begin{pmatrix}y_1\\y_2\\\vdots\\y_n\end{pmatrix}=\boldsymbol{A}^{-1}\begin{pmatrix}x_1\\x_2\\\vdots\\x_n\end{pmatrix}\tag{7.2.6}$$

式(7.2.5)与式(7.2.6)给出了在基变换式(7.2.2)或式(7.2.3)下**坐标的变换公式**。它指出,若 $\boldsymbol{A}$ 是线性空间的一组基到新基的过渡矩阵,则任一元素在新基下的坐标列向量等于 $\boldsymbol{A}^{-1}$ 乘以该元素在原基下的坐标列向量。

例 7.2.5　在 $P[x]_4$ 中取两组基:

$\boldsymbol{\alpha}_1=1+2x+2x^3$,　$\boldsymbol{\alpha}_2=1+x+2x^2$,　$\boldsymbol{\alpha}_3=1+2x^2$,　$\boldsymbol{\alpha}_4=1+3x+3x^3$

$\boldsymbol{\beta}_1=1$,　$\boldsymbol{\beta}_2=1+x$,　$\boldsymbol{\beta}_3=(1+x)^2$,　$\boldsymbol{\beta}_4=(1+x)^3$

求 $P[x]_4$ 中向量在这两组基下的坐标变换公式。

解　取 $P[x]_4$ 的一组基 $1,x,x^2,x^3$,则

$$(\boldsymbol{\alpha}_1,\boldsymbol{\alpha}_2,\boldsymbol{\alpha}_3,\boldsymbol{\alpha}_4)=(1,x,x^2,x^3)\boldsymbol{A}$$
$$(\boldsymbol{\beta}_1,\boldsymbol{\beta}_2,\boldsymbol{\beta}_3,\boldsymbol{\beta}_4)=(1,x,x^2,x^3)\boldsymbol{B}$$

其中

$$\boldsymbol{A}=\begin{pmatrix}1&1&1&1\\2&1&0&3\\0&2&2&0\\2&0&0&3\end{pmatrix},\quad \boldsymbol{B}=\begin{pmatrix}1&1&1&1\\0&1&2&3\\0&0&1&3\\0&0&0&1\end{pmatrix}$$

于是

$$(\boldsymbol{\beta}_1,\boldsymbol{\beta}_2,\boldsymbol{\beta}_3,\boldsymbol{\beta}_4)=(\boldsymbol{\alpha}_1,\boldsymbol{\alpha}_2,\boldsymbol{\alpha}_3,\boldsymbol{\alpha}_4)\boldsymbol{A}^{-1}\boldsymbol{B}$$

即由 $\boldsymbol{\alpha}_1,\boldsymbol{\alpha}_2,\boldsymbol{\alpha}_3,\boldsymbol{\alpha}_4$ 到 $\boldsymbol{\beta}_1,\boldsymbol{\beta}_2,\boldsymbol{\beta}_3,\boldsymbol{\beta}_4$ 的过渡矩阵为 $\boldsymbol{A}^{-1}\boldsymbol{B}$。

设 $\boldsymbol{\alpha}$ 为 $P[x]_4$ 中任一向量,它在基 $\boldsymbol{\alpha}_1,\boldsymbol{\alpha}_2,\boldsymbol{\alpha}_3,\boldsymbol{\alpha}_4$ 下的坐标为 $(x_1,x_2,x_3,x_4)^{\mathrm{T}}$,在基 $\boldsymbol{\beta}_1,\boldsymbol{\beta}_2,\boldsymbol{\beta}_3,\boldsymbol{\beta}_4$ 下的坐标为 $(y_1,y_2,y_3,y_4)^{\mathrm{T}}$,则坐标变换公式为

$$\begin{pmatrix}x_1\\x_2\\x_3\\x_4\end{pmatrix}=\boldsymbol{A}^{-1}\boldsymbol{B}\begin{pmatrix}y_1\\y_2\\y_3\\y_4\end{pmatrix}$$

7.2.3　线性空间的同构

给定数域 P 上线性空间 V 的一组基 $\boldsymbol{\varepsilon}_1,\boldsymbol{\varepsilon}_2,\cdots,\boldsymbol{\varepsilon}_n$ 后,V 中每个元素都在这组基下有唯一确定的坐标 $(x_1,x_2,\cdots,x_n)$。坐标就是由数域 P 中 n 个数给出的 n 元数组,即坐标可看成是线性空间 P^n 的元素。因此,V 的元素与它的坐标之间的对应实质上是 V 到 P^n 的一个映射,这个映射还是单的和满的。换言之,V 的元素与 P^n 的向量之间有了一个一一对应(双射)。不仅如此,这个对应还具有保持线性空间加法和数乘两种运算的性质。确切地说,设

$$\boldsymbol{\alpha}=a_1\boldsymbol{\varepsilon}_1+a_2\boldsymbol{\varepsilon}_2+\cdots+a_n\boldsymbol{\varepsilon}_n$$
$$\boldsymbol{\beta}=b_1\boldsymbol{\varepsilon}_1+b_2\boldsymbol{\varepsilon}_2+\cdots+b_n\boldsymbol{\varepsilon}_n$$

则

$$\boldsymbol{\alpha}+\boldsymbol{\beta}=(a_1+b_1)\boldsymbol{\varepsilon}_1+(a_2+b_2)\boldsymbol{\varepsilon}_2+\cdots+(a_n+b_n)\boldsymbol{\varepsilon}_n$$

及

$$k\boldsymbol{\alpha}=ka_1\boldsymbol{\varepsilon}_1+ka_2\boldsymbol{\varepsilon}_2+\cdots+ka_n\boldsymbol{\varepsilon}_n$$

如果把 $\boldsymbol{\alpha},\boldsymbol{\beta}$ 的坐标按 P^n 中加法和数乘进行运算,有

$$(a_1,a_2,\cdots,a_n)+(b_1,b_2,\cdots,b_n)=(a_1+b_1,a_2+b_2,\cdots,a_n+b_n)$$

$$k(a_1,a_2,\cdots,a_n)=(ka_1,ka_2,\cdots,ka_n)$$

即 $\boldsymbol{\alpha}$ 与 $\boldsymbol{\beta}$ 的坐标相加的结果恰好是 $\boldsymbol{\alpha}+\boldsymbol{\beta}$ 的坐标,而 k 数乘 $\boldsymbol{\alpha}$ 的坐标结果恰好是 $k\boldsymbol{\alpha}$ 的坐标。换言之,在 V 的元素与它的坐标的对应下,加法关系和数乘关系也完全对应地保持下来了。

定义 7.2.6 该 V 与 W 是数域 P 上的两个线性空间,如果存在 V 到 W 的一一对应映射 $\boldsymbol{\sigma}$,使

$$\boldsymbol{\sigma}(\boldsymbol{\alpha}+\boldsymbol{\beta})=\boldsymbol{\sigma}(\boldsymbol{\alpha})+\boldsymbol{\sigma}(\boldsymbol{\beta})$$

$$\boldsymbol{\sigma}(k\boldsymbol{\alpha})=k\boldsymbol{\sigma}(\boldsymbol{\alpha})$$

对任意 $\boldsymbol{\alpha},\boldsymbol{\beta}\in V,k\in P$ 成立,则称 V 与 W 是**同构的线性空间**,σ 称为**同构映射**。

定理 7.2.3 设 $\boldsymbol{\sigma}$ 为线性空间 V 到 W 的同构映射,则

① $\boldsymbol{\sigma}(\mathbf{0})=\mathbf{0},\boldsymbol{\sigma}(-\boldsymbol{\alpha})=-\boldsymbol{\sigma}(\boldsymbol{\alpha})$,

$\boldsymbol{\sigma}(k_1\boldsymbol{\alpha}_1+k_2\boldsymbol{\alpha}_2+\cdots+k_r\boldsymbol{\alpha}_r)=k_1\boldsymbol{\sigma}(\boldsymbol{\alpha}_1)+k_2\boldsymbol{\sigma}(\boldsymbol{\alpha}_2)+\cdots+k_r\boldsymbol{\sigma}(\boldsymbol{\alpha}_r)$;

② V 中元素组 $\boldsymbol{\alpha}_1,\boldsymbol{\alpha}_2,\cdots,\boldsymbol{\alpha}_r$ 线性相关的充分必要条件是 $\boldsymbol{\sigma}(\boldsymbol{\alpha}_1),\boldsymbol{\sigma}(\boldsymbol{\alpha}_2),\cdots,\boldsymbol{\sigma}(\boldsymbol{\alpha}_r)$线性相关;

③ 同构的线性空间有相同的维数;

④ 数域 P 上任一个 n 维线性空间都同构于 P 上的 n 维向量空间 P^n。

证 ① 由同构映射定义有

$$\boldsymbol{\sigma}(k\boldsymbol{\alpha})=k\boldsymbol{\sigma}(\boldsymbol{\alpha})$$

对任意 $\boldsymbol{\alpha}\in V,k\in P$ 成立,从而

$$\boldsymbol{\sigma}(\mathbf{0})=\boldsymbol{\sigma}(0\boldsymbol{\alpha})=0\cdot\boldsymbol{\sigma}(\alpha)=\mathbf{0}$$

$$\boldsymbol{\sigma}(-\boldsymbol{\alpha})=\boldsymbol{\sigma}((-1)\boldsymbol{\alpha})=(-1)\boldsymbol{\sigma}(\alpha)=-\boldsymbol{\sigma}(\boldsymbol{\alpha})$$

$$\boldsymbol{\sigma}(k_1\boldsymbol{\alpha}_1+k_2\boldsymbol{\alpha}_2+\cdots+k_r\boldsymbol{\alpha}_r)=\boldsymbol{\sigma}(k_1\boldsymbol{\alpha}_1)+\boldsymbol{\sigma}(k_2\boldsymbol{\alpha}_2)+\cdots+\boldsymbol{\sigma}(k_r\boldsymbol{\alpha}_r)=$$
$$k_1\boldsymbol{\sigma}(\boldsymbol{\alpha}_1)+k_2\boldsymbol{\sigma}(\boldsymbol{\alpha}_2)+\cdots+k_r\boldsymbol{\sigma}(\boldsymbol{\alpha}_r)$$

② 若有不全为零的 $k_1,k_2,\cdots,k_r\in P$,使

$$k_1\boldsymbol{\alpha}_1+k_2\boldsymbol{\alpha}_2+\cdots+k_r\boldsymbol{\alpha}_r=\mathbf{0}$$

两边作 $\boldsymbol{\sigma}$ 映射即得

$$k_1\boldsymbol{\sigma}(\boldsymbol{\alpha}_1)+k_2\boldsymbol{\sigma}(\boldsymbol{\alpha}_2)+\cdots+k_r\boldsymbol{\sigma}(\boldsymbol{\alpha}_r)=\boldsymbol{\sigma}(\mathbf{0})=\mathbf{0}$$

这说明若 $\boldsymbol{\alpha}_1,\boldsymbol{\alpha}_2,\cdots,\boldsymbol{\alpha}_r$ 线性相关,则 $\boldsymbol{\sigma}(\boldsymbol{\alpha}_1),\boldsymbol{\sigma}(\boldsymbol{\alpha}_2),\cdots,\boldsymbol{\sigma}(\boldsymbol{\alpha}_r)$也线性相关;反之,若有不全为零的 $k_1,k_2,\cdots,k_r$,使

$$k_1\boldsymbol{\sigma}(\boldsymbol{\alpha}_1)+k_2\boldsymbol{\sigma}(\boldsymbol{\alpha}_2)+\cdots+k_r\boldsymbol{\sigma}(\boldsymbol{\alpha}_r)=\mathbf{0}$$

则有

$$\boldsymbol{\sigma}(k_1\boldsymbol{\alpha}_1+k_2\boldsymbol{\alpha}_2+\cdots+k_r\boldsymbol{\alpha}_r)=\mathbf{0}$$

由于 $\boldsymbol{\sigma}$ 是单射，又只有零元素 0 才映射到 $\mathbf{0}$，故

$$k_1\boldsymbol{\alpha}_1+k_2\boldsymbol{\alpha}_2+\cdots+k_r\boldsymbol{\alpha}_r=\mathbf{0}$$

即若 $\boldsymbol{\sigma}(\boldsymbol{\alpha}_1),\boldsymbol{\sigma}(\boldsymbol{\alpha}_2),\cdots,\boldsymbol{\sigma}(\boldsymbol{\alpha}_r)$ 线性相关，也必有 $\boldsymbol{\alpha}_1,\boldsymbol{\alpha}_2,\cdots,\boldsymbol{\alpha}_r$ 线性相关。

③ 由于维数就是线性空间中线性无关元素的最大个数，设 V 与 W 同构，则若 V 中最大的线性无关元素组为 $\boldsymbol{\alpha}_1,\boldsymbol{\alpha}_2,\cdots,\boldsymbol{\alpha}_m$，那么 $\boldsymbol{\sigma}(\boldsymbol{\alpha}_1),\boldsymbol{\sigma}(\boldsymbol{\alpha}_2),\cdots,\boldsymbol{\sigma}(\boldsymbol{\alpha}_m)$ 也是 W 中线性无关的，且任何多于 m 个的元素组必线性相关。这样，W 的维数必等于 V 的维数。

④ 取定 V 的一组基 $\boldsymbol{\varepsilon}_1,\boldsymbol{\varepsilon}_2,\cdots,\boldsymbol{\varepsilon}_n$ 后，V 中元素 $\boldsymbol{\alpha}$ 与它的坐标的对应 $\boldsymbol{\sigma}:\boldsymbol{\alpha}\to(a_1,a_2,\cdots,a_n)$ 就是一个 V 到 P^n 的同构映射。故任一个 P 上的 n 维线性空间都与 P^n 同构。证毕。

由此可见，线性空间 V 的讨论可归结为对数域 P 上向量空间 P^n 的讨论。从而在第 3 章中得到的关于向量空间的许多结论，在一般的线性空间中也成立，特别是向量组关于秩的概念，也可移植到一般的线性空间中。

习题 7.2

1. 证明：$1,(x-1),(x-1)^2$ 是次数小于 3 的实多项式构成的多项式空间 $\mathbf{R}[x]_3$ 的一组基，并求 $1+4x-x^2$ 在此基下的坐标。

2. 设 $\mathbf{R}[x]_4$ 的旧基为 $1,x^1,x^2,x^3$，新基为 $1,1+x,1+x+x^2,1+x+x^2+x^3$，求：

(1) 由旧基到新基的过渡矩阵；

(2) 求多项式 $1+2x+3x^2+4x^3$ 在新基下的坐标；

(3) 若多项式 $f(x)$ 在新基下的坐标为 $(1,2,3,4)$，求它在旧基下的坐标。

3. 判断以下向量组是否能组成 $\mathbf{R}^4$ 的基：

(1) $\boldsymbol{\alpha}_1=(1,-2,3,0),\boldsymbol{\alpha}_2=(-2,3,-1,-4),\boldsymbol{\alpha}_3=(0,7,1,-2),\boldsymbol{\alpha}_4=(5,-4,-1,-4)$；

(2) $\boldsymbol{\beta}_1=(1,0,-4,2),\boldsymbol{\beta}_2=(1,0,0,1),\boldsymbol{\beta}_3=(-1,0,-2,3),\boldsymbol{\beta}_4=(1,1,-1,-1)$。

4. 向量组 $x-1,1-x^2,x^2+2x-2,x^3$ 是否能组成 $\mathbf{R}[x]_4$ 的基？$1,1+x,(1+x)^2,(1+x)^3$ 如何？

5. 复数域 $\mathbf{C}$ 看成实数域 $\mathbf{R}$ 上的线性空间时，$\mathbf{C}$ 在 $\mathbf{R}$ 上的维数是多少？

6. $V=\{(a+bi,c+di)\mid a,b,c,d\in\mathbf{R}\}$ 看成 $\mathbf{R}$ 上的线性空间（这里，矩阵加法和数乘法为其运算）的维数是多少？试找出一个基。

7. 次数小于五次的实多项式的全体构成的线性空间 $\mathbf{R}[x]_5$ 中，旧基底为 $1,x,x^2,x^3,x^4$，新基底为 $1,1+x,1+x+x^2,1+x+x^2+x^3,1+x+x^2+x^3+x^4$。

(1) 求基底变换公式；

(2) 求多项式 $1+2x+3x^2+4x^3+5x^4$ 在新基底下的坐标；

(3) 若多项式 $f(x)$在新基底下的坐标为(1,2,3,4,5),求它在旧基底下的坐标。

8. 在四维线性空间 $\mathbf{R}^4$ 中,给出两组基底

$$\boldsymbol{\alpha}_1=(1,1,1,1),\quad \boldsymbol{\alpha}_2=(1,1,-1,-1),\quad \boldsymbol{\alpha}_3=(1,-1,1,-1),\quad \boldsymbol{\alpha}_4=(1,-1,-1,1)$$

$$\boldsymbol{\beta}_1=(1,1,0,1),\quad \boldsymbol{\beta}_2=(2,1,3,1),\quad \boldsymbol{\beta}_3=(1,1,0,0),\quad \boldsymbol{\beta}_4=(0,1,-1,-1)$$

试求:

(1) 从 $\boldsymbol{\alpha}_1,\boldsymbol{\alpha}_2,\boldsymbol{\alpha}_3,\boldsymbol{\alpha}_4$ 到 $\boldsymbol{\beta}_1,\boldsymbol{\beta}_2,\boldsymbol{\beta}_3,\boldsymbol{\beta}_4$ 的过渡矩阵;

(2) 求 $\boldsymbol{\xi}=(1,0,0,-1)$在基底 $\boldsymbol{\beta}_1,\boldsymbol{\beta}_2,\boldsymbol{\beta}_3,\boldsymbol{\beta}_4$ 下的坐标。

7.3 线性子空间

7.3.1 线性子空间的概念与基本性质

在许多问题中有时还需要考虑线性空间 V 中的一部分元素组成的子集,它们是否也组成线性空间呢?例如普通三维空间中过原点的任意一个平面,该平面上所有向量对加法和数乘法组成一个二维线性空间。又如 $\mathbf{R}$ 上一个 n 元齐次线性方程组的全体解向量,构成 $\mathbf{R}$ 上线性空间 $\mathbf{R}^n$ 的一个子集合,它也是一个线性空间。为了讨论这类问题,先引入线性子空间概念。

定义 7.3.1 设 W 是数域 P 上线性空间 V 的一个非空子集合,如果 W 对于 V 的加法和数乘两种运算也构成数域 P 上的线性空间,则称 W 为 V 的一个**线性子空间**(简称**子空间**)。

W 要构成线性空间,必须对其上定义的加法、乘数两种运算封闭,且满足 8 条运算律。由于 W 是 V 的子集合,所以 W 上自然地定义了 V 中原有的加法和数乘运算,且运算律的①、②、⑤、⑥、⑦、⑧条(见定义 7.1.1)自然成立。为了使 W 自身构成线性空间,只要满足 W 对 V 中原有两种运算的封闭性以及运算律③与④成立即可。由此,可得下列定理。

定理 7.3.1 设 W 是数域 P 上线性空间 V 的非空子集合,若 W 对 V 中原有的加法和数乘两种运算是封闭的,即满足

① 对任意 $\boldsymbol{\alpha}\in W,\boldsymbol{\beta}\in W$,必有 $\boldsymbol{\alpha}+\boldsymbol{\beta}\in W$;

② 对任意 $\boldsymbol{\alpha}\in W,k\in P$,必有 $k\boldsymbol{\alpha}\in W$,

则 W 是 V 的一个子空间。

证 只需证明 W 满足线性空间定义中的运算律③与④,即要证 W 中有零元素 $\mathbf{0}$,以及 W 中每个元素 $\boldsymbol{\alpha}$ 有负元素 $-\boldsymbol{\alpha}$ 在 W 中。由于 V 是线性空间,故 V 中有零元素 $\mathbf{0}$,任取 $\boldsymbol{\alpha}\in W,0\in P$,由条件②必有 $0\boldsymbol{\alpha}\in W$,但 $0\boldsymbol{\alpha}=\mathbf{0}$,即得 $\mathbf{0}\in W$。再取 $\boldsymbol{\alpha}\in W$,$-1\in P$,必有$(-1)\boldsymbol{\alpha}\in W$,而$(-1)\boldsymbol{\alpha}=-\boldsymbol{\alpha}$,故$-\boldsymbol{\alpha}\in W$。证毕。

在线性子空间上也可以引入维数、基底、坐标等概念。由于线性子空间是整个空间的一部分,它不可能有比整个空间更多的线性无关元素,所以,线性子空间的维数

不会超过整个空间的维数。

例 7.3.1　设 V 是数域 P 上 n 维线性空间，令 $W=\{\mathbf{0}\}$ 是由 V 中零元素这一个元素组成的子集合，它显然对加法、数乘运算封闭，故由定理 7.3.1 可知，单个零元素组成 V 的一个线性子空间，称为**零子空间**，它的维数规定为 0。另外，V 本身也是 V 的一个子空间，其维数为 n。这两个子空间是任何线性空间都有的，称为**平凡子空间**，其他的子空间称为**非平凡子空间**。

例 7.3.2　数域 P 上次数小于 n 的多项式全体 $P[x]_n$ 是 $P[x]$ 的线性子空间，它的维数是 n。

例 7.3.3　设 $\boldsymbol{\alpha}_1,\boldsymbol{\alpha}_2,\cdots,\boldsymbol{\alpha}_r$ 是数域 P 上线性空间 V 的一组元素。令

$$W=\{k_1\boldsymbol{\alpha}_1+k_2\boldsymbol{\alpha}_2+\cdots+k_r\boldsymbol{\alpha}_r \mid k_i\in P,\quad i=1,2,\cdots,r\}$$

是 $\boldsymbol{\alpha}_1,\boldsymbol{\alpha}_2,\cdots,\boldsymbol{\alpha}_r$ 的所有线性组合所成集合，易见它是 V 的非空子集合，且对加法、数乘运算封闭，从而 W 是 V 的子空间，称为由 $\boldsymbol{\alpha}_1,\boldsymbol{\alpha}_2,\cdots,\boldsymbol{\alpha}_r$ 生成的子空间，记为 $L(\boldsymbol{\alpha}_1,\boldsymbol{\alpha}_2,\cdots,\boldsymbol{\alpha}_r)$，而 $\boldsymbol{\alpha}_1,\boldsymbol{\alpha}_2,\cdots,\boldsymbol{\alpha}_r$ 称为子空间的**生成元**。

由元素 $\boldsymbol{\alpha}_1,\boldsymbol{\alpha}_2,\cdots,\boldsymbol{\alpha}_r$ 生成的子空间 $L(\boldsymbol{\alpha}_1,\boldsymbol{\alpha}_2,\cdots,\boldsymbol{\alpha}_r)$ 具有特殊的意义。

定理 7.3.2　设 V 是数域 P 上的线性空间，$\boldsymbol{\alpha}_1,\boldsymbol{\alpha}_2,\cdots,\boldsymbol{\alpha}_r\in V$，则有

① $L(\boldsymbol{\alpha}_1,\boldsymbol{\alpha}_2,\cdots,\boldsymbol{\alpha}_r)$ 是 V 中包含 $\boldsymbol{\alpha}_1,\boldsymbol{\alpha}_2,\cdots,\boldsymbol{\alpha}_r$ 的最小子空间；

② V 中任意一个子空间都是某组元素 $\boldsymbol{\beta}_1,\boldsymbol{\beta}_2,\cdots,\boldsymbol{\beta}_s$ 的生成子空间；

③ 两组元素生成相同子空间的充分必要条件是这两个元素组等价；

④ $L(\boldsymbol{\alpha}_1,\boldsymbol{\alpha}_2,\cdots,\boldsymbol{\alpha}_r)$ 的维数等于元素组 $\boldsymbol{\alpha}_1,\boldsymbol{\alpha}_2,\cdots,\boldsymbol{\alpha}_r$ 的秩。

证　① 设 W 是 V 的子空间，且 $\boldsymbol{\alpha}_1,\boldsymbol{\alpha}_2,\cdots,\boldsymbol{\alpha}_r\in W$。由于子空间对加法和数乘封闭，故 $\boldsymbol{\alpha}_1,\boldsymbol{\alpha}_2,\cdots,\boldsymbol{\alpha}_r$ 的任何线性组合

$$k_1\boldsymbol{\alpha}_1+k_2\boldsymbol{\alpha}_2+\cdots+k_r\boldsymbol{\alpha}_r\in W$$

故 $L(\boldsymbol{\alpha}_1,\boldsymbol{\alpha}_2,\cdots,\boldsymbol{\alpha}_r)\subseteq W$。这样，$L(\boldsymbol{\alpha}_1,\boldsymbol{\alpha}_2,\cdots,\boldsymbol{\alpha}_r)$ 是 V 中包含 $\boldsymbol{\alpha}_1,\boldsymbol{\alpha}_2,\cdots,\boldsymbol{\alpha}_r$ 的最小子空间。

② 设 W 是 V 的一个非零子空间，由于 W 是线性空间，故 W 必有一组基 $\boldsymbol{\beta}_1,\boldsymbol{\beta}_2,\cdots,\boldsymbol{\beta}_s$，由已证明的①可知，$W\supseteq L(\boldsymbol{\beta}_1,\boldsymbol{\beta}_2,\cdots,\boldsymbol{\beta}_s)$，又由于 W 的每个元素均可由这组基线性表出，故 $W\subseteq L(\boldsymbol{\beta}_1,\boldsymbol{\beta}_2,\cdots,\boldsymbol{\beta}_s)$，从而 $W=L(\boldsymbol{\beta}_1,\boldsymbol{\beta}_2,\cdots,\boldsymbol{\beta}_s)$。

③ 设 $\boldsymbol{\alpha}_1,\boldsymbol{\alpha}_2,\cdots,\boldsymbol{\alpha}_r$ 与 $\boldsymbol{\beta}_1,\boldsymbol{\beta}_2,\cdots,\boldsymbol{\beta}_s$ 是 V 中的两个元素组。若

$$L(\boldsymbol{\alpha}_1,\boldsymbol{\alpha}_2,\cdots,\boldsymbol{\alpha}_r)=L(\boldsymbol{\beta}_1,\boldsymbol{\beta}_2,\cdots,\boldsymbol{\beta}_s)$$

则 $\boldsymbol{\alpha}_1,\boldsymbol{\alpha}_2,\cdots,\boldsymbol{\alpha}_r$ 都是 $L(\boldsymbol{\beta}_1,\boldsymbol{\beta}_2,\cdots,\boldsymbol{\beta}_s)$ 中的元素，从而可由 $\boldsymbol{\beta}_1,\boldsymbol{\beta}_2,\cdots,\boldsymbol{\beta}_s$ 线性表出。同理 $\boldsymbol{\beta}_1,\boldsymbol{\beta}_2,\cdots,\boldsymbol{\beta}_s$ 作为 $L(\boldsymbol{\alpha}_1,\boldsymbol{\alpha}_2,\cdots,\boldsymbol{\alpha}_r)$ 中的元素也可由 $\boldsymbol{\alpha}_1,\boldsymbol{\alpha}_2,\cdots,\boldsymbol{\alpha}_r$ 线性表出，即 $\boldsymbol{\alpha}_1,\boldsymbol{\alpha}_2,\cdots,\boldsymbol{\alpha}_r$ 与 $\boldsymbol{\beta}_1,\boldsymbol{\beta}_2,\cdots,\boldsymbol{\beta}_s$ 等价。

关于充分性的证明，与 3.4 节中的例 3.4.3 类似，这里从略。

④ 设 $\boldsymbol{\alpha}_1,\boldsymbol{\alpha}_2,\cdots,\boldsymbol{\alpha}_r$ 的秩为 s，则它的极大无关组含有 s 个元素。不妨设 $\boldsymbol{\alpha}_1,\boldsymbol{\alpha}_2,\cdots,\boldsymbol{\alpha}_s(s\leqslant r)$ 为极大无关组，由元素组与极大无关组的等价性及已证明的③，有

$$L(\boldsymbol{\alpha}_1,\boldsymbol{\alpha}_2,\cdots,\boldsymbol{\alpha}_r)=L(\boldsymbol{\alpha}_1,\boldsymbol{\alpha}_2,\cdots,\boldsymbol{\alpha}_s)$$

由于$\boldsymbol{\alpha}_1,\boldsymbol{\alpha}_2,\cdots,\boldsymbol{\alpha}_s$线性无关,且$L(\boldsymbol{\alpha}_1,\boldsymbol{\alpha}_2,\cdots,\boldsymbol{\alpha}_r)$中任一元素可由它线性表出,故由定理7.2.2可知,它就是$L(\boldsymbol{\alpha}_1,\boldsymbol{\alpha}_2,\cdots,\boldsymbol{\alpha}_r)$的一组基,而$L(\boldsymbol{\alpha}_1,\boldsymbol{\alpha}_2,\cdots,\boldsymbol{\alpha}_r)$的维数就是$s$。证毕。

线性子空间的基底与整个空间的基底有什么关系呢?下面的定理给出了回答。

定理7.3.3 设V是数域P上n维线性空间,W是V的一个m维子空间($m\leqslant n$),$\boldsymbol{\alpha}_1,\boldsymbol{\alpha}_2,\cdots,\boldsymbol{\alpha}_m$是$W$的一组基,则它必可扩充为$V$的一组基。确切地说,必可找到$V$中$n-m$个元素$\boldsymbol{\alpha}_{m+1},\cdots,\boldsymbol{\alpha}_n$,把它加入$W$的基$\boldsymbol{\alpha}_1,\boldsymbol{\alpha}_2,\cdots,\boldsymbol{\alpha}_m$后,得到的元素组

$$\boldsymbol{\alpha}_1,\boldsymbol{\alpha}_2,\cdots,\boldsymbol{\alpha}_m,\boldsymbol{\alpha}_{m+1},\cdots,\boldsymbol{\alpha}_n$$

是V的一组基。

证 由定理7.3.2的②可知,$W=L(\boldsymbol{\alpha}_1,\boldsymbol{\alpha}_2,\cdots,\boldsymbol{\alpha}_m)$。若$V$中所有元素均可由$\boldsymbol{\alpha}_1,\boldsymbol{\alpha}_2,\cdots,\boldsymbol{\alpha}_m$线性表出,则$V=L(\boldsymbol{\alpha}_1,\boldsymbol{\alpha}_2,\cdots,\boldsymbol{\alpha}_m)=W$,此时$\boldsymbol{\alpha}_1,\boldsymbol{\alpha}_2,\cdots,\boldsymbol{\alpha}_m$就是$V$的一组基。若$V$中存在$\boldsymbol{\alpha}_{m+1}$不能由$\boldsymbol{\alpha}_1,\boldsymbol{\alpha}_2,\cdots,\boldsymbol{\alpha}_m$线性表出,则把$\boldsymbol{\alpha}_{m+1}$加入$\boldsymbol{\alpha}_1,\boldsymbol{\alpha}_2,\cdots,\boldsymbol{\alpha}_m$后得到的元素组$\boldsymbol{\alpha}_1,\boldsymbol{\alpha}_2,\cdots,\boldsymbol{\alpha}_m,\boldsymbol{\alpha}_{m+1}$线性无关。由定理7.3.2的④可知,它是

$$W_1=L(\boldsymbol{\alpha}_1,\boldsymbol{\alpha}_2,\cdots,\boldsymbol{\alpha}_m,\boldsymbol{\alpha}_{m+1})$$

的一组基,且$W\subset W_1$,W_1维数为$m+1$。

若$W_1\neq V$,则V中还有$\boldsymbol{\alpha}_{m+2}$不能由$\boldsymbol{\alpha}_1,\boldsymbol{\alpha}_2,\cdots,\boldsymbol{\alpha}_m,\boldsymbol{\alpha}_{m+1}$线性表出,把$\boldsymbol{\alpha}_{m+2}$加入后又得到

$$W_2=L(\boldsymbol{\alpha}_1,\boldsymbol{\alpha}_2,\cdots,\boldsymbol{\alpha}_m,\boldsymbol{\alpha}_{m+1},\boldsymbol{\alpha}_{m+2})$$

且$W\subset W_1\subset W_2$,W_2维数为$m+2$,如此继续,由于V的维数n是有限数,故有限次后必有

$$W\subset W_1\subset W_2\subset\cdots\subset W_{n-m}=V$$

这样,W_{n-m}的基$\boldsymbol{\alpha}_1,\boldsymbol{\alpha}_2,\cdots,\boldsymbol{\alpha}_m,\cdots,\boldsymbol{\alpha}_n$就是$V$的一组基。证毕。

7.3.2 子空间的交与和

现在讨论线性空间V的两个子空间之间的关系。设V_1,V_2都是V的子空间,作为集合可考虑它们的交$V_1\cap V_2$与并$V_1\cup V_2$。首先有下列结论。

定理7.3.4 设V_1,V_2是线性空间V的两个子空间,则它们的交$V_1\cap V_2$也是V的子空间。

证 由于V的零元素$\mathbf{0}$既在V_1中又在V_2中,故$V_1\cap V_2$非空。再设$\boldsymbol{\alpha},\boldsymbol{\beta}\in V_1\cap V_2$,则$\boldsymbol{\alpha},\boldsymbol{\beta}\in V_1$,$\boldsymbol{\alpha},\boldsymbol{\beta}\in V_2$,由$V_1,V_2$是子空间可知,$\boldsymbol{\alpha}+\boldsymbol{\beta}\in V_1$,$\boldsymbol{\alpha}+\boldsymbol{\beta}\in V_2$,从而$\boldsymbol{\alpha}+\boldsymbol{\beta}\in V_1\cap V_2$,这就证明了$V_1\cap V_2$对加法封闭。同样,可证$V_1\cap V_2$对数乘封闭,故$V_1\cap V_2$是$V$的子空间。证毕。

然而,子空间的并却不一定是子空间了。

例7.3.4 在三维实向量空间$\mathbf{R}^3$中,记

$$\boldsymbol{\varepsilon}_1=\begin{pmatrix}1\\0\\0\end{pmatrix},\quad \boldsymbol{\varepsilon}_2=\begin{pmatrix}0\\1\\0\end{pmatrix},\quad \boldsymbol{\varepsilon}_3=\begin{pmatrix}0\\0\\1\end{pmatrix}$$

令 $V_1=L(\boldsymbol{\varepsilon}_1)$，$V_2=L(\boldsymbol{\varepsilon}_2)$，则

$$V_1\cup V_2=\{(k_1,0,0)\text{或}(0,k_2,0)\mid k_1,k_2\in\mathbf{R}\}$$

它对于加法运算就不是封闭的。如 $\boldsymbol{\alpha}=(1,1,0)=\boldsymbol{\varepsilon}_1+\boldsymbol{\varepsilon}_2$，但 $\boldsymbol{\alpha}$ 既不属于 V_1，也不属于 V_2，当然也不属于 $V_1\cup V_2$，故 $V_1\cup V_2$ 不构成子空间。

既然子空间的并不一定是子空间，自然要去考虑由 $V_1\cup V_2$ 生成的子空间，即包含 V_1 和 V_2 的最小子空间。这引出下列子空间的和的概念。

定义 7.3.2　设 V_1，V_2 是线性空间 V 的子空间，称

$$V_1+V_2=\{\boldsymbol{\alpha}_1+\boldsymbol{\alpha}_2\mid\boldsymbol{\alpha}_1\in V_1,\boldsymbol{\alpha}_2\in V_2\}$$

为子空间 V_1 与 V_2 的和。

定理 7.3.5　设 V_1，V_2 是线性空间 V 的子空间，则它们的和 V_1+V_2 也是 V 的子空间，且是包含 V_1 和 V_2 的最小子空间。

证　显然 V_1+V_2 包含了 V_1 和 V_2，从而非空。由 $\boldsymbol{\alpha},\boldsymbol{\beta}\in V_1+V_2$，则有

$$\boldsymbol{\alpha}=\boldsymbol{\alpha}_1+\boldsymbol{\alpha}_2\qquad(\boldsymbol{\alpha}_1\in V_1,\boldsymbol{\alpha}_2\in V_2)$$

$$\boldsymbol{\beta}=\boldsymbol{\beta}_1+\boldsymbol{\beta}_2\qquad(\boldsymbol{\beta}_1\in V_1,\boldsymbol{\beta}_2\in V_2)$$

得到

$$\boldsymbol{\alpha}+\boldsymbol{\beta}=(\boldsymbol{\alpha}_1+\boldsymbol{\beta}_1)+(\boldsymbol{\alpha}_2+\boldsymbol{\beta}_2)$$

由于 V_1，V_2 是子空间，有

$$\boldsymbol{\alpha}_1+\boldsymbol{\beta}_1\in V_1,\qquad\boldsymbol{\alpha}_2+\boldsymbol{\beta}_2\in V_2$$

因此

$$\boldsymbol{\alpha}+\boldsymbol{\beta}\in V_1+V_2$$

同样

$$k\boldsymbol{\alpha}=k\boldsymbol{\alpha}_1+k\boldsymbol{\alpha}_2\in V_1+V_2$$

这就证明了 V_1+V_2 对加法和数乘运算封闭，所以 V_1+V_2 是 V 的子空间。

现若 W 是 V 的另一个子空间，包含了 V_1 和 V_2，则由子空间对加法运算的封闭性可知，任一形如

$$\boldsymbol{\alpha}_1+\boldsymbol{\alpha}_2\qquad(\boldsymbol{\alpha}_1\in V_1,\boldsymbol{\alpha}_2\in V_2)$$

的元素必在 W 中，即 $V_1+V_2\subseteq W$，所以 V_1+V_2 是包含 V_1 和 V_2 的最小子空间。证毕。

直接由定义可见，子空间的交与和满足下列运算规律：

① 子空间交的交换律　$V_1\cap V_2=V_2\cap V_1$；

② 子空间和的交换律　$V_1+V_2=V_2+V_1$；

③ 子空间交的结合律　$(V_1\cap V_2)\cap V_3=V_1\cap(V_2\cap V_3)$；

④ 子空间和的结合律　$(V_1+V_2)+V_3=V_1+(V_2+V_3)$。

由结合律，可定义多个子空间的交与和：

$$\bigcap_{i=1}^{s}V_i=V_1\cap V_2\cap\cdots\cap V_s=\{\boldsymbol{\alpha}\mid\boldsymbol{\alpha}\in V_i,\quad i=1,2,\cdots,s\}$$

$$\sum_{i=1}^{s} V_i = V_1 + V_2 + \cdots + V_s = \{\boldsymbol{\alpha}_1 + \boldsymbol{\alpha}_2 + \cdots + \boldsymbol{\alpha}_s \mid \boldsymbol{\alpha}_i \in V_i, \quad i=1,2,\cdots,s\}$$

此处 $V_1, V_2, \cdots, V_s$ 均是同一个线性空间 V 的子空间。应用定理 7.3.4 与定理 7.3.5,以及简单的数学归纳法可知,它们都仍然是 V 的子空间。

例 7.3.5 在实三维向量空间 $\mathbf{R}^3$ 中,设 V_1 是一条过原点的直线,V_2 是另一条过原点的直线,则 V_1, V_2 是 $\mathbf{R}^3$ 的子空间(V_1, V_2 中的向量对加、数乘运算封闭)。此时,$V_1 \cap V_2 = \{0\}$是原点,而 $V_1 + V_2$ 是由直线 V_1 与 V_2 决定的一个过原点的平面。

例 7.3.6 在实 n 维向量空间 $\mathbf{R}^n$ 中,设 V_1, V_2 分别是齐次线性方程组

$$\begin{cases} a_{11}x_1 + a_{12}x_2 + \cdots + a_{1n}x_n = 0 \\ a_{21}x_1 + a_{22}x_2 + \cdots + a_{2n}x_n = 0 \\ \qquad \vdots \\ a_{s1}x_1 + a_{s2}x_2 + \cdots + a_{sn}x_n = 0 \end{cases}$$

与

$$\begin{cases} b_{11}x_1 + b_{12}x_2 + \cdots + b_{1n}x_n = 0 \\ b_{21}x_1 + b_{22}x_2 + \cdots + b_{2n}x_n = 0 \\ \qquad \vdots \\ b_{t1}x_1 + b_{t2}x_2 + \cdots + b_{tn}x_n = 0 \end{cases}$$

的解空间,则 $V_1 \cap V_2$ 是这两个方程组的公共解,即

$$\begin{cases} a_{11}x_1 + a_{12}x_2 + \cdots + a_{1n}x_n = 0 \\ \qquad \vdots \\ a_{s1}x_1 + a_{s2}x_2 + \cdots + a_{sn}x_n = 0 \\ b_{11}x_1 + b_{12}x_2 + \cdots + b_{1n}x_n = 0 \\ \qquad \vdots \\ b_{t1}x_1 + b_{t2}x_2 + \cdots + b_{tn}x_n = 0 \end{cases}$$

的解空间。

例 7.3.7 设 $\boldsymbol{\alpha}_1, \boldsymbol{\alpha}_2, \cdots, \boldsymbol{\alpha}_s$ 与 $\boldsymbol{\beta}_1, \boldsymbol{\beta}_2, \cdots, \boldsymbol{\beta}_t$ 是线性空间 V 的两组元素,则由子空间和的定义可直接验证

$$L(\boldsymbol{\alpha}_1, \boldsymbol{\alpha}_2, \cdots, \boldsymbol{\alpha}_s) + L(\boldsymbol{\beta}_1, \boldsymbol{\beta}_2, \cdots, \boldsymbol{\beta}_t) = L(\boldsymbol{\alpha}_1, \boldsymbol{\alpha}_2, \cdots, \boldsymbol{\alpha}_s, \boldsymbol{\beta}_1, \boldsymbol{\beta}_2, \cdots, \boldsymbol{\beta}_t)$$

上式表示,已知两个子空间的生成元素时,可以很容易得出它们的和的生成元素。

对于子空间交与和的维数,有下列重要的维数定理。

定理 7.3.6 设 V_1, V_2 是线性空间 V 的两个子空间,则有

$$\dim(V_1) + \dim(V_2) = \dim(V_1 + V_2) + \dim(V_1 \cap V_2)$$

证 设 V_1, V_2 的维数分别是 n_1, n_2,$V_1 \cap V_2$ 的维数是 m,需要证明 $\dim(V_1 + V_2) = n_1 + n_2 - m$。取 $V_1 \cap V_2$ 的一组基

$$\boldsymbol{\alpha}_1, \boldsymbol{\alpha}_2, \cdots, \boldsymbol{\alpha}_m$$

由于 $V_1 \cap V_2$ 是 V_1 的子空间,由定理 7.3.3 可知,可把它扩充成 V_1 的一组基

$$\boldsymbol{\alpha}_1,\boldsymbol{\alpha}_2,\cdots,\boldsymbol{\alpha}_m,\boldsymbol{\beta}_1,\boldsymbol{\beta}_2,\cdots,\boldsymbol{\beta}_{n_1-m}$$

同理它也可扩充为 V_2 的一组基

$$\boldsymbol{\alpha}_1,\boldsymbol{\alpha}_2,\cdots,\boldsymbol{\alpha}_m,\boldsymbol{\gamma}_1,\boldsymbol{\gamma}_2,\cdots,\boldsymbol{\gamma}_{n_2-m}$$

如果证明了

$$\boldsymbol{\alpha}_1,\boldsymbol{\alpha}_2,\cdots,\boldsymbol{\alpha}_m,\boldsymbol{\beta}_1,\boldsymbol{\beta}_2,\cdots,\boldsymbol{\beta}_{n_1-m},\boldsymbol{\gamma}_1,\boldsymbol{\gamma}_2,\cdots,\boldsymbol{\gamma}_{n_2-m} \tag{7.3.1}$$

是 V_1+V_2 的一组基，则 V_1+V_2 的维数就是 n_1+n_2-m。

下面证明式(7.3.1)是 V_1+V_2 的一组基。

由于

$$V_1=L(\boldsymbol{\alpha}_1,\boldsymbol{\alpha}_2,\cdots,\boldsymbol{\alpha}_m,\boldsymbol{\beta}_1,\boldsymbol{\beta}_2,\cdots,\boldsymbol{\beta}_{n_1-m})$$
$$V_2=L(\boldsymbol{\alpha}_1,\boldsymbol{\alpha}_2,\cdots,\boldsymbol{\alpha}_m,\boldsymbol{\gamma}_1,\boldsymbol{\gamma}_2,\cdots,\boldsymbol{\gamma}_{n_2-m})$$

由例 7.3.7 可知

$$V_1+V_2=L(\boldsymbol{\alpha}_1,\boldsymbol{\alpha}_2,\cdots,\boldsymbol{\alpha}_m,\boldsymbol{\beta}_1,\boldsymbol{\beta}_2,\cdots,\boldsymbol{\beta}_{n_1-m},\boldsymbol{\gamma}_1,\boldsymbol{\gamma}_2,\cdots,\boldsymbol{\gamma}_{n_2-m})$$

从而只要证明 V_1+V_2 的生成元组(7.3.1)是线性无关的，它就是 V_1+V_2 的一组基。

设 $k_1\boldsymbol{\alpha}_1+\cdots+k_m\boldsymbol{\alpha}_m+p_1\boldsymbol{\beta}_1+\cdots+p_{n_1-m}\boldsymbol{\beta}_{n_1-m}+q_1\boldsymbol{\gamma}_1+\cdots+q_{n_2-m}\boldsymbol{\gamma}_{n_2-m}=\boldsymbol{0}$，则有

$$k_1\boldsymbol{\alpha}_1+\cdots+k_m\boldsymbol{\alpha}_m+p_1\boldsymbol{\beta}_1+\cdots+p_{n_1-m}\boldsymbol{\beta}_{n_1-m}=-q_1\boldsymbol{\gamma}_1-\cdots-q_{n_2-m}\boldsymbol{\gamma}_{n_2-m} \tag{7.3.2}$$

式(7.3.2)的左边属于 V_1，右边属于 V_2，从而

$$\boldsymbol{\alpha}=k_1\boldsymbol{\alpha}_1+\cdots+k_m\boldsymbol{\alpha}_m+p_1\boldsymbol{\beta}_1+\cdots+p_{n_1-m}\boldsymbol{\beta}_{n_1-m}$$

属于 $V_1\cap V_2$，因此 $\boldsymbol{\alpha}$ 必可由 $V_1\cap V_2$ 的基 $\boldsymbol{\alpha}_1,\boldsymbol{\alpha}_2,\cdots,\boldsymbol{\alpha}_m$ 线性表出，即

$$\boldsymbol{\alpha}=l_1\boldsymbol{\alpha}_1+\cdots+l_m\boldsymbol{\alpha}_m$$

又由式(7.3.2)得

$$l_1\boldsymbol{\alpha}_1+\cdots+l_m\boldsymbol{\alpha}_m=\boldsymbol{\alpha}=-q_1\boldsymbol{\gamma}_1-\cdots-q_{n_2-m}\boldsymbol{\gamma}_{n_2-m}$$

即

$$l_1\boldsymbol{\alpha}_1+\cdots+l_m\boldsymbol{\alpha}_m+q_1\boldsymbol{\gamma}_1+\cdots+q_{n_2-m}\boldsymbol{\gamma}_{n_2-m}=\boldsymbol{0}$$

由于 $\boldsymbol{\alpha}_1,\boldsymbol{\alpha}_2,\cdots,\boldsymbol{\alpha}_m,\boldsymbol{\gamma}_1,\boldsymbol{\gamma}_2,\cdots,\boldsymbol{\gamma}_{n_2-m}$ 是 V_2 的基，是线性无关的，故得

$$l_1=\cdots=l_m=q_1=\cdots=q_{n_2-m}=0$$

代入式(7.3.2)，得

$$k_1\boldsymbol{\alpha}_1+\cdots+k_m\boldsymbol{\alpha}_m+p_1\boldsymbol{\beta}_1+\cdots+p_{n_1-m}\boldsymbol{\beta}_{n_1-m}=\boldsymbol{0}$$

又由于 $\boldsymbol{\alpha}_1,\boldsymbol{\alpha}_2,\cdots,\boldsymbol{\alpha}_m,\boldsymbol{\beta}_1,\boldsymbol{\beta}_1,\cdots,\boldsymbol{\beta}_{n_1-m}$ 是 V_1 的基，是线性无关的，得到

$$k_1=\cdots=k_{n1}=p_1=\cdots=p_{n_1-m}=0$$

这样证明了元素组(7.3.1)线性无关。证毕。

此定理说明，子空间的和的维数不会大于其维数的和。

推论　若 n 维线性空间 V 的两个子空间 V_1,V_2 的维数之和大于 n，则 V_1,V_2 必含有非零的公共元素。

证　由维数公式及假设条件有

$$\dim(V_1+V_2)+\dim(V_1\cap V_2)=\dim(V_1)+\dim(V_2)>n$$

但 V_1+V_2 是 V 的子空间，其维数不能大于 n，故

$$\dim(V_1\cap V_2)>0$$

即 $V_1\cap V_2$ 至少是一维的，从而必有非零元素。

在普通的实三维向量空间 $\mathbf{R}^3$ 中,任何一个过原点的平面是它的一个二维子空间。若 V_1,V_2 是两个不同的过原点的平面,则 $\dim(V_1)+\dim(V_2)=4$,大于 $\mathbf{R}^3$ 的维数3。定理7.3.6的推论指出此时 $V_1\cap V_2$ 中必有非零向量。这与两平面的交是一条直线的直观现象相符。

习题7.3

1. 判断下列集合对于线性空间 $M_n(\mathbf{R})$ 是否构成子空间:

(1) 所有 n 阶实上三角形矩阵;

(2) 所有 n 阶实反对称矩阵;

(3) 所有主对角线元素之和(即矩阵的迹)等于 a 的 n 阶实矩阵;

(4) 所有 n 阶正交矩阵;

(5) 取 $n=3$,所有与三阶矩阵 $\mathbf{A}$ 可交换的矩阵,其中

$$\mathbf{A}=\begin{bmatrix}1&0&0\\0&1&0\\3&1&2\end{bmatrix}$$

2. 在所有 2×3 阶矩阵的集合构成的线性空间 $M_{2\times3}$ 中,下述哪些集合对于通常的矩阵加法及数乘运算构成 $M_{2\times3}$ 的子空间:

(1) $\left\{\begin{pmatrix}a&b&c\\d&0&0\end{pmatrix}\middle| b=a+c\right\}$;

(2) $\left\{\begin{pmatrix}a&b&c\\d&0&0\end{pmatrix}\middle| c>0\right\}$;

(3) $\left\{\begin{pmatrix}a&b&c\\d&e&f\end{pmatrix}\middle| a=-2c,f=2c+d\right\}$。

3. 求下列方程组的解空间 W 的一组基,并求 W 的维数:

(1) $\begin{pmatrix}1&2&1&2&1\\1&2&2&1&2\\2&4&3&3&3\\0&0&1&-1&-1\end{pmatrix}\begin{pmatrix}x_1\\x_2\\x_3\\x_4\\x_5\end{pmatrix}=\begin{pmatrix}0\\0\\0\\0\end{pmatrix}$;

(2) $\begin{pmatrix}1&0&2\\2&1&3\\3&1&2\end{pmatrix}\begin{pmatrix}x_1\\x_2\\x_3\end{pmatrix}=\begin{pmatrix}0\\0\\0\end{pmatrix}$。

7.4 欧氏空间

在线性空间中,元素之间的基本运算只有加法和数乘运算。普通三维向量空间中向量的其他一些性质,如长度、夹角等度量性质在线性空间中没有得到反映。然而

这些性质在许多物理和工程技术问题中是必须予以描述的。因此,有必要在一般的线性空间中再引入度量,这就形成了欧氏空间的概念。

7.4.1　欧氏空间的定义与基本性质

在 5.3.1 小节曾经把三维实向量空间 $\mathbf{R}^3$ 中的数量积概念推广为 n 维实向量空间 $\mathbf{R}^n$ 中的内积概念。现在将在一般的线性空间上进一步推广内积的概念,它是欧氏空间的最基本概念。

定义 7.4.1　设 V 是实数域 $\mathbf{R}$ 上的一个线性空间,若在 V 上有一个二元实函数 $(\boldsymbol{\alpha},\boldsymbol{\beta})$,即对任意 $\boldsymbol{\alpha},\boldsymbol{\beta}\in V$,确定地对应一个实数 $\langle\boldsymbol{\alpha},\boldsymbol{\beta}\rangle$,并满足以下条件:

① $\langle\boldsymbol{\alpha},\boldsymbol{\beta}\rangle=\langle\boldsymbol{\beta},\boldsymbol{\alpha}\rangle$;

② $\langle k\boldsymbol{\alpha},\boldsymbol{\beta}\rangle=k\langle\boldsymbol{\alpha},\boldsymbol{\beta}\rangle$;

③ $\langle\boldsymbol{\alpha}+\boldsymbol{\beta},\boldsymbol{\gamma}\rangle=\langle\boldsymbol{\alpha},\boldsymbol{\gamma}\rangle+\langle\boldsymbol{\beta},\boldsymbol{\gamma}\rangle$;

④ $\langle\boldsymbol{\alpha},\boldsymbol{\alpha}\rangle\geqslant 0$,当且仅当 $\boldsymbol{\alpha}=\mathbf{0}$ 时,$\langle\boldsymbol{\alpha},\boldsymbol{\alpha}\rangle=0$。

其中 $\boldsymbol{\alpha},\boldsymbol{\beta},\boldsymbol{\gamma}\in V,k\in\mathbf{R}$,则称 $\langle\boldsymbol{\alpha},\boldsymbol{\beta}\rangle$ 为 V 上的一个**内积**,并称具有一个内积的实线性空间 V 为**欧几里得**(Euclid)**空间**,简称**欧氏空间**。

欧氏空间定义中内积满足的性质①称为**内积的对称性**,②、③两条性质称为**内积对第一变元的线性性**,性质④称为两个相同元素**内积的非负性**。在 5.3.1 小节中,对实 n 维向量空间 $\mathbf{R}^n$ 定义的内积显然满足定义中列举的性质,因此 $\mathbf{R}^n$ 对于 5.3.1 小节定义的内积是一个欧氏空间。但是在 $\mathbf{R}^n$ 中还可以定义其他内积,使之成为另一个欧氏空间。

例 7.4.1　在 $\mathbf{R}^n$ 中对于 $\boldsymbol{\alpha},\boldsymbol{\beta}\in\mathbf{R}^n$,设

$$\boldsymbol{\alpha}=(a_1,a_2,\cdots,a_n),\qquad \boldsymbol{\beta}=(b_1,b_2,\cdots,b_n)$$

令

$$\langle\boldsymbol{\alpha},\boldsymbol{\beta}\rangle=a_1b_1+a_2b_2+\cdots+a_nb_n$$

则 $\mathbf{R}^n$ 成为一个欧氏空间。

若令

$$\langle\boldsymbol{\alpha},\boldsymbol{\beta}\rangle_1=a_1b_1+2a_2b_2+3a_3b_3+\cdots+na_nb_n$$

易验证 $\langle\boldsymbol{\alpha},\boldsymbol{\beta}\rangle_1$ 也是一个内积,而 $\mathbf{R}^n$ 对 $\langle\boldsymbol{\alpha},\boldsymbol{\beta}\rangle_1$ 构成另一个欧氏空间。

以后如果不加特别说明,欧氏空间 $\mathbf{R}^n$ 上的内积均指例 7.4.1 中的第一种内积。第二种内积只是用于说明内积概念的广泛性,即允许出现各种不同的内积和欧氏空间,只要满足定义 7.4.1 的条件即可。

例 7.4.2　在闭区间 $[a,b]$ 上所有实连续函数所组成的 $\mathbf{R}$ 上线性空间 $C[a,b]$ 中,对 $f(x),g(x)\in C[a,b]$,定义

$$\langle f,g\rangle=\int_a^b f(x)g(x)\mathrm{d}x$$

可由定积分性质直接验证 $\langle f,g\rangle$ 满足定义 7.4.1 中的条件①～④,因而是内积,而

$C[a,b]$对于这一内积成为欧氏空间。

现在直接从定义出发推出一般欧氏空间中内积的一些简单性质。

定理 7.4.1 设 V 是一个欧氏空间,则有

① $\langle \mathbf{0},\boldsymbol{\beta}\rangle=\langle \boldsymbol{\beta},\mathbf{0}\rangle=0$;反之,若对任意 $\boldsymbol{\beta}\in V$,有$\langle \boldsymbol{\alpha},\boldsymbol{\beta}\rangle=0$ 则 $\boldsymbol{\alpha}=\mathbf{0}$。

② $\langle \boldsymbol{\alpha},\boldsymbol{\beta}+\boldsymbol{\gamma}\rangle=\langle \boldsymbol{\alpha},\boldsymbol{\beta}\rangle+\langle \boldsymbol{\alpha},\boldsymbol{\gamma}\rangle,\langle \boldsymbol{\alpha},k\boldsymbol{\beta}\rangle=k\langle \boldsymbol{\alpha},\boldsymbol{\beta}\rangle$。

③ $\left\langle \sum_{i=1}^{r}k_i\boldsymbol{\alpha}_i,\sum_{j=1}^{s}l_j\boldsymbol{\beta}_j\right\rangle=\sum_{i=1}^{r}\sum_{j=1}^{s}k_il_j\langle \boldsymbol{\alpha}_i,\boldsymbol{\beta}_j\rangle$ 。

证 ① $\langle \mathbf{0},\boldsymbol{\beta}\rangle=\langle 0\boldsymbol{\alpha},\boldsymbol{\beta}\rangle=0\cdot\langle \boldsymbol{\alpha},\boldsymbol{\beta}\rangle=0$,而$\langle \boldsymbol{\beta},\mathbf{0}\rangle=\langle \mathbf{0},\boldsymbol{\beta}\rangle=0$。反之,若对任意 $\boldsymbol{\beta}\in V$,有$\langle \boldsymbol{\alpha},\boldsymbol{\beta}\rangle=0$,那么特别地有$\langle \boldsymbol{\alpha},\boldsymbol{\alpha}\rangle=0$,从而 $\boldsymbol{\alpha}=\mathbf{0}$。

② $\langle \boldsymbol{\alpha},\boldsymbol{\beta}+\boldsymbol{\gamma}\rangle=\langle \boldsymbol{\beta}+\boldsymbol{\gamma},\boldsymbol{\alpha}\rangle=\langle \boldsymbol{\beta},\boldsymbol{\alpha}\rangle+\langle \boldsymbol{\gamma},\boldsymbol{\alpha}\rangle=\langle \boldsymbol{\alpha},\boldsymbol{\beta}\rangle+\langle \boldsymbol{\alpha},\boldsymbol{\gamma}\rangle$;

$\langle \boldsymbol{\alpha},k\boldsymbol{\beta}\rangle=\langle k\boldsymbol{\beta},\boldsymbol{\alpha}\rangle=k\langle \boldsymbol{\beta},\boldsymbol{\alpha}\rangle=k\langle \boldsymbol{\alpha},\boldsymbol{\beta}\rangle$。

③ $\left\langle \sum_{i=1}^{r}k_i\boldsymbol{\alpha}_i,\sum_{j=1}^{s}l_j\boldsymbol{\beta}_j\right\rangle=\sum_{i=1}^{r}k_i\left\langle \boldsymbol{\alpha}_i,\sum_{j=1}^{s}l_j\boldsymbol{\beta}_j\right\rangle=\sum_{i=1}^{r}k_i\left[\sum_{j=1}^{s}l_j\langle \boldsymbol{\alpha}_i,\boldsymbol{\beta}_j\rangle\right]=\sum_{i=1}^{r}\sum_{j=1}^{s}k_il_j\langle \boldsymbol{\alpha}_i,\boldsymbol{\beta}_j\rangle$。

由于欧氏空间中任一元素 $\boldsymbol{\alpha}$ 与自身作内积总大于或等于零,故可以由此来定义元素的长度。

定义 7.4.2 设 $\boldsymbol{\alpha}$ 是欧氏空间的元素,非负实数 $\sqrt{\langle \boldsymbol{\alpha},\boldsymbol{\alpha}\rangle}$ 称为 $\boldsymbol{\alpha}$ 的长度,记为 $|\boldsymbol{\alpha}|$,即

$$|\boldsymbol{\alpha}|=\sqrt{\langle \boldsymbol{\alpha},\boldsymbol{\alpha}\rangle}$$

由定义 7.4.1 的④可知,一个非零元素的长度必是正数,只有零元素长度为 0。此外,

$$|k\boldsymbol{\alpha}|=\sqrt{\langle k\boldsymbol{\alpha},k\boldsymbol{\alpha}\rangle}=\sqrt{k^2\langle \boldsymbol{\alpha},\boldsymbol{\alpha}\rangle}=|k|\sqrt{\langle \boldsymbol{\alpha},\boldsymbol{\alpha}\rangle}=|k||\boldsymbol{\alpha}| \tag{7.4.1}$$

这说明这样定义的长度符合通常长度的熟知性质$|k\boldsymbol{\alpha}|=|k||\boldsymbol{\alpha}|$。

长度为 1 的元素称为单位向量。对任意元素 $\boldsymbol{\alpha}\neq\mathbf{0}$,作

$$\boldsymbol{\alpha}^0=\frac{1}{|\boldsymbol{\alpha}|}\boldsymbol{\alpha}$$

由式(7.4.1)可知

$$|\boldsymbol{\alpha}^0|=\frac{1}{|\boldsymbol{\alpha}|}|\boldsymbol{\alpha}|=1$$

即 $\boldsymbol{\alpha}^0$ 是单位向量,它称为 $\boldsymbol{\alpha}$ 的单位化。

下面在欧氏空间的元素之间引入夹角概念。为此需要先证明一个著名的不等式。

定理 7.4.2 设 V 是欧氏空间,则对于任意的元素 $\boldsymbol{\alpha},\boldsymbol{\beta}\in V$,有

$$|\langle \boldsymbol{\alpha},\boldsymbol{\beta}\rangle|\leqslant|\boldsymbol{\alpha}||\boldsymbol{\beta}| \tag{7.4.2}$$

当且仅当 $\boldsymbol{\alpha},\boldsymbol{\beta}$ 线性相关时,式(7.4.2)中的等号成立。

证 当 $\boldsymbol{\beta}=\mathbf{0}$ 时,式(7.4.2)左、右两边皆为零,此式显然成立。

当 $\boldsymbol{\beta}\neq\mathbf{0}$ 时,作

$$\boldsymbol{\gamma}=\boldsymbol{\alpha}+t\boldsymbol{\beta}$$

此处 t 是一个实变数。不论 t 取何实数值，均有

$$\langle\boldsymbol{\gamma},\boldsymbol{\gamma}\rangle\geqslant 0$$

于是

$$\langle\boldsymbol{\alpha}+t\boldsymbol{\beta},\boldsymbol{\alpha}+t\boldsymbol{\beta}\rangle\geqslant 0$$

即

$$\langle\boldsymbol{\alpha},\boldsymbol{\alpha}\rangle+2\langle\boldsymbol{\alpha},\boldsymbol{\beta}\rangle t+\langle\boldsymbol{\beta},\boldsymbol{\beta}\rangle t^2\geqslant 0 \tag{7.4.3}$$

式(7.4.3)对任何实数值 t 均成立。由于 $\boldsymbol{\beta}\neq\mathbf{0}$，可取

$$t=-\frac{\langle\boldsymbol{\alpha},\boldsymbol{\beta}\rangle}{\langle\boldsymbol{\beta},\boldsymbol{\beta}\rangle}$$

代入式(7.4.3)中得

$$\langle\boldsymbol{\alpha},\boldsymbol{\alpha}\rangle-\frac{\langle\boldsymbol{\alpha},\boldsymbol{\beta}\rangle^2}{\langle\boldsymbol{\beta},\boldsymbol{\beta}\rangle}\geqslant 0$$

即

$$\langle\boldsymbol{\alpha},\boldsymbol{\beta}\rangle^2\leqslant\langle\boldsymbol{\alpha},\boldsymbol{\alpha}\rangle\langle\boldsymbol{\beta},\boldsymbol{\beta}\rangle$$

两边开方后便得到

$$|\langle\boldsymbol{\alpha},\boldsymbol{\beta}\rangle|\leqslant|\boldsymbol{\alpha}||\boldsymbol{\beta}|$$

当 $\boldsymbol{\alpha},\boldsymbol{\beta}$ 线性相关时，必有 $\boldsymbol{\beta}=k\boldsymbol{\alpha}$，从而

$$\langle\boldsymbol{\alpha},\boldsymbol{\beta}\rangle=k\langle\boldsymbol{\alpha},\boldsymbol{\alpha}\rangle,\qquad|\boldsymbol{\beta}|=|k||\boldsymbol{\alpha}|$$

故

$$|\langle\boldsymbol{\alpha},\boldsymbol{\beta}\rangle|=|k||\langle\boldsymbol{\alpha},\boldsymbol{\alpha}\rangle|=|k||\boldsymbol{\alpha}||\boldsymbol{\alpha}|=|\boldsymbol{\alpha}||\boldsymbol{\beta}|$$

即式(7.4.2)中的等式成立；反之，若式(7.4.2)中等式成立，则或者 $\boldsymbol{\beta}=\mathbf{0}$，或者式(7.4.3)对

$$t=-\frac{\langle\boldsymbol{\alpha},\boldsymbol{\beta}\rangle}{\langle\boldsymbol{\beta},\boldsymbol{\beta}\rangle}$$

等式成立，这意味着此时

$$\langle\boldsymbol{\alpha}+t\boldsymbol{\beta},\boldsymbol{\alpha}+t\boldsymbol{\beta}\rangle=0$$

由内积性质④，即知

$$\boldsymbol{\alpha}+t\boldsymbol{\beta}=\boldsymbol{\alpha}-\frac{\langle\boldsymbol{\alpha},\boldsymbol{\beta}\rangle}{\langle\boldsymbol{\beta},\boldsymbol{\beta}\rangle}\boldsymbol{\beta}=\mathbf{0}$$

故此时 $\boldsymbol{\alpha},\boldsymbol{\beta}$ 线性相关。证毕。

例 7.4.3 在欧氏空间 $\mathbf{R}^n$（见例 7.4.1）上，由不等式(7.4.2)可立即推出，对于任意实数 $a_1,a_2,\cdots,a_n$ 及 $b_1,b_2,\cdots,b_n$，有

$$|a_1b_1+a_2b_2+\cdots+a_nb_n|\leqslant\sqrt{a_1^2+a_2^2+\cdots+a_n^2}\cdot\sqrt{b_1^2+b_2^2+\cdots+b_n^2}$$

此式称为柯西(Canchy)不等式。

例 7.4.4 考虑例 7.4.2 给出的欧氏空间 $C[a,b]$，由不等式(7.4.2)推出，对于 $[a,b]$上的任意连续函数 $f(x,)$，$g(x)$，有不等式

$$\left|\int_a^b f(x)g(x)\mathrm{d}x\right| \leqslant \sqrt{\int_a^b f^2(x)\mathrm{d}x\int_a^b g^2(x)\mathrm{d}x}$$

此式称为施瓦兹(Schwarz)不等式。

柯西不等式与施瓦兹不等式都是历史上著名的不等式。它们看起来似乎没有什么共同之处，然而它们都是欧氏空间的不等式(7.4.2)的特例。

现在可以来定义欧氏空间中元素的夹角了。

定义 7.4.3 设 $\boldsymbol{\alpha},\boldsymbol{\beta}$ 是欧氏空间中两个非零的元素，$\boldsymbol{\alpha}$ 与 $\boldsymbol{\beta}$ 的**夹角** θ 规定为

$$\theta=\arccos\frac{\langle\boldsymbol{\alpha},\boldsymbol{\beta}\rangle}{|\boldsymbol{\alpha}||\boldsymbol{\beta}|} \qquad (0\leqslant\theta\leqslant\pi)$$

由不等式(7.4.2)，有

$$-1\leqslant\frac{\langle\boldsymbol{\alpha},\boldsymbol{\beta}\rangle}{|\boldsymbol{\alpha}||\boldsymbol{\beta}|}\leqslant 1$$

所以 θ 的定义是合理的。在这个定义下，欧氏空间中任意两个非零元素有唯一的夹角 θ $(0\leqslant\theta\leqslant\pi)$。

有了夹角概念之后，当欧氏空间两个非零元素的夹角为 $\frac{\pi}{2}$ 时，自然地称它们为正交的或互相垂直的，于是有以下定义。

定义 7.4.4 如果欧氏空间中两个元素 $\boldsymbol{\alpha}$，$\boldsymbol{\beta}$ 的内积为零，即

$$\langle\boldsymbol{\alpha},\boldsymbol{\beta}\rangle=0$$

则称 $\boldsymbol{\alpha}$，$\boldsymbol{\beta}$ 为**正交**的或**互相垂直**的，记为 $\boldsymbol{\alpha}\perp\boldsymbol{\beta}$。

由此定义可知，零元素与任何元素正交。此外，还有以下两条性质。

性质 1 设 $\boldsymbol{\alpha}$，$\boldsymbol{\beta}$ 是欧氏空间中任意两个元素，则

$$|\boldsymbol{\alpha}+\boldsymbol{\beta}|\leqslant|\boldsymbol{\alpha}|+|\boldsymbol{\beta}|$$

证 由不等式(7.4.2)，有

$$\begin{aligned}|\boldsymbol{\alpha}+\boldsymbol{\beta}|^2=&\langle\boldsymbol{\alpha}+\boldsymbol{\beta},\boldsymbol{\alpha}+\boldsymbol{\beta}\rangle=\\&\langle\boldsymbol{\alpha},\boldsymbol{\alpha}\rangle+2\langle\boldsymbol{\alpha},\boldsymbol{\beta}\rangle+\langle\boldsymbol{\beta},\boldsymbol{\beta}\rangle\leqslant\\&|\boldsymbol{\alpha}|^2+2|\boldsymbol{\alpha}||\boldsymbol{\beta}|+|\boldsymbol{\beta}|^2=\\&(|\boldsymbol{\alpha}|+|\boldsymbol{\beta}|)^2\end{aligned}$$

故得 $|\boldsymbol{\alpha}+\boldsymbol{\beta}|\leqslant|\boldsymbol{\alpha}|+|\boldsymbol{\beta}|$。

所得到的不等式是普通几何空间中三角不等式在欧氏空间中的推广，也称为三角不等式。

性质 2 设 $\boldsymbol{\alpha}$，$\boldsymbol{\beta}$ 是欧氏空间中的元素，且 $\boldsymbol{\alpha}\perp\boldsymbol{\beta}$，则

$$|\boldsymbol{\alpha}+\boldsymbol{\beta}|^2=|\boldsymbol{\alpha}|^2+|\boldsymbol{\beta}|^2$$

证 由正交的定义，有

$$|\boldsymbol{\alpha}+\boldsymbol{\beta}|^2=\langle\boldsymbol{\alpha}+\boldsymbol{\beta},\boldsymbol{\alpha}+\boldsymbol{\beta}\rangle=\langle\boldsymbol{\alpha},\boldsymbol{\alpha}\rangle+2\langle\boldsymbol{\alpha},\boldsymbol{\beta}\rangle+\langle\boldsymbol{\beta},\boldsymbol{\beta}\rangle=$$

$$\langle \boldsymbol{\alpha},\boldsymbol{\alpha}\rangle+\langle \boldsymbol{\beta},\boldsymbol{\beta}\rangle=$$
$$|\boldsymbol{\alpha}|^2+|\boldsymbol{\beta}|^2$$

所得到的等式是普通几何空间中勾股定理的推广。它对于多个元素也成立，即若 $\boldsymbol{\alpha}_1,\boldsymbol{\alpha}_2,\cdots,\boldsymbol{\alpha}_m$ 两两正交，则

$$|\boldsymbol{\alpha}_1+\boldsymbol{\alpha}_2+\cdots+\boldsymbol{\alpha}_m|^2=|\boldsymbol{\alpha}_1|^2+|\boldsymbol{\alpha}_2|^2+\cdots+|\boldsymbol{\alpha}_m|^2$$

7.4.2　度量矩阵与标准正交基

在了解了欧氏空间的基本概念和一些简单性质后，下面要用熟悉的矩阵工具来讨论欧氏空间。我们将看到，前面各章对矩阵讨论过的许多概念和性质与欧氏空间有着密切的联系。

设 V 是一个 n 维欧氏空间，在 V 中取一组基 $\boldsymbol{\varepsilon}_1,\boldsymbol{\varepsilon}_2,\cdots,\boldsymbol{\varepsilon}_n$，则 V 中任意两个元素 $\boldsymbol{\alpha},\boldsymbol{\beta}$ 可由这组基线性表出：

$$\boldsymbol{\alpha}=x_1\boldsymbol{\varepsilon}_1+x_2\boldsymbol{\varepsilon}_2+\cdots+x_n\boldsymbol{\varepsilon}_n$$
$$\boldsymbol{\beta}=y_1\boldsymbol{\varepsilon}_1+y_2\boldsymbol{\varepsilon}_2+\cdots+y_n\boldsymbol{\varepsilon}_n$$

由内积的性质可算出

$$\langle \boldsymbol{\alpha},\boldsymbol{\beta}\rangle=\langle x_1\boldsymbol{\varepsilon}_1+x_2\boldsymbol{\varepsilon}_2+\cdots+x_n\boldsymbol{\varepsilon}_n,y_1\boldsymbol{\varepsilon}_1+y_2\boldsymbol{\varepsilon}_2+\cdots+y_n\boldsymbol{\varepsilon}_n\rangle=$$
$$\sum_{i=1}^{n}\sum_{j=1}^{n}\langle \boldsymbol{\varepsilon}_i,\boldsymbol{\varepsilon}_j\rangle x_i y_j$$

若记

$$a_{ij}=\langle \boldsymbol{\varepsilon}_i,\boldsymbol{\varepsilon}_j\rangle\qquad(i,j=1,2,\cdots,n)$$

则

$$\langle \boldsymbol{\alpha},\boldsymbol{\beta}\rangle=\sum_{i=1}^{n}\sum_{j=1}^{n}a_{ij}x_i y_j \tag{7.4.4}$$

引入矩阵记号，令

$$\boldsymbol{A}=\begin{pmatrix} a_{11} & a_{12} & \cdots & a_{1n}\\ a_{21} & a_{22} & \cdots & a_{2n}\\ \vdots & \vdots & & \vdots\\ a_{n1} & a_{n2} & \cdots & a_{nn}\end{pmatrix}$$

$$\boldsymbol{X}=\begin{pmatrix} x_1\\ x_2\\ \vdots\\ x_n\end{pmatrix},\qquad \boldsymbol{Y}=\begin{pmatrix} y_1\\ y_2\\ \vdots\\ y_n\end{pmatrix}$$

则式(7.4.4)可写为

$$\langle \boldsymbol{\alpha},\boldsymbol{\beta}\rangle=\boldsymbol{X}^{\mathrm{T}}\boldsymbol{A}\boldsymbol{Y} \tag{7.4.5}$$

其中，$\boldsymbol{X},\boldsymbol{Y}$ 分别是 $\boldsymbol{\alpha},\boldsymbol{\beta}$ 在基底 $\boldsymbol{\varepsilon}_1,\boldsymbol{\varepsilon}_2,\cdots,\boldsymbol{\varepsilon}_n$ 下的坐标；$\boldsymbol{A}$ 是由基底的内积组成的矩阵，称为基底 $\boldsymbol{\varepsilon}_1,\boldsymbol{\varepsilon}_2,\cdots,\boldsymbol{\varepsilon}_n$ 的**度量矩阵**。

式(7.4.4)或式(7.4.5)说明,在取定了一组基后,任两元素的内积可由基的内积a_{ij}决定,或由度量矩阵$\boldsymbol{A}$决定。换言之,只要给出了度量矩阵$\boldsymbol{A}$,就给出了V上的内积。度量矩阵完全确定了内积。

由内积的对称性,有

$$a_{ij}=\langle\boldsymbol{\varepsilon}_i,\boldsymbol{\varepsilon}_j\rangle=\langle\boldsymbol{\varepsilon}_j,\boldsymbol{\varepsilon}_i\rangle=a_{ji}\qquad(i,j=1,2,\cdots,n)$$

故度量矩阵$\boldsymbol{A}$是一个实对称阵。又由内积的性质,对非零元素$\boldsymbol{\alpha}$,有

$$\langle\boldsymbol{\alpha},\boldsymbol{\alpha}\rangle=\boldsymbol{X}^{\mathrm{T}}\boldsymbol{A}\boldsymbol{X}>0$$

由于$\boldsymbol{X}^{\mathrm{T}}\boldsymbol{A}\boldsymbol{X}$是一个二次型,而上式对任何$\boldsymbol{X}\neq\boldsymbol{0}$成立,可见度量矩阵$\boldsymbol{A}$是正定矩阵。

反之,任给实数域上的正定矩阵$\boldsymbol{A}$及线性空间V的一组基$\boldsymbol{\varepsilon}_1,\boldsymbol{\varepsilon}_2,\cdots,\boldsymbol{\varepsilon}_n$,可定义

$$\langle\boldsymbol{\varepsilon}_i,\boldsymbol{\varepsilon}_j\rangle=a_{ij}\qquad(i,j=1,2,\cdots,n)$$

并按式(7.4.4)定义任两元素$\boldsymbol{\alpha}$,$\boldsymbol{\beta}$的内积,则V成为一个欧氏空间,且基$\boldsymbol{\varepsilon}_1,\boldsymbol{\varepsilon}_2,\cdots,\boldsymbol{\varepsilon}_n$的度量矩阵就是$\boldsymbol{A}$。这样,可以得到以下定理。

定理 7.4.3 在取定了n维实线性空间V的一组基$\boldsymbol{\varepsilon}_1,\boldsymbol{\varepsilon}_2,\cdots,\boldsymbol{\varepsilon}_n$后,$V$上的内积和正定矩阵$\boldsymbol{A}$有一一对应的关系。详细地说,$V$上任一个内积唯一决定一个正定矩阵$\boldsymbol{A}$;反之,任一个正定矩阵$\boldsymbol{A}$也唯一决定$V$上的一个内积。

现在来看一个欧氏空间中,不同基的度量矩阵之间的关系。

设$\boldsymbol{\varepsilon}_1,\boldsymbol{\varepsilon}_2,\cdots,\boldsymbol{\varepsilon}_n$是欧氏空间$V$的一组基,$\boldsymbol{\eta}_1,\boldsymbol{\eta}_2,\cdots,\boldsymbol{\eta}_n$是$V$的另一组基。设$\boldsymbol{\varepsilon}_1,\boldsymbol{\varepsilon}_2,\cdots,\boldsymbol{\varepsilon}_n$到$\boldsymbol{\eta}_1,\boldsymbol{\eta}_2,\cdots,\boldsymbol{\eta}_n$的过渡矩阵为$\boldsymbol{C}$,即

$$(\boldsymbol{\eta}_i,\boldsymbol{\eta}_2,\cdots,\boldsymbol{\eta}_n)=(\boldsymbol{\varepsilon}_1,\boldsymbol{\varepsilon}_2,\cdots,\boldsymbol{\varepsilon}_n)\boldsymbol{C}$$

由不同基下的坐标变换公式(7.2.5),有

$$\boldsymbol{X}=\boldsymbol{C}\boldsymbol{Y}$$

其中,$\boldsymbol{X}$是元素$\boldsymbol{\alpha}$在$\boldsymbol{\varepsilon}_1,\boldsymbol{\varepsilon}_2,\cdots,\boldsymbol{\varepsilon}_n$下的坐标,$\boldsymbol{Y}$是$\boldsymbol{\alpha}$在$\boldsymbol{\eta}_1,\boldsymbol{\eta}_2,\cdots,\boldsymbol{\eta}_n$下的坐标。

设基$\boldsymbol{\varepsilon}_1,\boldsymbol{\varepsilon}_2,\cdots,\boldsymbol{\varepsilon}_n$的度量矩阵是$\boldsymbol{A}$;$\boldsymbol{X}_1,\boldsymbol{X}_2$是$\boldsymbol{\alpha}$,$\boldsymbol{\beta}$在$\boldsymbol{\varepsilon}_1,\boldsymbol{\varepsilon}_2,\cdots,\boldsymbol{\varepsilon}_n$下的坐标;$\boldsymbol{Y}_1,\boldsymbol{Y}_2$是$\boldsymbol{\alpha},\boldsymbol{\beta}$在$\boldsymbol{\eta}_1,\boldsymbol{\eta}_2,\cdots,\boldsymbol{\eta}_n$下的坐标,则有

$$\langle\boldsymbol{\alpha},\boldsymbol{\beta}\rangle=\boldsymbol{X}_1^{\mathrm{T}}\boldsymbol{A}\boldsymbol{X}_2=(\boldsymbol{Y}_1^{\mathrm{T}}\boldsymbol{C}^{\mathrm{T}})\boldsymbol{A}(\boldsymbol{C}\boldsymbol{Y}_2)=$$
$$\boldsymbol{Y}_1^{\mathrm{T}}(\boldsymbol{C}^{\mathrm{T}}\boldsymbol{A}\boldsymbol{C})\boldsymbol{Y}_2$$

可见,$\boldsymbol{\eta}_1,\boldsymbol{\eta}_2,\cdots,\boldsymbol{\eta}_n$的度量矩阵$\boldsymbol{B}=\boldsymbol{C}^{\mathrm{T}}\boldsymbol{A}\boldsymbol{C}$。这样,又得到以下定理。

定理 7.4.4 同一欧氏空间中两组不同基底的度量矩阵是合同的。

在第6章中已得到,任一实对称矩阵必可经合同变换化为规范形,而度量矩阵是实对称正定矩阵,由定理6.3.3可知,它必可经合同变换化为单位阵;换言之,任给欧氏空间一组基$\boldsymbol{\varepsilon}_1,\boldsymbol{\varepsilon}_2,\cdots,\boldsymbol{\varepsilon}_n$的度量矩阵,必可找到另一组基$\boldsymbol{\eta}_1,\boldsymbol{\eta}_2,\cdots,\boldsymbol{\eta}_n$,使其度量矩阵为单位阵$\boldsymbol{E}$。此时由度量矩阵定义有

$$\langle\boldsymbol{\eta}_i,\boldsymbol{\eta}_j\rangle=\begin{cases}0 & (i\neq j)\\1 & (i=j)\end{cases}$$

这意味着,$\boldsymbol{\eta}_1,\boldsymbol{\eta}_2,\cdots,\boldsymbol{\eta}_n$中的任两个元素正交,而每个$\boldsymbol{\eta}_i$的长度为1。

定义 7.4.5 欧氏空间V中一组两两正交的元素称为**正交元素组**。由两两正交

且长度为 1 的元素构成的基称为**标准正交基**。

比较 5.3 节中对 $\mathbf{R}^n$ 定义的内积及正交组、标准正交基，可以看到，这里的相应概念不过是 $\mathbf{R}^n$ 中相应概念在一般欧氏空间的推广。不仅如此，$\mathbf{R}^n$ 中向量内积和正交组的许多性质在一般的欧氏空间中仍成立。例如定理 5.3.1 和定理 5.3.2 的证明可完全照搬到一般的欧氏空间中来（注意定理 5.3.1 和定理 5.3.2 的证明只用到内积的一般性质，而并不涉及内积在 $\mathbf{R}^n$ 上的具体定义）。

定理 7.4.5　设 V 为欧氏空间，$\boldsymbol{\alpha},\boldsymbol{\beta}_1,\cdots,\boldsymbol{\beta}_m\in V$，则

① 若 $\boldsymbol{\beta}\perp\boldsymbol{\alpha}_i,i=1,2,\cdots,m$，必有

$$\boldsymbol{\beta}\perp(k_1\boldsymbol{\alpha}_1+k_2\boldsymbol{\alpha}_2+\cdots+k_m\boldsymbol{\alpha}_m)\qquad(k_i\in\mathbf{R},\quad i=1,2,\cdots,m)$$

② 若 $\boldsymbol{\beta}_1,\boldsymbol{\beta}_2,\cdots,\boldsymbol{\beta}_m$ 两两正交，则 $\boldsymbol{\beta}_1,\boldsymbol{\beta}_2,\cdots,\boldsymbol{\beta}_m$ 必线性无关。

定理 7.4.6(施密特正交化定理)　设 $\boldsymbol{\alpha}_1,\boldsymbol{\alpha}_2,\cdots,\boldsymbol{\alpha}_m(m<n)$ 是 n 维欧氏空间 V 中线性无关组，则必存在标准正交组 $\boldsymbol{\beta}_1,\boldsymbol{\beta}_2,\cdots,\boldsymbol{\beta}_m$，且 $\boldsymbol{\beta}_i$ 是 $\boldsymbol{\alpha}_1,\boldsymbol{\alpha}_2,\cdots,\boldsymbol{\alpha}_i(i=1,2,\cdots,m)$ 的线性组合。

定理 7.4.6 不仅保证了欧氏空间中标准正交基的存在性，而且给出了求标准正交基的具体方法：先找出欧氏空间 V 的任意一组基，再用施密特正交化方法化为标准正交基。第 5 章中式(5.3.1)与式(5.3.2)就是具体施行正交化的公式，但要注意现在的内积是在一般欧氏空间 V 中定义的，未必与 $\mathbf{R}^n$ 中向量内积一致。为完整起见，把式(5.3.1)、式(5.3.2)按一般内积写出如下：

$$\begin{aligned}
\boldsymbol{\gamma}_1&=\boldsymbol{\alpha}_1\\
\boldsymbol{\gamma}_2&=\boldsymbol{\alpha}_2-\frac{\langle\boldsymbol{\alpha}_2,\boldsymbol{\gamma}_1\rangle}{\langle\boldsymbol{\gamma}_1,\boldsymbol{\gamma}_1\rangle}\boldsymbol{\gamma}_1\\
\boldsymbol{\gamma}_3&=\boldsymbol{\alpha}_3-\frac{\langle\boldsymbol{\alpha}_3,\boldsymbol{\gamma}_1\rangle}{\langle\boldsymbol{\gamma}_1,\boldsymbol{\gamma}_1\rangle}\boldsymbol{\gamma}_1-\frac{\langle\boldsymbol{\alpha}_3,\boldsymbol{\gamma}_2\rangle}{\langle\boldsymbol{\gamma}_2,\boldsymbol{\gamma}_2\rangle}\boldsymbol{\gamma}_2\\
&\vdots\\
\boldsymbol{\gamma}_m&=\boldsymbol{\alpha}_m-\frac{\langle\boldsymbol{\alpha}_m,\boldsymbol{\gamma}_1\rangle}{\langle\boldsymbol{\gamma}_1,\boldsymbol{\gamma}_1\rangle}\boldsymbol{\gamma}_1-\frac{\langle\boldsymbol{\alpha}_m,\boldsymbol{\gamma}_2\rangle}{\langle\boldsymbol{\gamma}_2,\boldsymbol{\gamma}_2\rangle}\boldsymbol{\gamma}_2-\cdots-\frac{\langle\boldsymbol{\alpha}_m,\boldsymbol{\gamma}_{m-1}\rangle}{\langle\boldsymbol{\gamma}_{m-1},\boldsymbol{\gamma}_{m-1}\rangle}\boldsymbol{\gamma}_{m-1}
\end{aligned}$$

再令

$$\boldsymbol{\beta}_1=\frac{\boldsymbol{\gamma}_1}{|\boldsymbol{\gamma}_1|},\boldsymbol{\beta}_2=\frac{\boldsymbol{\gamma}_2}{|\boldsymbol{\gamma}_2|},\cdots,\boldsymbol{\beta}_m=\frac{\boldsymbol{\gamma}_m}{|\boldsymbol{\gamma}_m|}$$

这样 $\boldsymbol{\beta}_1,\boldsymbol{\beta}_2,\cdots,\boldsymbol{\beta}_m$ 便是 n 维欧氏空间 V 中标准正交组；而 $m=n$ 时，它就成为标准正交基。

在标准正交基下，内积有特别简单的形式。设 $\boldsymbol{\varepsilon}_1,\boldsymbol{\varepsilon}_2,\cdots,\boldsymbol{\varepsilon}_n$ 是欧氏空间 V 的一组标准正交基。

$$\boldsymbol{\alpha}=a_1\boldsymbol{\varepsilon}_1+a_2\boldsymbol{\varepsilon}_2+\cdots+a_n\boldsymbol{\varepsilon}_n$$

$$\boldsymbol{\beta}=b_1\boldsymbol{\varepsilon}_1+b_2\boldsymbol{\varepsilon}_2+\cdots+b_n\boldsymbol{\varepsilon}_n$$

是 V 中任意两个元素，则由式(7.4.4)或式(7.4.5)，有

$$\langle \boldsymbol{\alpha},\boldsymbol{\beta}\rangle = \sum_{i=1}^{n}\sum_{j=1}^{n}(\boldsymbol{\varepsilon}_i,\boldsymbol{\varepsilon}_j)a_ib_j$$

由于 $\boldsymbol{\varepsilon}_1,\boldsymbol{\varepsilon}_2,\cdots,\boldsymbol{\varepsilon}_n$ 是标准正交基,则

$$\langle \boldsymbol{\varepsilon}_i,\boldsymbol{\varepsilon}_j\rangle=\begin{cases}1 & (i=j)\\0 & (i\neq j)\end{cases}$$

从而

$$\langle \boldsymbol{\alpha},\boldsymbol{\beta}\rangle = \sum_{i=1}^{n}\langle\boldsymbol{\varepsilon}_i,\boldsymbol{\varepsilon}_i\rangle a_ib_i = a_1b_1+a_2b_2+\cdots+a_nb_n \tag{7.4.6}$$

这与第5章在 $\mathbf{R}^n$ 上定义的内积恰好是一致的。

定理 7.4.7 n 维欧氏空间中由标准正交基 $\boldsymbol{\varepsilon}_1,\boldsymbol{\varepsilon}_2,\cdots,\boldsymbol{\varepsilon}_n$ 到另一组标准正交基 $\boldsymbol{\eta}_1,\boldsymbol{\eta}_2,\cdots,\boldsymbol{\eta}_n$ 的过渡矩阵是正交矩阵;反之,若 $\boldsymbol{\varepsilon}_1,\boldsymbol{\varepsilon}_2,\cdots,\boldsymbol{\varepsilon}_n$ 是标准正交基,而 $\boldsymbol{\varepsilon}_1,\boldsymbol{\varepsilon}_2,\cdots,\boldsymbol{\varepsilon}_n$ 到 $\boldsymbol{\eta}_1,\boldsymbol{\eta}_2,\cdots,\boldsymbol{\eta}_n$ 的过渡是正交矩阵,则 $\boldsymbol{\eta}_1,\boldsymbol{\eta}_2,\cdots,\boldsymbol{\eta}_n$ 也是标准正交基。

证 设 $\mathbf{A}=(a_{ij})_{n\times n}$ 是标准正交基 $\boldsymbol{\varepsilon}_1,\boldsymbol{\varepsilon}_2,\cdots,\boldsymbol{\varepsilon}_n$ 到标准正交基 $\boldsymbol{\eta}_1,\boldsymbol{\eta}_2,\cdots,\boldsymbol{\eta}_n$ 的过渡矩阵,则有

$$(\boldsymbol{\eta}_1,\boldsymbol{\eta}_2,\cdots,\boldsymbol{\eta}_n)=(\boldsymbol{\varepsilon}_1,\boldsymbol{\varepsilon}_2,\cdots,\boldsymbol{\varepsilon}_n)\begin{pmatrix}a_{11} & a_{12} & \cdots & a_{1n}\\ a_{21} & a_{22} & \cdots & a_{2n}\\ \vdots & \vdots & & \vdots\\ a_{n1} & a_{n2} & \cdots & a_{nn}\end{pmatrix}$$

由条件有

$$\langle \boldsymbol{\eta}_i,\boldsymbol{\eta}_j\rangle=\begin{cases}1 & (i=j)\\0 & (i\neq j)\end{cases}$$

即

$$\langle \boldsymbol{\eta}_i,\boldsymbol{\eta}_j\rangle=\langle a_{1i}\boldsymbol{\varepsilon}_1+a_{2i}\boldsymbol{\varepsilon}_i+\cdots+a_{ni}\boldsymbol{\varepsilon}_n,a_{1j}\boldsymbol{\varepsilon}_1+a_{2j}\boldsymbol{\varepsilon}_2+\cdots+a_{nj}\boldsymbol{\varepsilon}_n\rangle$$

由于 $\boldsymbol{\varepsilon}_1,\boldsymbol{\varepsilon}_2,\cdots,\boldsymbol{\varepsilon}_n$ 也是标准正交基,由式(7.4.6),得

$$\langle \boldsymbol{\eta}_i,\boldsymbol{\eta}_j\rangle=a_{1i}a_{1j}+a_{2i}a_{2j}+\cdots+a_{ni}a_{nj}=\begin{cases}1 & (i=j)\\0 & (i\neq j)\end{cases} \tag{7.4.7}$$

此式说明矩阵 $\mathbf{A}$ 满足下列矩阵乘积等式

$$\mathbf{A}^{\mathrm{T}}\mathbf{A}=\boldsymbol{E}$$

故 $\mathbf{A}$ 是正交矩阵;反之,若 $\boldsymbol{\varepsilon}_1,\boldsymbol{\varepsilon}_2,\cdots,\boldsymbol{\varepsilon}_n$ 是标准正交基,且 $\mathbf{A}$ 是正交矩阵,则式(7.4.7)成立,从而 $\boldsymbol{\eta}_1,\boldsymbol{\eta}_2,\cdots,\boldsymbol{\eta}_n$ 也是标准正交基。证毕。

最后,给出一个一般欧氏空间中施密特正交化的例子,以说明这里的正交化比第5章所述的 $\mathbf{R}^n$ 空间中正交化具有更广的含义。

例 7.4.5 在闭区间[0,1]上次数小于3的全体实多项式构成的线性空间 $\mathbf{R}[x]_3$ 中,定义内积为

$$\langle f,g\rangle = \int_0^1 f(x)g(x)\mathrm{d}x$$

求欧氏空间 $\mathbf{R}[x]_3$ 在闭区间[0,1]的一组标准正交基。

解　在 $\mathbf{R}[x]_3$ 中，$f_0=1, f_1=x, f_2=x^2$ 是一组基。利用施密特正交化求出 $\mathbf{R}[x]_3$ 中一组标准正交基。

取

$$g_0=f_0=1$$

$$g_1=f_1-\frac{\langle f_1,g_0\rangle}{\langle g_0,g_0\rangle}g_0=x-\frac{\int_0^1 x\cdot 1\mathrm{d}x}{\int_0^1 1\cdot 1\mathrm{d}x}\cdot 1=x-\frac{1}{2}$$

$$g_2=f_2-\frac{\langle f_2,g_0\rangle}{\langle g_0,g_0\rangle}g_0-\frac{\langle f_2,g_1\rangle}{\langle g_1,g_1\rangle}g_1=$$

$$x^2-\int_0^1 x^2\cdot 1\mathrm{d}x-\frac{\int_0^1 x^2\left(x-\frac{1}{2}\right)\mathrm{d}x}{\int_0^1\left(x-\frac{1}{2}\right)^2\mathrm{d}x}\left(x-\frac{1}{2}\right)=$$

$$x^2-\frac{1}{3}-\left(x-\frac{1}{2}\right)=$$

$$x^2-x+\frac{1}{6}$$

再把 g_0, g_1, g_2 单位化，得

$$h_0=\frac{1}{|g_0|}g_0=\frac{1}{\left[\int_0^1 1\mathrm{d}x\right]^{\frac{1}{2}}}=1$$

$$h_1=\frac{1}{|g_1|}g_1=\frac{x-\frac{1}{2}}{\left[\int_0^1\left(x-\frac{1}{2}\right)^2\mathrm{d}x\right]^{\frac{1}{2}}}=\sqrt{3}(2x-1)$$

$$h_2=\frac{1}{|g_2|}g_2=\frac{x^2-x+\frac{1}{6}}{\left[\int_0^1\left(x^2-x-\frac{1}{6}\right)^2\mathrm{d}x\right]^{\frac{1}{2}}}=\sqrt{5}(6x^2-6x+1)$$

这样，h_0, h_1, h_2 就成为 $\mathbf{R}[x]_3$ 在[0,1]上的一组标准正交基。

习题 7.4

1. 在欧氏空间 $\mathbf{R}^4$ 中，求向量 $\boldsymbol{\alpha}$ 与 $\boldsymbol{\beta}$ 的夹角：

(1) $\boldsymbol{\alpha}=(2,1,3,2)$，$\boldsymbol{\beta}=(1,2,-2,1)$；

(2) $\boldsymbol{\alpha}=(1,2,2,3)$，$\boldsymbol{\beta}=(3,1,5,1)$。

2. 在欧氏空间 $\mathbf{R}^3$ 中求一个单位向量 $\boldsymbol{\gamma}$ 使它同时与 $\boldsymbol{\alpha}=(1,-4,0)$，$\boldsymbol{\beta}=(-1,2,2)$正交。

3. 已知 $\boldsymbol{\varepsilon}_1,\boldsymbol{\varepsilon}_2,\boldsymbol{\varepsilon}_3$ 是三维欧氏空间 $\mathbf{R}^3$ 中的一组标准正交基,试证:

$$\boldsymbol{\alpha}_1=\frac{1}{3}(2\boldsymbol{\varepsilon}_1+2\boldsymbol{\varepsilon}_2-\boldsymbol{\varepsilon}_3),\quad \boldsymbol{\alpha}_2=\frac{1}{3}(2\boldsymbol{\varepsilon}_1-\boldsymbol{\varepsilon}_2+2\boldsymbol{\varepsilon}_3),\quad \boldsymbol{\alpha}_3=\frac{1}{3}(-\boldsymbol{\varepsilon}_1+2\boldsymbol{\varepsilon}_2+2\boldsymbol{\varepsilon}_3)$$

是 $\mathbf{R}^3$ 的一组标准正交基。

4. 在 $\mathbf{R}[x]_3$ 中定义内积 $(f,g)=\int_{-1}^{1}f(x)g(x)\mathrm{d}x$,试求 $\mathbf{R}[x]_3$ 的一组标准正交基。

5. 在 $\mathbf{R}^4$ 中将下列向量组变成标准正交基:

$$\boldsymbol{\alpha}_1=(1,1,0,0),\quad \boldsymbol{\alpha}_2=(1,0,1,0),\quad \boldsymbol{\alpha}_3=(-1,0,0,1),\quad \boldsymbol{\alpha}_4=(1,-1,-1,1)$$

6. 设 V 是一个 n 维欧氏空间,$\boldsymbol{\alpha}$ 是 V 中一个固定的非零向量。试证所有与 $\boldsymbol{\alpha}$ 正交的向量构成一个子空间,并确定这个子空间的维数。

7. 在欧氏空间 V 中,证明若 $|\boldsymbol{\alpha}|=|\boldsymbol{\beta}|$,则 $\boldsymbol{\alpha}+\boldsymbol{\beta}$ 与 $\boldsymbol{\alpha}-\boldsymbol{\beta}$ 正交,并说明其几何意义。

第 8 章　线性变换

变换是数学及工程技术中常用的一个概念，如解析几何及物理学中的坐标变换、微积分中的变量代换等都有重要作用。线性变换是指线性空间中保持加法和数乘运算的一种变换，它与 n 阶矩阵理论有紧密的联系，是揭示线性空间结构的有力工具。本章主要讨论线性变换的概念和基本性质、线性变换的矩阵表示、线性变换的特征值和特征向量、线性变换的值域与核、不变子空间等内容。

8.1　线性变换的概念和基本性质

8.1.1　线性变换的定义

先看一些熟悉的例子，由此导出线性变换的一般概念。

例 8.1.1　设 $\mathbf{R}$ 为实数域，$\mathbf{R}$ 上最基本的函数是线性函数

$$y=f(x)=ax \qquad (a\in\mathbf{R})$$

$f(x)$ 的定义域和值域都是 $\mathbf{R}$，换言之，对集合 $\mathbf{R}$ 中的每一个元素 x，在映射 f 之下都有唯一的一个 $\mathbf{R}$ 中元素 y 与之对应，这种 $\mathbf{R}$ 到 $\mathbf{R}$ 自身的映射称为变换，而且，这一映射还具有保持加法和数乘运算的性质，即

$$f(x_1+x_2)=a(x_1+x_2)=ax_1+ax_2=f(x_1)+f(x_2)$$

$$f(kx)=a(kx)=k(ax)=kf(x)$$

具有这种性质的变换称为线性变换。所以，$f(x)$ 是 $\mathbf{R}$ 到 $\mathbf{R}$ 的一个线性变换。

例 8.1.2　考虑实二维向量空间 $\mathbf{R}^2$，令

$$\boldsymbol{\sigma}:\quad \boldsymbol{\alpha}=(x,y)\to(x\cos\theta-y\sin\theta,x\sin\theta+y\cos\theta)$$

其中，θ 是取定的一个角度，则 $\boldsymbol{\sigma}$ 是 $\mathbf{R}^2$ 到 $\mathbf{R}^2$ 自身的映射，即是 $\mathbf{R}^2$ 上的一个变换。$\boldsymbol{\sigma}$ 也具有保持 $\mathbf{R}^2$ 的加法和数乘运算的性质。

设 $\boldsymbol{\alpha}=(x_1,y_1)$，$\boldsymbol{\beta}=(x_2,y_2)$，有

$$\begin{aligned}\boldsymbol{\sigma}(\boldsymbol{\alpha}+\boldsymbol{\beta})&=\boldsymbol{\sigma}((x_1,y_1)+(x_2,y_2))=\boldsymbol{\sigma}((x_1+x_2,y_1+y_2))=\\&((x_1+x_2)\cos\theta-(y_1+y_2)\sin\theta,(x_1+x_2)\sin\theta+(y_1+y_2)\cos\theta)\\&=\\&((x_1\cos\theta-y_1\sin\theta,x_1\sin\theta+y_1\cos\theta)+(x_2\cos\theta-y_2\sin\theta,x_2\sin\\&\theta+y_2\cos\theta))=\\&\boldsymbol{\sigma}(x_1,y_1)+\boldsymbol{\sigma}(x_2,y_2)=\\&\boldsymbol{\sigma}(\boldsymbol{\alpha})+\boldsymbol{\sigma}(\boldsymbol{\beta})\end{aligned}$$

$$\begin{aligned}\boldsymbol{\sigma}(k\boldsymbol{\alpha})=\boldsymbol{\sigma}(k(x_1,y_1))=\boldsymbol{\sigma}((kx_1,ky_1))=\\(kx_1\cos\theta-ky_1\sin\theta,kx_1\sin\theta+ky_1\cos\theta)=\\k(x_1\cos\theta-y_1\sin\theta,x_1\sin\theta+y_1\cos\theta)=\\k\boldsymbol{\sigma}(x_1,y_1)=k\boldsymbol{\sigma}(\boldsymbol{\alpha})\end{aligned}$$

所以,$\boldsymbol{\sigma}$ 是 $\mathbf{R}^2$ 上保持加法与数乘运算的变换。

下面给出线性变换的正式定义。

定义 8.1.1 设 V 是数域 $\boldsymbol{P}$ 上的线性空间,$\boldsymbol{\sigma}$ 是 V 到 V 自身的一个映射,即对任意 $\boldsymbol{\alpha}\in V$,在 $\boldsymbol{\sigma}$ 之下都有 V 中唯一的一个元素 $\boldsymbol{\sigma}(\boldsymbol{\alpha})\in V$ 与之对应,则称 $\boldsymbol{\sigma}$ 为 V 上的一个**变换**。若变换 $\boldsymbol{\sigma}$ 还满足

① $\boldsymbol{\sigma}(\boldsymbol{\alpha}+\boldsymbol{\beta})=\boldsymbol{\sigma}(\boldsymbol{\alpha})+\boldsymbol{\sigma}(\boldsymbol{\beta})$;

② $\boldsymbol{\sigma}(k\boldsymbol{\alpha})=k\boldsymbol{\sigma}(\boldsymbol{\alpha}),\ \forall\,\boldsymbol{\alpha},\boldsymbol{\beta}\in V,k\in P$,

则称 $\boldsymbol{\sigma}$ 为 V 上的一个**线性变换**。

通常用希腊字母 $\boldsymbol{\sigma},\boldsymbol{\tau},\boldsymbol{\rho}\cdots$ 表示线性变换。

例 8.1.3 设 V 是区间$[a,b]$上定义的次数小于 n 的全体实多项式所组成的线性空间,令

$$\boldsymbol{\sigma}:\ f(x)\to f'(x),\qquad \forall\, f(x)\in V$$

由于 $f'(x)$仍是多项式且次数比 $f(x)$小,故 $f'(x)\in V$,从而 $\boldsymbol{\sigma}$ 是 V 上的变换。又由导数性质可知

$$\boldsymbol{\sigma}(f(x)+g(x))=(f(x)+g(x))'=f'(x)+g'(x)=\boldsymbol{\sigma}(f(x))+\boldsymbol{\sigma}(g(x))$$

$$\boldsymbol{\sigma}(kf(x))=(kf(x))'=kf'(x)=k\boldsymbol{\sigma}(f(x))$$

故 $\boldsymbol{\sigma}$ 是 V 上的线性变换。

例 8.1.4 设 V 是 $\mathbf{R}$ 上的 n 维向量空间 $\mathbf{R}^n$,$\boldsymbol{A}$ 是任意一个 n 阶实矩阵,令

$$\boldsymbol{\sigma}:\ \boldsymbol{\alpha}\to\boldsymbol{A}\boldsymbol{\alpha},\qquad \forall\,\boldsymbol{\alpha}\in\mathbf{R}^n$$

此处 $\boldsymbol{A}\boldsymbol{\alpha}$ 是把 $\boldsymbol{\alpha}$ 看作列向量矩阵,$\boldsymbol{A}$ 与 $\boldsymbol{\alpha}$ 作矩阵乘法所得列向量。易见 $\boldsymbol{A}\boldsymbol{\alpha}\in\mathbf{R}^n$,从而 $\boldsymbol{\sigma}$ 是 V 上的一个变换,且满足

$$\boldsymbol{\sigma}(\boldsymbol{\alpha}+\boldsymbol{\beta})=\boldsymbol{A}(\boldsymbol{\alpha}+\boldsymbol{\beta})=\boldsymbol{A}\boldsymbol{\alpha}+\boldsymbol{A}\boldsymbol{\beta}=\boldsymbol{\sigma}(\boldsymbol{\alpha})+\boldsymbol{\sigma}(\boldsymbol{\beta})$$

$$\boldsymbol{\sigma}(k\boldsymbol{\alpha})=\boldsymbol{A}(k\boldsymbol{\alpha})=k(\boldsymbol{A}\boldsymbol{\alpha})=k\boldsymbol{\sigma}(\boldsymbol{\alpha})$$

所以 $\boldsymbol{\sigma}$ 是一个线性变换。

上例说明,任一个 n 阶矩阵都可以定义一个 $\mathbf{R}^n$ 上的线性变换。后面将会看到,任意一个 $\mathbf{R}^n$ 上的线性变换也一定可以用一个 n 阶矩阵来定义。这就是线性变换和矩阵的深刻联系所在。

并非任何变换都是线性变换,下面的例子说明了这一点。

例 8.1.5 设 V 是实二维向量空间 $\mathbf{R}^n$,令

$$\boldsymbol{\sigma}:\ \boldsymbol{\alpha}=(x,y)\to(x^2,y^3)$$

显见这是 $\mathbf{R}^2$ 上的一个变换(自身到自身的映射)。

现设 $\boldsymbol{\alpha}=(x_1,y_1),\boldsymbol{\beta}=(x_2,y_2)$,则

$$\boldsymbol{\sigma}(\boldsymbol{\alpha}+\boldsymbol{\beta})=\boldsymbol{\sigma}((x_1+x_2,y_1+y_2))=((x_1+x_2)^2,(y_1+y_2)^3)=$$
$$(x_1^2+x_2^2+2x_1x_2,y_1^3+3y_1^2y_2+3y_1y_2^2+y_2^3)$$
$$\boldsymbol{\sigma}(\boldsymbol{\alpha})+\boldsymbol{\sigma}(\boldsymbol{\beta})=(x_1^2,y_1^3)+(x_2^2,y_2^3)=(x_1^2+x_2^2,y_1^3+y_2^3)$$

所以 $\boldsymbol{\sigma}(\boldsymbol{\alpha}+\boldsymbol{\beta})\neq\boldsymbol{\sigma}(\boldsymbol{\alpha})+\boldsymbol{\sigma}(\boldsymbol{\beta})$，即 $\boldsymbol{\sigma}$ 不是线性的变换。

在 V 上的线性变换中，有两个变换具有特别的地位，即把 V 中每个元素 $\boldsymbol{\alpha}$ 对应到零元素 $\mathbf{0}$ 的变换

$$\boldsymbol{\sigma}:\quad \boldsymbol{\alpha}\to\mathbf{0}$$

易验证它是一个线性变换，称为**零变换**，记为

$$0:\quad 0(\boldsymbol{\alpha})=\mathbf{0}$$

另一个是把 V 中每个元素 $\boldsymbol{\alpha}$ 映射到自身的变换

$$\boldsymbol{\sigma}:\quad \boldsymbol{\alpha}\to\boldsymbol{\alpha}$$

显见是一个线性变换，称为**单位变换**，记为

$$I:\quad I(\boldsymbol{\alpha})=\boldsymbol{\alpha}$$

下面讨论线性变换的一些基本性质。

定理 8.1.1　设 $\boldsymbol{\sigma}$ 是线性空间 V 上线性变换，则

① $\boldsymbol{\sigma}(\mathbf{0})=\mathbf{0}$；

② $\boldsymbol{\sigma}(-\boldsymbol{\alpha})=-\boldsymbol{\sigma}(\boldsymbol{\alpha})$；

③ $\boldsymbol{\sigma}(k_1\boldsymbol{\alpha}_1+k_2\boldsymbol{\alpha}_2+\cdots+k_r\boldsymbol{\alpha}_r)=k_1\boldsymbol{\sigma}(\boldsymbol{\alpha}_1)+k_2\boldsymbol{\sigma}(\boldsymbol{\alpha}_2)+\cdots+k_r\boldsymbol{\sigma}(\boldsymbol{\alpha}_r)$；

④ 若 $\boldsymbol{\alpha}_1,\boldsymbol{\alpha}_2,\cdots,\boldsymbol{\alpha}_m$ 线性相关，则 $\boldsymbol{\sigma}(\boldsymbol{\alpha}_1),\boldsymbol{\sigma}(\boldsymbol{\alpha}_2),\cdots,\boldsymbol{\sigma}(\boldsymbol{\alpha}_m)$ 也线性相关。

证　① $\boldsymbol{\sigma}(\mathbf{0})=\boldsymbol{\sigma}(0\boldsymbol{\alpha})=0\boldsymbol{\sigma}(\boldsymbol{\alpha})=\mathbf{0}$；

② $\boldsymbol{\sigma}(-\boldsymbol{\alpha})=\boldsymbol{\sigma}((-1)\boldsymbol{\alpha})=(-1)\boldsymbol{\sigma}(\boldsymbol{\alpha})=-\boldsymbol{\sigma}(\boldsymbol{\alpha})$；

③ $\boldsymbol{\sigma}(k_1\boldsymbol{\alpha}_1+\cdots+k_r\boldsymbol{\alpha}_r)=\boldsymbol{\sigma}(k_1\boldsymbol{\alpha}_1)+\cdots+\boldsymbol{\sigma}(k_r\boldsymbol{\alpha}_r)=k_1\boldsymbol{\sigma}(\boldsymbol{\alpha}_1)+\cdots+k_r\boldsymbol{\sigma}(\boldsymbol{\alpha}_r)$；

④ 若 $\boldsymbol{\alpha}_1,\cdots,\boldsymbol{\alpha}_m$ 线性相关，则有不全为 0 的数 $k_1,\cdots,k_m$ 使

$$k_1\boldsymbol{\alpha}_1+\cdots+k_m\boldsymbol{\alpha}_m=\mathbf{0}$$

由上面已证的①及③，有

$$\mathbf{0}=\boldsymbol{\sigma}(\mathbf{0})=\boldsymbol{\sigma}(k_1\boldsymbol{\alpha}_1+\cdots+k_m\boldsymbol{\alpha}_m)=$$
$$k_1\boldsymbol{\sigma}(\boldsymbol{\alpha}_1)+\cdots+k_m\boldsymbol{\sigma}(\boldsymbol{\alpha}_m)$$

此式即说明 $\boldsymbol{\sigma}(\boldsymbol{\alpha}_1),\cdots,\boldsymbol{\sigma}(\boldsymbol{\alpha}_m)$ 线性相关。证毕。

注意定理 8.1.1 中性质④ 的逆是不成立的，即线性变换可能把线性无关的元素组变为线性相关的，如零变换即是。

定理 8.1.2　设 V 是数域 P 上的线性空间，$\boldsymbol{\sigma}$ 是 V 上的变换，则 $\boldsymbol{\sigma}$ 为线性变换的充分必要条件是

$$\boldsymbol{\sigma}(k_1\boldsymbol{\alpha}+k_2\boldsymbol{\beta})=k_1\boldsymbol{\sigma}(\boldsymbol{\alpha})+k_2\boldsymbol{\sigma}(\boldsymbol{\beta})$$

对任何 $\boldsymbol{\alpha},\boldsymbol{\beta}\in V,k_1,k_2\in P$ 成立。

证　必要性。由线性变换的定义得

$$\boldsymbol{\sigma}(k_1\boldsymbol{\alpha}+k_2\boldsymbol{\beta})=\boldsymbol{\sigma}(k_1\boldsymbol{\alpha})+\boldsymbol{\sigma}(k_2\boldsymbol{\beta})=k_1\boldsymbol{\sigma}(\boldsymbol{\alpha})+k_2\boldsymbol{\sigma}(\boldsymbol{\beta})$$

充分性。分别取 $k_1=k_2=1$ 及 $k_2=0$ 得到

$$\boldsymbol{\sigma}(\boldsymbol{\alpha}+\boldsymbol{\beta})=\boldsymbol{\sigma}(1\boldsymbol{\alpha}+1\boldsymbol{\beta})=1\boldsymbol{\sigma}(\boldsymbol{\alpha})+1\boldsymbol{\sigma}(\boldsymbol{\beta})=\boldsymbol{\sigma}(\boldsymbol{\alpha})+\boldsymbol{\sigma}(\boldsymbol{\beta})$$

$$k_1\boldsymbol{\sigma}(\boldsymbol{\alpha})=\boldsymbol{\sigma}(k_1\boldsymbol{\alpha}+0\boldsymbol{\beta})=\boldsymbol{\sigma}(k_1\boldsymbol{\alpha})$$

证毕。

设 W 是线性空间 V 的子空间,$\boldsymbol{\sigma}$ 是 V 的线性变换,有下列定义。

定义 8.1.2 令 $\boldsymbol{\sigma}(W)=\{\boldsymbol{\sigma}(w)\,|\,w\in W\}$,称其为 W 在 $\boldsymbol{\sigma}$ 之下的**像**,$\boldsymbol{\sigma}^{-1}(W)=\{\boldsymbol{\alpha}\,|\,\boldsymbol{\alpha}\in V,\boldsymbol{\sigma}(\boldsymbol{\alpha})\in W\}$,称为 W 在 $\boldsymbol{\sigma}$ 之下的**原像**。

定理 8.1.3 设 W 是 V 的子空间,$\boldsymbol{\sigma}$ 是 V 的线性变换,则 $\boldsymbol{\sigma}(W)$,$\boldsymbol{\sigma}^{-1}(W)$都是 V 的子空间。

证 由于 $\mathbf{0}=\boldsymbol{\sigma}(\mathbf{0})$,故 $\mathbf{0}\in\boldsymbol{\sigma}(W)$,从而 $\boldsymbol{\sigma}(W)\neq\phi$。由定理 7.3.1 可知,只要证明 $\boldsymbol{\sigma}(W)$对加法和数乘运算封闭即可。

任取 $\boldsymbol{\alpha},\boldsymbol{\beta}\in\boldsymbol{\sigma}(W)$,则有 $\boldsymbol{\alpha}_0,\boldsymbol{\beta}_0\in W$ 使

$$\boldsymbol{\sigma}(\boldsymbol{\alpha}_0)=\boldsymbol{\alpha},\qquad \boldsymbol{\sigma}(\boldsymbol{\beta}_0)=\boldsymbol{\beta}$$

从而

$$\boldsymbol{\alpha}+\boldsymbol{\beta}=\boldsymbol{\sigma}(\boldsymbol{\alpha}_0)+\boldsymbol{\sigma}(\boldsymbol{\beta}_0)=\boldsymbol{\sigma}(\boldsymbol{\alpha}_0+\boldsymbol{\beta}_0)$$

而 W 是子空间,故 $\boldsymbol{\alpha}_0+\boldsymbol{\beta}_0\in W$,得到 $\boldsymbol{\alpha}+\boldsymbol{\beta}\in\boldsymbol{\sigma}(W)$;又 $k\boldsymbol{\alpha}=k\boldsymbol{\sigma}(\boldsymbol{\alpha}_0)=\boldsymbol{\sigma}(k\boldsymbol{\alpha}_0)$,而 $k\boldsymbol{\alpha}_0\in W$,所以 $k\boldsymbol{\alpha}\in\boldsymbol{\sigma}(W)$,这样就证明了 $\boldsymbol{\sigma}(W)$是 V 的子空间。

再证 $\boldsymbol{\sigma}^{-1}(W)$是子空间。由 $\mathbf{0}=\boldsymbol{\sigma}(\mathbf{0})\in W$,有 $\mathbf{0}\in\boldsymbol{\sigma}^{-1}(W)$,于是 $\boldsymbol{\sigma}^{-1}(W)\neq\phi$。

任取 $\boldsymbol{\alpha},\boldsymbol{\beta}\in\boldsymbol{\sigma}^{-1}(W)$,则 $\boldsymbol{\sigma}(\boldsymbol{\alpha}),\boldsymbol{\sigma}(\boldsymbol{\beta})\in W$,有 $\boldsymbol{\sigma}(\boldsymbol{\alpha})+\boldsymbol{\sigma}(\boldsymbol{\beta})=\boldsymbol{\sigma}(\boldsymbol{\alpha}+\boldsymbol{\beta})\in W$,即得 $\boldsymbol{\alpha}+\boldsymbol{\beta}\in\boldsymbol{\sigma}^{-1}(W)$。又 $k\boldsymbol{\sigma}(\boldsymbol{\alpha})=\boldsymbol{\sigma}(k\boldsymbol{\alpha})\in W$,得 $k\boldsymbol{\alpha}\in\boldsymbol{\sigma}^{-1}(W)$,所以 $\boldsymbol{\sigma}^{-1}(W)$也是 V 的子空间。证毕。

8.1.2 线性变换的运算

设 V 是一个线性空间。在 V 上有各种不同的线性变换,如例 8.1.4 说明任一个 n 阶矩阵就可给出一个 $\mathbf{R}^n$ 上的线性变换。在 V 上所有线性变换中可以定义一些运算关系,就像函数可以进行运算一样。

定义 8.1.3 设 $\boldsymbol{\sigma},\boldsymbol{\tau}$ 是线性空间 V 的两个线性变换,令

$$(\boldsymbol{\sigma}+\boldsymbol{\tau})(\boldsymbol{\alpha})=\boldsymbol{\sigma}(\boldsymbol{\alpha})+\boldsymbol{\tau}(\boldsymbol{\alpha})$$
$$(k\boldsymbol{\sigma})(\boldsymbol{\alpha})=k\boldsymbol{\sigma}(\boldsymbol{\alpha})$$
$$(\boldsymbol{\sigma}\boldsymbol{\tau})(\boldsymbol{\alpha})=\boldsymbol{\sigma}[\boldsymbol{\tau}(\boldsymbol{\alpha})]$$
$$\forall\boldsymbol{\alpha}\in V,\quad k\in P$$

它们分别称为 $\boldsymbol{\sigma}$ 与 $\boldsymbol{\tau}$ 的和,$\boldsymbol{\sigma}$ 与数 k 的数乘,$\boldsymbol{\sigma}$ 与 $\boldsymbol{\tau}$ 的乘积。

易见 $\boldsymbol{\sigma}+\boldsymbol{\tau},k\boldsymbol{\sigma},\boldsymbol{\sigma}\boldsymbol{\tau}$ 仍是 V 上的变换。下一定理证明了它们还是线性变换。

定理 8.1.4 设 $\boldsymbol{\sigma},\boldsymbol{\tau}$ 是线性空间 V 的两个线性变换,则 $\boldsymbol{\sigma}+\boldsymbol{\tau},k\boldsymbol{\sigma},\boldsymbol{\sigma}\boldsymbol{\tau}$ 都是 V 的线性变换。

证 由于

$$\begin{aligned}(\boldsymbol{\sigma}+\boldsymbol{\tau})(k_1\boldsymbol{\alpha}+k_2\boldsymbol{\beta})=&\boldsymbol{\sigma}(k_1\boldsymbol{\alpha}+k_2\boldsymbol{\beta})+\boldsymbol{\tau}(k_1\boldsymbol{\alpha}+k_2\boldsymbol{\beta})=\\&k_1\boldsymbol{\sigma}(\boldsymbol{\alpha})+k_2\boldsymbol{\sigma}(\boldsymbol{\beta})+k_1\boldsymbol{\tau}(\boldsymbol{\alpha})+k_2\boldsymbol{\tau}(\boldsymbol{\beta})=\\&k_1(\boldsymbol{\sigma}(\boldsymbol{\alpha})+\boldsymbol{\tau}(\boldsymbol{\alpha}))+k_2(\boldsymbol{\sigma}(\boldsymbol{\beta})+\boldsymbol{\tau}(\boldsymbol{\beta}))=\\&k_1(\boldsymbol{\sigma}+\boldsymbol{\tau})(\boldsymbol{\alpha})+k_2(\boldsymbol{\sigma}+\boldsymbol{\tau})(\boldsymbol{\beta})\end{aligned}$$

由定理 8.1.2 可知，$\boldsymbol{\sigma}+\boldsymbol{\tau}$ 是线性变换。

又由

$$\begin{aligned}(k\boldsymbol{\sigma})(k_1\boldsymbol{\alpha}+k_2\boldsymbol{\beta})=&k\boldsymbol{\sigma}(k_1\boldsymbol{\alpha}+k_2\boldsymbol{\beta})=\\&kk_1\boldsymbol{\sigma}(\boldsymbol{\alpha})+kk_2\boldsymbol{\sigma}(\boldsymbol{\beta})=\\&k_1[k\boldsymbol{\sigma}(\boldsymbol{\alpha})]+k_2[k\boldsymbol{\sigma}(\boldsymbol{\beta})]=\\&k_1(k\boldsymbol{\sigma})(\boldsymbol{\alpha})+k_2(k\boldsymbol{\sigma})(\boldsymbol{\beta})\end{aligned}$$

及

$$\begin{aligned}\boldsymbol{\sigma\tau}(k_1\boldsymbol{\alpha}+k_2\boldsymbol{\beta})=&\boldsymbol{\sigma}(\boldsymbol{\tau}(k_1\boldsymbol{\alpha}+k_2\boldsymbol{\beta})=\\&\boldsymbol{\sigma}[k_1\boldsymbol{\tau}(\boldsymbol{\alpha})+k_2\boldsymbol{\tau}(\boldsymbol{\beta})]=\\&k_1\boldsymbol{\sigma}[\boldsymbol{\tau}(\boldsymbol{\alpha})]+k_2\boldsymbol{\sigma}[\boldsymbol{\tau}(\boldsymbol{\beta})]=\\&k_1(\boldsymbol{\sigma\tau})(\boldsymbol{\alpha})+k_2(\boldsymbol{\sigma\tau})(\boldsymbol{\beta})\end{aligned}$$

由定理 8.1.2 可知，$k\boldsymbol{\sigma}$，$\boldsymbol{\sigma\tau}$ 也都是线性变换。证毕。

由定义易直接验证，线性变换的和满足交换律和结合律，即设 $\boldsymbol{\sigma},\boldsymbol{\tau},\boldsymbol{\rho}$ 均为线性空间 V 上的线性变换，则

$$\boldsymbol{\sigma}+\boldsymbol{\tau}=\boldsymbol{\tau}+\boldsymbol{\sigma}$$

$$(\boldsymbol{\sigma}+\boldsymbol{\tau})+\boldsymbol{\rho}=\boldsymbol{\sigma}+(\boldsymbol{\tau}+\boldsymbol{\rho})$$

零变换 0 在线性变换的加法运算中有特殊地位，即

$$\boldsymbol{\sigma}+0=0+\boldsymbol{\sigma}=\boldsymbol{\sigma}$$

对一切 V 上的线性变换 $\boldsymbol{\sigma}$ 成立。这就是说，零变换在线性变换加法中的地位相当于数 0 在数的加法中的地位。

可以引入线性变换 $\boldsymbol{\sigma}$ 的负变换：

$$(-\boldsymbol{\sigma})(\boldsymbol{\alpha})=-\boldsymbol{\sigma}(\boldsymbol{\alpha}),\qquad \forall\boldsymbol{\alpha}\in V$$

易验证

$$\boldsymbol{\sigma}+(-\boldsymbol{\sigma})=0$$

线性变换的数乘运算满足：

$$1\cdot\boldsymbol{\sigma}=\boldsymbol{\sigma}$$

$$k(l\boldsymbol{\sigma})=(kl)\boldsymbol{\sigma}$$

此外，还有数乘对加法的分配律：

$$k(\boldsymbol{\sigma}+\boldsymbol{\tau})=k\boldsymbol{\sigma}+k\boldsymbol{\tau}$$

$$(k+l)\boldsymbol{\sigma}=k\boldsymbol{\sigma}+l\boldsymbol{\sigma}$$

这几个算律均可由定义直接验证，请读者自己完成。

以上算律说明，V 上的线性变换全体在加法和数乘运算之下也满足线性空间定

义中的8条算律,从而也构成一个线性空间。

线性变换的乘积满足结合律及对加法的分配律:

$$\boldsymbol{\sigma}(\boldsymbol{\tau}\boldsymbol{\rho})=(\boldsymbol{\sigma}\boldsymbol{\tau})\boldsymbol{\rho}$$

$$(\boldsymbol{\sigma}+\boldsymbol{\tau})\boldsymbol{\rho}=\boldsymbol{\sigma}\boldsymbol{\rho}+\boldsymbol{\tau}\boldsymbol{\rho}$$

$$\boldsymbol{\sigma}(\boldsymbol{\tau}+\boldsymbol{\rho})=\boldsymbol{\sigma}\boldsymbol{\tau}+\boldsymbol{\sigma}\boldsymbol{\rho}$$

应当注意,如同矩阵乘法不满足变换律一样,线性变换的乘法不满足交换律,即一般地

$$\boldsymbol{\sigma}\boldsymbol{\tau}\neq\boldsymbol{\tau}\boldsymbol{\sigma}$$

例 8.1.6 设 $V=\mathbf{R}^2$ 是实二维平面空间。令 $\boldsymbol{\sigma}$ 是把 V 的每个向量逆时针旋转 $\frac{\pi}{2}$ 的变换,$\boldsymbol{\tau}$ 是把 V 的每个向量向 x 轴作反射的变换,即

$$\boldsymbol{\sigma}((a,b))=((-b,a))$$

$$\boldsymbol{\tau}((a,b))=((a,-b))$$

容易直接按定义验证,$\boldsymbol{\sigma}$,$\boldsymbol{\tau}$ 都是 V 的线性变换。乘积 $\boldsymbol{\sigma}\boldsymbol{\tau}$ 表示先作 $\boldsymbol{\tau}$ 变换,再接着作 $\boldsymbol{\sigma}$ 变换:

$$(\boldsymbol{\sigma}\boldsymbol{\tau})((a,b))=\boldsymbol{\sigma}(\boldsymbol{\tau}((a,b)))=\boldsymbol{\sigma}((a,-b))=(b,a)$$

而 $\boldsymbol{\tau}\boldsymbol{\sigma}$ 表示先作 $\boldsymbol{\sigma}$ 变换,再作 $\boldsymbol{\tau}$ 变换:

$$(\boldsymbol{\sigma}\boldsymbol{\tau})((a,b))=\boldsymbol{\tau}(\boldsymbol{\sigma}((a,b)))=\boldsymbol{\tau}((-b,a))=(-b,-a)$$

可见一般地,$(\boldsymbol{\sigma}\boldsymbol{\tau})((a,b))\neq(\boldsymbol{\sigma}\boldsymbol{\tau})((a,b))$。

在线性变换的乘法中,单位变换 I 有着特殊的地位,即

$$\boldsymbol{\sigma}I=I\boldsymbol{\sigma}=\boldsymbol{\sigma}$$

对任何 V 上的线性变换 $\boldsymbol{\sigma}$ 成立。这说明 I 在线性变换乘法运算中所起的作用相当于数1在数的乘法中的作用。由此还可引出逆变换的概念。

定义 8.1.4 设 $\boldsymbol{\sigma}$ 是线性空间 V 的线性变换,若存在 V 中的线性变换 $\boldsymbol{\tau}$ 使

$$\boldsymbol{\sigma}\boldsymbol{\tau}=\boldsymbol{\tau}\boldsymbol{\sigma}=I$$

则称 $\boldsymbol{\sigma}$ 为**可逆线性变换**,$\boldsymbol{\tau}$ 称为 $\boldsymbol{\sigma}$ 的**逆变换**,记为 $\boldsymbol{\sigma}^{-1}$。

定理 8.1.5 设 $\boldsymbol{\sigma}$ 是线性空间 V 中的线性变换,$\boldsymbol{\tau}$ 是 V 的使

$$\boldsymbol{\sigma}\boldsymbol{\tau}=\boldsymbol{\tau}\boldsymbol{\sigma}=I$$

的变换,则 $\boldsymbol{\tau}=\boldsymbol{\sigma}^{-1}$ 必是线性变换,且 $\boldsymbol{\sigma}$ 的逆变换 $\boldsymbol{\tau}$ 是唯一的。

证

$$\begin{aligned}\boldsymbol{\tau}(k_1\boldsymbol{\alpha}+k_2\boldsymbol{\beta})=&(\boldsymbol{\tau}\cdot I)(k_1\boldsymbol{\alpha}+k_2\boldsymbol{\beta})=\\&\boldsymbol{\tau}[k_1I(\boldsymbol{\alpha})+k_2I(\boldsymbol{\beta})]=\\&\boldsymbol{\tau}[k_1(\boldsymbol{\sigma}\boldsymbol{\tau})(\boldsymbol{\alpha})+k_2(\boldsymbol{\sigma}\boldsymbol{\tau})(\boldsymbol{\beta})]=\\&(\boldsymbol{\tau}\boldsymbol{\sigma})[k_1\boldsymbol{\tau}(\boldsymbol{\alpha})+k_2\boldsymbol{\tau}(\boldsymbol{\beta})]=\\&k_1\boldsymbol{\tau}(\boldsymbol{\alpha})+k_2\boldsymbol{\tau}(\boldsymbol{\beta})\end{aligned}$$

由定理8.1.2可知,$\boldsymbol{\tau}$ 是线性变换。

若 $\boldsymbol{\tau}_1$ 也是 $\boldsymbol{\sigma}$ 的逆变换,则

$$\boldsymbol{\tau}_1=\boldsymbol{\tau}_1 I=\boldsymbol{\tau}_1(\boldsymbol{\sigma\tau})=(\boldsymbol{\tau}_1\boldsymbol{\sigma})\boldsymbol{\tau}=I\boldsymbol{\tau}=\boldsymbol{\tau}$$

故 $\boldsymbol{\sigma}$ 的逆变换 $\boldsymbol{\tau}$ 是唯一的。证毕。

最后，根据线性变换的乘积，可以定义线性变换的幂

$$\boldsymbol{\sigma}^n=\underbrace{\boldsymbol{\sigma}\cdot\boldsymbol{\sigma}\cdot\cdots\cdot\boldsymbol{\sigma}}_{n个}$$

并规定

$$\boldsymbol{\sigma}^0=I$$

当 $\boldsymbol{\sigma}$ 可逆时，规定

$$\boldsymbol{\sigma}^{-n}=(\boldsymbol{\sigma}^{-1})^n$$

显然，线性变换的幂满足算律

$$\boldsymbol{\sigma}^m\boldsymbol{\sigma}^n=\boldsymbol{\sigma}^{m+n}$$

由于线性变换的乘法不满足交换律，故一般地

$$(\boldsymbol{\sigma\tau})^m\neq\boldsymbol{\sigma}^m\boldsymbol{\tau}^m$$

线性变换的加法、数乘、乘法三种运算及其算律与矩阵的三种运算和算律看来是完全类似的。事实上，将在 8.2 节看到，线性变换与矩阵有着深刻的内部联系，它们是同一事物的两个不同的表现侧面。

习题 8.1

1. 判别下面所定义的变换，哪些是线性变换，哪些不是：

(1) 在线性空间 V 中，$\boldsymbol{\sigma}(\xi)=\xi+\alpha$，$\alpha\in V$ 是常量；

(2) 在线性空间 V 中，$\boldsymbol{\sigma}(\xi)=\alpha$，$\alpha\in V$ 是常量；

(3) 在 $\mathbf{R}^3$ 中，$\boldsymbol{\sigma}(x_1,x_2,x_3)=(x_1^2,x_2+x_3,x_3^2)$；

(4) 在 $\mathbf{R}^3$ 中，$\boldsymbol{\sigma}(x_1,x_2,x_3)=(2x_1-x_2,x_2+x_3,x_1)$；

(5) 在 $\mathbf{R}[x]_n$ 中，$\boldsymbol{\sigma}(f(x))=f(x+1)$；

(6) 在 $\mathbf{R}[x]_n$ 中，$\boldsymbol{\sigma}(f(x))=f(x_0)$，其中 $x_0\in\mathbf{R}$ 是常数；

(7) 将复数域看作是复数域上向量空间，$\boldsymbol{\sigma}(\boldsymbol{\xi})=\overline{\boldsymbol{\xi}}$；

注：$\mathbf{R}[x]_n$ 表示次数不超过 n 的所有实系数多项式集合。

2. 判断以下命题是否正确：

(1) 若 $\boldsymbol{\sigma}(\boldsymbol{\alpha}+\boldsymbol{\beta})=\boldsymbol{\sigma}(\boldsymbol{\alpha})+\boldsymbol{\sigma}(\boldsymbol{\beta})$，则 $\boldsymbol{\sigma}$ 是线性变换；

(2) 若 $\boldsymbol{\sigma}$ 为线性变换，则 $\boldsymbol{\sigma}$ 变线性无关组为线性无关组；

(3) 若 $\boldsymbol{\sigma}$ 为线性变换，则 $\boldsymbol{\sigma}$ 变线性相关组为线性相关组。

3. 设 V 是 $\mathbf{R}$ 上一维向量空间。证明：$\boldsymbol{\sigma}$ 是 V 的线性变换的充分必要条件是 $\boldsymbol{\sigma}(\boldsymbol{\xi})=a\boldsymbol{\xi}$，这里 $\boldsymbol{\xi}$ 是 V 的任一向量，而 a 是 $\mathbf{R}$ 中的固定数。

4. 设 $\boldsymbol{A}$ 是 $M_n(\mathbf{R})$ 中给定方阵，规定

$$\boldsymbol{\sigma}(\boldsymbol{X})=\boldsymbol{A}\boldsymbol{X}-\boldsymbol{X}\boldsymbol{A},\quad \forall \boldsymbol{X}\in M_n(\mathbf{R})$$

证明：$\boldsymbol{\sigma}$ 是 $M_n(\mathbf{R})$ 的线性变换，并且对任意 $\boldsymbol{Y}\in M_n(\mathbf{R})$，$\boldsymbol{\sigma}(\boldsymbol{X}\boldsymbol{Y})=\boldsymbol{\sigma}(\boldsymbol{X})\boldsymbol{Y}+\boldsymbol{X}\boldsymbol{\sigma}(\boldsymbol{Y})$。

5. 试证：$\boldsymbol{\sigma}_1(x_1,x_2)=(x_2,-x_1)$，$\boldsymbol{\sigma}_2(x_1,x_2)=(x_1,-x_2)$ 是 $\mathbf{R}^2$ 的两个线性变换，并求 $\boldsymbol{\sigma}_1+\boldsymbol{\sigma}_2$，$\boldsymbol{\sigma}_1\boldsymbol{\sigma}_2$ 及 $\boldsymbol{\sigma}_2\boldsymbol{\sigma}_1$。

6. 证明：以下 $\boldsymbol{\sigma}$，$\boldsymbol{\tau}$ 是 $M_2(\mathbf{R})$ 的线性变换，并求 $\boldsymbol{\sigma}+\boldsymbol{\tau}$ 及 $\boldsymbol{\sigma}\boldsymbol{\tau}$，$\boldsymbol{\tau}\boldsymbol{\sigma}$。

$$\boldsymbol{\sigma}\left(\begin{pmatrix} a & b \\ c & d \end{pmatrix}\right)=\begin{pmatrix} a & b \\ c & d \end{pmatrix}\begin{pmatrix} 1 & 1 \\ 1 & -1 \end{pmatrix}$$

$$\boldsymbol{\tau}\left(\begin{pmatrix} a & b \\ c & d \end{pmatrix}\right)=\begin{pmatrix} \lambda a & 0 \\ 0 & \mu d \end{pmatrix},\qquad \forall \begin{pmatrix} a & b \\ c & d \end{pmatrix}\in M_2(\mathbf{R})$$

7. 证明：以下 $\boldsymbol{\sigma}$，$\boldsymbol{\tau}$ 是 $Mn(\mathbf{R})$ 上的线性变换，并求 $\boldsymbol{\sigma}+\boldsymbol{\tau}$ 及 $\boldsymbol{\sigma}\boldsymbol{\tau}$。

$$\boldsymbol{\sigma}(\mathbf{A})=\mathbf{A}^{\mathrm{T}},\quad \boldsymbol{\tau}(\mathbf{A})=\mathbf{A}+\mathbf{A}^{\mathrm{T}},\qquad \forall \mathbf{A}\in M_n(\mathbf{R})$$

8.2 线性变换的矩阵表示

设 V 是数域 P 上 n 维线性空间，$\boldsymbol{\varepsilon}_1,\boldsymbol{\varepsilon}_2,\cdots,\boldsymbol{\varepsilon}_n$ 是 V 的一组基，$\boldsymbol{\sigma}$ 是 V 中一个线性变换，则 $\boldsymbol{\sigma}$ 由它在基 $\boldsymbol{\varepsilon}_1,\boldsymbol{\varepsilon}_2,\cdots,\boldsymbol{\varepsilon}_n$ 上的作用完全确定。换言之，如果 $\boldsymbol{\sigma}$ 把基 $\boldsymbol{\varepsilon}_1,\boldsymbol{\varepsilon}_2,\cdots,\boldsymbol{\varepsilon}_n$ 变换到 $\boldsymbol{\sigma}(\boldsymbol{\varepsilon}_1),\boldsymbol{\sigma}(\boldsymbol{\varepsilon}_2),\cdots,\boldsymbol{\sigma}(\boldsymbol{\varepsilon}_n)$，则 V 中任一元素

$$\boldsymbol{\alpha}=k_1\boldsymbol{\varepsilon}_1+k_2\boldsymbol{\varepsilon}_2+\cdots+k_n\boldsymbol{\varepsilon}_n$$

在 $\boldsymbol{\sigma}$ 变换下的像

$$\boldsymbol{\sigma}(\boldsymbol{\alpha})=k_1\boldsymbol{\sigma}(\boldsymbol{\varepsilon}_1)+k_2\boldsymbol{\sigma}(\boldsymbol{\varepsilon}_2)+\cdots+k_n\boldsymbol{\sigma}(\boldsymbol{\varepsilon}_n)$$

也就完全确定了。

定理 8.2.1 设 V 是数域 P 上 n 维线性空间，$\boldsymbol{\varepsilon}_1,\boldsymbol{\varepsilon}_2,\cdots,\boldsymbol{\varepsilon}_n$ 是 V 的一组基，则以下结论成立。

① 如果线性变换 $\boldsymbol{\sigma}$ 和 $\boldsymbol{\tau}$ 在这组基上的作用相同，即

$$\boldsymbol{\sigma}(\boldsymbol{\varepsilon}_i)=\boldsymbol{\tau}(\boldsymbol{\varepsilon}_i)\qquad (i=1,2,\cdots,n)$$

那么

$$\boldsymbol{\sigma}=\boldsymbol{\tau}$$

② 对 V 中任意 n 个元素 $\boldsymbol{\alpha}_1,\boldsymbol{\alpha}_2,\cdots,\boldsymbol{\alpha}_n$，必有线性变换 $\boldsymbol{\sigma}$ 使

$$\boldsymbol{\sigma}(\boldsymbol{\varepsilon}_i)=\boldsymbol{\alpha}_i\qquad (i=1,2,\cdots,n)$$

证 ① 要证明 $\boldsymbol{\sigma}$ 等于 $\boldsymbol{\tau}$，就是要证明 $\boldsymbol{\sigma}$ 与 $\boldsymbol{\tau}$ 对 V 中每个元素的作用相同。任取 $\boldsymbol{\alpha}\in V$，有

$$\boldsymbol{\alpha}=k_1\boldsymbol{\varepsilon}_1+k_2\boldsymbol{\varepsilon}_2+\cdots+k_n\boldsymbol{\varepsilon}_n$$

从而

$$\begin{aligned}\boldsymbol{\sigma}(\boldsymbol{\alpha})&=k_1\boldsymbol{\sigma}(\boldsymbol{\varepsilon}_1)+k_2\boldsymbol{\sigma}(\boldsymbol{\varepsilon}_2)+\cdots+k_n\boldsymbol{\sigma}(\boldsymbol{\varepsilon}_n)=\\&k_1\boldsymbol{\tau}(\boldsymbol{\varepsilon}_1)+k_2\boldsymbol{\tau}(\boldsymbol{\varepsilon}_2)+\cdots+k_n\boldsymbol{\tau}(\boldsymbol{\varepsilon}_n)=\\&\boldsymbol{\tau}(\boldsymbol{\alpha})\end{aligned}$$

故 $\boldsymbol{\sigma}=\boldsymbol{\tau}$。

② 对任意 $\boldsymbol{\alpha}\in V$，$\boldsymbol{\alpha}$ 在基 $\boldsymbol{\varepsilon}_1,\boldsymbol{\varepsilon}_2,\cdots,\boldsymbol{\varepsilon}_n$ 下可表示为

$$\boldsymbol{\alpha}=k_1\boldsymbol{\varepsilon}_1+k_2\boldsymbol{\varepsilon}_2+\cdots+k_n\boldsymbol{\varepsilon}_n$$

作变换

$$\boldsymbol{\sigma}(\boldsymbol{\alpha})=k_1\boldsymbol{\alpha}_1+k_2\boldsymbol{\alpha}_2+\cdots+k_n\boldsymbol{\alpha}_n$$

则

$$\boldsymbol{\sigma}(\boldsymbol{\varepsilon}_i)=0\boldsymbol{\alpha}_1+\cdots+1\boldsymbol{\alpha}_i+\cdots+0\boldsymbol{\alpha}_n=\boldsymbol{\alpha}_i$$

且 $\boldsymbol{\sigma}$ 必是线性变换。事实上，设

$$\boldsymbol{\alpha}=k_1\boldsymbol{\varepsilon}_1+\cdots+k_n\boldsymbol{\varepsilon}_n$$
$$\boldsymbol{\beta}=l_1\boldsymbol{\varepsilon}_1+\cdots+l_n\boldsymbol{\varepsilon}_n$$

则

$$\begin{aligned}\boldsymbol{\sigma}(h_1\boldsymbol{\alpha}+h_2\boldsymbol{\beta})=&\boldsymbol{\sigma}(h_1k_1\boldsymbol{\varepsilon}_1+\cdots+h_1k_n\boldsymbol{\varepsilon}_n+h_2l_1\boldsymbol{\varepsilon}_1+\cdots+h_2l_n\boldsymbol{\varepsilon}_n)=\\&(h_1k_1+h_2l_1)\boldsymbol{\alpha}_1+(h_1k_2+h_2l_2)\boldsymbol{\alpha}_2+\cdots+(h_1k_n+h_2l_n)\boldsymbol{\alpha}_n=\\&h_1(k_1\boldsymbol{\alpha}_1+\cdots+k_n\boldsymbol{\alpha}_n)+h_2(l_1\boldsymbol{\alpha}_1+\cdots+l_n\boldsymbol{\alpha}_n)=\\&h_1\boldsymbol{\sigma}(\boldsymbol{\alpha})+h_2\boldsymbol{\sigma}(\boldsymbol{\beta})\end{aligned}$$

由定理 8.1.2 可知，$\boldsymbol{\sigma}$ 是线性变换。证毕。

在线性空间 V 上，线性变换 $\boldsymbol{\sigma}$ 在 V 的基 $\boldsymbol{\varepsilon}_1,\boldsymbol{\varepsilon}_2,\cdots,\boldsymbol{\varepsilon}_n$ 上的像 $\boldsymbol{\sigma}(\boldsymbol{\varepsilon}_1),\boldsymbol{\sigma}(\boldsymbol{\varepsilon}_2),\cdots,\boldsymbol{\sigma}(\boldsymbol{\varepsilon}_n)$ 完全决定了 $\boldsymbol{\sigma}$。而 $\boldsymbol{\sigma}(\boldsymbol{\varepsilon}_1),\boldsymbol{\sigma}(\boldsymbol{\varepsilon}_2),\cdots,\boldsymbol{\sigma}(\boldsymbol{\varepsilon}_n)$ 是 V 中元素，它们也必可由基 $\boldsymbol{\varepsilon}_1,\boldsymbol{\varepsilon}_2,\cdots,\boldsymbol{\varepsilon}_n$ 线性表出：

$$\left.\begin{aligned}\boldsymbol{\sigma}(\boldsymbol{\varepsilon}_1)&=a_{11}\boldsymbol{\varepsilon}_1+a_{12}\boldsymbol{\varepsilon}_2+\cdots+a_{1n}\boldsymbol{\varepsilon}_n\\\boldsymbol{\sigma}(\boldsymbol{\varepsilon}_2)&=a_{21}\boldsymbol{\varepsilon}_1+a_{22}\boldsymbol{\varepsilon}_2+\cdots+a_{2n}\boldsymbol{\varepsilon}_n\\&\vdots\\\boldsymbol{\sigma}(\boldsymbol{\varepsilon}_n)&=a_{n1}\boldsymbol{\varepsilon}_1+a_{n2}\boldsymbol{\varepsilon}_2+\cdots+a_{nn}\boldsymbol{\varepsilon}_n\end{aligned}\right\}\tag{8.2.1}$$

把式(8.2.1)改写成矩阵形式，即

$$\begin{aligned}&\boldsymbol{\sigma}(\boldsymbol{\varepsilon}_1,\boldsymbol{\varepsilon}_2,\cdots,\boldsymbol{\varepsilon}_n)=(\boldsymbol{\sigma}(\boldsymbol{\varepsilon}_1),\boldsymbol{\sigma}(\boldsymbol{\varepsilon}_2),\cdots,\boldsymbol{\sigma}(\boldsymbol{\varepsilon}_n))=\\&(\boldsymbol{\varepsilon}_1,\boldsymbol{\varepsilon}_2,\cdots,\boldsymbol{\varepsilon}_n)\begin{pmatrix}a_{11}&a_{21}&\cdots&a_{n1}\\a_{12}&a_{22}&\cdots&a_{n2}\\\vdots&\vdots&&\vdots\\a_{1n}&a_{2n}&\cdots&a_{nn}\end{pmatrix}\end{aligned}\tag{8.2.2}$$

定义 8.2.1　在取定 n 维线性空间 V 的一组基 $\boldsymbol{\varepsilon}_1,\boldsymbol{\varepsilon}_2,\cdots,\boldsymbol{\varepsilon}_n$ 后，线性变换 $\boldsymbol{\sigma}$ 把 $\boldsymbol{\varepsilon}_1,\boldsymbol{\varepsilon}_2,\cdots,\boldsymbol{\varepsilon}_n$ 变为 $\boldsymbol{\sigma}(\boldsymbol{\varepsilon}_1,\boldsymbol{\varepsilon}_2,\cdots,\boldsymbol{\varepsilon}_n)$。在式(8.2.2)中，$\boldsymbol{\sigma}(\boldsymbol{\varepsilon}_1,\boldsymbol{\varepsilon}_2,\cdots,\boldsymbol{\varepsilon}_n)$ 由 $\boldsymbol{\varepsilon}_1,\boldsymbol{\varepsilon}_2,\cdots,\boldsymbol{\varepsilon}_n$ 表示的表出矩阵 $\boldsymbol{A}=(a_{ij})_{n\times n}^{\mathrm{T}}$ 称为 **$\boldsymbol{\sigma}$ 在基 $\boldsymbol{\varepsilon}_1,\boldsymbol{\varepsilon}_2,\cdots,\boldsymbol{\varepsilon}_n$ 下的矩阵**。

有了以上概念，就可以更清楚地看到定理 8.2.1 的意义。取定 V 的一组基 $\boldsymbol{\varepsilon}_1,\boldsymbol{\varepsilon}_2$ $\cdots,\boldsymbol{\varepsilon}_n$ 后，任一个 V 上的线性变换 $\boldsymbol{\sigma}$ 必有一个在这组基下的矩阵 $\boldsymbol{A}$ 与之对应。定理 8.2.1 的①说明，$\boldsymbol{\sigma}$ 完全被这个矩阵 $\boldsymbol{A}$ 所决定。换言之，只要 $\boldsymbol{\sigma}$ 在这组基下的矩阵 $\boldsymbol{A}$ 给定了，$\boldsymbol{\sigma}$ 也就给定了。定理 8.2.1 的②说明，任何一个 n 阶矩阵 $\boldsymbol{A}$ 也必对应唯一的一个线性变换 $\boldsymbol{\sigma}$。这样，就在 V 上的所有线性变换与所有 $n\times n$ 矩阵之间建立了一一

对应关系。而且,这个对应还是保持加法、数乘和乘积三种运算的。

定理8.2.2 设$\boldsymbol{\varepsilon}_1,\boldsymbol{\varepsilon}_2,\cdots,\boldsymbol{\varepsilon}_n$是$n$维线性空间$V$的一组基,在这组基下,$V$上的每个线性变换按式(8.2.2)对应一个$n$阶矩阵,且满足以下性质:

① 线性变换的和对应矩阵的和;

② 线性变换的乘积对应矩阵的乘积;

③ 线性变换的数乘对应矩阵的数乘;

④ 可逆线性变换对应可逆矩阵,且逆变换对应逆矩阵。

证 设线性变换$\boldsymbol{\sigma},\boldsymbol{\tau}$在基$\boldsymbol{\varepsilon}_1,\boldsymbol{\varepsilon}_2,\cdots,\boldsymbol{\varepsilon}_n$下的矩阵分别为$\boldsymbol{A},\boldsymbol{B}$,即

$$\boldsymbol{\sigma}(\boldsymbol{\varepsilon}_1,\boldsymbol{\varepsilon}_2,\cdots,\boldsymbol{\varepsilon}_n)=(\boldsymbol{\varepsilon}_1,\boldsymbol{\varepsilon}_2,\cdots,\boldsymbol{\varepsilon}_n)\boldsymbol{A}$$
$$\boldsymbol{\tau}(\boldsymbol{\varepsilon}_1,\boldsymbol{\varepsilon}_2,\cdots,\boldsymbol{\varepsilon}_n)=(\boldsymbol{\varepsilon}_1,\boldsymbol{\varepsilon}_2,\cdots,\boldsymbol{\varepsilon}_n)\boldsymbol{B}$$

① $$\begin{aligned}(\boldsymbol{\sigma}+\boldsymbol{\tau})(\boldsymbol{\varepsilon}_1,\boldsymbol{\varepsilon}_2,\cdots,\boldsymbol{\varepsilon}_n)=&((\boldsymbol{\sigma}+\boldsymbol{\tau})\boldsymbol{\varepsilon}_1,(\boldsymbol{\sigma}+\boldsymbol{\tau})\boldsymbol{\varepsilon}_2,\cdots,(\boldsymbol{\sigma}+\boldsymbol{\tau})\boldsymbol{\varepsilon}_n))=\\&(\boldsymbol{\sigma}(\boldsymbol{\varepsilon}_1)+\boldsymbol{\tau}(\boldsymbol{\varepsilon}_1),\boldsymbol{\sigma}(\boldsymbol{\varepsilon}_2)+\boldsymbol{\tau}(\boldsymbol{\varepsilon}_2),\cdots,\boldsymbol{\sigma}(\boldsymbol{\varepsilon}_n)+\boldsymbol{\tau}(\boldsymbol{\varepsilon}_n))=\\&\boldsymbol{\sigma}(\boldsymbol{\varepsilon}_1,\boldsymbol{\varepsilon}_2,\cdots,\boldsymbol{\varepsilon}_n)+\boldsymbol{\tau}(\boldsymbol{\varepsilon}_1,\boldsymbol{\varepsilon}_2,\cdots,\boldsymbol{\varepsilon}_n)=\\&(\boldsymbol{\varepsilon}_1,\boldsymbol{\varepsilon}_2,\cdots,\boldsymbol{\varepsilon}_n)\boldsymbol{A}+(\boldsymbol{\varepsilon}_1,\boldsymbol{\varepsilon}_2,\cdots,\boldsymbol{\varepsilon}_n)\boldsymbol{B}=\\&(\boldsymbol{\varepsilon}_1,\boldsymbol{\varepsilon}_2,\cdots,\boldsymbol{\varepsilon}_n)(\boldsymbol{A}+\boldsymbol{B})\end{aligned}$$

故$\boldsymbol{\sigma}+\boldsymbol{\tau}$在$\boldsymbol{\varepsilon}_1,\boldsymbol{\varepsilon}_2,\cdots,\boldsymbol{\varepsilon}_n$下的矩阵是$\boldsymbol{A}+\boldsymbol{B}$;

② $$\begin{aligned}(\boldsymbol{\sigma\tau})(\boldsymbol{\varepsilon}_1,\boldsymbol{\varepsilon}_2,\cdots,\boldsymbol{\varepsilon}_n)=&\boldsymbol{\sigma}[\boldsymbol{\tau}(\boldsymbol{\varepsilon}_1,\boldsymbol{\varepsilon}_2,\cdots,\boldsymbol{\varepsilon}_n)]=\\&\boldsymbol{\sigma}((\boldsymbol{\varepsilon}_1,\boldsymbol{\varepsilon}_2,\cdots,\boldsymbol{\varepsilon}_n)\boldsymbol{B})=[\boldsymbol{\sigma}(\boldsymbol{\varepsilon}_1,\boldsymbol{\varepsilon}_2,\cdots,\boldsymbol{\varepsilon}_n)]\boldsymbol{B}=\\&(\boldsymbol{\varepsilon}_1,\boldsymbol{\varepsilon}_2,\cdots,\boldsymbol{\varepsilon}_n)\boldsymbol{AB}\end{aligned}$$

故$\boldsymbol{\sigma\tau}$在$\boldsymbol{\varepsilon}_1,\boldsymbol{\varepsilon}_2,\cdots,\boldsymbol{\varepsilon}_n$下的矩阵是$\boldsymbol{AB}$;

③ $$\begin{aligned}(k\boldsymbol{\sigma})(\boldsymbol{\varepsilon}_1,\boldsymbol{\varepsilon}_2,\cdots,\boldsymbol{\varepsilon}_n)=&(k\boldsymbol{\sigma}(\boldsymbol{\varepsilon}_1),k\boldsymbol{\sigma}(\boldsymbol{\varepsilon}_2),\cdots,k\boldsymbol{\sigma}(\boldsymbol{\varepsilon}_n))=\\&k(\boldsymbol{\varepsilon}_1,\boldsymbol{\varepsilon}_2,\cdots,\boldsymbol{\varepsilon}_n)\boldsymbol{A}=(\boldsymbol{\varepsilon}_1,\boldsymbol{\varepsilon}_2,\cdots,\boldsymbol{\varepsilon}_n)(k\boldsymbol{A})\end{aligned}$$

故$k\boldsymbol{\sigma}$在$\boldsymbol{\varepsilon}_1,\boldsymbol{\varepsilon}_2,\cdots,\boldsymbol{\varepsilon}_n$下的矩阵是$k\boldsymbol{A}$;

④ 若$\boldsymbol{\sigma}$可逆,则有$\boldsymbol{\tau}$使$\boldsymbol{\sigma\tau}=\boldsymbol{\tau\sigma}=I$,因为单位变换$I$的矩阵是单位矩阵$\boldsymbol{E}$。由已证明的②,应有

$$\boldsymbol{AB}=\boldsymbol{BA}=\boldsymbol{E}$$

这说明$\boldsymbol{A}$是可逆阵,且$\boldsymbol{A}$的逆阵$\boldsymbol{B}$与$\boldsymbol{\sigma}$的逆变换$\boldsymbol{\tau}$相对应。证毕。

例8.2.1 在次数小于n的实多项式所组成的线性空间$\mathbf{R}[x]_n$中,取$\boldsymbol{\varepsilon}_1=1$, $\boldsymbol{\varepsilon}_2=x,\boldsymbol{\varepsilon}_3=x^2,\cdots,\boldsymbol{\varepsilon}_n=x^{n-1}$,线性变换$\boldsymbol{\sigma}$为求导变换,$\boldsymbol{\sigma}(f)=f'$。求$\boldsymbol{\sigma}$在$\boldsymbol{\varepsilon}_1,\boldsymbol{\varepsilon}_2,\cdots,\boldsymbol{\varepsilon}_n$下的矩阵,并判断$\boldsymbol{\sigma}$是否可逆。

解 把$\boldsymbol{\sigma}(\boldsymbol{\varepsilon}_1),\boldsymbol{\sigma}(\boldsymbol{\varepsilon}_2),\cdots,\boldsymbol{\sigma}(\boldsymbol{\varepsilon}_n)$用$\boldsymbol{\varepsilon}_1,\boldsymbol{\varepsilon}_2,\cdots,\boldsymbol{\varepsilon}_n$表出,为

$$\begin{cases}\boldsymbol{\sigma}(\boldsymbol{\varepsilon}_1)=0\boldsymbol{\varepsilon}_1+0\boldsymbol{\varepsilon}_2+\cdots+0\boldsymbol{\varepsilon}_{n-1}+0\boldsymbol{\varepsilon}_n\\ \boldsymbol{\sigma}(\boldsymbol{\varepsilon}_2)=1\boldsymbol{\varepsilon}_1+0\boldsymbol{\varepsilon}_2+\cdots+0\boldsymbol{\varepsilon}_{n-1}+0\boldsymbol{\varepsilon}_n\\ \boldsymbol{\sigma}(\boldsymbol{\varepsilon}_3)=0\boldsymbol{\varepsilon}_1+2\boldsymbol{\varepsilon}_2+\cdots+0\boldsymbol{\varepsilon}_{n-1}+0\boldsymbol{\varepsilon}_n\\ \quad\vdots\\ \boldsymbol{\sigma}(\boldsymbol{\varepsilon}_n)=0\boldsymbol{\varepsilon}_1+0\boldsymbol{\varepsilon}_2+\cdots+(n-1)\boldsymbol{\varepsilon}_{n-1}+0\boldsymbol{\varepsilon}_n\end{cases}$$

写成矩阵式为

$$\boldsymbol{\sigma}(\boldsymbol{\varepsilon}_1,\boldsymbol{\varepsilon}_2,\cdots,\boldsymbol{\varepsilon}_n)=(\boldsymbol{\varepsilon}_1,\boldsymbol{\varepsilon}_2,\cdots,\boldsymbol{\varepsilon}_n)\begin{pmatrix}0&0&0&\cdots&0&0\\1&0&0&\cdots&0&0\\0&2&0&\cdots&0&0\\0&0&3&\cdots&0&0\\\vdots&\vdots&\vdots&&\vdots&\vdots\\0&0&0&\cdots&n-1&0\end{pmatrix}^{\mathrm{T}}$$

故 $\boldsymbol{\sigma}$ 在 $\boldsymbol{\varepsilon}_1,\boldsymbol{\varepsilon}_2,\cdots,\boldsymbol{\varepsilon}_n$ 下的矩阵为

$$\boldsymbol{A}=\begin{pmatrix}0&\cdots&\cdots&\cdots&0\\1&0&&&\vdots\\\vdots&2&0&&\vdots\\\vdots&&\ddots&\ddots&\vdots\\0&\cdots&\cdots&n-1&0\end{pmatrix}^{\mathrm{T}}$$

由于 $\boldsymbol{A}$ 不是可逆矩阵，由定理 8.2.2 可知，$\boldsymbol{\sigma}$ 不是可逆线性变换。

例 8.2.2　设 V 是 n 维实向量空间 $\mathbf{R}^n$，任取一个 n 阶实矩阵 $\boldsymbol{A}$，对每个 $\boldsymbol{\alpha}=(x_1,x_2,\cdots,x_n)^{\mathrm{T}}\in\mathbf{R}^n$，令

$$\boldsymbol{\sigma}(\boldsymbol{\alpha})=\boldsymbol{\sigma}\begin{pmatrix}x_1\\x_2\\\vdots\\x_n\end{pmatrix}=\boldsymbol{A}\begin{pmatrix}x_1\\x_2\\\vdots\\x_n\end{pmatrix}$$

在例 8.1.4 中已经知道，$\boldsymbol{\sigma}$ 是一个线性变换。求 $\boldsymbol{\sigma}$ 在 $\mathbf{R}^n$ 的标准基

$$\boldsymbol{\varepsilon}_1=\begin{pmatrix}1\\0\\\vdots\\0\end{pmatrix},\boldsymbol{\varepsilon}_2=\begin{pmatrix}0\\1\\\vdots\\0\end{pmatrix},\cdots,\boldsymbol{\varepsilon}_n=\begin{pmatrix}0\\0\\\vdots\\1\end{pmatrix}$$

下的矩阵，并判断 $\boldsymbol{\sigma}$ 何时为可逆的线性变换。

解

$$\boldsymbol{\sigma}(\boldsymbol{\varepsilon}_1)=\boldsymbol{\sigma}\begin{pmatrix}1\\0\\\vdots\\0\end{pmatrix}=\boldsymbol{A}\begin{pmatrix}1\\0\\\vdots\\0\end{pmatrix}=\begin{pmatrix}a_{11}\\a_{21}\\\vdots\\a_{n1}\end{pmatrix}=$$
$$a_{11}\boldsymbol{\varepsilon}_1+a_{21}\boldsymbol{\varepsilon}_2+\cdots+a_{n1}\boldsymbol{\varepsilon}_n$$

同理

$$\boldsymbol{\sigma}(\boldsymbol{\varepsilon}_2)=a_{12}\boldsymbol{\varepsilon}_1+a_{22}\boldsymbol{\varepsilon}_2+\cdots+a_{n2}\boldsymbol{\varepsilon}_n$$
$$\boldsymbol{\sigma}(\boldsymbol{\varepsilon}_3)=a_{13}\boldsymbol{\varepsilon}_1+a_{23}\boldsymbol{\varepsilon}_2+\cdots+a_{n3}\boldsymbol{\varepsilon}_n$$
$$\vdots$$

$$\boldsymbol{\sigma}(\boldsymbol{\varepsilon}_n)=a_{1n}\boldsymbol{\varepsilon}_1+a_{2n}\boldsymbol{\varepsilon}_2+\cdots+a_{nn}\boldsymbol{\varepsilon}_n$$

故有

$$\boldsymbol{\sigma}(\boldsymbol{\varepsilon}_1,\boldsymbol{\varepsilon}_2,\cdots,\boldsymbol{\varepsilon}_n)=(\boldsymbol{\varepsilon}_1,\boldsymbol{\varepsilon}_2,\cdots,\boldsymbol{\varepsilon}_n)\begin{pmatrix}a_{11}&a_{12}&\cdots&a_{1n}\\a_{21}&a_{22}&\cdots&a_{2n}\\\vdots&\vdots&&\vdots\\a_{n1}&a_{n2}&\cdots&a_{nn}\end{pmatrix}$$

可见,$\boldsymbol{\sigma}$ 在基 $\boldsymbol{\varepsilon}_1,\boldsymbol{\varepsilon}_2,\cdots,\boldsymbol{\varepsilon}_n$ 下的矩阵就是 $\boldsymbol{A}$。由定理 8.2.2 可知,当且仅当 $\boldsymbol{A}$ 为可逆矩阵时,$\boldsymbol{\sigma}$ 是可逆线性变换。

在上例中,$(x_1,x_2,\cdots,x_n)^{\mathrm{T}}$ 实际上是 $\boldsymbol{\alpha}$ 在 $\boldsymbol{\varepsilon}_1,\boldsymbol{\varepsilon}_2,\cdots,\boldsymbol{\varepsilon}_n$ 下的坐标,而 $\boldsymbol{A}(x_1,x_2,\cdots,x_n)^{\mathrm{T}}$ 则是 $\boldsymbol{\sigma}(\boldsymbol{\alpha})$ 在基 $\boldsymbol{\varepsilon}_1,\boldsymbol{\varepsilon}_2,\cdots,\boldsymbol{\varepsilon}_n$ 下的坐标。一般地,有下列定理。

定理 8.2.3 设线性变换 $\boldsymbol{\sigma}$ 在基 $\boldsymbol{\varepsilon}_1,\boldsymbol{\varepsilon}_2,\cdots,\boldsymbol{\varepsilon}_n$ 下的矩阵是 $\boldsymbol{A}$,对 V 中任一元素 $\boldsymbol{\alpha}$,若 $\boldsymbol{\alpha}$ 在 $\boldsymbol{\varepsilon}_1,\boldsymbol{\varepsilon}_2,\cdots,\boldsymbol{\varepsilon}_n$ 下的坐标是 $(x_1,x_2,\cdots,x_n)^{\mathrm{T}}$,则 $\boldsymbol{\sigma}(\boldsymbol{\alpha})$ 在基 $\boldsymbol{\varepsilon}_1,\boldsymbol{\varepsilon}_2,\cdots,\boldsymbol{\varepsilon}_n$ 下的坐标 $(y_1,y_2,\cdots,y_n)^{\mathrm{T}}$ 可按下式计算,即

$$\begin{pmatrix}y_1\\y_2\\\vdots\\y_n\end{pmatrix}=\boldsymbol{A}\begin{pmatrix}x_1\\x_2\\\vdots\\x_n\end{pmatrix} \tag{8.2.3}$$

证 由于

$$\boldsymbol{\alpha}=x_1\boldsymbol{\varepsilon}_1+x_2\boldsymbol{\varepsilon}_2+\cdots+x_n\boldsymbol{\varepsilon}_n=(\boldsymbol{\varepsilon}_1,\boldsymbol{\varepsilon}_2,\cdots,\boldsymbol{\varepsilon}_n)\begin{pmatrix}x_1\\x_2\\\vdots\\x_n\end{pmatrix}$$

故有

$$\boldsymbol{\sigma}(\boldsymbol{\alpha})=x_1\boldsymbol{\sigma}(\boldsymbol{\varepsilon}_1)+x_2\boldsymbol{\sigma}(\boldsymbol{\varepsilon}_2)+\cdots+x_n\boldsymbol{\sigma}(\boldsymbol{\varepsilon}_n)=$$

$$(\boldsymbol{\sigma}(\boldsymbol{\varepsilon}_1),\boldsymbol{\sigma}(\boldsymbol{\varepsilon}_2),\cdots,\boldsymbol{\sigma}(\boldsymbol{\varepsilon}_n))\begin{pmatrix}x_1\\x_2\\\vdots\\x_n\end{pmatrix}=$$

$$(\boldsymbol{\varepsilon}_1,\boldsymbol{\varepsilon}_2,\cdots,\boldsymbol{\varepsilon}_n)\boldsymbol{A}\begin{pmatrix}x_1\\x_2\\\vdots\\x_n\end{pmatrix}$$

而 $(y_1,y_2,\cdots,y_n)^{\mathrm{T}}$ 是 $\boldsymbol{\sigma}(\boldsymbol{\alpha})$ 在 $\boldsymbol{\varepsilon}_1,\boldsymbol{\varepsilon}_2,\cdots,\boldsymbol{\varepsilon}_n$ 下的坐标,即有

$$\boldsymbol{\sigma}(\boldsymbol{\alpha})=(\boldsymbol{\varepsilon}_1,\boldsymbol{\varepsilon}_2,\cdots,\boldsymbol{\varepsilon}_n)\begin{pmatrix}y_1\\y_2\\\vdots\\y_n\end{pmatrix}$$

这样得到

$$(\boldsymbol{\varepsilon}_1,\boldsymbol{\varepsilon}_2,\cdots,\boldsymbol{\varepsilon}_n)\begin{pmatrix}y_1\\y_2\\\vdots\\y_n\end{pmatrix}=(\boldsymbol{\varepsilon}_1,\boldsymbol{\varepsilon}_2,\cdots,\boldsymbol{\varepsilon}_n)\boldsymbol{A}\begin{pmatrix}x_1\\x_2\\\vdots\\x_n\end{pmatrix}$$

由 $\boldsymbol{\varepsilon}_1,\boldsymbol{\varepsilon}_2,\cdots,\boldsymbol{\varepsilon}_n$ 的线性无关性，即得

$$\begin{pmatrix}y_1\\y_2\\\vdots\\y_n\end{pmatrix}=\boldsymbol{A}\begin{pmatrix}x_1\\x_2\\\vdots\\x_n\end{pmatrix}$$

证毕。

这一定理说明，只要知道了线性变换 $\boldsymbol{\sigma}$ 在一组基下的矩阵 $\boldsymbol{A}$，则任一元素 $\boldsymbol{\alpha}$ 经过线性变换后在这组基下的坐标可由矩阵 $\boldsymbol{A}$ 计算出来。

上面的讨论都是在取定了 V 的一组基后进行的。如果取不同的基，一般地说线性变换的矩阵也会不同。下面讨论线性变换的矩阵是如何随着基的改变而变化的。

定理 8.2.4　设线性空间 V 中线性变换 $\boldsymbol{\sigma}$ 在两组基 $\boldsymbol{\varepsilon}_1,\boldsymbol{\varepsilon}_2,\cdots,\boldsymbol{\varepsilon}_n$ 和 $\boldsymbol{\eta}_1,\boldsymbol{\eta}_2,\cdots,\boldsymbol{\eta}_n$ 下的矩阵分别为 $\boldsymbol{A}$ 和 $\boldsymbol{B}$，从基 $\boldsymbol{\varepsilon}_1,\boldsymbol{\varepsilon}_2,\cdots,\boldsymbol{\varepsilon}_n$ 到 $\boldsymbol{\eta}_1,\boldsymbol{\eta}_2,\cdots,\boldsymbol{\eta}_n$ 的过渡矩阵为 $\boldsymbol{X}$，则 $\boldsymbol{B}=\boldsymbol{X}^{-1}\boldsymbol{A}\boldsymbol{X}$。换言之，线性变换在不同基下的矩阵是相似的。总之，相似的矩阵可看作是一个线性变换在两组不同基下的矩阵。

证　由条件，有

$$\begin{aligned}\boldsymbol{\sigma}(\boldsymbol{\varepsilon}_1,\boldsymbol{\varepsilon}_2,\cdots,\boldsymbol{\varepsilon}_n)&=(\boldsymbol{\varepsilon}_1,\boldsymbol{\varepsilon}_2,\cdots,\boldsymbol{\varepsilon}_n)\boldsymbol{A}\\\boldsymbol{\sigma}(\boldsymbol{\eta}_1,\boldsymbol{\eta}_2,\cdots,\boldsymbol{\eta}_n)&=(\boldsymbol{\eta}_1,\boldsymbol{\eta}_2,\cdots,\boldsymbol{\eta}_n)\boldsymbol{B}\\(\boldsymbol{\eta}_1,\boldsymbol{\eta}_2,\cdots,\boldsymbol{\eta}_n)&=(\boldsymbol{\varepsilon}_1,\boldsymbol{\varepsilon}_2,\cdots,\boldsymbol{\varepsilon}_n)\boldsymbol{X}\end{aligned}$$

从而

$$\begin{aligned}\boldsymbol{\sigma}(\boldsymbol{\eta}_1,\boldsymbol{\eta}_2,\cdots,\boldsymbol{\eta}_n)=\boldsymbol{\sigma}[(\boldsymbol{\varepsilon}_1,\boldsymbol{\varepsilon}_2,\cdots,\boldsymbol{\varepsilon}_n)\boldsymbol{X}]=&\\[\boldsymbol{\sigma}(\boldsymbol{\varepsilon}_1,\boldsymbol{\varepsilon}_2,\cdots,\boldsymbol{\varepsilon}_n)]\boldsymbol{X}=&\\(\boldsymbol{\varepsilon}_1,\boldsymbol{\varepsilon}_2,\cdots,\boldsymbol{\varepsilon}_n)\boldsymbol{A}\boldsymbol{X}=&\\(\boldsymbol{\eta}_1,\boldsymbol{\eta}_2,\cdots,\boldsymbol{\eta}_n)\boldsymbol{X}^{-1}\boldsymbol{A}\boldsymbol{X}&\end{aligned}$$

因此得到

$$\boldsymbol{B}=\boldsymbol{X}^{-1}\boldsymbol{A}\boldsymbol{X}$$

证毕。

现在知道了，在第 5 章中讨论的矩阵相似变换，其本质在于寻找同一个线性变换

在不同基下的矩阵。如果一个矩阵可以相似对角化,说明该矩阵对应的线性变换在另外某组基下的矩阵可变为最简单的形式。

例 8.2.3 设 V 是实数域 $\mathbf{R}$ 上的二维线性空间,$\boldsymbol{\varepsilon}_1,\boldsymbol{\varepsilon}_2$ 是它的一组基,线性变换 $\boldsymbol{\sigma}$ 在 $\boldsymbol{\varepsilon}_1,\boldsymbol{\varepsilon}_2$ 下的矩阵为

$$\boldsymbol{A}=\begin{pmatrix}1 & 3\\1 & -1\end{pmatrix}$$

试求 V 的另一组基,使 $\boldsymbol{\sigma}$ 在这组基下的矩阵变为对角形。

解 先用第5章的方法把 $\boldsymbol{A}$ 相似对角化。

$$|\lambda\boldsymbol{E}-\boldsymbol{A}|=\begin{vmatrix}\lambda-1 & -3\\-1 & \lambda+1\end{vmatrix}=(\lambda-1)(\lambda+1)-3=\lambda^2-4=(\lambda+2)(\lambda-2)$$

把 $\lambda=2$ 及 $\lambda=-2$ 分别代入

$$\begin{pmatrix}\lambda-1 & -3\\-1 & \lambda+1\end{pmatrix}\begin{pmatrix}x_1\\x_2\end{pmatrix}=\begin{pmatrix}0\\0\end{pmatrix}$$

解之。当 $\lambda=2$ 时,得基础解系

$$(x_1,x_2)^{\mathrm{T}}=(3,1)^{\mathrm{T}}$$

当 $\lambda=-2$ 时,得基础解系

$$(x_1,x_2)^{\mathrm{T}}=(-1,1)^{\mathrm{T}}$$

令

$$\boldsymbol{X}=\begin{pmatrix}3 & -1\\1 & 1\end{pmatrix}$$

则

$$\boldsymbol{X}^{-1}\boldsymbol{A}\boldsymbol{X}=\begin{pmatrix}2 & 0\\0 & -2\end{pmatrix}$$

由定理8.2.4,可取新基 $\boldsymbol{\eta}_1,\boldsymbol{\eta}_2$,使

$$(\boldsymbol{\eta}_1,\boldsymbol{\eta}_2)=(\boldsymbol{\varepsilon}_1,\boldsymbol{\varepsilon}_2)\boldsymbol{X}=(\boldsymbol{\varepsilon}_1,\boldsymbol{\varepsilon}_2)\begin{pmatrix}3 & -1\\1 & 1\end{pmatrix}$$

即

$$\begin{cases}\boldsymbol{\eta}_1=3\boldsymbol{\varepsilon}_1+\boldsymbol{\varepsilon}_2\\\boldsymbol{\eta}_2=-\boldsymbol{\varepsilon}_1+\boldsymbol{\varepsilon}_2\end{cases}$$

则 $\boldsymbol{\sigma}$ 在基 $\boldsymbol{\eta}_1,\boldsymbol{\eta}_2$ 下的矩阵为对角形 $\boldsymbol{X}^{-1}\boldsymbol{A}\boldsymbol{X}=\begin{pmatrix}2 & 0\\0 & -2\end{pmatrix}$。

习题 8.2

1. 求 $\mathbf{R}^3$ 中线性变换 $\boldsymbol{\sigma}_1(x_1,x_2,x_3)=(2x_1-x_2,x_2+x_3,x_1)$ 对基底 $\boldsymbol{i}=(1,0,0)$,$\boldsymbol{j}=(0,1,0)$,$\boldsymbol{k}=(0,0,1)$ 的矩阵。

2. 求下列线性变换在所指定基下的矩阵：

(1) 在 $\mathbf{R}^3$ 中，$\boldsymbol{\sigma}$ 定义如下：

$\boldsymbol{\sigma}(\xi_1)=(-5,0,3)$，$\xi_1=(-1,0,2)$；

$\boldsymbol{\sigma}(\xi_2)=(0,-1,6)$，$\xi_2=(0,1,1)$；

$\boldsymbol{\sigma}(\xi_3)=(-5,-1,9)$，$\xi_3=(3,-1,0)$。

(2) $[0,\boldsymbol{\varepsilon}_1,\boldsymbol{\varepsilon}_2]$是平面上一直角坐标系，$\boldsymbol{\sigma}$ 是平面上向量对第 Ⅰ、Ⅲ象限分角线的垂直投影，$\boldsymbol{\tau}$ 是平面上向量对 $\boldsymbol{\varepsilon}_2$ 的垂直投影，求 $\boldsymbol{\sigma},\boldsymbol{\tau},\boldsymbol{\sigma}\boldsymbol{\tau}$ 在基 $\boldsymbol{\varepsilon}_1,\boldsymbol{\varepsilon}_2$ 下的矩阵。

3. 设 V 是 n 维线性空间，$\boldsymbol{\sigma}$ 是 V 的线性变换，$\{\boldsymbol{\alpha}_1,\boldsymbol{\alpha}_2,\cdots,\boldsymbol{\alpha}_n\}$为 V 的基。证明：$\boldsymbol{\sigma}$ 是可逆线性变换的充分必要条件是$\{\boldsymbol{\sigma}(\boldsymbol{\alpha}_1),\boldsymbol{\sigma}(\boldsymbol{\alpha}_2),\cdots,\boldsymbol{\sigma}(\boldsymbol{\alpha}_n)\}$是 V 的基。

4. 设三维向量空间 V 上线性变换 $\boldsymbol{\sigma}$ 在基 $\boldsymbol{\varepsilon}_1,\boldsymbol{\varepsilon}_2,\boldsymbol{\varepsilon}_3$ 下的矩阵为

$$\mathbf{A}=\begin{bmatrix}a_{11} & a_{12} & a_{13}\\ a_{21} & a_{22} & a_{23}\\ a_{31} & a_{32} & a_{33}\end{bmatrix}$$

(1) 求 $\boldsymbol{\sigma}$ 在基 $\boldsymbol{\varepsilon}_3,\boldsymbol{\varepsilon}_2,\boldsymbol{\varepsilon}_1$ 下的矩阵；

(2) 求 $\boldsymbol{\sigma}$ 在基 $\boldsymbol{\varepsilon}_1,k\boldsymbol{\varepsilon}_2,\boldsymbol{\varepsilon}_3$ 下的矩阵，其中 $k\neq 0$；

(3) 求 $\boldsymbol{\sigma}$ 在基 $\boldsymbol{\varepsilon}_1+\boldsymbol{\varepsilon}_2,\boldsymbol{\varepsilon}_2,\boldsymbol{\varepsilon}_3$ 下的矩阵。

5. 在三维向量空间 $\mathbf{R}^3$ 中，有两组基 $\boldsymbol{\varepsilon}_1=(1,0,1)$，$\boldsymbol{\varepsilon}_2=(2,1,0)$，$\boldsymbol{\varepsilon}_3=(1,1,1)$ 和 $\boldsymbol{\eta}_1=(1,2,-1)$，$\boldsymbol{\eta}_2=(2,2,-1)$，$\boldsymbol{\eta}_3=(2,-1,-1)$，定义线性变换 $\boldsymbol{\sigma}(\boldsymbol{\varepsilon}_i)=\boldsymbol{\eta}_i(i=1,2,3)$。

(1) 写出由基 $\boldsymbol{\varepsilon}_1,\boldsymbol{\varepsilon}_2,\boldsymbol{\varepsilon}_3$ 到基 $\boldsymbol{\eta}_1,\boldsymbol{\eta}_2,\boldsymbol{\eta}_3$ 的过渡矩阵；

(2) 写出 $\boldsymbol{\sigma}$ 在基 $\boldsymbol{\varepsilon}_1,\boldsymbol{\varepsilon}_2,\boldsymbol{\varepsilon}_3$ 下的矩阵；

(3) 写出 $\boldsymbol{\sigma}$ 在基 $\boldsymbol{\eta}_1,\boldsymbol{\eta}_2,\boldsymbol{\eta}_3$ 下的矩阵。

6. 在 $\mathbf{R}^3$ 中，$\boldsymbol{\sigma}$ 在基

$$\boldsymbol{\alpha}_1=(-1,1,1),\qquad \boldsymbol{\alpha}_2=(1,0,-1),\qquad \boldsymbol{\alpha}_3=(0,1,1)$$

下的矩阵是

$$\mathbf{A}=\begin{pmatrix}1 & 0 & 1\\ 1 & 1 & 0\\ -1 & 2 & 1\end{pmatrix}$$

求 $\boldsymbol{\sigma}$ 在基 $\boldsymbol{\varepsilon}_1=(1,0,0)$，$\boldsymbol{\varepsilon}_2=(0,1,0)$，$\boldsymbol{\varepsilon}_3=(0,0,1)$下的矩阵。

7. 如果 $\boldsymbol{\alpha}_1,\boldsymbol{\alpha}_2,\cdots,\boldsymbol{\alpha}_n$ 是 n 维线性空间 V 的基底，$\boldsymbol{\sigma}$ 是 V 中的线性变换，并且

$$\boldsymbol{\sigma}(\boldsymbol{\alpha}_i)=a_i\qquad(i=1,2,\cdots,m)$$

$$\boldsymbol{\sigma}(\boldsymbol{\alpha}_j)=0\qquad(j=m+1,m+2,\cdots,n)$$

试证：$\boldsymbol{\sigma}^2=\boldsymbol{\sigma}$，并且 $\boldsymbol{\sigma}$ 在 $\boldsymbol{\alpha}_1,\boldsymbol{\alpha}_2,\cdots,\boldsymbol{\alpha}_n$ 下的矩阵是

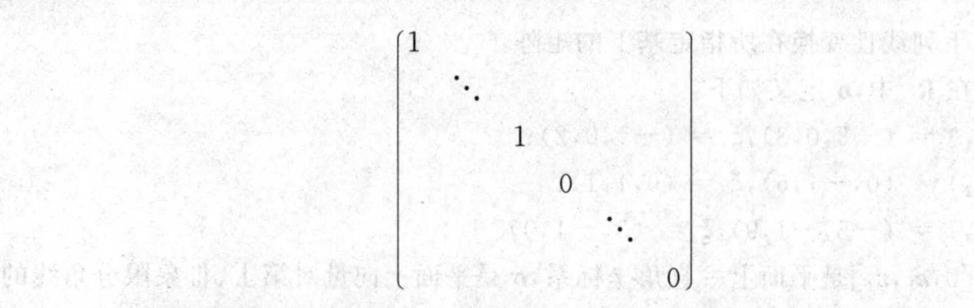

8.判断以下命题是否正确：

(1) 若 $\boldsymbol{\sigma}$ 是 n 维线性空间 V 的线性变换,则 $\boldsymbol{\sigma}$ 确定一个 n 阶方阵；

(2) 若 $\boldsymbol{\sigma}$ 是 n 维线性空间 V 的线性变换,则 $\boldsymbol{\sigma}$ 关于任意基的矩阵是可逆方阵；

(3) 两个不同的矩阵可能是一个线性变换的矩阵；

(4) 两个 n 阶方阵相似,当且仅当它们是同一个线性变换在两组基下的矩阵；

(5) 一个线性变换在不同基下的矩阵可能相同。

8.3 线性变换的特征值和特征向量

在第5章中已经讨论了 n 阶方阵的特征值和特征向量。由于线性变换与 n 阶方阵有着密切的联系,故可以把特征值与特征向量的概念推广到一般线性空间的线性变换上。

定义 8.3.1 设 $\boldsymbol{\sigma}$ 是数域 P 上线性空间 V 的一个线性变换,如果对于数域 P 中某个数 λ_0,存在一个 V 中的非零元素 $\boldsymbol{\alpha}$,使得

$$\boldsymbol{\sigma}(\boldsymbol{\alpha}) = \lambda_0 \boldsymbol{\alpha}$$

则称 λ_0 为 $\boldsymbol{\sigma}$ 的一个**特征值**,称 $\boldsymbol{\alpha}$ 为 $\boldsymbol{\sigma}$ 的属于特征值 λ_0 的一个**特征向量**。

从几何直观上看,特征向量的方向经过线性变换后保持在同一条直线上。当 $\lambda_0>0$ 时,变换后保持原方向;当 $\lambda_0<0$ 时,变换后与原方向相反;当 $\lambda_0=0$ 时,特征向量被变换到零向量。

当 $\boldsymbol{\alpha}$ 是 $\boldsymbol{\sigma}$ 的属于特征值 λ_0 的特征向量时,$k\boldsymbol{\alpha}$ ($k\neq 0,k\in P$)也必是 $\boldsymbol{\sigma}$ 的属于 λ_0 的特征向量。事实上,此时有

$$\boldsymbol{\sigma}(k\boldsymbol{\alpha})=k\boldsymbol{\sigma}(\boldsymbol{\alpha})=k\lambda_0\boldsymbol{\alpha}=\lambda_0(k\boldsymbol{\alpha})$$

所以属于 λ_0 的特征向量不是唯一的;但反过来,一个特征向量只能属于一个特征值。

现设 $\boldsymbol{\varepsilon}_1,\boldsymbol{\varepsilon}_2,\cdots,\boldsymbol{\varepsilon}_n$ 是 n 维线性空间 V 的一组基,而 $\boldsymbol{\sigma}$ 在这组基下的矩阵是 $\boldsymbol{A}$。若 λ_0 是 $\boldsymbol{\sigma}$ 的一个特征值,$\boldsymbol{\alpha}$ 是 $\boldsymbol{\sigma}$ 的属于 λ_0 的特征向量,$\boldsymbol{\alpha}$ 在 $\boldsymbol{\varepsilon}_1,\boldsymbol{\varepsilon}_2,\cdots,\boldsymbol{\varepsilon}_n$ 下的坐标为 $(x_1,x_2,\cdots,x_n)^{\mathrm{T}}$,则 $\boldsymbol{\sigma}(\boldsymbol{\alpha})$ 在 $\boldsymbol{\varepsilon}_1,\boldsymbol{\varepsilon}_2,\cdots,\boldsymbol{\varepsilon}_n$ 下的坐标为

$$\boldsymbol{A}\begin{pmatrix}x_1\\x_2\\\vdots\\x_n\end{pmatrix}$$

由于 $\boldsymbol{\sigma}(\boldsymbol{\alpha})=\lambda_0\boldsymbol{\alpha}$，而 $\lambda_0\boldsymbol{\alpha}$ 在 $\boldsymbol{\varepsilon}_1,\boldsymbol{\varepsilon}_2,\cdots,\boldsymbol{\varepsilon}_n$ 下的坐标为

$$\lambda_0\begin{pmatrix}x_1\\x_2\\\vdots\\x_n\end{pmatrix}$$

故有

$$\boldsymbol{A}\begin{pmatrix}x_1\\x_2\\\vdots\\x_n\end{pmatrix}=\lambda_0\begin{pmatrix}x_1\\x_2\\\vdots\\x_n\end{pmatrix}\tag{8.3.1}$$

与第 5 章式(5.1.1)比较可知，若把 $\boldsymbol{\alpha}$ 的坐标看作数域 P 上 n 维向量，则线性变换 $\boldsymbol{\sigma}$ 的特征值和特征向量与 $\boldsymbol{\sigma}$ 在取定基下的矩阵 $\boldsymbol{A}$ 的特征值和特征向量是一致的。这样，有下列定理。

定理 8.3.1　设 $\boldsymbol{\sigma}$ 是数域 P 上 n 维线性空间 V 的线性变换，$\boldsymbol{\varepsilon}_1,\boldsymbol{\varepsilon}_2,\cdots,\boldsymbol{\varepsilon}_n$ 是 V 的一组基，$\boldsymbol{A}$ 是 $\boldsymbol{\sigma}$ 在这组基下的矩阵，则 $\boldsymbol{\sigma}$ 的特征值与特征向量就是 $\boldsymbol{A}$ 的特征值与特征向量；反之，$\boldsymbol{A}$ 的特征值与特征向量也就是 $\boldsymbol{\sigma}$ 的特征值与特征向量。换言之，$\boldsymbol{\sigma}$ 与 $\boldsymbol{A}$ 的特征值与特征向量是完全一致的。

由此可知，第 5 章中所有关于矩阵 $\boldsymbol{A}$ 的特征值和特征向量的讨论可以完全适用于线性变换 $\boldsymbol{\sigma}$ 的特征值和特征向量。例如，根据定理 5.2.3，线性变换 $\boldsymbol{\sigma}$ 在某组基下的矩阵为对角形矩阵的充分必要条件是 $\boldsymbol{\sigma}$ 有 n 个线性无关的特征向量 $\boldsymbol{\alpha}_1,\boldsymbol{\alpha}_2,\cdots,\boldsymbol{\alpha}_n$。把这 n 个线性无关的特征向量作为 V 的基，则 $\boldsymbol{\sigma}$ 在这组基下的矩阵就是对角形，且对角线上的元素就是所有特征值。

定理 8.3.2　设 $\boldsymbol{\sigma}$ 是数域 P 上 n 维线性空间 V 的线性变换，λ_0 为 $\boldsymbol{\sigma}$ 的一个特征值，则 V 的所有属于特征值 λ_0 的特征向量和零向量所成集合 V_{λ_0} 是 V 的子空间。

证　设 $\boldsymbol{\alpha},\boldsymbol{\beta}\in V_{\lambda_0}$，则 $\boldsymbol{\sigma}(\boldsymbol{\alpha})=\lambda_0\boldsymbol{\alpha},\boldsymbol{\sigma}(\boldsymbol{\beta})=\lambda_0\boldsymbol{\beta}$，从而

$$\boldsymbol{\sigma}(\boldsymbol{\alpha}+\boldsymbol{\beta})=\lambda_0\boldsymbol{\alpha}+\lambda_0\boldsymbol{\beta}=\lambda_0(\boldsymbol{\alpha}+\boldsymbol{\beta})\in V_{\lambda_0},\qquad \boldsymbol{\sigma}(k\boldsymbol{\alpha})=\lambda_0 k\boldsymbol{\alpha}\in V_{\lambda_0}$$

由定义即知 V_{λ_0} 是 V 的子空间。证毕。

称 V_{λ_0} 为 $\boldsymbol{\sigma}$ 的属于特征值 λ_0 的特征子空间。

习题 8.3

1. 设 $n\geqslant 2$，V 是 P 上全体 n 阶方阵所组成的线性空间。$\boldsymbol{\tau}:\boldsymbol{X}\rightarrow\boldsymbol{X}^{\mathrm{T}}$ 是 V 的线性变换，它把每个 n 阶方阵变到它的转置。求 $\boldsymbol{\tau}$ 的特征值与特征向量。$\boldsymbol{\tau}$ 在某组基下的矩阵是否可为对角形矩阵？

2. 设 $\boldsymbol{\sigma}$ 是线性空间 V 的线性变换。若 V 中所有非零向量都是 $\boldsymbol{\sigma}$ 的特征向量，证明 $\boldsymbol{\sigma}$ 是数乘变换：对每个 $\boldsymbol{\alpha}\in V$ 都有 $\boldsymbol{\sigma}(\boldsymbol{\alpha})=k\boldsymbol{\alpha}$。

3. 设 V 是区间 $[a,b]$ 上定义的次数小于 n 的全体实多项式所成的线性空间，令

$$\boldsymbol{\sigma}:\quad f(x)\to f'(x),\qquad \forall f(x)\in V$$

求 $\boldsymbol{\sigma}$ 的特征值与特征向量。

8.4 线性变换的值域与核

定义 8.4.1 设 $\boldsymbol{\sigma}$ 是线性空间 V 的一个线性变换，$\boldsymbol{\sigma}$ 的全体像组成的集合称为 $\boldsymbol{\sigma}$ 的值域，用 $\boldsymbol{\sigma}(V)$ 表示。所有被 $\boldsymbol{\sigma}$ 变成零向量的向量组成的集合称为 $\boldsymbol{\sigma}$ 的核，用 $\boldsymbol{\sigma}^{-1}(\mathbf{0})$ 表示。

用集合的记号表示，有 $\boldsymbol{\sigma}(V)=\{\boldsymbol{\sigma}(\xi)\mid\xi\in V\}$，$\boldsymbol{\sigma}^{-1}(\mathbf{0})=\{\xi\mid\boldsymbol{\sigma}(\xi)=\mathbf{0},\xi\in V\}$。

命题 8.4.1 线性变换的值域 $\boldsymbol{\sigma}(V)$ 与核 $\boldsymbol{\sigma}^{-1}(\mathbf{0})$ 都是 V 的子空间。

证 由 $\boldsymbol{\sigma}(\boldsymbol{\alpha})+\boldsymbol{\sigma}(\boldsymbol{\beta})=\boldsymbol{\sigma}(\boldsymbol{\alpha}+\boldsymbol{\beta})$，$k\boldsymbol{\sigma}(\boldsymbol{\alpha})=\boldsymbol{\sigma}(k\boldsymbol{\alpha})$ 可知，$\boldsymbol{\sigma}(V)$ 对加法与数量乘法是封闭的。同时，$\boldsymbol{\sigma}(V)$ 是非空的，因此 $\boldsymbol{\sigma}(V)$ 是 V 的子空间。

又由 $\boldsymbol{\sigma}(\boldsymbol{\alpha})=\mathbf{0}$ 与 $\boldsymbol{\sigma}(\boldsymbol{\beta})=\mathbf{0}$ 可得 $\boldsymbol{\sigma}(\boldsymbol{\alpha}+\boldsymbol{\beta})=\mathbf{0}$，$\boldsymbol{\sigma}(k\boldsymbol{\alpha})=\mathbf{0}$，即 $\boldsymbol{\sigma}^{-1}(\mathbf{0})$ 对加法与数量乘法是封闭的。因为 $\boldsymbol{\sigma}(\mathbf{0})=\mathbf{0}$，所以 $\mathbf{0}\in\boldsymbol{\sigma}^{-1}(\mathbf{0})$，即 $\boldsymbol{\sigma}^{-1}(\mathbf{0})$ 是非空的。因此，$\boldsymbol{\sigma}^{-1}(\mathbf{0})$ 是 V 的子空间。证毕。

$\boldsymbol{\sigma}(V)$ 的维数称为 $\boldsymbol{\sigma}$ 的秩，$\boldsymbol{\sigma}^{-1}(\mathbf{0})$ 的维数称为 $\boldsymbol{\sigma}$ 的零度。

例 8.4.1 在线性空间 $P[x]_n$ 中，令

$$D(f(x))=f'(x)$$

则 D 是线性变换。D 的值域是 $P[x]_{n-1}$，D 的核是子空间 P。

定理 8.4.1 设 $\boldsymbol{\sigma}$ 是 n 维线性空间 V 的线性变换，$\boldsymbol{\varepsilon}_1,\boldsymbol{\varepsilon}_2,\cdots,\boldsymbol{\varepsilon}_n$ 是 V 的一组基，在这组基下 $\boldsymbol{\sigma}$ 的矩阵是 $\boldsymbol{A}$，则

① $\boldsymbol{\sigma}$ 的值域 $\boldsymbol{\sigma}(V)$ 是由基像组生成的子空间，即

$$\boldsymbol{\sigma}(V)=L(\boldsymbol{\sigma}(\boldsymbol{\varepsilon}_1),\boldsymbol{\sigma}(\boldsymbol{\varepsilon}_2),\cdots,\boldsymbol{\sigma}(\boldsymbol{\varepsilon}_n))$$

② $\boldsymbol{\sigma}$ 的秩 $=\boldsymbol{A}$ 的秩。

证 ① 设 $\boldsymbol{\xi}$ 是 V 中任一向量，可用基的线性组合表示为

$$\boldsymbol{\xi}=x_1\boldsymbol{\varepsilon}_1+x_2\boldsymbol{\varepsilon}_2+\cdots+x_n\boldsymbol{\varepsilon}_n$$

于是

$$\boldsymbol{\sigma}(\boldsymbol{\xi})=x_1\boldsymbol{\sigma}(\boldsymbol{\varepsilon}_1)+x_2\boldsymbol{\sigma}(\boldsymbol{\varepsilon}_2)+\cdots+x_n\boldsymbol{\sigma}(\boldsymbol{\varepsilon}_n)$$

这表明 $\boldsymbol{\sigma}(\boldsymbol{\xi})\in L(\boldsymbol{\sigma}(\boldsymbol{\varepsilon}_1),\boldsymbol{\sigma}(\boldsymbol{\varepsilon}_2),\cdots,\boldsymbol{\sigma}(\boldsymbol{\varepsilon}_n))$。因此 $\boldsymbol{\sigma}(V)$ 包含在 $L(\boldsymbol{\sigma}(\boldsymbol{\varepsilon}_1),\boldsymbol{\sigma}(\boldsymbol{\varepsilon}_2),\cdots,\boldsymbol{\sigma}(\boldsymbol{\varepsilon}_n))$ 内。此式还说明基像组的线性组合还是一个像，因此 $L(\boldsymbol{\sigma}(\boldsymbol{\varepsilon}_1),\boldsymbol{\sigma}(\boldsymbol{\varepsilon}_2),\cdots,\boldsymbol{\sigma}(\boldsymbol{\varepsilon}_n))$ 包含在 $\boldsymbol{\sigma}(V)$ 内。故 $\boldsymbol{\sigma}(V)=L(\boldsymbol{\sigma}(\boldsymbol{\varepsilon}_1),\boldsymbol{\sigma}(\boldsymbol{\varepsilon}_2),\cdots,\boldsymbol{\sigma}(\boldsymbol{\varepsilon}_n))$。

② 根据①的已证结果可知，$\boldsymbol{\sigma}$ 的秩等于基像组的秩。另一方面，矩阵 $\boldsymbol{A}$ 是由基像组的坐标按列排成的。在 n 维线性空间 V 中取定了一组基之后，把 V 的每一个向量与它的坐标对应起来，得到 V 到 P_n 的同构对应。同构对应保持向量组的一切线性关系，因此基像组与它们的坐标组（即矩阵 $\boldsymbol{A}$ 的列向量组）有相同的秩，即 $\boldsymbol{\sigma}$ 的秩

$=A$ 的秩。证毕。

定理 8.4.1 说明线性变换与矩阵之间的对应关系保持秩不变。

定理 8.4.2　设 $\boldsymbol{\sigma}$ 是 n 维线性空间 V 的线性变换，则 $\boldsymbol{\sigma}(V)$ 的一组基的原像与 $\boldsymbol{\sigma}^{-1}(\mathbf{0})$ 的一组基合起来就是 V 的一组基，从而

$$\boldsymbol{\sigma} \text{ 的秩} + \boldsymbol{\sigma} \text{ 的零度} = n$$

证　设 $\boldsymbol{\sigma}(V)$ 的一组基为 $\boldsymbol{\eta}_1,\boldsymbol{\eta}_2,\cdots,\boldsymbol{\eta}_r$，且 $\boldsymbol{\varepsilon}_1,\boldsymbol{\varepsilon}_2,\cdots,\boldsymbol{\varepsilon}_r$ 使得 $\boldsymbol{\sigma}(\boldsymbol{\varepsilon}_i)=\boldsymbol{\eta}_i,i=1,2,\cdots,r$。再取 $\boldsymbol{\sigma}^{-1}(\mathbf{0})$ 的一组基 $\boldsymbol{\varepsilon}_{r+1},\boldsymbol{\varepsilon}_{r+2},\cdots,\boldsymbol{\varepsilon}_s$。要证 $\boldsymbol{\varepsilon}_1,\boldsymbol{\varepsilon}_2,\cdots,\boldsymbol{\varepsilon}_r,\boldsymbol{\varepsilon}_{r+1},\cdots,\boldsymbol{\varepsilon}_s$ 为 V 的基。令

$$k_1\boldsymbol{\varepsilon}_1+\cdots+k_r\boldsymbol{\varepsilon}_r+k_{r+1}\boldsymbol{\varepsilon}_{r+1}+\cdots+k_s\boldsymbol{\varepsilon}_s=\mathbf{0}$$

两边用 $\boldsymbol{\sigma}$ 作用，得

$$k_1\boldsymbol{\sigma}(\boldsymbol{\varepsilon}_1)+\cdots+k_r\boldsymbol{\sigma}(\boldsymbol{\varepsilon}_r)+k_{r+1}\boldsymbol{\sigma}(\boldsymbol{\varepsilon}_{r+1})+\cdots+k_s\boldsymbol{\sigma}(\boldsymbol{\varepsilon}_s)=\boldsymbol{\sigma}(\mathbf{0})=\mathbf{0}$$

由于 $\boldsymbol{\varepsilon}_{r+1},\cdots,\boldsymbol{\varepsilon}_s$ 属于 $\boldsymbol{\sigma}^{-1}(\mathbf{0})$，故 $\boldsymbol{\sigma}(\boldsymbol{\varepsilon}_{r+1})=\cdots=\boldsymbol{\sigma}(\boldsymbol{\varepsilon}_s)=0$。又由于 $\boldsymbol{\sigma}(\boldsymbol{\varepsilon}_i)=\boldsymbol{\eta}_i,i=1,2,\cdots,r$，即得

$$k_1\boldsymbol{\eta}_1+k_2\boldsymbol{\eta}_2+\cdots+k_r\boldsymbol{\eta}_r=\mathbf{0}$$

由 $\boldsymbol{\eta}_1,\boldsymbol{\eta}_2,\cdots,\boldsymbol{\eta}_r$ 的线性无关性，有 $k_1=k_2=\cdots=k_r=0$。于是 $k_{r+1}\boldsymbol{\varepsilon}_{r+1}+\cdots+k_s\boldsymbol{\varepsilon}_s=\mathbf{0}$。而 $\boldsymbol{\varepsilon}_{r+1},\cdots,\boldsymbol{\varepsilon}_s$ 是 $\boldsymbol{\sigma}^{-1}(\mathbf{0})$ 的基，也线性无关，就有 $k_{r+1}=\cdots=k_s=0$。这样证明了 $\boldsymbol{\varepsilon}_1,\boldsymbol{\varepsilon}_2,\cdots,\boldsymbol{\varepsilon}_r,\boldsymbol{\varepsilon}_{r+1},\cdots,\boldsymbol{\varepsilon}_s$ 是线性无关的。

再证 V 的任一向量 $\boldsymbol{\alpha}$ 是 $\boldsymbol{\varepsilon}_1,\boldsymbol{\varepsilon}_2,\cdots,\boldsymbol{\varepsilon}_r,\boldsymbol{\varepsilon}_{r+1},\cdots,\boldsymbol{\varepsilon}_s$ 的线性组合。由于 $\boldsymbol{\sigma}(\boldsymbol{\alpha})\in\boldsymbol{\sigma}(V)$，而 $\boldsymbol{\eta}_1,\boldsymbol{\eta}_2,\cdots,\boldsymbol{\eta}_r$ 是 $\boldsymbol{\sigma}(V)$ 的基，必有一组数 $l_1,\cdots,l_r$ 使

$$\boldsymbol{\sigma}(\boldsymbol{\alpha})=l_1\boldsymbol{\sigma}(\boldsymbol{\varepsilon}_1)+\cdots+l_r\boldsymbol{\sigma}(\boldsymbol{\varepsilon}_r)=\boldsymbol{\sigma}(l_1\boldsymbol{\varepsilon}_1+\cdots+l_r\boldsymbol{\varepsilon}_r)$$

于是 $\boldsymbol{\sigma}(\boldsymbol{\alpha}-l_1\boldsymbol{\varepsilon}_1-\cdots-l_r\boldsymbol{\varepsilon}_r)=\mathbf{0}$，即 $\boldsymbol{\alpha}-l_1\boldsymbol{\varepsilon}_1-\cdots-l_r\boldsymbol{\varepsilon}_r\in\boldsymbol{\sigma}$。又由于 $\boldsymbol{\varepsilon}_{r+1},\cdots,\boldsymbol{\varepsilon}_s$ 是 $\boldsymbol{\sigma}^{-1}(\mathbf{0})$ 的基，必有一组数 $l_{r+1},\cdots,l_s$ 使

$$\boldsymbol{\alpha}-l_1\boldsymbol{\varepsilon}_1-\cdots-l_r\boldsymbol{\varepsilon}_r=l_{r+1}\boldsymbol{\varepsilon}_{r+1}+\cdots+l_s\boldsymbol{\varepsilon}_s$$

于是 $\boldsymbol{\alpha}=l_1\boldsymbol{\varepsilon}_1+\cdots+l_r\boldsymbol{\varepsilon}_r+l_{r+1}\boldsymbol{\varepsilon}_{r+1}+\cdots+l_s\boldsymbol{\varepsilon}_s$ 是 $\boldsymbol{\varepsilon}_1,\boldsymbol{\varepsilon}_2,\cdots,\boldsymbol{\varepsilon}_s$ 的线性组合。这就证明了 $\boldsymbol{\varepsilon}_1,\boldsymbol{\varepsilon}_2,\cdots,\boldsymbol{\varepsilon}_r,\boldsymbol{\varepsilon}_{r+1},\cdots,\boldsymbol{\varepsilon}_s$ 是 V 的一组基。

由 V 的维数为 n 可知，$s=n$。又 r 是 $\boldsymbol{\sigma}(V)$ 的维数，也即 $\boldsymbol{\sigma}$ 的秩，$s-r=n-r$ 是 $\boldsymbol{\sigma}^{-1}(\mathbf{0})$ 的维数，即 $\boldsymbol{\sigma}$ 的零度，得到 $\boldsymbol{\sigma}$ 的秩 $+\boldsymbol{\sigma}$ 的零度 $=n$。证毕。

推论　对于有限维线性空间的线性变换 $\boldsymbol{\sigma}$，$\boldsymbol{\sigma}$ 是单射的充分必要条件为 $\boldsymbol{\sigma}$ 是满射。

证　显然，当且仅当 $\boldsymbol{\sigma}(V)=V$，即 $\boldsymbol{\sigma}$ 的秩为 n 时，$\boldsymbol{\sigma}$ 是满射；另外，当且仅当 $\boldsymbol{\sigma}^{-1}(\mathbf{0})=\{\mathbf{0}\}$，即 $\boldsymbol{\sigma}$ 的零度为 0 时，$\boldsymbol{\sigma}$ 是单射。由定理 8.4.2 即得本推论。证毕。

需要指出，虽然子空间 $\boldsymbol{\sigma}(V)$ 与 $\boldsymbol{\sigma}^{-1}(\mathbf{0})$ 的维数之和等于全空间 V 的维数，但是 $\boldsymbol{\sigma}(V)+\boldsymbol{\sigma}^{-1}(\mathbf{0})$ 并不一定是整个空间 V(参看例 8.4.1)。

例 8.4.2　设 $\mathbf{A}$ 是一个 $n\times n$ 矩阵，$\mathbf{A}^2=\mathbf{A}$。证明 $\mathbf{A}$ 相似于一个对角形矩阵

$$\begin{bmatrix} 1 & & & & & & \\ & 1 & & & & & \\ & & \ddots & & & & \\ & & & 1 & & & \\ & & & & 0 & & \\ & & & & & \ddots & \\ & & & & & & 0 \end{bmatrix} \tag{8.4.1}$$

证 取一个 n 维线性空间 V 以及 V 的一组基 $\boldsymbol{\varepsilon}_1,\boldsymbol{\varepsilon}_2,\cdots,\boldsymbol{\varepsilon}_n$。定义线性变换 $\boldsymbol{\sigma}$ 如下:

$$\boldsymbol{\sigma}(\boldsymbol{\varepsilon}_1,\boldsymbol{\varepsilon}_2,\cdots,\boldsymbol{\varepsilon}_n)=(\boldsymbol{\varepsilon}_1,\boldsymbol{\varepsilon}_2,\cdots,\boldsymbol{\varepsilon}_n)\boldsymbol{A}$$

只要证明 $\boldsymbol{\sigma}$ 在一组适当的基下的矩阵是式(8.4.1)即可。由 $\boldsymbol{A}^2=\boldsymbol{A}$ 可知,$\boldsymbol{\sigma}^2=\boldsymbol{\sigma}$。取$\boldsymbol{\sigma}(V)$的一组基 $\boldsymbol{\eta}_1,\boldsymbol{\eta}_2,\cdots,\boldsymbol{\eta}_r$,则 $\boldsymbol{\sigma}(\boldsymbol{\eta}_1)=\boldsymbol{\eta}_1,\boldsymbol{\sigma}(\boldsymbol{\eta}_2)=\boldsymbol{\eta}_2,\boldsymbol{\sigma}(\boldsymbol{\eta}_r)=\boldsymbol{\eta}_r$,它们的原像也是 $\boldsymbol{\eta}_1,\boldsymbol{\eta}_2,\cdots,\boldsymbol{\eta}_r$。再取 $\boldsymbol{\sigma}^{-1}(\mathbf{0})$的一组基 $\boldsymbol{\eta}_{r+1},\boldsymbol{\eta}_{r+2},\cdots,\boldsymbol{\eta}_n$。由定理 8.4.2 可知 $\boldsymbol{\eta}_1,\boldsymbol{\eta}_2,\cdots,\boldsymbol{\eta}_r,\boldsymbol{\eta}_{r+1},\boldsymbol{\eta}_{r+2},\cdots,\boldsymbol{\eta}_n$ 是 V 的一组基。在这组基下 $\boldsymbol{\sigma}$ 的矩阵就是式(8.4.1)。

习题 8.4

1. 设 V 是全体实三维向量所成线性空间。V 的线性变换 $\boldsymbol{\sigma}$ 在基 $\boldsymbol{\alpha}_1,\boldsymbol{\alpha}_2,\boldsymbol{\alpha}_3$ 下的矩阵为

$$A=\begin{bmatrix} 1 & -3 & 2 \\ -3 & 9 & -6 \\ 2 & -6 & 4 \end{bmatrix}$$,求 $\boldsymbol{\sigma}$ 的值域 $\boldsymbol{\sigma}(V)$ 与核 $\boldsymbol{\sigma}^{-1}(\mathbf{0})$。

2. 设 $\boldsymbol{\sigma}$ 是 n 维线性空间 V 的线性变换,W 是 V 的子空间。证明:

$$\boldsymbol{\sigma}(W)\text{的维数}\geqslant W\text{ 的维数 }+\boldsymbol{\sigma}\text{ 的秩 }-n$$

3. 设 $\boldsymbol{\sigma}$ 是 n 维线性空间 V 的线性变换。证明 $\boldsymbol{\sigma}^2=\mathbf{0}$,当且仅当 $\boldsymbol{\sigma}(V)\subseteq\boldsymbol{\sigma}^{-1}(\mathbf{0})$。

8.5 不变子空间

本节介绍关于线性变换的一个重要概念——不变子空间,同时利用不变子空间的概念,说明线性变换矩阵的化简与线性变换的内在联系。这样,对有关矩阵的结果可以有进一步的了解。

定义 8.5.1 设 $\boldsymbol{\sigma}$ 是数域 P 上线性空间 V 的线性变换,W 是 V 的子空间。如果 W 中的向量在 $\boldsymbol{\sigma}$ 下的像仍在 W 中,换句话说,对于 W 中任一向量 $\boldsymbol{\xi}$,$\boldsymbol{\sigma}(\boldsymbol{\xi})\in W$,就称 W 是 $\boldsymbol{\sigma}$ 的不变子空间,简称 $\boldsymbol{\sigma}$-子空间。

例 8.5.1 整个空间 V 和零子空间$\{\mathbf{0}\}$,对于每个线性变换 $\boldsymbol{\sigma}$ 来说都是 $\boldsymbol{\sigma}$-子空间。

例 8.5.2　$\boldsymbol{\sigma}$ 的值域与核都是 $\boldsymbol{\sigma}$-子空间。事实上，$\boldsymbol{\sigma}$ 的值域 $\boldsymbol{\sigma}(V)$ 是 V 中的向量在 $\boldsymbol{\sigma}$ 下的像的集合，它当然也包含 $\boldsymbol{\sigma}(V)$ 中向量的像，所以 $\boldsymbol{\sigma}(V)$ 是 $\boldsymbol{\sigma}$ 的不变子空间。$\boldsymbol{\sigma}$ 的核是被 $\boldsymbol{\sigma}$ 变成零的向量的集合，核中向量的像是零，自然在核中，因此核是不变子空间。

例 8.5.3　若线性变换 $\boldsymbol{\sigma}$ 与 $\boldsymbol{B}$ 是可交换的，则 $\boldsymbol{B}$ 的核与值域都是 $\boldsymbol{\sigma}$-子空间。

证　在 $\boldsymbol{B}$ 的核 V_0 中任取一向量 $\boldsymbol{\xi}$，则

$$\boldsymbol{B}(\boldsymbol{\sigma}(\boldsymbol{\xi})) = (\boldsymbol{B\sigma})\boldsymbol{\xi}=(\boldsymbol{\sigma B})\boldsymbol{\xi}=\boldsymbol{\sigma}(\boldsymbol{B}(\boldsymbol{\xi})) =\boldsymbol{\sigma}(\boldsymbol{0}) = \boldsymbol{0}$$

所以 $\boldsymbol{\sigma}(\boldsymbol{\xi})$ 在 $\boldsymbol{B}$ 下的像是零，即 $\boldsymbol{\sigma}(\boldsymbol{\xi})\in V_0$。故 V_0 是 $\boldsymbol{\sigma}$-子空间。再在 $\boldsymbol{B}$ 的值域 $\boldsymbol{B}(V)$ 中任取一向量 $\boldsymbol{B}(\boldsymbol{\eta})$，则有

$$\boldsymbol{\sigma}(\boldsymbol{B}(\boldsymbol{\eta}))= \boldsymbol{B}(\boldsymbol{\sigma}(\boldsymbol{\eta}))\in \boldsymbol{B}(V)$$

因此 $\boldsymbol{B}(V)$ 也是 $\boldsymbol{\sigma}$-子空间。证毕。

因为 $\boldsymbol{\sigma}$ 的多项式 $f(\boldsymbol{\sigma})$ 是和 $\boldsymbol{\sigma}$ 交换的，所以 $f(\boldsymbol{\sigma})$ 的值域与核都是 $\boldsymbol{\sigma}$-子空间。这是一种常见的 $\boldsymbol{\sigma}$-子空间。

例 8.5.4　V 的任何一个子空间 W 都是数乘变换的不变子空间。这是因为子空间对于数量乘法是封闭的。

特征向量与一维不变子空间之间有着紧密的关系。

命题 8.5.1　W 是 V 的一维 $\boldsymbol{\sigma}$-子空间，当且仅当 W 是由特征向量 $\boldsymbol{\xi}$ 生成的一维子空间。

证　设 W 是 V 的一维 $\boldsymbol{\sigma}$-子空间，$\boldsymbol{\xi}$ 是 W 中任何一个非零向量，它构成 W 的基。按 $\boldsymbol{\sigma}$-子空间的定义，$\boldsymbol{\sigma}(\boldsymbol{\xi})\in W$，它必定是 $\boldsymbol{\xi}$ 的倍数：

$$\boldsymbol{\sigma}(\boldsymbol{\xi}) =\lambda_0\boldsymbol{\xi}$$

这说明 $\boldsymbol{\xi}$ 是 $\boldsymbol{\sigma}$ 的特征向量，而 W 即是由 ξ 生成的一维子空间。

反之，设 $\boldsymbol{\xi}$ 是 $\boldsymbol{\sigma}$ 的属于特征值 λ_0 的一个特征向量，则 $\boldsymbol{\xi}$ 以及它的任一倍数在 $\boldsymbol{\sigma}$ 下的像是原像的 λ_0 倍，仍旧是 $\boldsymbol{\xi}$ 的一个倍数。故 $\boldsymbol{\xi}$ 的倍数构成一个一维 $\boldsymbol{\sigma}$-子空间。证毕。

推论　$\boldsymbol{\sigma}$ 的属于特征值 λ_0 的特征子空间 V_{λ_0} 是 $\boldsymbol{\sigma}$ 的不变子空间。

命题 8.5.2　$\boldsymbol{\sigma}$-子空间的和与交还是 $\boldsymbol{\sigma}$-子空间。

证　设 W_1,W_2 是 V 的 $\boldsymbol{\sigma}$-子空间，$\boldsymbol{\beta}=\boldsymbol{\alpha}+\boldsymbol{\beta}\in W_1+W_2$，$\boldsymbol{\gamma}\in W_1\cap W_2$，则有

$$\boldsymbol{\sigma}(\boldsymbol{\alpha}+\boldsymbol{\beta})=o(\boldsymbol{\alpha})+\boldsymbol{\sigma}(\boldsymbol{\beta})\in W_1+W_2,\qquad \boldsymbol{\sigma}(\gamma)\in W_1\cap W_2$$

故 W_1,W_2 的和与交还是 $\boldsymbol{\sigma}$-子空间。证毕。

设 $\boldsymbol{\sigma}$ 是线性空间 V 的线性变换，W 是 $\boldsymbol{\sigma}$ 的不变子空间。由于 W 中向量在 $\boldsymbol{\sigma}$ 下的像仍在 W 中，这就使得有可能不必在整个空间 V 中来考虑 $\boldsymbol{\sigma}$，而只在不变子空间 W 中考虑 $\boldsymbol{\sigma}$，即把 $\boldsymbol{\sigma}$ 看成是 W 的一个线性变换，称为 $\boldsymbol{\sigma}$ 在不变子空间 W 上引起的变换。为了区别起见，用符号 $\boldsymbol{\sigma}|_W$ 来表示它；但是在很多情况下，仍然可用 $\boldsymbol{\sigma}$ 来表示而不致引起混淆。

必须在概念上弄清楚 $\boldsymbol{\sigma}$ 和 $\boldsymbol{\sigma}|_W$ 的异同：$\boldsymbol{\sigma}$ 是 V 的线性变换，V 中每个向量在 $\boldsymbol{\sigma}$

下都有确定的像;$\boldsymbol{\sigma}|_W$ 是不变子空间 W 上的线性变换,对于 W 中任一向量 $\boldsymbol{\xi}$,有

$$(\boldsymbol{\sigma}|_W)(\boldsymbol{\xi})=\boldsymbol{\sigma}(\boldsymbol{\xi})$$

但是对于 V 中不属于 W 的向量 $\boldsymbol{\eta}$ 来说,$(\boldsymbol{\sigma}|_W)(\boldsymbol{\eta})$是没有意义的。

例如,任一线性变换在它的核上引起的变换就是零变换,而在特征子空间 V_{λ_0} 上引起的变换是数乘变换 λ_0。

命题 8.5.3 线性空间 V 的由向量组 $\boldsymbol{\alpha}_1,\boldsymbol{\alpha}_2,\cdots,\boldsymbol{\alpha}_s$ 生成的子空间 $W=L(\boldsymbol{\alpha}_1,\boldsymbol{\alpha}_2,\cdots,\boldsymbol{\alpha}_s)$ 是 $\boldsymbol{\sigma}$-子空间的充分必要条件为 $\boldsymbol{\sigma}(\boldsymbol{\alpha}_1),\boldsymbol{\sigma}(\boldsymbol{\alpha}_2),\cdots,\boldsymbol{\sigma}(\boldsymbol{\alpha}_s)$ 全属于 W。

证 必要性是显然的。现证充分性。若 $\boldsymbol{\sigma}(\boldsymbol{\alpha}_1),\boldsymbol{\sigma}(\boldsymbol{\alpha}_2),\cdots,\boldsymbol{\sigma}(\boldsymbol{\alpha}_s)$全属于 W,由于 W 中每个向量 $\boldsymbol{\xi}$ 都可以被 $\boldsymbol{\alpha}_1,\boldsymbol{\alpha}_2,\cdots,\boldsymbol{\alpha}_s$ 线性表出,即有

$$\boldsymbol{\xi}=k_1\boldsymbol{\alpha}_1+k_2\boldsymbol{\alpha}_2+\cdots+k_s\boldsymbol{\alpha}_s$$

故 $\boldsymbol{\sigma}(\boldsymbol{\xi})=k_1\boldsymbol{\sigma}(\boldsymbol{\alpha}_1)+k_2\boldsymbol{\sigma}(\boldsymbol{\alpha}_2)+\cdots+k_s\boldsymbol{\sigma}(\boldsymbol{\alpha}_s)\in W$。证毕。

下面讨论不变子空间与线性变换矩阵化简之间的关系。

定理 8.5.1 设 $\boldsymbol{\sigma}$ 是 n 维线性空间 V 的线性变换,W 是 V 的 $\boldsymbol{\sigma}$-子空间。在 W 中取一组基 $\boldsymbol{\varepsilon}_1,\boldsymbol{\varepsilon}_2,\cdots,\boldsymbol{\varepsilon}_k$,并且把它扩充成 V 的一组基

$$\boldsymbol{\varepsilon}_1,\boldsymbol{\varepsilon}_2,\cdots,\boldsymbol{\varepsilon}_k,\boldsymbol{\varepsilon}_{k+1},\cdots,\boldsymbol{\varepsilon}_n \tag{8.5.1}$$

那么,$\boldsymbol{\sigma}$ 在这组基下的矩阵具有下列形状

$$\begin{pmatrix} a_{11} & \cdots & a_{1k} & a_{1,k+1} & \cdots & a_{1n} \\ \vdots & & \vdots & \vdots & & \vdots \\ a_{k1} & \cdots & a_{kk} & a_{k,k+1} & \cdots & a_{kn} \\ 0 & \cdots & 0 & a_{k+1,k+1} & \cdots & a_{k+1,n} \\ \vdots & & \vdots & \vdots & & \vdots \\ 0 & \cdots & 0 & a_{n,k+1} & \cdots & a_{nn} \end{pmatrix}=\begin{pmatrix} \boldsymbol{A}_1 & \boldsymbol{A}_3 \\ \boldsymbol{0} & \boldsymbol{A}_2 \end{pmatrix} \tag{8.5.2}$$

并且左上角的 k 级矩阵 $\boldsymbol{A}_1$ 就是 $\boldsymbol{\sigma}|_W$ 在 W 的基 $\boldsymbol{\varepsilon}_1,\boldsymbol{\varepsilon}_2,\cdots,\boldsymbol{\varepsilon}_k$ 下的矩阵。

证 因为 W 是 $\boldsymbol{\sigma}$-子空间,所以像 $\boldsymbol{\sigma}(\boldsymbol{\varepsilon}_1),\boldsymbol{\sigma}(\boldsymbol{\varepsilon}_2),\cdots,\boldsymbol{\sigma}(\boldsymbol{\varepsilon}_k)$ 仍在 W 中。它们可以由 W 的基 $\boldsymbol{\varepsilon}_1,\boldsymbol{\varepsilon}_2,\cdots,\boldsymbol{\varepsilon}_k$ 线性表出,即

$$\begin{cases} \boldsymbol{\sigma}(\boldsymbol{\varepsilon}_1)=a_{11}\boldsymbol{\varepsilon}_1+a_{21}\boldsymbol{\varepsilon}_2+\cdots+a_{k1}\boldsymbol{\varepsilon}_k \\ \boldsymbol{\sigma}(\boldsymbol{\varepsilon}_2)=a_{12}\boldsymbol{\varepsilon}_1+a_{22}\boldsymbol{\varepsilon}_2+\cdots+a_{k2}\boldsymbol{\varepsilon}_k \\ \qquad\vdots \\ \boldsymbol{\sigma}(\boldsymbol{\varepsilon}_k)=a_{1k}\boldsymbol{\varepsilon}_1+a_{2k}\boldsymbol{\varepsilon}_2+\cdots+a_{kk}\boldsymbol{\varepsilon}_k \end{cases} \tag{8.5.3}$$

从而 $\boldsymbol{\sigma}$ 在基式(8.5.1)下的矩阵形如式(8.5.2),$\boldsymbol{\sigma}|_W$ 在 W 的基 $\boldsymbol{\varepsilon}_1,\boldsymbol{\varepsilon}_2,\cdots,\boldsymbol{\varepsilon}_k$ 下的矩阵是 $\boldsymbol{A}_1$。

反之,如果 $\boldsymbol{\sigma}$ 在基式(8.5.1)下的矩阵是式(8.5.2),那么式(8.5.3)成立,故 $\boldsymbol{\varepsilon}_1,\boldsymbol{\varepsilon}_2,\cdots,\boldsymbol{\varepsilon}_k$ 生成的子空间 W 是 $\boldsymbol{\sigma}$ 的不变子空间。证毕。

定理 8.5.2 设 V 是两个 $\boldsymbol{\sigma}$-子空间的和,$V=W_1+W_2$,且 $W_1\cap W_2=\phi$。在每一个 $\boldsymbol{\sigma}$-子空间 W_i 中取基

$$\boldsymbol{\varepsilon}_{i1},\boldsymbol{\varepsilon}_{i2},\cdots,\boldsymbol{\varepsilon}_{in_l} \quad (i=1,2) \tag{8.5.4}$$

把它们合并起来成为 V 的一组基 I，则在这组基下，$\boldsymbol{\sigma}$ 的矩阵具有准对角形状

$$\begin{pmatrix} \boldsymbol{A}_1 & \\ & \boldsymbol{A}_2 \end{pmatrix} \tag{8.5.5}$$

其中，$\boldsymbol{A}_i$ 是 $\boldsymbol{\sigma}|_{W_i}$ 在基式(8.5.4)下的矩阵。

反之，如果线性变换 $\boldsymbol{\sigma}$ 在基 I 下的矩阵是准对角形式(8.5.5)，则由式(8.5.4)生成的子空间 W_i 是 $\boldsymbol{\sigma}$-子空间。

证　W_i 是 $\boldsymbol{\sigma}$-子空间，当且仅当 $\boldsymbol{\varepsilon}_{i1},\boldsymbol{\varepsilon}_{i2},\cdots,\boldsymbol{\varepsilon}_{in_i}$ 的像仍可以由 $\boldsymbol{\varepsilon}_{i1},\boldsymbol{\varepsilon}_{i2},\cdots,\boldsymbol{\varepsilon}_{in_i}$ 线性表出，这等价于 $\boldsymbol{\sigma}$ 在基 I 下的矩阵是准对角形式(8.5.5)。证毕。

当条件 $V=W_1+W_2$，且 $W_1\cap W_2=\phi$ 成立时，称 V 为 W_1 与 W_2 的直和，记为 $V=W_1\oplus W_2$。类似，当 $V=W_1+W_2+\cdots+W_s$ 且 $W_i\cap W_j=\phi$ 对 $i\neq j$ 成立时，称 V 为 $W_1,W_2,\cdots,W_s$ 的直和，记为 $V=W_1\oplus W_2\oplus\cdots\oplus W_s$。此时每一个 W_i 的基合并起来就成为 V 的一组基。

推论　设 V 分解成若干个 $\boldsymbol{\sigma}$-子空间的直和，$V=W_1\oplus W_2\oplus\cdots\oplus W_s$，在每一个 $\boldsymbol{\sigma}$-子空间 W_i 中取基

$$\boldsymbol{\varepsilon}_{i1},\boldsymbol{\varepsilon}_{i2},\cdots,\boldsymbol{\varepsilon}_{in_i}\qquad (i=1,2,\cdots,s) \tag{8.5.6}$$

把它们合并起来成为 V 的一组基 I，则在这组基下，$\boldsymbol{\sigma}$ 的矩阵具有准对角形状

$$\begin{bmatrix} \boldsymbol{A}_1 & & & \\ & \boldsymbol{A}_2 & & \\ & & \ddots & \\ & & & \boldsymbol{A}_s \end{bmatrix} \tag{8.5.7}$$

其中，$\boldsymbol{A}_i$ 是 $\boldsymbol{\sigma}|_{W_i}$ 在基式(8.5.6)下的矩阵。

反之，如果线性变换 $\boldsymbol{\sigma}$ 在基 I 下的矩阵是准对角形式(8.5.7)，则由式(8.5.6)生成的子空间 W_i 是 $\boldsymbol{\sigma}$-子空间。

由此可知，矩阵分解为准对角形与空间分解为不变子空间的直和是相当的。

习题 8.5

1. 若线性变换 $\boldsymbol{\sigma}$ 与 $\boldsymbol{\tau}$ 是可交换的，则 $\boldsymbol{\tau}$ 的特征子空间都是 $\boldsymbol{\sigma}$-子空间。

2. 设 V 是全体实四维向量所成线性空间。V 的线性变换 $\boldsymbol{\sigma}$ 为 $\boldsymbol{\sigma}(\boldsymbol{\alpha})=\boldsymbol{X\alpha}$，其中

$\boldsymbol{X}=\begin{pmatrix} 1 & 0 & 2 & -1 \\ 0 & 1 & 4 & -2 \\ 2 & -1 & 0 & 1 \\ 2 & -1 & -1 & 2 \end{pmatrix}$，证明由向量 $\boldsymbol{\alpha}_1=(1,2,0,0)$ 及 $\boldsymbol{\alpha}_2=(0,1,1,2)$ 生成的子空间是 $\boldsymbol{\sigma}$-子空间。

3. 证明：若线性变换 $\boldsymbol{\sigma}$ 是可逆的，W 是 V 的 $\boldsymbol{\sigma}$-子空间，则 W 也是 V 的 $\boldsymbol{\sigma}^{-1}$ 子空间。

第 9 章　线性代数的一些应用

线性代数理论在数学、物理、工程技术、计算机科学乃至经济学等学科分支中都有广泛应用，已成为自然科学和社会科学中最重要的数学工具之一。本章从读者现有线性代数知识出发，简略介绍线性代数在图论、最小二乘法和线性经济模型中的应用，使读者对线性代数在其他学科中的作用有一个初步的了解。

9.1　在图论中的应用

图论是一个古老的数学分支。1736 年，数学家欧拉(Euler)解决了著名的哥尼斯堡七桥问题，奠定了图论作为一门数学分支的基础。1847 年，物理学家基尔霍夫(Kirchhoff)把图论应用于电路网络的研究，开创了图论应用于工程科学的先例。近 50 年来，随着电子计算机的迅猛发展，图论已被迅速、有效地应用于许多科学领域，如运筹学、博弈论、信息论、控制论、网络理论、社会学、经济学、建筑学及计算机科学的各个领域。

组成图的基本元素是顶点和边，即图是一些顶点$\{v_1,v_2,\cdots,v_n\}$和连接一些顶点的边$\{e_1,e_2,\cdots,e_m\}$组成的图形。在此，不去严格系统地叙述图论知识，仅简略说明和描述理解以下应用所需的一些图论概念。

图的边必是连接两个顶点 v_i，v_j 的(v_i 可以等于 v_j)。当 v_i 与 v_j 相等时，连接它们的边称为环，即从 v_i 到 v_i 的边称为环。如果图的边是区分方向的，即 v_i 到 v_j 的边与 v_j 到 v_i 的边是不同的边，则称该图为有向图；如果 v_i 到 v_j 的边不区分方向，则称为无向图。有向图的边用箭头标出，无向图的边则不带箭头。

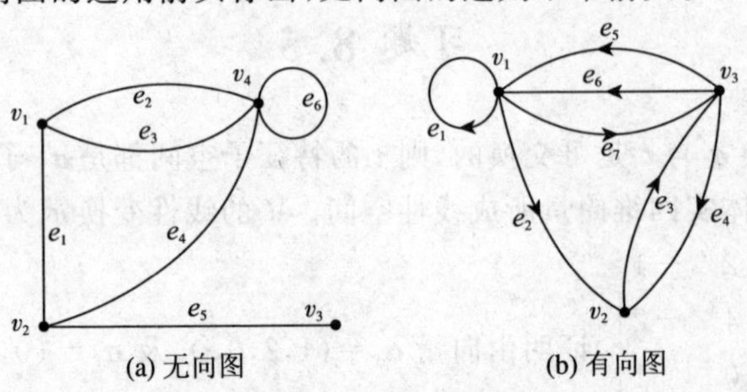

图 9.1.1　无向图与有向图

图 9.1.1(a)是一个无向图，由 4 个顶点$\{v_1,v_2,v_3,v_4\}$和 6 条边$\{e_1,e_2,e_3,e_4,e_5,e_6\}$组成，其中 e_6 是环。v_3 到 v_2 有边 e_5 相连，但 v_3 到 v_1 没有边相连，v_3 到 v_4 也没

有边相连。图 9.1.1(b)是一个有向图，由 3 个顶点和 7 条有向边组成。其中 e_1 是环。v_3 到 v_1 有两条边 e_5 和 e_6，而 v_1 到 v_3 只有一条边 e_7。

两个顶点 v_i 和 v_j 之间若有边相连，则称它们为邻接的顶点。两条边 e_i 和 e_j 若有一个公共顶点，则称它们为邻接的边。图 9.1.1(a)中，v_1 和 v_2 是邻接的顶点，而 v_1 和 v_3 不是邻接的顶点。e_2 与 e_1 是邻接的边，而 e_2 与 e_5 不是邻接的边。在图 9.1.1(b)中，任两顶点都是邻接的，而除了 e_1 与 e_3、e_1 与 e_4 不邻接外，其余任两条边都是邻接的。

从某个顶点 v_1 到另一个顶点 v_n 的一系列邻接的边称为一条从 v_1 到 v_n 的通路，通路中边的条数称为该通路的长，从一点 v_1 回到该点的通路称为回路。如图 9.1.1(a)中，$e_5—e_1—e_2$，$e_5—e_1—e_3$ 是两条从 v_3 到 v_4 的长为 3 的通路。$e_5—e_4$ 则是 v_3 到 v_4 的长为 2 的通路。$e_5—e_4—e_3—e_2$ 是长为 4 的通路等。而 $e_1—e_4—e_2$ 则构成了一个 v_1 到 v_1 的长为 3 的回路。在图 9.1.1(b)中，$e_3—e_5—e_2$ 是 v_2 到 v_2 的长为 3 的回路，$e_7—e_4$ 是 v_1 到 v_2 的长为 2 的通路，e_2 是 v_1 到 v_2 的长为 1 的通路。注意 v_2 到 v_1 没有长为 1 的通路。

在研究图的结构和性质时，一个重要的方面，是考察图中某两顶点之间有多少通路或回路，以及这些通路或回路的长是多少。线性代数中的矩阵为我们提供了一种有效的工具。

定义 9.1.1　设 D 是一个有向图，$V=\{v_1,v_2,\cdots,v_n\}$ 是 D 的顶点集合，记从 v_i 到 v_j 的边的数目为 a_{ij}，作矩阵 $\mathbf{A}(D)=(a_{ij})_{n\times n}$，称 n 阶方阵 $\mathbf{A}(D)$ 为有向图 D 的**邻接矩阵**。

例 9.1.1　在图 9.1.1(b)中，有向图 D 的顶点集 $V=\{v_1,v_2,v_3\}$，则 D 的邻接矩阵 $\mathbf{A}(D)$ 是三阶方阵：

$$\mathbf{A}(D)=\begin{pmatrix}1&1&1\\0&0&1\\2&1&0\end{pmatrix}$$

其中，$a_{31}=2$ 表示 v_3 到 v_1 有 2 条边，$a_{21}=1$ 表示 v_2 到 v_1 有 1 条边，$v_{33}=0$ 表示 v_3 到 v_3 有 0 条边，等等。显见，$\mathbf{A}(D)$ 中所有元素之和等于 D 中边的总数。

无向图的邻接矩阵可类似定义，因为无向图的边不计方向，所以 v_i 到 v_j 的边也是 v_j 到 v_i 的边，因此无向图中 v_i 到 v_j 的边的条数与 v_j 到 v_i 的边的条数是相等的，即 $a_{ij}=a_{ji}$，故无向图的邻接矩阵是对称矩阵。

例 9.1.2　在图 9.1.1(a)中，无向图 D 的顶点集 $V=\{v_1,v_2,v_3,v_4\}$，从而 D 的邻接矩阵为四阶对称矩阵：

$$\mathbf{A}(D)=\begin{pmatrix}0&1&0&2\\1&0&1&1\\0&1&0&0\\2&1&0&1\end{pmatrix}$$

其中,$a_{12}=1$ 表示 v_1 到 v_2 有一条边,$a_{21}=1$ 表示 v_2 到 v_1 有一条边,$v_{14}=2$ 表示 v_1 到 v_4 有2条边,同样 v_4 到 v_1 也有2条边,$a_{41}=2$。

利用邻接矩阵的运算可以得出任两顶点 v_i 到 v_j 的长为 l 的通路数。当图较为复杂时,凭观察是难以决定这些通路的数目的。

定理 9.1.1 设 $\boldsymbol{A}(D)$ 是有 n 个顶点的有向图 D 的邻接矩阵,则 $\boldsymbol{A}(D)$ 的 l 次方 $\boldsymbol{A}^l(D)$ $(l\geqslant 1)$ 中第 i 行、第 j 列元素 $a_{ij}^{(l)}$ 等于 D 中从 v_i 到 v_j 的长度为 l 的通路数目,$\boldsymbol{A}^l(D)$ 中所有元素之和等于 D 中长度为 l 的通路总数,$\boldsymbol{A}^l(D)$ 中主对角线元素之和等于 D 中长度为 l 的回路总数。

证 邻接矩阵中 $\boldsymbol{A}(D)$ 的元素 a_{ij} 等于 v_i 到 v_j 的边的条数,从而也是 v_i 到 v_j 的长为1的通路数目。如果从 v_i 到 v_j 存在一条长为2的通路,那么中间必经过一个顶点 v_k,即有通路 $v_i—v_k—v_j$ 存在,则 $a_{ik}\neq 0$ 或 $a_{kj}\neq 0$,且 $a_{ik}\cdot a_{kj}$ 表示从 v_i 通过 v_k 到 v_j 的长为2的通路数目。如果图中不存在这样的通路 $v_i—v_k—v_j$,则 $a_{ik}=0$ 或 $a_{kj}=0$,因此 $a_{ik}\cdot a_{kj}=0$。这样,当图中有 n 个顶点时,从 v_i 到 v_j 的长为2的通路数目为

$$a_{i1}a_{1j}+a_{i2}a_{2j}+\cdots+a_{in}a_{nj}$$

这恰好等于矩阵 $(\boldsymbol{A}(D))^2$ 的第 i 行、第 j 列元素 $a_{ij}^{(2)}$。把 $(\boldsymbol{A}(D))^2$ 简记为 $\boldsymbol{A}^2(D)$,则可以得到结论:$\boldsymbol{A}^2(D)=(a_{ij}^{(2)})_{n\times n}$ 中元素 $a_{ij}^{(2)}$ 表示从 v_i 到 v_j 的长为2的通路数目。当 $i=j$ 时,$a_{ii}^{(2)}$ 表示从 v_i 到 v_i 的长为2的回路数目。

类似地,若顶点 v_i 到 v_j 存在长度为3的通路,则必存在顶点 v_k,使 v_i 到 v_k 存在长为1的通路,同时从 v_k 到 v_j 存在长度为2的通路。这样

$$a_{i1}a_{1j}^{(2)}+a_{i2}a_{2j}^{(2)}+\cdots+a_{in}a_{nj}^{(2)}$$

表示 v_i 到 v_j 的长为3的通路总数。显见它恰好等于 $\boldsymbol{A}(D)\cdot\boldsymbol{A}^2(D)$ 中的第 i 行、第 j 列元素 $a_{ij}^{(3)}$。一般地,有

$$\boldsymbol{A}^l(D)=(a_{ij}^{(l)})_{n\times n}=\boldsymbol{A}(D)\cdot\boldsymbol{A}^{l-1}(D)$$

其中,元素 $a_{ij}^{(l)}$ 表示 v_i 到 v_j 的长为 l 的通路数目,$a_{ii}^{(l)}$ 表示 v_i 到自身的长为 l 的回路数目。因此,图中长为 l 的通路总数等于 $\boldsymbol{A}^l(D)$ 中所有元素之和,长为 l 的回路总数等于 $\boldsymbol{A}^l(D)$ 中对角线元素之和。证毕。

定理9.1.1对无向图的邻接矩阵也成立。

推论 设矩阵

$$\boldsymbol{B}_l(D)=\boldsymbol{A}(D)+\boldsymbol{A}^2(D)+\cdots+\boldsymbol{A}^l(D)\qquad(l\geqslant 1)$$

则 $\boldsymbol{B}_l(D)$ 中第 i 行、第 j 列元素 $b_{ij}^{(l)}$ 为 D 中从 v_i 到 v_j 的长度小于或等于 l 的通路数,$\boldsymbol{B}_l(D)$ 中所有元素之和为 D 中小于或等于 l 的通路总数,$\boldsymbol{B}_l(D)$ 中对角线元素之和为 D 中小于或等于 l 的回路总数。

例 9.1.3 求图9.1.2所示有向图 D 的邻接矩阵 $\boldsymbol{A}(D)$,并通过 $\boldsymbol{A}^2(D)$,$\boldsymbol{A}^3(D)$,$\boldsymbol{B}_3(D)$ 求:

① 从 v_1 到 v_4 的长度为1,2,3的通路数目;

② 从 v_1 到 v_4 的长度小于或等于3的通路数目;

③ 从 v_1 到自身的长度为 1,2,3 的回路数目；

④ D 中长为 3 的通路总数及其中回路的数目；

⑤ D 中长度小于或等于 3 的通路总数及其中回路的数目。

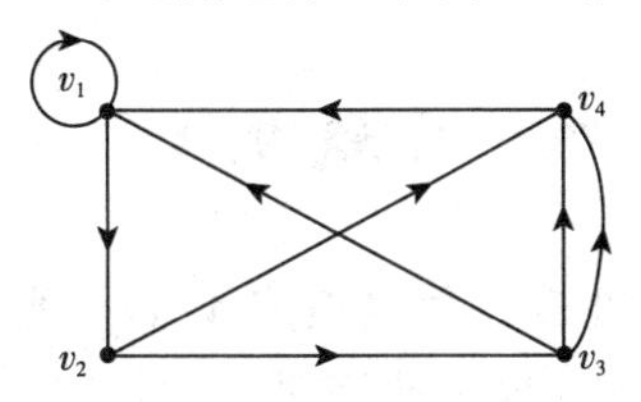

图 9.1.2　有向图(1)

解

$$\boldsymbol{A}(D)=\begin{pmatrix}1&1&0&0\\0&0&1&1\\1&0&0&2\\1&0&0&0\end{pmatrix}$$

$$\boldsymbol{A}^2(D)=\begin{pmatrix}1&1&0&0\\0&0&1&1\\1&0&0&2\\1&0&0&0\end{pmatrix}\begin{pmatrix}1&1&0&0\\0&0&1&1\\1&0&0&2\\1&0&0&0\end{pmatrix}=\begin{pmatrix}1&1&1&1\\2&0&0&2\\3&1&0&0\\1&1&0&0\end{pmatrix}$$

$$\boldsymbol{A}^3(D)=\begin{pmatrix}1&1&0&0\\0&0&1&1\\1&0&0&2\\1&0&0&0\end{pmatrix}\begin{pmatrix}1&1&1&1\\2&0&0&2\\3&1&0&0\\1&1&0&0\end{pmatrix}=\begin{pmatrix}3&1&1&3\\4&2&0&0\\3&3&1&1\\1&1&1&1\end{pmatrix}$$

$$\boldsymbol{B}_3(D)=\boldsymbol{A}(D)+\boldsymbol{A}^2(D)+\boldsymbol{A}^3(D)=$$

$$\begin{pmatrix}1&1&0&0\\0&0&1&1\\1&0&0&2\\1&0&0&0\end{pmatrix}+\begin{pmatrix}1&1&1&1\\2&0&0&2\\3&1&0&0\\1&1&0&0\end{pmatrix}+$$

$$\begin{pmatrix}3&1&1&3\\4&2&0&0\\3&3&1&1\\1&1&1&1\end{pmatrix}=\begin{pmatrix}5&3&2&4\\6&2&1&3\\7&4&1&3\\3&2&1&1\end{pmatrix}$$

由定理 9.1.1 及上述矩阵得到以下结论：

(1) 从 v_1 到 v_4 的长度为 1,2,3 的通路分别有 0,1,3 条；

(2) 从 v_1 到 v_4 的长度小于或等于 3 的通路有 4 条；

(3) 从 v_1 到自身的长度为 1,2,3 的回路分别有 1,1,3 条；

(4) D 中长度为 3 的通路总共有 26 条，其中 7 条为回路；

(5) D 中长度小于或等于 3 的通路共有 48 条，其中 9 条为回路。

由此例可以看到，矩阵是研究图性质的有效工具。如果凭直观，这些通路和回路的数目是不容易看出来的。

习题 9.1

1. 求图 9.1.3 所示有向图 D 的邻接矩阵 $\mathbf{A}(D)$，找出所有从 u_1 到 u_4 的长为 1，2，3，4 的通路，并用 $\mathbf{A}(D)$ 的前 4 次幂验证之。

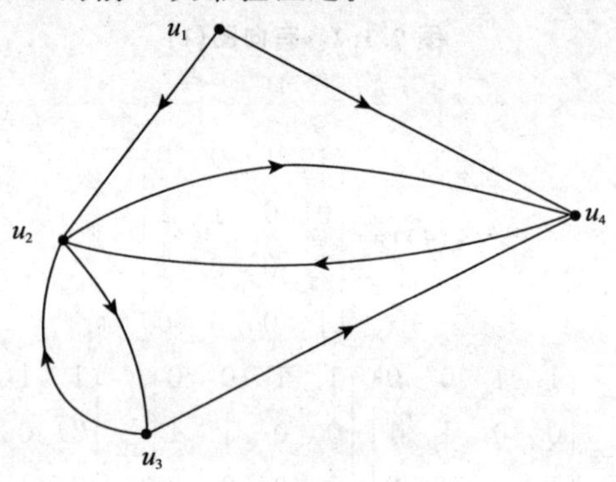

图 9.1.3　有向图(2)

2. 求第 1 题所示有向图 D 中长度小于或等于 4 的所有通路和回路数目。

9.2　在最小二乘法中的应用

在一些实际问题当中，经常会遇到所谓线性回归问题，即实际观测到变量 x 的一些数值和变量 y 的一些数值，要确定出 x 与 y 的线性关系

$$y = ax + b$$

如何根据 x 与 y 的数值确定出 a,b，使这一关系最贴近实际情况呢？这就是最小二乘法问题。

例 9.2.1　已知某种材料在生产过程中的废品率 y 与某种化学成分 x 有关。表 9.2.1 中记载了某工业生产中 y 与相应的 x 的几次观测值。

表 9.2.1　废品率与某种化学成分观测值

类　别	观测值						
y/(%)	1.00	0.9	0.9	0.81	0.60	0.56	0.35
x/(%)	3.6	3.7	3.8	3.9	4.0	4.1	4.2

如何找出 y 对 x 的近似关系？

解　把表 9.2.1 中数值在 x 与 y 的直角坐标系中画出图(见图 9.2.1)，可发现

其变化趋势近似于一条直线。

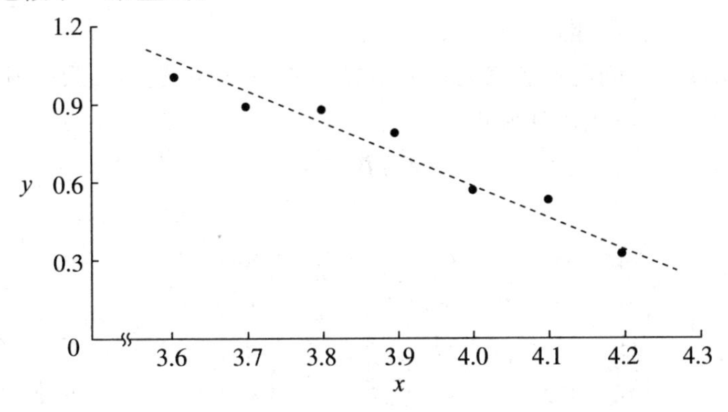

图 9.2.1　$y-x$ 关系图

由此可以认为 y 与 x 的关系是线性关系，即

$$y = ax + b \tag{9.2.1}$$

但从图 9.2.1 中可以看出，实际数据点 (x_i, y_i) 不会精确满足这一关系，也就是说，不管取什么样的 a，b，把数据点代入式(9.2.1)后都会发生一点误差，即

$$\begin{cases} 3.6a+b-1.00=\varepsilon_1 \\ 3.7a+b-0.9=\varepsilon_2 \\ 3.8a+b-0.9=\varepsilon_3 \\ 3.9a+b-0.81=\varepsilon_4 \\ 4.0a+b-0.60=\varepsilon_5 \\ 4.1a+b-0.56=\varepsilon_6 \\ 4.2a+b-0.35=\varepsilon_7 \end{cases} \tag{9.2.2}$$

中的 $\varepsilon_1, \varepsilon_2, \cdots, \varepsilon_7$ 可能不等于 0。我们确定 a，b 使

$$\varepsilon_1^2 + \varepsilon_2^2 + \cdots + \varepsilon_7^2 \tag{9.2.3}$$

达到最小，那么可以认为这样的 a，b 最为切合实际状况。寻找式(9.2.2)中的 a，b，使式(9.2.3)达到最小，就是所谓最小二乘法问题。

一般的最小二乘法问题叙述如下：

线性方程组

$$\begin{cases} a_{11}x_1 + a_{12}x_2 + \cdots + a_{1m}x_m - b_1 = 0 \\ a_{21}x_1 + a_{22}x_2 + \cdots + a_{2m}x_m - b_2 = 0 \\ \vdots \\ a_{n1}x_1 + a_{n2}x_2 + \cdots + a_{nm}x_m - b_n = 0 \end{cases} \tag{9.2.4}$$

可能无解，即任何一组数 $x_1, x_2, \cdots, x_m$ 都可能使

$$\sum_{i=1}^{n} (a_{i1}x_1 + a_{i2}x_2 + \cdots + a_{im}x_m - b_i)^2 > 0 \tag{9.2.5}$$

寻找 $x_1^0, x_2^0, \cdots, x_m^0$ 使式(9.2.5)达到最小,这样的 $x_1^0, x_2^0, \cdots, x_m^0$ 称为方程组(9.2.4)的最小二乘解。这种问题称为最小二乘法问题。

下面利用欧氏空间的概念来表达最小二乘法,并给出最小二乘解所满足的代数条件。把式(9.2.4)写成矩阵形式:

$$\boldsymbol{AX}-\boldsymbol{B}=\boldsymbol{0}$$

其中

$$\boldsymbol{A}=\begin{pmatrix} a_{11} & a_{12} & \cdots & a_{1m} \\ a_{21} & a_{22} & \cdots & a_{2m} \\ \vdots & \vdots & & \vdots \\ a_{n1} & a_{n2} & \cdots & a_{nm} \end{pmatrix}, \quad \boldsymbol{X}=\begin{pmatrix} x_1 \\ x_2 \\ \vdots \\ x_m \end{pmatrix}, \quad \boldsymbol{B}=\begin{pmatrix} b_1 \\ b_2 \\ \vdots \\ b_n \end{pmatrix}$$

记

$$\boldsymbol{Y}=\boldsymbol{AX}$$

把 $\boldsymbol{Y}$ 和 $\boldsymbol{B}$ 看作 n 维实欧氏空间 $\mathbf{R}^n$ 中的向量,其中向量的内积为通常的 $\mathbf{R}^n$ 内积(如第5章5.3节所定义),则式(9.2.5)成为

$$|\boldsymbol{Y}-\boldsymbol{B}|^2=(\boldsymbol{Y}-\boldsymbol{B},\boldsymbol{Y}-\boldsymbol{B})$$

最小二乘法问题就是要寻找 $\boldsymbol{Y}$ 使 $|\boldsymbol{Y}-\boldsymbol{B}|^2$ 最小。

由于

$$\boldsymbol{Y}=\boldsymbol{AX}=\begin{pmatrix} a_{11}x_1+a_{12}x_2+\cdots+a_{1m}x_m \\ a_{21}x_1+a_{22}x_2+\cdots+a_{2m}x_m \\ \vdots \\ a_{n1}x_1+a_{n2}x_2+\cdots+a_{nm}x_m \end{pmatrix}=$$

$$x_1\begin{pmatrix} a_{11} \\ a_{21} \\ \vdots \\ a_{n1} \end{pmatrix}+x_2\begin{pmatrix} a_{12} \\ a_{22} \\ \vdots \\ a_{n2} \end{pmatrix}+x_m\begin{pmatrix} a_{1m} \\ a_{2m} \\ \vdots \\ a_{nm} \end{pmatrix}$$

记

$$\boldsymbol{\alpha}_i=\begin{pmatrix} a_{1i} \\ a_{2i} \\ \vdots \\ a_{ni} \end{pmatrix} \quad (i=1,2,\cdots,m)$$

则 $\boldsymbol{\alpha}_1, \boldsymbol{\alpha}_2, \cdots, \boldsymbol{\alpha}_m$ 是 $\mathbf{R}^n$ 中的向量(它们也是矩阵 $\boldsymbol{A}$ 的列向量),且

$$\boldsymbol{Y}=x_1\boldsymbol{\alpha}_1+x_2\boldsymbol{\alpha}_2+\cdots+x_m\boldsymbol{\alpha}_m$$

我们要寻找的 $\boldsymbol{Y}$ 是在所有形如 $\{x_1\boldsymbol{\alpha}_1+x_2\boldsymbol{\alpha}_2+\cdots+x_m\boldsymbol{\alpha}_m\}$ 的向量中,这些向量恰为由 $\boldsymbol{\alpha}_1, \boldsymbol{\alpha}_2, \cdots, \boldsymbol{\alpha}_m$ 生成的子空间

$$L(\boldsymbol{\alpha}_1, \boldsymbol{\alpha}_2, \cdots, \boldsymbol{\alpha}_m)=\{x_1\boldsymbol{\alpha}_1+x_2\boldsymbol{\alpha}_2+\cdots+x_m\boldsymbol{\alpha}_m \mid x_i\in\mathbf{R}\}$$

寻找$\boldsymbol{Y}$使$|\boldsymbol{Y}-\boldsymbol{B}|^2$最小就是要在子空间$L(\boldsymbol{\alpha}_1,\boldsymbol{\alpha}_2,\cdots,\boldsymbol{\alpha}_m)$中找一个向量$\boldsymbol{Y}_0$，使$|\boldsymbol{Y}_0-\boldsymbol{B}|^2$达到最小。为此需要下列定理。

定理 9.2.1　设V是欧氏空间，W是V的子空间。$\boldsymbol{\beta}$是V中一个固定的元素，$\boldsymbol{\gamma}$是W中的元素，且使$\boldsymbol{\beta}-\boldsymbol{\gamma}$与$W$中任一元素正交，则对$W$中任一元素$\boldsymbol{\delta}$，有

$$|\boldsymbol{\beta}-\boldsymbol{\gamma}|\leqslant|\boldsymbol{\beta}-\boldsymbol{\delta}|$$

证　由于$\boldsymbol{\beta}-\boldsymbol{\delta}=(\boldsymbol{\beta}-\boldsymbol{\gamma})+(\boldsymbol{\gamma}-\boldsymbol{\delta})$，而$W$是子空间，$\boldsymbol{\gamma}\in W$，$\boldsymbol{\delta}\in W$，故$\boldsymbol{\gamma}-\boldsymbol{\delta}\in W$，这样，由条件有

$$(\boldsymbol{\beta}-\boldsymbol{\gamma})\perp(\boldsymbol{\gamma}-\boldsymbol{\delta})$$

由欧氏空间的勾股定理(见例 7.4.6)有

$$|\boldsymbol{\beta}-\boldsymbol{\gamma}|^2+|\boldsymbol{\gamma}-\boldsymbol{\delta}|^2=|\boldsymbol{\beta}-\boldsymbol{\delta}|^2$$

故得

$$|\boldsymbol{\beta}-\boldsymbol{\gamma}|\leqslant|\boldsymbol{\beta}-\boldsymbol{\delta}|$$

证毕。

定理 9.2.1 的示意图如图 9.2.2 所示。其意义为，欧氏空间V中某元素$\boldsymbol{\beta}$到子空间W中各元素的距离以垂直线段最短。

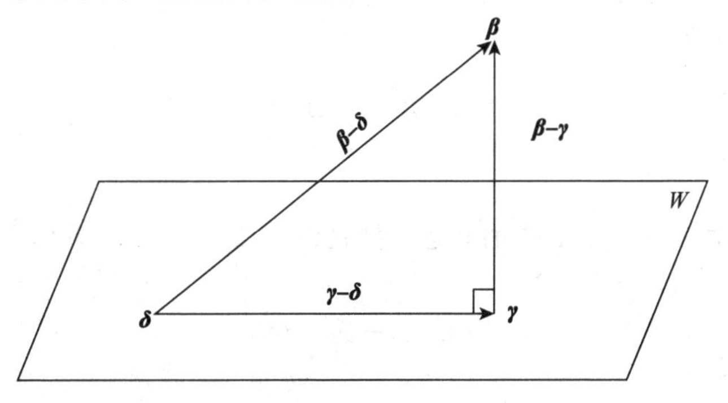

图 9.2.2　定理 9.2.1 示意图

现在可以来解决最小二乘法问题了。由定理 9.2.1 可知，只要在子空间$W=L(\boldsymbol{\alpha}_1,\boldsymbol{\alpha}_2,\cdots,\boldsymbol{\alpha}_m)$中取一个$\boldsymbol{Y}_0=\boldsymbol{\gamma}$，使$\boldsymbol{B}-\boldsymbol{Y}_0$与$W$中任一向量正交，则$|\boldsymbol{B}-\boldsymbol{Y}_0|$就是所有的$|\boldsymbol{B}-\boldsymbol{Y}|(\boldsymbol{Y}\in W)$中最小的，当然此时$|\boldsymbol{B}-\boldsymbol{Y}_0|^2$也就在所有$|\boldsymbol{B}-\boldsymbol{Y}|^2(\boldsymbol{Y}\in W)$中达到最小。

由定理 7.4.5 的①可知，只要$\boldsymbol{B}-\boldsymbol{Y}_0$与$W$中生成元$\boldsymbol{\alpha}_1,\boldsymbol{\alpha}_2,\cdots,\boldsymbol{\alpha}_m$正交，就必与$W$中任一向量正交。由此可以看到，要求的$\boldsymbol{Y}_0$必须满足

$$(\boldsymbol{B}-\boldsymbol{Y}_0)\perp\boldsymbol{\alpha}_i\qquad(i=1,2,\cdots,m)$$

即

$$(\boldsymbol{B}-\boldsymbol{Y}_0,\boldsymbol{\alpha}_i)=0\qquad(i=1,2,\cdots,m)$$

按$\mathbf{R}^n$中内积定义，上式可写成行矩阵$\boldsymbol{\alpha}_i^{\mathrm{T}}$与列矩阵$\boldsymbol{B}-\boldsymbol{Y}_0$相乘的式子：

$$\boldsymbol{\alpha}_i^{\mathrm{T}}(\boldsymbol{B}-\boldsymbol{Y}_0)=(a_{1i},a_{2i},\cdots,a_{ni})\begin{pmatrix} b_1-\sum\limits_{j=1}^{m}a_{1j}x_j \\ b_2-\sum\limits_{j=1}^{m}a_{2j}x_j \\ \vdots \\ b_n-\sum\limits_{j=1}^{m}a_{nj}x_j \end{pmatrix}=0 \qquad (i=1,2,\cdots,m)$$

注意 $\boldsymbol{a}_1^{\mathrm{T}},\boldsymbol{a}_2^{\mathrm{T}},\cdots,\boldsymbol{a}_m^{\mathrm{T}}$ 按行正好排成矩阵 $\boldsymbol{A}^{\mathrm{T}}$,故上式可写成矩阵乘积等式

$$\boldsymbol{A}^{\mathrm{T}}(\boldsymbol{B}-\boldsymbol{A}\boldsymbol{X})=\boldsymbol{0}$$

或

$$\boldsymbol{A}^{\mathrm{T}}\boldsymbol{A}\boldsymbol{X}=\boldsymbol{A}^{\mathrm{T}}\boldsymbol{B} \tag{9.2.6}$$

这就是所要寻找的最小二乘解 $\boldsymbol{X}_0$ 满足的代数方程,它是一个线性方程组,系数矩阵是 $\boldsymbol{A}^{\mathrm{T}}\boldsymbol{A}$,常数项是 $\boldsymbol{A}^{\mathrm{T}}\boldsymbol{B}$。若求出了式(9.2.6)的解 $\boldsymbol{X}_0$,则适合条件的 $\boldsymbol{Y}_0=\boldsymbol{B}-\boldsymbol{A}\boldsymbol{X}_0$ 也就得到了,它可使

$$|\boldsymbol{Y}_0-\boldsymbol{B}|^2=|\boldsymbol{B}-\boldsymbol{Y}_0|^2$$

达到最小。

现在来具体解决例9.2.1的问题。把式(9.2.2)中的 a,b 看作未知数 x_1,x_2,得到线性方程组

$$\begin{cases} 3.6x_1+x_2=1 \\ 3.7x_1+x_2=0.9 \\ 3.8x_1+x_2=0.9 \\ 3.9x_1+x_2=0.81 \\ 4.0x_1+x_2=0.6 \\ 4.1x_1+x_2=0.56 \\ 4.2x_1+x_2=0.35 \end{cases} \tag{9.2.7}$$

它的系数矩阵 $\boldsymbol{A}$ 和常数向量 $\boldsymbol{B}$ 如下:

$$\boldsymbol{A}=\begin{pmatrix}3.6 & 1\\3.7 & 1\\3.8 & 1\\3.9 & 1\\4.0 & 1\\4.1 & 1\\4.2 & 1\end{pmatrix},\quad \boldsymbol{B}=\begin{pmatrix}1\\0.9\\0.9\\0.81\\0.6\\0.56\\0.35\end{pmatrix}$$

由方程组(9.2.7)的前 3 个方程可看出它是无解的。下面来求它的最小二乘解。由式(9.2.6)得最小二乘解满足的方程组为

$$\boldsymbol{A}^{\mathrm{T}}\boldsymbol{A}\boldsymbol{X}=\boldsymbol{A}^{\mathrm{T}}\boldsymbol{B}$$

即

$$\begin{pmatrix}3.6 & 3.7 & 3.8 & 3.9 & 4.0 & 4.1 & 4.2\\1 & 1 & 1 & 1 & 1 & 1 & 1\end{pmatrix}\begin{pmatrix}3.6 & 1\\3.7 & 1\\3.8 & 1\\3.9 & 1\\4.0 & 1\\4.1 & 1\\4.2 & 1\end{pmatrix}\begin{pmatrix}x_1\\x_2\end{pmatrix}=$$

$$\begin{pmatrix}3.6 & 3.7 & 3.8 & 3.9 & 4.0 & 4.1 & 4.2\\1 & 1 & 1 & 1 & 1 & 1 & 1\end{pmatrix}\begin{pmatrix}1\\0.9\\0.9\\0.81\\0.6\\0.56\\0.35\end{pmatrix}$$

得到

$$\begin{cases}106.75x_1+27.3x_2=19.675\\27.3x_1+7x_2=5.12\end{cases}$$

解得

$$\begin{cases}x_1=-1.05\\x_2=4.81\end{cases}$$

即取 $a=-1.05, b=4.81$ 可使

$$y=ax+b=-1.05x+4.81$$

最近似地切合 y 与 x 的关系。

习题 9.2

1. 求下列方程的最小二乘解(取三位有效数字)。

$$\begin{cases}0.39x-1.89y=1\\0.61x-1.80y=1\\0.93x-1.68y=1\\1.35x-1.50y=1\end{cases}$$

9.3 在经济模型中的应用

本节介绍利用线性代数知识进行经济分析的一种应用较广的模型——投入产出模型,它是研究国民经济各部门之间相互依存关系的一种数学模型。美国经济学家列昂节夫(Leontief)在20世纪30年代后期首先建立了这一模型,用来分析美国经济的投入产出关系,以后这一方法逐渐成为经济学家分析经济现象的重要工具。

一个国家有许多不同的经济部门,而每个部门都具有生产者和消费者的双重身份,即一方面每个部门都生产出产品供全社会所有部门使用,称为产出;另一方面需要消耗部门生产出的产品,称为投入。这样,各部门之间形成了一种错综复杂的依存关系。反映这种依存关系的表称为投入产出表,有时也称为部门联系平衡表。下面是一个简单的例子。

例 9.3.1 设一个国家有5个经济部门,部门1,2,3,4,5分别是农业、采掘业、制造业、电力工业和运输业。各部门之间的投入产出状况可用表9.3.1(投入产出表)描述。

表 9.3.1 5部门投入产出表

部门间流量 部门(列)/部门(行)		消耗部门(投入)					最终产品				总产品
		1 农业	2 采掘业	3 制造业	4 电力工业	5 运输业	消费	积累	出口	合计	
生产部门(产出)	1 农业	15(x_{11})	0(x_{12})	20(x_{13})	0(x_{14})	10(x_{15})				80(y_1)	125(x_1)
	2 采掘业	0(x_{21})	0(x_{22})	0(x_{23})	0(x_{24})	0(x_{25})				40(y_2)	40(x_2)
	3 制造业	10(x_{31})	0(x_{32})	25(x_{33})	15(x_{34})	5(x_{35})				45(y_3)	100(x_3)
	4 电力工业	5(x_{41})	15(x_{42})	15(x_{43})	0(x_{44})	15(x_{45})				25(y_4)	75(x_4)
	5 运输业	5(x_{51})	10(x_{52})	15(x_{53})	0(x_{54})	5(x_{55})				15(y_5)	50(x_5)

续表 9.3.1

部门间流量 部门＼部门	消耗部门(投入)					最终产品				总产品
	1 农业	2 采掘业	3 制造业	4 电力工业	5 运输业	消费	积累	出口	合计	
进口	15	0	10	30	5					
净产品价值 工资										
净产品价值 纯收入										
净产品价值 合计	75(z_1)	15(z_2)	15(z_3)	30(z_4)	10(z_5)					
总产品价值	125	40	100	75	50					

表中每一行的各个元素表示在某时期内某个部门的总产出的去向。如表 9.3.1 的第一行标明农业总产出为 125 单位(折算成货币)，其中 15 单位由农业部门自身消耗，20 单位被制造业消耗，10 单位被运输业消耗，这些消耗是指用于进一步生产以及用于中间用途的农产品的消耗，即作为生产资料的农产品消耗。这种消耗共有

$$x_{11}+x_{12}+x_{13}+x_{14}+x_{15}=45\text{ 单位}$$

农业总产出 125 单位除去作为生产资料消耗的 45 单位，还剩下 80 单位，这 80 单位就是农业部门的最终产品，它是退出本期生产过程而作为全社会消费资料的产品。

表 9.3.1 的第一列则说明农业部门作为投入者或消费者的作用。农业部门为了生产出 125 单位的总产出，需要消耗自己生产的 15 单位产出(如用做种子等)，同时还消耗了制造业的 10 单位产出(化肥、农药等)、5 单位电力产出、5 单位运输业产出。在农业总产出 125 单位中减去这些投入

$$x_{11}+x_{21}+x_{31}+x_{41}+x_{51}=35\text{ 单位}$$

再扣除进口 15 单位，就是农业部门创造的价值，称为净产品价值，$z_1=75$ 单位。

从投入产出表出发，可以得到生产技术系数矩阵，也称直接消耗系数矩阵，它表示各部门为生产一单位产品所需消耗的其他部门产品数量。如农业部门生产 125 单位的总产出，需要消耗 15 单位农产品作为投入，那么农业部门每生产一单位产品平均需要 $15/25=0.12$ 单位的农产品投入。类似地，需要 $10/125=0.08$ 单位制造业产品，$5/125=0.04$ 单位的电力工业产品及 $5/125=0.04$ 单位的运输业产品作为投入。这样可以得到一个矩阵，即生产技术系数矩阵，如表 9.3.2 所列。

表9.3.2　生产技术系数矩阵表

$a_{ij}=x_{ij}/x_j$　类别＼类别	农　业	采掘业	制造业	电力工业	运输业
农　业	$\frac{15}{125}=0.12$	$\frac{0}{40}=0$	$\frac{20}{100}=0.2$	$\frac{0}{75}=0$	$\frac{10}{50}=0.20$
采掘业	$\frac{0}{125}=0$	$\frac{0}{40}=0$	$\frac{0}{100}=0$	$\frac{0}{75}=0$	$\frac{0}{50}=0$
制造业	$\frac{10}{125}=0.08$	$\frac{0}{40}=0$	$\frac{25}{100}=0.25$	$\frac{15}{75}=0.20$	$\frac{5}{50}=0.10$
电力工业	$\frac{5}{125}=0.04$	$\frac{15}{40}=0.375$	$\frac{15}{100}=0.15$	$\frac{0}{75}=0$	$\frac{15}{50}=0.30$
运输业	$\frac{5}{125}=0.04$	$\frac{10}{40}=0.25$	$\frac{15}{100}=0.15$	$\frac{0}{75}=0$	$\frac{5}{50}=0.10$

5部门投入产出表的生产技术系数矩阵是一个五阶方阵,其第 i 行、第 j 列元素 a_{ij} 由下式给出,即

$$a_{ij}=\frac{x_{ij}}{x_j}$$

也可改写为

$$x_{ij}=a_{ij}x_j \tag{9.3.1}$$

其中,x_{ij} 是 j 部门使用 i 部门产品的数量,即投入产出表中第 i 行、第 j 列元素,x_j 是 j 部门总产出,a_{ij} 即表示 j 部门对 i 部门的直接消耗系数。

由例9.3.1的投入产出表的第一行可得

$$x_{11}+x_{12}+x_{13}+x_{14}+x_{15}+y_1=x_1$$

类似地,由第二行可得

$$x_{21}+x_{22}+x_{23}+x_{24}+x_{25}+y_2=x_2$$

一般地,有

$$\sum_{j=1}^{n}x_{ij}+y_i=x_i \quad (i=1,2,\cdots,n) \tag{9.3.2}$$

式(9.3.2)称为平衡方程,每个方程对应一个经济部门。它表示每个部门的总产品分为生产性消费和最终消费两部分,达到供求平衡。

把式(9.3.1)代入式(9.3.2),得到

$$x_i-\sum_{j=1}^{n}x_{ij}x_j=y_i \quad (i=1,2,\cdots,n)$$

写成矩阵式即为

$$\boldsymbol{X}-\boldsymbol{AX}=\boldsymbol{Y} \tag{9.3.3}$$

其中

$$\boldsymbol{X}=(x_1,x_2,\cdots,x_n)^{\mathrm{T}},\qquad \boldsymbol{Y}=(y_1,y_2,\cdots,y_n)^{\mathrm{T}},\qquad \boldsymbol{A}=(a_{ij})_{n\times n}$$

把式(9.3.3)改写为

$$(\boldsymbol{E}-\boldsymbol{A})\boldsymbol{X}=\boldsymbol{Y} \tag{9.3.4}$$

此式称为投入产出公式。其中的矩阵 $\boldsymbol{E}-\boldsymbol{A}$ 称为列昂节夫矩阵。在某些有清楚经济学解释的假定下，$\boldsymbol{E}-\boldsymbol{A}$ 是可逆的。$\boldsymbol{E}-\boldsymbol{A}$ 的逆矩阵 $(\boldsymbol{E}-\boldsymbol{A})^{-1}$ 称为列昂节夫逆矩阵，记为

$$\boldsymbol{R}=(\boldsymbol{E}-\boldsymbol{A})^{-1}$$

此时式(9.3.4)又可写为

$$\boldsymbol{X}=(\boldsymbol{E}-\boldsymbol{A})^{-1}\boldsymbol{Y}=\boldsymbol{R}\boldsymbol{Y} \tag{9.3.5}$$

若求出了列昂节夫逆矩阵 $\boldsymbol{R}$，则对任何最终产品需求 $\boldsymbol{Y}$ 代入式(9.3.5)，就可得到相应的各部门总产出水平 $\boldsymbol{X}$。还可计算最终需求量发生变化时，对其他经济部门产生的影响。

设 $\boldsymbol{Y}$ 从 $\boldsymbol{Y}_0$ 变到 $\boldsymbol{Y}_0+\Delta\boldsymbol{Y}$，由式(9.3.5)得

$$\boldsymbol{X}_0+\Delta\boldsymbol{X}=\boldsymbol{R}(\boldsymbol{Y}_0+\Delta\boldsymbol{Y})=\boldsymbol{R}\boldsymbol{Y}_0+\boldsymbol{R}\Delta\boldsymbol{Y}=\boldsymbol{X}_0+\boldsymbol{R}\Delta\boldsymbol{Y}$$

从而

$$\Delta\boldsymbol{X}=\boldsymbol{R}\Delta\boldsymbol{Y} \tag{9.3.6}$$

式(9.3.6)可用于计算 $\boldsymbol{Y}$ 发生变化量 $\Delta\boldsymbol{Y}$ 时，$\boldsymbol{X}$ 的相应变化量。

例 9.3.2　设投入产出表如例 9.3.1 所示，$n=5$，a_{ij} 已由表 9.3.2 给出，求 $\boldsymbol{Y}$ 发生变化量 $\Delta\boldsymbol{Y}$ 时，$\boldsymbol{X}$ 的相应变化量 $\Delta\boldsymbol{X}$。若要求制造部门最终产品增加 10 单位，而其他部门不变，求引起各部门总产出的变化。

解　由 $\boldsymbol{A}=(a_{ij})_{5\times5}$ 及表 9.3.2 得到列昂节夫矩阵

$$\boldsymbol{E}-\boldsymbol{A}=\begin{pmatrix} 0.88 & 0 & -0.20 & 0 & -0.2 \\ 0 & 1.0 & 0 & 0 & 0 \\ -0.08 & 0 & 0.75 & -0.2 & -0.1 \\ -0.04 & -0.375 & -0.15 & 1.0 & -0.3 \\ -0.04 & -0.25 & -0.15 & 0 & 0.9 \end{pmatrix}$$

可计算出列昂节夫逆矩阵为

$$\boldsymbol{R}=(\boldsymbol{E}-\boldsymbol{A})^{-1}=\begin{pmatrix} 1.19 & 0.11 & 0.4 & 0.08 & 0.34 \\ 0 & 1.0 & 0 & 0 & 0 \\ 0.16 & 0.19 & 1.5 & 0.3 & 0.3 \\ 0.1 & 0.5 & 0.32 & 1.06 & 0.41 \\ 0.08 & 0.31 & 0.27 & 0.05 & 1.18 \end{pmatrix}$$

由式(9.3.6)得

$$\Delta \boldsymbol{X}=\begin{pmatrix}\Delta x_1\\\Delta x_2\\\Delta x_3\\\Delta x_4\\\Delta x_5\end{pmatrix}=\boldsymbol{R}\Delta \boldsymbol{Y}=\begin{pmatrix}1.19 & 0.11 & 0.4 & 0.08 & 0.34\\0 & 1.0 & 0 & 0 & 0\\0.16 & 0.19 & 1.5 & 0.3 & 0.3\\0.1 & 0.5 & 0.32 & 1.06 & 0.41\\0.08 & 0.31 & 0.27 & 0.05 & 1.18\end{pmatrix}\begin{pmatrix}\Delta y_1\\\Delta y_2\\\Delta y_3\\\Delta y_4\\\Delta y_5\end{pmatrix}$$

这就是 $\boldsymbol{Y}$ 发生变化量 $\Delta \boldsymbol{Y}$ 时,$\boldsymbol{X}$ 的相应变化量 $\Delta \boldsymbol{X}$ 的公式。若要求制造部门最终产品增加10 单位,而其他部门不变,则有

$$\Delta y_3=10,\quad \Delta y_i=0\quad (i=1,2,4,5)$$

代入上式得

$$\Delta \boldsymbol{X}=\begin{pmatrix}\Delta x_1\\\Delta x_2\\\Delta x_3\\\Delta x_4\\\Delta x_5\end{pmatrix}=\begin{pmatrix}0.4\Delta y_3\\0\\1.5\Delta y_3\\0.32\Delta y_3\\0.27\Delta y_3\end{pmatrix}=\begin{pmatrix}4\\0\\15\\3.2\\2.7\end{pmatrix}$$

可见,此时将引起农业部门总产出增加 4 单位,采掘部门总产出不变,而制造部门总产出增加 15 单位,电力部门总产出增加 3.2 单位,运输部门总产出增加 2.7 单位。

通过这一例子,可以看到经济系统中某一部门最终产品的增加或减少,将影响到整个系统中各部门的投入产出。投入产出分析方法是用来估计这种影响的有效工具。

习题 9.3

1. 在例 9.3.1 中,若要求农业部门最终产品增加 10%,其他部门最终产品各增加 4%,则所引起的各部门总产出变化是多少?

2. 设国民经济中只有两个经济部门,为部门Ⅰ和部门Ⅱ。设生产技术系数矩阵为

$$\boldsymbol{A}=\begin{pmatrix}0 & 0.5\\0.25 & 0\end{pmatrix}$$

求列昂节夫矩阵。若要求部门Ⅱ的最终产品增加 5 单位,部门Ⅰ和Ⅱ的总产出将各增加多少?

习题答案

第 1 章

习题 1.1

1.(1) 3； (2) 10； (3) $\frac{n(n-1)}{2}$，当 $n=4k$，或 $n=4k+1$ 时，为偶排列，当 $n=4k+2$，或 $n=4k+3$ 时，为奇排列； (4) $\frac{(n-1)(n-2)}{2}$，当 $n=4k+1$，或 $n=4k+2$ 时，为偶排列，当 $n=4k$，或 $n=4k+3$ 时，为奇排列。

2.(1) 正号； (2) 负号。

3. $i=1, k=3$。

4.(1) 120； (2) -24； (3) $(-1)^{n-1}n!$； (4) $(-1)^{\frac{(n-1)(n-2)}{2}}n!$。

6. -1，2。

习题 1.2

1.(1) 0； (2) 160； (3) $\frac{39}{2}$； (4) 7； (5) $2(3xyz-x^3-y^3-z^3)$； (6) 0； (7) $n=1, a_1+b_1; n=2, (a_1-a_2)(b_2-b_1); n\geqslant 3, 0$； (8) x^2y^2。

习题 1.3

1.(1) $(-1)^{\frac{n(n-1)}{2}}((n-1)a+b)(b-a)^{n-1}$； (2) $-2((n-2)!)$；

(3) $(-1)^{n+1}a_1b_n\prod_{i=1}^{n-1}(a_ib_{i+1}-a_{i+1}b_i)$； (4) $\lambda^{n-1}(\lambda+\sum_{i=1}^{n}a_i)$；

(5) $\frac{y^{n+1}-x^{n+1}}{y-x}$； (6) $a_1a_2\cdots a_n\left(1+\sum_{i=1}^{n}\frac{1}{a_i}\right)$。

2. (1) 12； (2) $\prod_{i=1}^{n}a_i^{n-1}\prod_{1\leqslant j<i\leqslant n}\left(\frac{b_i}{a_i}-\frac{b_j}{a_j}\right)$。

习题 1.4

1.(1) $x_1=1, x_2=3, x_3=2, x_4=-1$； (2) $x_1=-1, x_2=1, x_3=-1, x_4=1, x_5=-1$。

2. 3,4 或−1。

3. $y=7-8x+2x^2$。

第 2 章

习题 2.2

1. $\boldsymbol{A}+\boldsymbol{B}=\begin{pmatrix}-2&1&0\\2&1&5\end{pmatrix}$, $\boldsymbol{A}-\boldsymbol{B}=\begin{pmatrix}4&3&-4\\2&-1&1\end{pmatrix}$, $\boldsymbol{A}^{\mathrm{T}}\boldsymbol{B}=\begin{pmatrix}-3&1&6\\-6&-2&4\\6&5&2\end{pmatrix}$;

$$(\boldsymbol{A}-\boldsymbol{B})^{\mathrm{T}}(\boldsymbol{A}+\boldsymbol{B})=\begin{pmatrix}-4&6&10\\-8&2&-5\\10&-3&5\end{pmatrix}。$$

2. (1) −4; (2) $\begin{pmatrix}2&4&-1&3\\0&0&0&0\\-4&-8&2&-6\\10&20&-5&15\end{pmatrix}$; (3) $\begin{pmatrix}7&11&5&1\\5&4&1&0\end{pmatrix}$;

(4) −2; (5) $\begin{pmatrix}k_1a_{11}&k_2a_{12}&\cdots&k_na_{1n}\\k_1a_{21}&k_2a_{22}&\cdots&k_na_{2n}\\\vdots&\vdots&&\vdots\\k_1a_{n1}&k_2a_{n2}&\cdots&k_na_{nn}\end{pmatrix}$。

4. $\begin{pmatrix}-1&13&12\\14&-3&18\\22&15&11\end{pmatrix}$。

5. (1) $\begin{pmatrix}\cos n\theta&-\sin n\theta\\\sin n\theta&\cos n\theta\end{pmatrix}$; (2) $\begin{pmatrix}\lambda^n&n\lambda^{n-1}&\dfrac{n(n-1)}{2}\lambda^{n-2}\\0&\lambda^n&n\lambda^{n-1}\\0&0&\lambda^n\end{pmatrix}$。

6. $\begin{bmatrix}1&0&0\\50&1&0\\50&0&1\end{bmatrix}$。

7. (1) $\begin{pmatrix}a&b&c\\c&a&b\\b&c&a\end{pmatrix}$。

习题 2.3

1. (1) $\begin{pmatrix} 5 & -2 \\ -2 & 1 \end{pmatrix}$； (2) $\begin{pmatrix} -2 & 1 & 0 \\ -\frac{13}{2} & 3 & -\frac{1}{2} \\ -16 & 7 & -1 \end{pmatrix}$；

(3) $\frac{1}{24}\begin{pmatrix} 24 & 0 & 0 & 0 \\ -12 & 12 & 0 & 0 \\ -12 & -4 & 8 & 0 \\ 3 & -5 & -2 & 6 \end{pmatrix}$； (4) $\begin{pmatrix} 1 & 1 & -2 & -4 \\ 0 & 1 & 0 & -1 \\ -1 & -1 & 3 & 6 \\ 2 & 1 & -6 & -10 \end{pmatrix}$。

2. (1) $\begin{pmatrix} 2 & -23 \\ 0 & 8 \end{pmatrix}$； (2) $\begin{pmatrix} -2 & 2 & 1 \\ -\frac{8}{3} & 5 & -\frac{2}{3} \end{pmatrix}$；

(3) $\begin{pmatrix} 2 & -1 & 0 \\ 1 & 3 & -4 \\ 1 & 0 & -2 \end{pmatrix}$； (4) $\frac{1}{4}\begin{pmatrix} 1 & 1 & 0 \\ 0 & 1 & 1 \\ 1 & 0 & 1 \end{pmatrix}$。

3. $\left(\frac{100}{33}, -\frac{49}{33}, \frac{110}{33}\right)$。

4. $\boldsymbol{A}^{-1}=\frac{2\boldsymbol{E}-\boldsymbol{A}}{3}, (\boldsymbol{A}-\boldsymbol{E})^{-1}=\frac{\boldsymbol{E}-\boldsymbol{A}}{2}$。

8. (1) 48； (2) $\frac{1}{48}$； (3) 27； (4) $\frac{|\boldsymbol{A}|}{3}$。

习题 2.4

1. (1) $\begin{pmatrix} 7 & -5 & 0 & 0 \\ 7 & 8 & 0 & 0 \\ 0 & 0 & 8 & 9 \\ 0 & 0 & -1 & 2 \end{pmatrix}$； (2) $\begin{pmatrix} 7 & 7 \\ 3 & 5 \\ -4 & 9 \\ -2 & 1 \end{pmatrix}$。

3. (1) $\begin{pmatrix} 0 & 0 & \frac{1}{3} & \frac{2}{3} \\ 0 & 0 & -\frac{1}{3} & \frac{1}{3} \\ 1 & -2 & 0 & 0 \\ -2 & 5 & 0 & 0 \end{pmatrix}$； (2) $\begin{pmatrix} 4 & -\frac{3}{2} & 0 & 0 \\ -1 & \frac{1}{2} & 0 & 0 \\ -4 & \frac{3}{2} & 1 & 0 \\ 3 & -\frac{7}{6} & -\frac{2}{3} & \frac{1}{3} \end{pmatrix}$。

4. $A^4=\begin{pmatrix}5^4&0&0&0\\0&5^4&0&0\\0&0&2^4&0\\0&0&2^6&2^4\end{pmatrix}$， $|A|^8=10^{16}$。

5. $\begin{pmatrix}|B|A^* & O\\ O & |A|B^*\end{pmatrix}$。

6. $PQ=\begin{pmatrix}A & B\\ O & |A|(b-B^{T}A^{-1}B)\end{pmatrix}$。

习题 2.5

3. (1) $\begin{pmatrix}1&-\frac{1}{2}&\frac{1}{2}\\1&-\frac{1}{2}&-\frac{1}{2}\\-2&\frac{3}{2}&-\frac{1}{2}\end{pmatrix}$； (2) $\begin{pmatrix}1&-2&1&0\\0&1&-2&1\\0&0&1&-2\\0&0&0&1\end{pmatrix}$；

(3) $\begin{pmatrix}1&1&-2&-4\\0&1&0&-1\\-1&-1&3&6\\2&1&-6&-10\end{pmatrix}$； (4) $\begin{pmatrix}1&-1&0&\cdots&0\\0&1&-1&\cdots&0\\\vdots&\vdots&\vdots&&\vdots\\0&0&0&\cdots&-1\\0&0&0&\cdots&1\end{pmatrix}$。

习题 2.6

1. (1) 错； (2) 错； (3) 错； (4) 对； (5) 对； (6) 对； (7) 错； (8) 对； (9) 错； (10) 对； (11) 错； (12) 错。
2. (1) 2； (2) 3； (3) 3； (4) 2。
3. 当 $a=1,R(A)=1$；当 $a=\frac{1}{1-n},R(A)=n-1$；当 $a\neq 1,a\neq \frac{1}{1-n},R(A)=n$。
4. 2。

第 3 章

习题 3.2

1. (1) $\boldsymbol{\beta}=\frac{5}{4}\boldsymbol{\alpha}_1+\frac{1}{4}\boldsymbol{\alpha}_2-\frac{1}{4}\boldsymbol{\alpha}_3-\frac{1}{4}\boldsymbol{\alpha}_4$； (2) $\boldsymbol{\beta}=-\boldsymbol{\alpha}_1+\boldsymbol{\alpha}_2+2\boldsymbol{\alpha}_3-2\boldsymbol{\alpha}_4$。
2. $k\neq -3$ 且 $k\neq 0$。
3. (1) 相关； (2) 无关； (3) 相关，$\boldsymbol{\alpha}_1=-\boldsymbol{\alpha}_2-\boldsymbol{\alpha}_3+\boldsymbol{\alpha}_4$； (4) 相关。

4. $mp=1$。

习题 3.3

1.（1）错；（2）错；（3）错；（4）错；（5）对；（6）对；（7）错；（8）对；（9）错；（10）错。

2.（1）$3,\boldsymbol{\alpha}_1,\boldsymbol{\alpha}_2,\boldsymbol{\alpha}_3$；（2）$2,\boldsymbol{\alpha}_1,\boldsymbol{\alpha}_2$。

3.（1）$p\neq 2, \boldsymbol{\alpha}=2\boldsymbol{\alpha}_1+\dfrac{3p-4}{p-2}\boldsymbol{\alpha}_2+\boldsymbol{\alpha}_3+\dfrac{1-p}{p-2}\boldsymbol{\alpha}_4$；

（2）$p=2, R(\boldsymbol{\alpha}_1,\boldsymbol{\alpha}_2,\boldsymbol{\alpha}_3,\boldsymbol{\alpha}_4)=3,\boldsymbol{\alpha}_1,\boldsymbol{\alpha}_2,\boldsymbol{\alpha}_3$。

习题 3.4

1.（1）构成；（2）不构成。

2.（1）可以；（2）可以。

3.（1）$\begin{pmatrix} 1 & 0 & 0 \\ -2 & -2 & 0 \\ 4 & 4 & 4 \end{pmatrix}$；（2）$\left(0,-\dfrac{1}{2},\dfrac{1}{4}\right)^{\mathrm{T}}$。

第 4 章

习题 4.2

1.（1）$\begin{pmatrix} x_1 \\ x_2 \\ x_3 \\ x_4 \\ x_5 \end{pmatrix}=\begin{pmatrix} -1 \\ 1 \\ 1 \\ 0 \\ 0 \end{pmatrix}x_3+\begin{pmatrix} \frac{6}{7} \\ \frac{5}{6} \\ 0 \\ \frac{1}{3} \\ 1 \end{pmatrix}x_5$；（2）$\begin{pmatrix} -\frac{11}{2} \\ \frac{3}{2} \\ -2 \end{pmatrix}$；（3）无解；

（4）$\begin{pmatrix} x_1 \\ x_2 \\ x_3 \\ x_4 \\ x_5 \end{pmatrix}=\begin{pmatrix} \frac{1}{3} \\ -\frac{2}{3} \\ 0 \\ 0 \\ 0 \\ 0 \end{pmatrix}+\begin{pmatrix} 0 \\ -\frac{1}{2} \\ 0 \\ 1 \\ 0 \end{pmatrix}x_4+\begin{pmatrix} -\frac{1}{3} \\ \frac{5}{6} \\ 0 \\ 0 \\ 1 \end{pmatrix}x_5$。

2. 当$\lambda=-1$时,$R(\boldsymbol{A})=2$,$R(\overline{\boldsymbol{A}})=3$,方程组无解;

当$\lambda\neq1,-1$时,$R(\boldsymbol{A})=R(\overline{\boldsymbol{A}})=3$,方程组有唯一解:

$$\boldsymbol{X}=\left(-\frac{1}{\lambda+1},1,\frac{1}{\lambda+1}\right)^{\mathrm{T}};$$

当$\lambda=1$时,$R(\boldsymbol{A})=R(\overline{\boldsymbol{A}})=1<3$,方程组有无穷多解,通解为

$$X=(0,0,1)^{\mathrm{T}}+k_1(1,0,-1)^{\mathrm{T}}+k_2(0,1,-1)^{\mathrm{T}}$$

3. 当$b=0$或$a=1,b\neq\frac{1}{2}$时,$R(\boldsymbol{A})=2$,$R(\overline{\boldsymbol{A}})=3$,方程组无解;

当$b\neq0$且$a\neq1$时,方程组有唯一解;

当$a=1,b=\frac{1}{2}$时,$R(\boldsymbol{A})=R(\overline{\boldsymbol{A}})=2<3$,方程组有无穷多解,通解为

$$\boldsymbol{X}=(2,2,0)^{\mathrm{T}}+k(-1,0,1)^{\mathrm{T}}$$

4. 当$a=1$时,$R(\boldsymbol{A})=R(\overline{\boldsymbol{A}})=2$,公共解有无穷多个,通解为$\boldsymbol{X}=k(-1,0,1)^{\mathrm{T}}$;
当$a=2$时,$R(\boldsymbol{A})=R(\overline{\boldsymbol{A}})=3$,公共解是唯一的,即$\boldsymbol{X}=(0,1,-1)^{\mathrm{T}}$;
在其余情况,方程组无公共解。

习题 4.3

1. (1) 错; (2) 错; (3) 对; (4) 错; (5) 错; (6) 对; (7) 错; (8) 对; (9) 错; (10) 对。
2. (1) $k(7,-1,-2)^{\mathrm{T}}$;
   (2) $k_1(-2,1,0,0)^{\mathrm{T}}+k_2(-1,0,1,1)^{\mathrm{T}}$;
   (3) $k_1(-1,1,1,0,0)^{\mathrm{T}}+k_2(7,5,0,2,6)^{\mathrm{T}}$;
   (4) $k_1(1,1,1,1,0,0)^{\mathrm{T}}+k_2(-1,0,0,0,1,0)^{\mathrm{T}}+k_3(0,-1,0,0,0,1)^{\mathrm{T}}$。
3. 解不唯一,$\boldsymbol{B}=\begin{pmatrix}2&-3&-1\\1&0&1\\0&1&1\end{pmatrix}$。
4. $a=1$,$\boldsymbol{X}=k_1(1,-1,1,0)^{\mathrm{T}}+k_2(0,-1,0,1)^{\mathrm{T}}$。
5. (1) $\boldsymbol{\alpha}_1=(2,-2,3)^{\mathrm{T}}$,$\boldsymbol{\alpha}_2=(0,0,2)^{\mathrm{T}}$;
   (2) $\boldsymbol{X}=k_1\boldsymbol{\alpha}_1+k_2\boldsymbol{\alpha}_2$;
   (3) $x_1+x_2=1$。
6. (1) $\boldsymbol{\alpha}_1=(1,-4,3,-5)^{\mathrm{T}}$,$\boldsymbol{\alpha}_2=(-1,1,-3,-2)^{\mathrm{T}}$;
   (2) $\boldsymbol{X}=(1,2,0,4)^{\mathrm{T}}+k_1(1,-4,3,-5)^{\mathrm{T}}+k_2(-1,1,-3,-2)^{\mathrm{T}}$。
7. $a=2,b=-3$;
   方程组的通解为$\boldsymbol{X}=(2,-3,0,0)^{\mathrm{T}}+k_1(-2,1,1,0)^{\mathrm{T}}+k_2(4,-5,0,1)^{\mathrm{T}}$。
8. (1) 当$a\neq-4$时,$\boldsymbol{\beta}$可由$\boldsymbol{\alpha}_1,\boldsymbol{\alpha}_2,\boldsymbol{\alpha}_3$线性表出,且表法唯一;
   (2) 当$a=-4$且$3b-c\neq1$时,$\boldsymbol{\beta}$不能由$\boldsymbol{\alpha}_1,\boldsymbol{\alpha}_2,\boldsymbol{\alpha}_3$线性表出;
   (3) 当$a=-4$且$3b-c=1$时,$\boldsymbol{\beta}$可由$\boldsymbol{\alpha}_1,\boldsymbol{\alpha}_2,\boldsymbol{\alpha}_3$线性表出,表法不唯一,且

$$\boldsymbol{\beta}=k\boldsymbol{\alpha}_1-(2k+b+1)\boldsymbol{\alpha}_2+(2b+1)\boldsymbol{\alpha}_3$$

其中 k 为任一常数。

9. $\boldsymbol{X}=\left(\sum_{i=1}^{4}a_i,\sum_{i=2}^{4}a_i,\sum_{i=3}^{4}a_i,a_4,0\right)^{\mathrm{T}}+k(1,1,1,1,1)^{\mathrm{T}}$ 。

第 5 章

习题 5.1

1.(1) $\lambda_1=1,\boldsymbol{\xi}_{\lambda_1}=(1,0,2)^{\mathrm{T}},\lambda_2=2,\boldsymbol{\xi}_{\lambda_2}=(1,1,2)^{\mathrm{T}}$；

(2) $\lambda_1=2,\boldsymbol{\xi}_{\lambda_1}=(0,0,1)^{\mathrm{T}},\lambda_2=1,\boldsymbol{\xi}_{\lambda_2}=(-1,-2,1)^{\mathrm{T}}$；

(3) $\lambda_1=\lambda_2=0,\boldsymbol{\xi}_{\lambda_1}=(1,3,2)^{\mathrm{T}},\lambda_3=1,\boldsymbol{\xi}_{\lambda_3}=(1,1,1)^{\mathrm{T}}$；

(4) $\lambda_1=0,\boldsymbol{\xi}_{\lambda_1}=(-2,0,1),\lambda_2=2,\boldsymbol{\xi}_{\lambda_2}=(-48,-5,3),\lambda_3=-3,\boldsymbol{\xi}_{\lambda_3}=(-1,0,1)$。

5. $-12,0,0$。

习题 5.2

1.(1) 错； (2) 错； (3) 错； (4) 对； (5) 对； (6) 错； (7) 错； (8) 对；
(9) 对； (10) 对。

2. $\boldsymbol{A}^{10}=\begin{pmatrix}1 & 0\\ -341 & 1\,024\end{pmatrix}$。

4. $\begin{cases}a=0\\ b=-2\end{cases}$。

5. (1) $(-1,1,0)^{\mathrm{T}},(-1,0,1)^{\mathrm{T}},(1,1,1)^{\mathrm{T}},\begin{pmatrix}0 & & \\ & 0 & \\ & & 3\end{pmatrix}$；

(2) $(0,1,-1)^{\mathrm{T}},(1,0,0)^{\mathrm{T}},(0,1,1)^{\mathrm{T}},\begin{pmatrix}2 & & \\ & 4 & \\ & & 4\end{pmatrix}$；

(3) $(1,1,0)^{\mathrm{T}},(-1,0,1)^{\mathrm{T}},(1,1,2)^{\mathrm{T}},\begin{pmatrix}-2 & & \\ & -2 & \\ & & 4\end{pmatrix}$；

(4) $(-2,1,0)^{\mathrm{T}},(6+\sqrt{3},-2-\sqrt{3},1)^{\mathrm{T}}$,

$(6-3\sqrt{3},-2+\sqrt{3},1)^{\mathrm{T}},\begin{pmatrix}2 & & \\ & 1+\sqrt{3} & \\ & & 1-\sqrt{3}\end{pmatrix}$；

(5) $(1,1,0,0)^{\mathrm{T}},(1,0,1,0)^{\mathrm{T}},(1,0,0,1)^{\mathrm{T}},(1,-1,-1,-1)^{\mathrm{T}}$, $\begin{pmatrix}2&&&\\&2&&\\&&2&\\&&&-2\end{pmatrix}$;

(6) $\left(1,-2,\dfrac{20}{3}\right)^{\mathrm{T}},\lambda_1=1,(0,0,1)^{\mathrm{T}},\lambda_2=-2$,不能对角化。

习题 5.3

1. $\left(\dfrac{2}{\sqrt{5}},0,\dfrac{1}{\sqrt{5}}\right)^{\mathrm{T}},\left(-\dfrac{2}{3\sqrt{5}},\dfrac{5}{3\sqrt{5}},\dfrac{4}{3\sqrt{5}}\right)^{\mathrm{T}},\left(\dfrac{1}{3},\dfrac{2}{3},-\dfrac{2}{3}\right)^{\mathrm{T}}$。

2. $a=1$,$\boldsymbol{A}$ 的其他特征值为 2(二重根)。

5. (1) $\boldsymbol{Q}=\begin{pmatrix}0&1&0\\\dfrac{1}{\sqrt{2}}&0&\dfrac{1}{\sqrt{2}}\\-\dfrac{1}{\sqrt{2}}&0&\dfrac{1}{\sqrt{2}}\end{pmatrix}$,$\boldsymbol{Q}^{-1}\boldsymbol{AQ}=\begin{pmatrix}1&&\\&2&\\&&5\end{pmatrix}$;

(2) $\boldsymbol{Q}=\begin{pmatrix}\dfrac{1}{\sqrt{5}}&\dfrac{4}{3\sqrt{5}}&\dfrac{2}{3}\\0&\dfrac{\sqrt{5}}{3}&-\dfrac{2}{3}\\\dfrac{2}{\sqrt{5}}&\dfrac{2}{3\sqrt{5}}&\dfrac{1}{3}\end{pmatrix}$,$\boldsymbol{Q}^{-1}\boldsymbol{AQ}=\begin{pmatrix}7&&\\&7&\\&&-2\end{pmatrix}$;

(3) $\boldsymbol{Q}=\begin{pmatrix}-\dfrac{1}{\sqrt{2}}&-\dfrac{1}{\sqrt{6}}&-\dfrac{1}{2\sqrt{3}}&\dfrac{1}{2}\\0&0&\dfrac{\sqrt{3}}{2}&\dfrac{1}{2}\\0&\dfrac{2}{\sqrt{6}}&-\dfrac{1}{2\sqrt{3}}&\dfrac{1}{2}\\\dfrac{1}{\sqrt{2}}&-\dfrac{1}{\sqrt{6}}&-\dfrac{1}{2\sqrt{3}}&\dfrac{1}{2}\end{pmatrix}$,$\boldsymbol{Q}^{-1}\boldsymbol{AQ}=\begin{pmatrix}a-1&0&0&0\\0&a-1&0&0\\0&0&0&a-1\\0&0&0&a-1\end{pmatrix}$;

(4) $\boldsymbol{Q}=\begin{pmatrix} \frac{1}{2} & -\frac{1}{2} & \frac{1}{2} & \frac{1}{2} \\ \frac{-1}{2} & \frac{1}{2} & \frac{1}{2} & \frac{1}{2} \\ \frac{1}{2} & \frac{1}{2} & \frac{1}{2} & -\frac{1}{2} \\ \frac{-1}{2} & -\frac{1}{2} & \frac{1}{2} & -\frac{1}{2} \end{pmatrix}$,$\boldsymbol{Q}^{-1}\boldsymbol{AQ}=\begin{pmatrix} 3 & & & \\ & -3 & & \\ & & 5 & \\ & & & -5 \end{pmatrix}$。

6. (1) A 的特征值为 0,0,3;特征向量为 $\boldsymbol{\alpha}_1=(-1,2,-1)^{\mathrm{T}}$,$\boldsymbol{\alpha}_2=(0,-1,1)^{\mathrm{T}}$,$\boldsymbol{\alpha}_3=(1,1,1)^{\mathrm{T}}$ 。

$\lambda=0$,$\boldsymbol{\alpha}_1,\boldsymbol{\alpha}_2$ 是其对应的特征向量,对应 $\lambda=0$ 的全部特征向量为 $k_1\boldsymbol{\alpha}_1+k_2\boldsymbol{\alpha}_2$,其中 k_1,k_2 为不全为零的常数。

$\lambda=3$,$\boldsymbol{\alpha}_3=(1,1,1)^{\mathrm{T}}$ 是对应的特征向量。对应 $\lambda=3$ 的全部特征向量为 $k\boldsymbol{\alpha}$,其中 k 为不为零的常数。

(2) $\boldsymbol{Q}=\begin{pmatrix} 0 & \frac{-2}{\sqrt{6}} & \frac{1}{\sqrt{3}} \\ \frac{-1}{\sqrt{2}} & \frac{1}{\sqrt{6}} & \frac{1}{\sqrt{3}} \\ \frac{1}{\sqrt{2}} & \frac{1}{\sqrt{6}} & \frac{1}{\sqrt{3}} \end{pmatrix}$, $\boldsymbol{Q}^{-1}\boldsymbol{AQ}=\begin{pmatrix} 0 & & \\ & 0 & \\ & & 3 \end{pmatrix}$。

习题 5.4*

1. (1) $\begin{pmatrix} 1 & & \\ & 5 & \\ & & -5 \end{pmatrix}$;(2) $\begin{pmatrix} 2 & 1 & \\ & 2 & \\ & & 1 \end{pmatrix}$ 或 $\begin{pmatrix} 1 & & \\ & 2 & 1 \\ & & 2 \end{pmatrix}$;(3) $\begin{pmatrix} 0 & 1 & \\ & 0 & \\ & & 0 \end{pmatrix}$。

3. (1) $\begin{pmatrix} 1 & & \\ & 1 & \\ & & -2 \end{pmatrix}$,$\boldsymbol{P}=\begin{pmatrix} 2 & 0 & -1 \\ -1 & 0 & 1 \\ 0 & 1 & 1 \end{pmatrix}$;(2) $\begin{pmatrix} 2 & 1 & \\ & 2 & \\ & & 4 \end{pmatrix}$,$\boldsymbol{P}=\begin{pmatrix} 0 & \frac{-1}{2} & 1 \\ 1 & 0 & 0 \\ 0 & \frac{1}{2} & 1 \end{pmatrix}$。

4. $\begin{pmatrix} 2 & 0 & 0 \\ 0 & 1 & 3 \\ 0 & 0 & 1 \end{pmatrix}$,$\begin{pmatrix} 2 & 0 & 0 \\ 0 & 1 & 2 \\ 0 & 0 & 1 \end{pmatrix}$。

7. $\boldsymbol{J}=\begin{pmatrix} 0 & 1 & & & 0 \\ & 0 & 1 & & \\ & & 0 & \ddots & \\ & & & \ddots & 1 \\ 0 & & & & 0 \end{pmatrix}_{n\times n}$。

8. $2\boldsymbol{E}-\boldsymbol{A}$。

第6章

习题6.2

1. (1) $y_1^2+y_2^2$; (2) $2z_1^2-2z_2^2+6z_3^2$; (3) $2y_1^2-y_2^2+4y_3^2$; (4) $y_1^2+4y_2^2-5y_3^2$。

2. $y_1^2-y_2^2+4y_3^2$, $\boldsymbol{C}=\begin{pmatrix}1&1&2\\0&1&3\\0&0&1\end{pmatrix}$。

6. (1) $y_1^2+2y_2^2+5y_3^2$, $\boldsymbol{Q}=\begin{pmatrix}0&1&0\\\frac{\sqrt{2}}{2}&0&\frac{\sqrt{2}}{2}\\-\frac{\sqrt{2}}{2}&0&\frac{\sqrt{2}}{2}\end{pmatrix}$;

(2) $y_1^2+y_2^2+10y_3^2$, $\boldsymbol{Q}=\begin{pmatrix}-\frac{2}{\sqrt{5}}&\frac{2}{3\sqrt{5}}&-\frac{1}{3}\\\frac{1}{\sqrt{5}}&\frac{4}{3\sqrt{5}}&\frac{2}{3}\\0&\frac{5}{3\sqrt{5}}&-\frac{2}{3}\end{pmatrix}$;

(3) $y_1^2-y_2^2+y_3^2$, $\boldsymbol{Q}=\begin{pmatrix}\frac{1}{2\sqrt{2}}&\frac{3}{2\sqrt{2}}&-\frac{4}{3}\\\frac{1}{2\sqrt{2}}&-\frac{1}{2\sqrt{2}}&\frac{1}{3}\\0&0&\frac{1}{3}\end{pmatrix}$;

(4) $-3y_1^2+y_2^2+y_3^2+y_4^2$, $\boldsymbol{Q}=\begin{pmatrix}\frac{1}{2}&\frac{1}{\sqrt{2}}&0&\frac{1}{2}\\-\frac{1}{2}&\frac{1}{\sqrt{2}}&0&-\frac{1}{2}\\-\frac{1}{2}&0&\frac{1}{\sqrt{2}}&\frac{1}{2}\\\frac{1}{2}&0&\frac{1}{\sqrt{2}}&-\frac{1}{2}\end{pmatrix}$。

7. $a=2$,$\boldsymbol{X}=\boldsymbol{CY}$,$\boldsymbol{C}=\begin{pmatrix} 0 & 1 & 0 \\ \frac{1}{\sqrt{2}} & 0 & \frac{1}{\sqrt{2}} \\ -\frac{1}{\sqrt{2}} & 0 & \frac{1}{\sqrt{2}} \end{pmatrix}$。

8.(1) $a=0$;

(2) $y_1^2+y_2^2$,$\boldsymbol{Q}=\begin{pmatrix} 1 & 0 & 1 \\ 0 & 0 & 1 \\ 0 & \frac{1}{\sqrt{2}} & 1 \end{pmatrix}$;

(3) $\boldsymbol{X}=k\begin{pmatrix} 1 \\ -1 \\ 0 \end{pmatrix}$,其中 k 为任意常数。

习题 6.3

1. $y_1^2-y_2^2+y_3^2$,$\boldsymbol{C}=\begin{pmatrix} 1 & -1 & 1 \\ 0 & \frac{2}{5} & -\frac{2}{5} \\ 0 & 0 & \frac{5}{3} \end{pmatrix}$。

2. 复数域:

$$y_1^2+y_2^2+y_3^2+y_4^2,\boldsymbol{C}=\begin{pmatrix} 1 & 0 & 0 & 0 \\ 0 & \frac{1}{2}\mathrm{i} & 0 & 0 \\ 0 & 0 & \frac{1}{3} & 0 \\ 0 & 0 & 0 & \frac{3}{7}\mathrm{i} \end{pmatrix};$$

实数域:

$$y_1^2-y_2^2+y_3^2-y_4^2,\boldsymbol{C}=\begin{pmatrix} 1 & 0 & 0 & 0 \\ 0 & \frac{1}{2} & 0 & 0 \\ 0 & 0 & \frac{1}{3} & 0 \\ 0 & 0 & 0 & \frac{3}{7} \end{pmatrix}。$$

习题 6.4

1. (1) 对； (2) 对； (3) 对； (4) 错； (5) 错； (6) 对； (7) 对； (8) 对；(9) 错； (10) 错。
2. (1) 是； (2) 是； (3) 是； (4) 不是； (5) 是； (6) 是。
3. (1) $-2<t<1$； (2) $-1<t<0$； (3) 不论 t 取何值均不正定；(4) $-\frac{4}{5}<t<0$。
4. 当 $a>0$ 时，f 正定；当 $a=0$ 时，半正定；当 $a<0$ 时，不定。
5. (1) $\lambda>2$； (2) $\lambda<-1$； (3) 当 $\lambda=2$ 时，半正定；当 $\lambda=-1$ 时，半负定。
6. (1) 正定； (2) 正定； (3) $n\geqslant 3$，不定。

第 7 章

习题 7.1

4. $\boldsymbol{\alpha}=(1,2,3,4)$。

习题 7.2

1. $(4,2,-1)$。
2. (1) $\begin{pmatrix}1&1&1&1\\0&1&1&1\\0&0&1&1\\0&0&0&1\end{pmatrix}$； (2) $(-1,-1,-1,4)$； (3) $(10,9,7,4)$。
3. (1) 是； (2) 是。
4. 均是。
5. 2。
6. $4,\{(1,0),(i,0),(0,1),(0,i)\}$。
7. (1) $(\boldsymbol{\beta}_1,\boldsymbol{\beta}_2,\boldsymbol{\beta}_3,\boldsymbol{\beta}_4,\boldsymbol{\beta}_5)=(\boldsymbol{\alpha}_1,\boldsymbol{\alpha}_2,\boldsymbol{\alpha}_3,\boldsymbol{\alpha}_4,\boldsymbol{\alpha}_5)\begin{pmatrix}1&1&1&1&1\\0&1&1&1&1\\0&0&1&1&1\\0&0&0&1&1\\0&0&0&0&1\end{pmatrix}$；

   (2) $(-1,-1,-1,-1,5)$；

   (3) $(15,14,12,9,5)$。

8.(1) $\boldsymbol{P}=\frac{1}{4}\begin{pmatrix} 3 & 7 & 2 & -1 \\ 1 & -1 & 2 & 3 \\ -1 & 3 & 0 & -1 \\ 1 & -1 & 0 & -1 \end{pmatrix}$;

(2) $\left(-2,-\frac{1}{2},4,-\frac{3}{2}\right)$。

习题 7.3

1.(1),(2),(5) 是;(3),(4) 否。

2.(1),(3) 是;(2) 不是。

3.(1) $(-2,1,0,0,0)^{\mathrm{T}},(-3,0,1,1,0)^{\mathrm{T}}$,维数为 2。

(2) 零空间,维数 0,基底为空集。

习题 7.4

1. (1) $\frac{\pi}{2}$; (2) $\frac{\pi}{4}$。

2. $\left(\frac{2\sqrt{2}}{3},\frac{\sqrt{2}}{6},\frac{\sqrt{2}}{6}\right)$。

4. $\frac{\sqrt{2}}{2},\frac{\sqrt{6}}{2}x,\frac{\sqrt{10}}{4}(3x^2-1)$。

5. $\left(\frac{1}{\sqrt{2}},\frac{1}{\sqrt{2}},0,0\right),\left(\frac{1}{\sqrt{6}},\frac{-1}{\sqrt{6}},\frac{\sqrt{2}}{\sqrt{3}},0\right),\left(-\frac{\sqrt{3}}{6},\frac{\sqrt{3}}{6},\frac{\sqrt{3}}{6},\frac{\sqrt{3}}{2}\right),\left(\frac{1}{2},-\frac{1}{2},-\frac{1}{2},\frac{1}{2}\right)$。

6. $n-1$。

第 8 章

习题 8.1

1. (1),(2) $\boldsymbol{\alpha}\neq 0$ 时不是; (3) 不是; (4),(5),(6),(7) 是。

2. (1),(2) 不正确; (3) 正确。

5. $(\boldsymbol{\sigma}_1+\boldsymbol{\sigma}_2)(x_1,x_2)=(x_1+x_2,-x_1-x_2)$;

$(\boldsymbol{\sigma}_1\boldsymbol{\sigma}_2)(x_1,x_2)=(-x_2,-x_1)$,$(\boldsymbol{\sigma}_2\boldsymbol{\sigma}_1)(x_1,x_2)=(x_2,x_1)$。

6. $(\boldsymbol{\sigma}+\boldsymbol{\tau})\begin{pmatrix} a & b \\ c & d \end{pmatrix}=\begin{pmatrix} (1+\lambda)a+b & a-b \\ c+d & c+(\mu-1)d \end{pmatrix}$。

$(\boldsymbol{\sigma\tau})\begin{pmatrix} a & b \\ c & d \end{pmatrix}=\begin{pmatrix} \lambda a & \lambda a \\ \mu d & -\mu d \end{pmatrix}$, $(\boldsymbol{\tau\sigma})\begin{pmatrix} a & b \\ c & d \end{pmatrix}=\begin{pmatrix} \lambda(a+b) & 0 \\ 0 & \mu(c-d) \end{pmatrix}$。

7. $(\boldsymbol{\sigma}+\boldsymbol{\tau})(\boldsymbol{A})=\boldsymbol{A}+2\boldsymbol{A}^{\mathrm{T}},\boldsymbol{\sigma\tau}=\boldsymbol{\tau}$。

习题 8.2

1. $\boldsymbol{A}=\begin{pmatrix}2&-1&0\\0&1&1\\1&0&0\end{pmatrix}$。

2. (1) $\boldsymbol{A}=\begin{pmatrix}2&3&5\\-1&6&-1\\-1&1&0\end{pmatrix}$;

(2) $\boldsymbol{A}_{\sigma}=\begin{pmatrix}\frac{1}{2}&\frac{1}{2}\\\frac{1}{2}&\frac{1}{2}\end{pmatrix}$, $\boldsymbol{A}_{\tau}=\begin{pmatrix}0&0\\0&1\end{pmatrix}$, $\boldsymbol{A}_{\sigma\tau}=\begin{pmatrix}0&0\\\frac{1}{2}&\frac{1}{2}\end{pmatrix}$。

4. (1) $\boldsymbol{A}=\begin{pmatrix}a_{33}&a_{32}&a_{31}\\a_{23}&a_{22}&a_{21}\\a_{13}&a_{12}&a_{11}\end{pmatrix}$; (2) $\boldsymbol{A}=\begin{pmatrix}a_{11}&ka_{12}&a_{13}\\\frac{1}{k}a_{21}&a_{22}&\frac{1}{k}a_{23}\\a_{31}&a_{32}&a_{33}\end{pmatrix}$;

(3) $\boldsymbol{A}=\begin{pmatrix}a_{11}+a_{12}&a_{12}&a_{13}\\a_{21}+a_{22}-a_{11}-a_{12}&a_{22}-a_{12}&a_{23}-a_{13}\\a_{13}+a_{23}&a_{32}&a_{23}\end{pmatrix}$。

5. (1) 过渡矩阵 $\boldsymbol{P}=\begin{pmatrix}-2&-\frac{3}{2}&\frac{3}{2}\\1&\frac{3}{2}&\frac{3}{2}\\1&\frac{1}{2}&-\frac{5}{2}\end{pmatrix}$; (2) $\boldsymbol{A}_{\varepsilon}=\boldsymbol{P}$; (3) $\boldsymbol{A}_{\eta}=\boldsymbol{P}$。

6. $\boldsymbol{B}=\begin{pmatrix}-1&1&2\\2&2&0\\3&0&2\end{pmatrix}$。

8. (1),(3),(4) 对, (2),(5) 不对。

习题 8.3

1. $\lambda_1=1,X$ 为全体对称阵;$\lambda_2=-1,X$ 为全体反对称阵。可在对称阵与反对称阵组成的基下为对角形。

3. $\lambda=0,\boldsymbol{\alpha}=a$(0 次多项式)。

习题 8.4

1. $\boldsymbol{\sigma}(V)=L(\boldsymbol{\alpha}_1-3\boldsymbol{\alpha}_2+2\boldsymbol{\alpha}_3)$； $\boldsymbol{\sigma}^{-1}(0)=L(3\boldsymbol{\alpha}_1+\boldsymbol{\alpha}_2,-2\boldsymbol{\alpha}_1+\boldsymbol{\alpha}_3)$。

第 9 章

习题 9.1

1. 分别为 1,1,2,3 条。
2. 分别为 65,15 条。

习题 9.2

1. $x=0.148, y=-0.512$。

习题 9.3

1. $\Delta\boldsymbol{X}=(10.7,1.6,4.76,3.08,1.8)^{\mathrm{T}}$。
2. $\Delta\boldsymbol{X}=(-4,8)^{\mathrm{T}}$。

参考文献

[1] 北京大学数学系几何与代数教研室代数小组.高等代数.2版.北京:高等教育出版社,1988.

[2] 武汉大学数学系数学专业.线性代数.修订版.北京:人民教育出版社,1977.

[3] 王萼芳,石生明.高等代数.3版.北京:高等教育出版社,2003.

[4] 张远达.线性代数原理.上海:上海教育出版社,1980.

[5] 周德润,张志英,付丽华.线性代数.北京:北京航空航天大学出版社,1996.

[6] 高宗升,周梦,李红裔.线性代数.2版.北京:北京航空航天大学出版社,2009.

[7] Cullen Charles G. Linear Algebra with Applications. 2nd ed. Boston: Addison-Wesley Longman, Inc. ,1996.

[8] Johnson Lee W, Riess R Dean, Arnold Jimmy T. Introduction to Linear Algebra. 5th ed. Pearson Education, Inc. ,2002.

[9] Lay David C. Linear Algebra and its Applications. 2nd ed. Boston: Addison Wesley Longman, Inc. ,2000.